U0151219

时代的脉动与文明的记忆

——南水北调东线一期工程山东段·文物保护卷

山 东 省 文 物 局
山东省文物考古研究院 编

王永波　王守功　主编

文物出版社

图书在版编目（CIP）数据

时代的脉动与文明的记忆：南水北调东线一期工程山东段. 文物保护卷 / 山东省文物局，山东省文物考古研究院编著；王永波，王守功主编. -- 北京：文物出版社，2022.8

ISBN 978-7-5010-7434-1

Ⅰ. ①时… Ⅱ. ①山… ②山… ③王… ④王… Ⅲ. ①南水北调－水利工程－文物保护 Ⅳ. ①TV68②K87

中国版本图书馆CIP数据核字(2022)第090626号

审 图 号：GS京（2022）0215号

时代的脉动与文明的记忆

——南水北调东线一期工程山东段·文物保护卷

编　　著：山东省文物局
　　　　　山东省文物考古研究院
主　　编：王永波　王守功

封面设计：秦　彧
责任编辑：秦　彧
责任印制：苏　林

出版发行：文物出版社
社　　址：北京市东城区东直门内北小街2号楼
邮　　编：100007
网　　址：http://www.wenwu.com
经　　销：新华书店
印　　刷：北京荣宝艺品印刷有限公司
开　　本：889mm × 1194mm　1/16
印　　张：26.5　插页：1
版　　次：2022年8月第1版
印　　次：2022年8月第1次印刷
书　　号：ISBN 978-7-5010-7434-1
定　　价：580.00元

编委会

主　编：王永波　王守功

编　委：（以姓氏笔画为序）

王永波　王守功　兰玉富　任泽俭　刘延常
孙　波　杨　波　张振国　郑同修

撰稿人：（以姓氏笔画为序）

于忠胜　王　迪　王永波　王守功　左　晶
田　洁　朱　超　孙　波　李曰训　李振光
吴志刚　张　骥　张克思　张振国　范文谦
党　浩　徐　波　高明奎　崔圣宽　董　博
韩炳华　韩　辉　魏成敏

序

南水北调工程是继三峡工程之后又一举世瞩目的大型水利工程，其中文物保护工程对山东省文物保护工作产生了积极影响。这种影响范围之广，影响之深是其他工程所不可比拟的。多年来，山东省文物部门为做好南水北调工程的文物保护付出了艰苦的努力，探索出很多文物保护的新模式和新思路，取得了多项重要考古发现。总结山东省南水北调工程文物保护工作经验及成果，对促进山东省工程建设中的文物保护工作具有重要的意义。

南水北调干渠经过的地区物产丰富、交通便利，自古以来就是人类活动的中心区域。通过考古调查，在山东段干渠及库区共发现文物点88处。此后经过工程部门多次调整方案，避让了其中的21处文物点，最后确定文物点67处，其中地上文物点5处，地下文物点62处。发现的文物点年代跨度长、分布密集、文物保护级别高、文化内涵丰富。

为做好南水北调工程山东段的文物保护工作，山东省文化厅成立了南水北调文物保护工作办公室，负责文物保护工作的组织协调工作。办公室积极探索，勇于创新，首次将市场机制和监理机制引入文物保护工程，通过邀标等方式，确定文物保护项目的承担单位、监理单位和协作单位。根据以往配合工程的经验，在地下考古发掘工作中实行领队负责制、项目合同制的基础上实行学术课题制；地上文物保护工作中实行业主负责制、项目招标制、工程监理制、设计资质制、项目验收审计制等，确保文物保护工作按照文物保护规划的内容如期、保质完成。

通过几年来考古工作者的努力，南水北调东线一期山东段共完成勘探面积220余万平方米，发掘遗址39处，发掘面积近10万平方米。获重大考古成果的文物点有：寿光双王城盐业遗址群、高青陈庄周代城址、济南长清区四街遗址及墓地、梁山薛垓汉代墓地、济南长清区大街南汉代画像石墓葬、汶上梁庄宋元村落、高青胥家庙隋唐寺院、聊城土桥闸、阳谷七级码头、临清贡砖窑址等。其中寿光双王城盐业遗址群、高青陈庄周城址的发掘分别获2008、2009年度全国十大考古新发现，阳谷七级码头和聊城土桥闸发掘获2011年度全国十大考古新发现。到目前为止，山东省南水北调工程的文物保护已有四个项目被评为全国十大考古新发现，在全国各省、市南水北调工程中位列第一。

山东省南水北调工程的文物保护十分注意人才培养与课题研究。为加强田野技术力量，在高青陈庄遗址先后举办了两期“山东省南水北调工程田野考古技术培训班”,培养业务干部四五十名。在进行田野工作的过程中,根据发掘成果,先后就鲁北地区盐业考古、佛教寺院、齐国早期都城、运河文化等进行了课题研究，大大提高了南水北调文物保护工作的档次。

田野考古工作结束后，运河沿线发掘的水工设施（船闸、码头等）正在由具有修复资质的单位进行规划设计、维修。维修完成后，这些水工设施将成为运河申遗的亮点。地下发掘项目承担单位积极做好资料整理与出土文物的保护工作，考古报告将陆续出版，出土文物将得到更好地保护。

为宣传南水北调文物保护工作成果，先后多次举办考古成果论证及新闻发布会，山东省博物馆在“改革开放三十年考古成就”展和“山东考古馆”中，大量展现了南水北调文物保护工作的成果。

山东省南水北调工程的文物保护工作得到国家文物局的大力支持。国家文物局多次组织协调南水北调文物保护规划的编制、文物保护经费的落实等工作。在南水北调田野考古进行过程中，多次派专家组到田野工地进行检查、验收、论证工作，大大提高了田野考古的质量。

山东省南水北调工程的文物保护工作得到了山东省水利厅、山东省南水北调工程建设管理局的积极配合。从南水北调山东段文物保护专题报告的编写，到每个项目的组织实施,建设部门都积极主动的做好各种协调工作。山东省文化厅、山东省水利厅和山东省南水北调工程建设管理局还多次举办“山东省南水北调文物保护工作座谈会”，加强沟通，共同处理田野考古碰到的一些疑难问题。

几年来，在山东省委、省政府的正确领导下，在国家文物局的大力关怀下，经过考古人的艰苦努力，比较顺利地完成了南水北调工程文物保护的田野工作，并在工作中锻炼了队伍，取得了辉煌的成果。今后，我们将认真贯彻《中华人民共和国文物保护法》和《山东省文物保护条例》，积极做好工程建设中的文物保护工作，努力使山东省的文化遗产保护工作走在全国前列，为建设文化强国战略做出积极的贡献。

2013 年 7 月

目 录

图版一　南水北调山东段开工典礼

图版二　山东省文化厅、山东省水利厅、山东省南水北调工程建设管理局召开文物保护工作座谈会

图版三　山东省文物局副局长由少平陪同国家文物局副局长童明康考察高青陈庄发掘工地

图版四　山东省文物局副局长王永波陪同国家文物局考古专家组组长黄景略、国家调水办考古专家组组长张忠培考察高青陈庄发掘工地

图版五　山东省文物保护办公室副主任王守功陪同国家考古专家组考察高青陈庄发掘工地

图版六　寿光“黄河三角洲盐业考古国际学术研讨会”开幕式

图版七　寿光双王城014B遗址商代制盐作坊全景

图版八　寿光双王城014A遗址西周制盐作坊全景

图版九　高青陈庄遗址发掘现场

图版一〇　2009年度全国十大考古新发现之一高青陈庄遗址西周大墓

图版一一　高青陈庄遗址发现的祭坛

图版一二　高青陈庄遗址车马坑提取场景

图版一三　高青陈庄遗址提取车马装运场景

图版一四　高青陈庄遗址出土西周铜簋

图版一五　高青陈庄遗址出土西周铜觥

图版一六　长清大街南汉画像石墓M1墓顶结构

图版一七　长清大街南汉画像石墓M1出土陶楼

图版一八　长清大街南汉画像石墓M1出土陶楼

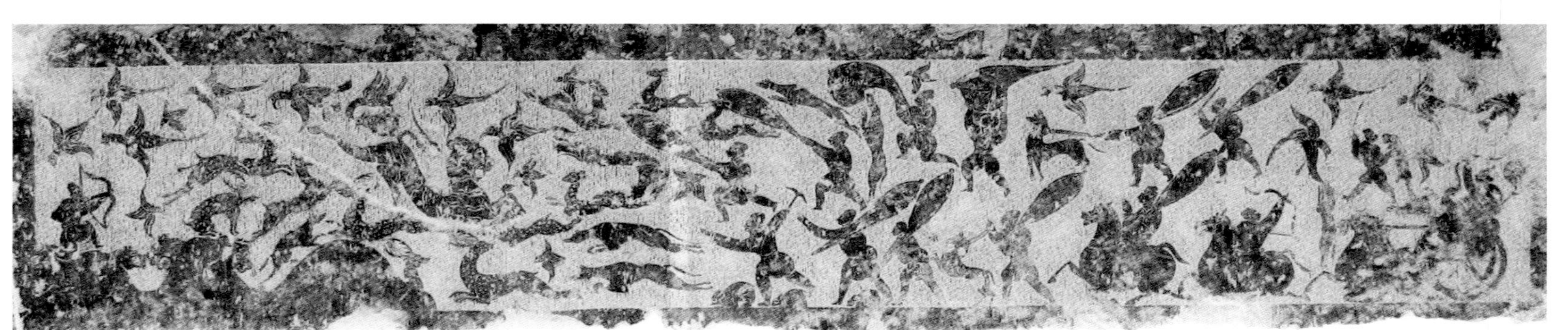

图版一九　长清大街南汉画像石墓M2出土画像石

图版二〇　大运河聊城土桥闸发掘现场全景

图版二一　大运河聊城七级码头远眺

第一章　时代的脉动

脉动，是生命特有的基本特征。水则是生命乃至于文化和文明，亦即人类社会得以脉动、发展的前提条件。因为有了水，地球才成为生机勃勃、完全不同于其他天体的绿色星球；因为有了水，生命才得以演进，文化才得以发展。古往今来，所有的人类文化和区域文明，都与“水运”有着密切的伴生关系，如两河流域文明、尼罗河文明、玛雅文明，概莫能外。有着“超百万年的文化根系，上万年的文明起步，五千年的文明古国，两千年的中华一统实体”[1]的古老中国，则是东亚两大母亲河——黄河、长江孕育的结果。

众所周知，全球文明古国在其发轫之初，都曾有过“洪水”之劫。也就是说，在人类社会发展史上的某一时期，曾发生过全球性的洪水灾害，其中尤以东方的大禹治水和西方的诺亚方舟最为突出。洪水涉及的范围之广，影响之深远，决非其他重大历史事件堪能相比，使人们无法，也不可能仅仅将其视为一种传说。究其原因，乃是有史以来，地球物理乃至于天体物理，对人类社会施加的最为深刻之影响。

距今万年以前，第四纪冰川末次冰期逐步消退，当时的华北平原、江汉平原还是河流纵横、池沼密布的水网地带，并不适宜人类居住。幸赖中华两大母亲河——黄河、长江，宛如两条巨龙，以雷霆万钧之势，挟带着宝贵的“天帝息壤”，在茫茫水网中翻滚腾挪，历时数万年，才造就了广袤的两河平原和不计其数的台地丘岗，为华夏子孙开辟出空前广阔的生存空间。中原逐鹿，五帝共和轮值，正是在这种地球物理、东亚气候地理的大背景中展开的。

“大规模的灌溉农业”曾被作为文明的重要标志之一。美国学者卡尔·威特福格尔（Karl Wittfogel）认为，新石器时代人们开始修建水坝、灌溉农田。随着规模的不断扩大，便开始出现了专门负责管理灌溉系统的人。通过这种灌溉系统的集中管理，逐渐发展出最初的统治阶层，文明由此产生[2]。

事实上，较大规模的农田灌溉大都出现于国家出现以后，所以这种意见并不为主流学界所认可。尽管如此，“灌溉农业”对文明发展的作用和意义却是显

[1] 邵望平、汪遵国：《迎接中国考古学的新世纪——中国考古学会理事长苏秉琦教授访谈录》，《东南文化》1993年第1期。

[2] Karl Wittfogel ,1957,p.18; *Oriental Despotism*:Yale Univ.Press, New Haven, Conn.

而易见的。大禹治水，“疏川导滞，锺水丰物”，区划九州，合通四海，为中华早期文明的进一步发展奠定了坚实的基础。先秦时期，吴国所开邗沟、荷水[1]，魏国的鸿沟[2]，齐国的淄济运河[3]，秦国的都江堰、郑国渠和秦始皇所开灵渠[4]，乃至汉代以迄明清，历代帝王开凿各类灌渠、运河，为经济发展、民族文化交流、融合，维护国家的统一，发挥了不可替代的纽带作用。

三峡水库，南水北调东、中线工程规模之浩大，远非昔日京杭大运河可比，是运河文化传统在新形势下的最新发展，是实现中华民族近代以来最伟大梦想——中华民族伟大复兴的重大战略决策，也是时代发展的最新脉动，对于缓解华北地区的水资源紧缺，促进南北方经济、社会与人口、资源、环境的协调发展，具有极其重要的现实意义和深远的历史意义。

第一节 文化与文明概念的衍变

文化与文明，是人类社会区别于其他生物群体的主要特征，同时也是当今乃至国际社会使用频率最高的词汇，其内涵和外延都极为宽泛。早在 20 世纪 50 年代，美国学者克鲁伯（A.L.Kroeder）与克莱德·克勒克洪（Clyde Kluckhohn）在《文化——概念和定义的批判性回顾》一书中，列举了自英国人类学家泰勒（E.B.Tylor）1871 年所著《原始文化》（Primitive Culture），对“文化”概念进行界定以来到 1951 年，欧美文献中 160 多条有关文化的解释[5]。20 世纪后期和新世纪伊始，更成为考古学、人类学、历史学和社会学诸学科讨论的热点。有关“文化”和“文明”的定义或界说更是不胜枚举。据金元浦统计，英语中的文化定义高达 260 余种，是英语中含义最丰富的词汇之一[6]。

一 中国的传统概念

或以为“文化”与“文明”是外来词，这实在是一种“月亮也是西方的圆”心理作祟的缘故。近代中国由于封建统治者的腐败，导致了中华民族政治、文化、经济、军事的全面衰退，西方人类学、考古学、社会学学者凭借着帝国的

[1] 《国语·吴语》：“吴王夫差既杀申胥，不稔于岁，乃起师北征，阙为深沟于商鲁之间，北属之沂，西属之济，以会晋公午于黄池。”因其沟通菏泽、雷泽等湖沼，故名荷水。

[2] 《战国策·魏策一》：“苏子为赵合从（纵），说魏王曰：大王之埊（地），南有鸿沟。”另见《水经·渠注》。

[3] 史念海：《中国的运河》第二章，陕西人民出版社，1988年。

[4] （东汉）班固：《汉书·严助传》：“秦之时，尝使尉屠睢击越，又使监禄凿渠通道”，中华书局，1962年。《太平寰宇记》卷一百六十二：“秦凿渠在县南二十里，本漓水自柘山之阴，西北流至县西南，合灵渠五里，始分为二水。昔秦命御史监史禄，自零陵凿渠至桂林。故汉归义赵侯严为戈舡，将军出零陵下漓水，即此。”四库全书版。

[5] A.L.克鲁伯、克莱德·克勒克洪：《文化——概念和定义的批判性回顾》，剑桥大学，1952年。

[6] 金元浦：《定义大众文化》，《中华读书报》2001年7月25日。

对外军事扩张和文化入侵，逐步占领了国际文化的制高点，现代“文化”“文明”概念的构建也几乎成为西方学者的“专利”。19世纪后半叶，随着帝国主义列强瓜分中国的图谋愈演愈烈，清朝统治者在内外交困的情况下，提出了“师夷之长以制夷”的构想，一些进步学者也把寻找救国方略的目光投向资本主义世界，西方有关“文化”“文明”的概念因此而通过不同渠道被介绍过来，这正是某些中国学者将“文化”“文明”误认为外来词汇的主要原因。事实上，在中国“文化”和“文明”作为两个词义相近，相互关联的抽象概念，早已见于两千多年以前的先秦典籍，出现的时间比西方要早得多。

《易经·贲卦·彖辞》：“文明以止，人文也。观乎天文，以察时变；观乎人文，以化成天下。”

在这里，“文化”表述的是一个“以文化成”的动态过程。文，包含着“天文”和“人文”两重含义，是中国传统宇宙观和世界观的一种独特表述方法。“天文”就是“天道”，是反映客观世界——包括天象、地物，如日月星辰、地球万物运动轨迹的“道理”，亦即今人所谓的自然规律；“人文”则是区别于自然的、生物的，属于人类独有的社会现象。只有努力掌握自然界的变化规律，才能用符合“天文”（自然规律）的“文明之道，裁止于人”，进而达成“文明不犯”，“与时偕行”[1]的目的。即所谓的“人之文，德之教”，亦即“诗书礼乐”（价值观念、风俗习惯、道德规范等）之教，“法此教化而成天下”。简单地说，就是“人文化”。是中国先哲关于文化概念的初始定义，意指人类智能区别于自然界的文化现象，属于当代“广义文化”概念之“狭义文化”的范畴。

“狭义文化”属于精神领域的现象，产生于人、猿揖别之初，发展于人类社会进步的过程之中。最初，原始人类为了实现生活和劳动中的协同合作，创造了一些简单的声音符号和视觉（包括各种手势、刻画线条和图形）符号。随着人类感情世界的不断丰富，需要表达的客观事物逐步增多，符号的数量和种类也日趋复杂，要求符号与符号之间必须具有某种确定的规则性联系，原始的、约定俗成的逻辑信息系统——首先是由声音符号组成的逻辑语言系统，然后是由视觉符号组成的逻辑文字系统——便由此产生了。随着社会的进步，这种特定的逻辑信息系统又逐步衍生出与语言、文字系统整合的、由光电符号组成信息系统，最终发展成为独立的、涵盖不同领域的、用以指导人类社会一切活动的文化信息系统。

“文明”是“文化”发展到一定程度的产物，是“文之教化成”的结果。主要区别体现在“明”与“化”的概念和词性的差别。《易·谦卦》所谓“天道下济而光明”，就是“文之教”过程和效果的阐发。按照典籍记载和后儒的诠释，“文明”主要有如下含义：

[1] 分别见《易·乾·文言》和《大有》，《十三经注疏》，中华书局，1979年。

（1）修养、才能、风范、明智，用于表示个人良好的“文化”程度。

（2）开明、明德、伟大，用于表示统治者良好的“文化”修为和业绩。

（3）光明、美好，昌明、德治，用于表示社会通过教化治理的“文化”结果和状态。

《易·乾·文言》：“见龙在田，天下文明，终日乾乾，与时偕行。”

《易·同人》：“文明以健，中正而应，君子正也。”

《易·大有》：“其德刚健而文明，应乎天而时行，是以元亨。”

《易·革》：“革而信之，文明以说，大亨以正。”

《易·明夷》：“内文明而外柔顺，以蒙大难，文王以之。”

《尚书·舜典》：“曰若稽古，帝舜曰重华，协于帝，浚哲文明，温恭允塞，玄德升闻，乃命以位。”孔颖达疏：“经天纬地曰文，照临四方曰明。”

显而易见，文化和文明是两个关系密切而又有区别的概念。在古代中国，“文化”有“训导、培育、教化、治理”等含义，字面意义偏重于动态过程，用以表述“文明”发展的过程和方式：观天道，查时变，识人文，治理庶政，教化（文化）乃成。“文明”则有“修养、功德、文采和光明”等含义，字面意义侧重于静态结果，主要是指“德应于天”“与时偕行”，即符合自然规律的价值观念、道德规范、风俗礼仪，用以表述“圣人”的雄才大略、昌明开化和文治武功，以及社会文化发展——即某一人类群体通过“文之教”所达到的程度和状态。在这里，“文”的概念几乎囊括了先秦儒家价值取向、道德规范、礼仪制度的所有内涵。以“文”化之于物、化之于人、化之于社会，则“文”得以昌、得以彰；社会得以稳定、得以发展，“文明”得以形成。中国两千余年的封建社会之所以能够长盛不衰，独秀于世，在很大程度上得益于“以文化成”的教化作用。

总之，“文明”是理念文化和制度文化发展到一定程度的产物，表述的是人类社会的发展程度。“文物”则属于物相文化，包括人类发明创造的工具、设施、各种礼仪、祭祀用品和其他物品。是理念文化和制度文化物化的结果，是文明的记忆，文化的物质载体，因而是人类社会最为珍贵的文化遗产。

二　西方的传统概念

在西方，“文化（Culture）”与“文明（Civilization）”也是一对既有联系，又有区别的关联词或同义词。较完整的概念则是近代逐步构建起来的。西方的“文化”（Culture，德语作 Kultur）一词是由拉丁语的动词“Cultura”派生出来的，其本意在于表示人在改造外部自然界使之适应于满足食住等需要的过程中，对土壤、土地的耕耘、加工或改良；或相对于自然的，经过耕种生长出来的东西。古罗马哲学家西塞罗（Cicero, Marcus Tullius；公元前 106 ～前 43 年）使用“Culture”

一词时，赋予其某种转移和比喻的含义，“如 Cultura mentis（耕耘智慧）”[1]。由此引出培养、教育、改进、发展等多种含义，使“Culture”的概念从对自然的改造扩展到对人的“关怀”。

随着政治生活和社会生活的复杂化，培育人以及公民具有参与这些活动的品质和能力也逐步被列入这一概念，从而使“Culture”具备了向现代“文化”概念转变的可能。但是，这个意义上的“Culture”表达的仍然是一个过程，即为改进或提高某种事物质量所作的审慎努力。如“The culture of wheat（麦子的改良）”“The culture of the arts（工艺的改进）”等等。这种用法今天仍保留在“农业（agriculture）”和“园艺（horticuiture）”等词汇中。《牛津词典》把 1510 年作为这种用法首次在英语中出现的日期。到 19 世纪中叶，清教徒钮曼（Newman, John Henry）在使用“精神耕耘（mental culture）”或“智力耕耘（intellectal culture）”时，仍不单独使用“Culture”（约翰·亨利·纽曼《大学的理想》）。

18 世纪，法国的沃弗纳格（Vauvenargues）和伏尔泰等学者使用“Culture”时，用以表达某种过程的含义已被剔除，使之开始具备某种程度上的现代“文化”概念，即用来表示（人经过）训练和修炼的结果和状态（心智、思想或趣味发生的变化）。也就是人受教育所获得的实际成就，如修养、文学艺术和科学水平等。

据《迈尔大百科全书》介绍，18 世纪以前，文化主要被理解为对人的心灵、肉体和精神能力的培养，也就是人为了完善本性而增补知识。康德将“文化”定义为“是有理性的实体为了一定的目的而进行的能力之创造”（《批判力的批判》1790 年）。“就是人类在精神、心灵和肉体上的‘自然力’，从人受自然力统治的‘原始状态’向着人统治自然力的状态逐步发展”（《迈尔大百科全书》）。《牛津词典》认为，1805 年玛窦·阿诺尔德在他的《文化和无政府》中将“Culture”的这种用法引入英语。19 世纪中叶，被誉为现代人类学奠基者的克莱姆（Gustav Klemm）发表《人类基本文化史》（Allgememe Culturgeschichte der Menschheit）时，开始赋予“Culture”包含一个民族、一个社会生活中的各个方面的概念，如：“习俗、工艺和技巧；和平和战争时期的家庭、公共生活；宗教、科学和艺术”等。至此，西文中的“Culture”才在某种程度上获得了与中国的“文化”相近似的概念，但在某种程度上仍然保留着“改进”和“发展”等含义[2]。1871 年英国人类学家泰勒（E.B.Tylor）在其著名的《原始文化》（Primitive Culture）中，承袭了克莱姆的概念，并赋予“Culture”以完全现代意义上的“文化”概念。认为：“所谓文化或文明乃是包括知识、信仰、艺术、道德、法律、风俗，以及作为社会成员的人所具有的一切才能和习惯在内的一种复合的整体。”

---

[1] 西塞罗：《塔斯库伦论辩集》第二章第五节。转引自菲利普·巴格比：《文化：历史的投影——比较文明研究》，夏克等译，上海人民出版社，1987年，第四章第87页。

[2] 古斯塔夫·可来幕：《人类基本文化史》第一卷，莱比锡，1843～1952年，第1页。

由此可以看出，西文中的“文化（Culture）”一词，虽然早在公元前2世纪左右就已经出现，词性也同中国传统“文化”概念近似，即表示某种动态过程。其含义却远未达到中文“文化”概念的丰富程度。直到18世纪，才获得了与当今国际上流行的、学术界普遍接受的“文化”概念。

“文明”，在英文中作“Civilization”，在法文中作Civilisation，在德文中作Zivilisation，均源出于拉丁语，是由Civis（市民、公民）和Civitas（市民资格、公民权）、Civilitas（城市、治理国家的能力、有组织的社会）等词汇衍生出来的，有开化、教养、训练、修养、陶冶、培育、栽培等含义。通常用于表述人的“修养过程”。在法语、英语和德语中，“Civilization（文明）”出现的时间略早于“Culture（文化）”，并与“Culture”有着几乎完全相同的发展演变过程。16世纪，博丁（Jean Bodin）首次赋予“Civilization”以与“Culture”大致相同的含义。到18世纪，“Civilization（文明）”同“Culture（文化）”概念的衍化过程一样，开始由表述“修养过程”向表述“修养状态”转变。不过，其概念的确立和被普遍接受却是颇费周折的。

在法国，1750年以前，这个词的概念还是含混不清的，并且只出现在法律术语中，用以表示由刑事诉讼到民事诉讼的程序转变；它的形容词“Civilisé”的含义却具有“有教养的、开化的”等含义[1]。西欧文献“文明”术语问题研究专家宾维尼斯特在《普通语言学》中认为，最早使用“Civilization”这一术语表达“文明”概念的例子，分别见于法国米拉波侯爵和苏格兰思想家A·弗格森1757年和1767年的著作中。米拉波所著《人类之友》认为：文明赋予社会以道德的原则和形式；弗格森认为，人类是从野蛮走向文明的[2]。

在英国，“Civilization（文明）”出现的时间也很晚，1772年，约翰逊在编纂字典时，虽几经劝说却坚持不肯收录这个词，而宁愿使用“礼貌”的概念[3]。到19世纪，英语、德语和法语中的“Civilization”含义仍与“Culture（Kultur）”的概念不悖。如果不拘泥于字面形式，则巴克尔（Buckle）1857年所著《英国文明史》（History of Civilization in England）更应翻译成《英国文化史》。在德国，“Civilization（文明）”的最初含义是指良好的风尚和高雅的市民生活，“Culture（文化）”则侧重于对人的心灵和精神的培育，如康德关于“我们被艺术和科学（文化）……所教养，我们在各种社会的风范和优雅中……变得文明”就是明显的例子。表明“Civilization（文明）”在某些场合，侧重于表示“社会进化的方式或阶段”。

实际上，现代文化与文明拉丁语系或借助拉丁语词根的西方语言中，大多

[1]　《法国大拉罗斯百科全书》，1961年。

[2]　〔苏〕E·B·鲍戈留博娃：《历史唯物主义与当代的迫切问题》，莫斯科，1980年。

[3]　《英国大百科全书》1964年，引自中央党校科学社会主义教研室编译：《文明和文化》，求实出版社，1982年。

数场合下，“Civilization”和“Culture”都是同义语，在1793年的《德语词典》中，“Culture（文化）”与“Civilization（文明）”含义几乎完全相同，并长期交叉混用。在英国和法国，人们似乎更愿意使用“文明”一词来表达有关“文化”的概念。如英国的丹尼尔（Wilson Daniel）和卢伯克（John Lubbock）分别于1862年和1874年出版的《史前人类——旧大陆和新大陆文明起源之研究》[1]和《人类的原始情况及文明之起源》[2]，其研究内容实际上都属于原始文化的范畴。

需要说明的是，在德语和受德语影响的学者中，常常把文明理解为“物质的”“外在的”表面现象；而把文化视为“精神的”“内在的”价值观念。如德国历史哲学家W·狄尔泰认为，文化是像宗教、艺术、科学等的具有理想、精神价值的高境界的东西；文明则是属于具体的，如技术之类的，物质的低境界的概念。德国的A·维贝尔和美国的A·M·麦基弗（Maclver）分别用文化和文明表示价值体系和技术体系。维贝尔（Alfred Weber）在1912年发表了一篇很有影响的论文，即《文化的社会学概念》（Der Soziologische Kultur-begriff），将文明的发展过程比喻为生物的进化过程，认为文明，是人类因掌握自然的需要而产生的客观手段，是物质的、理性的；而文化属于上层建筑的范畴，产生于感觉和思想，是灵性的、非物质的。麦基弗在1931年出版的《社会——其结构相变迁》（Society，Its Structure and Changes）中认为，“文明”是人类借以生存的技术和组织，而“文化”则是指人类生活和思维的表现，如艺术、宗教、文学、娱乐等等。与此相反，美国的斯莫尔（Albion Small）在1905年出版的《普通社会学》（General Sociology）中认为，“文明”指人性的完美，指社会政治；“文化”则指人类征服自然的技术装备[3]。

三　文化与文明的定义

19、20世纪，随着文化人类学和社会人类学的深入发展，“文化”与“文明”，才获得了现代意义上的完整概念。综合当今学术界的各类表述，可将两者的基本概念分别作如下表述：

> 文化，泛指人类社会在历史发展过程中一切精神活动和实践活动的总和。或泛指人类社会在历史发展过程中某一特定时空范围或某一特定领域的一切精神活动和实践活动的总和。
>
> 文明，则是文化发展到一定阶段的产物，是生产关系，亦即社会组织

---

[1] Daniel, Wilson 1862: *Prehistoric Man: researches into the Origin of Civilization in the old and the New World.* Macmillan and CO.

[2] Lubbock, J.1874: *The Origin of Civilization and the Primitive Condition of Man.*D.Appleton and Company, New York.

[3] 参见 Kroeber, A.L. and Kluckhohn, C. 1952: *Culture: A Critical Review of Concepts and Definitions,* Random House, New York.

形式和生产力发展到某一特定程度的学术界定。用以表述人类或某一民族或区域文化的社会存在状态。

广义文化是传统文化概念的无限延展，包括理念文化、制度文化和物相文化三个层次。美国人类学者威斯勒关于文化是“指人类的习惯与思想之全部复合物，而这些习惯与思想是由所出生的群而得（到）的”生活形式；林惠祥“文化便是人类行为的总结”大致都是这个意思。英国人类学者泰勒关于“文化是包括知识、信仰、艺术、道德、法律、风俗及其他在社会中获得的能力与习惯的综合体”的定义，与我国传统的“文化”概念大致相当。

但是，如何理解文明的标准，或者说有关史前时代进入历史时代、原始社会进入阶级社会的问题，一直是考古学界、人类学界、历史学界讨论最多、意见最分歧的问题之一。目前，学术界通常以城市、文字、金属冶炼的出现和国家制度的建立，作为文明社会的判定标准。恩格斯《家庭、私有制和国家的起源》，则强调“国家是文明社会的概括”，将“按地区来划分它的国民”和“凌驾于社会之上的公共权力（合法暴力）的设立”作为国家形成不可或缺的理论前提。

“文明”作为表示人类社会、或某一民族文化发展进步程度和状态的概念，最初导源于西方早期社会学的三段分期法——将人类社会划分为 Savagery、Barbarism 和 Civilization 三个大的历史发展阶段，是 18 世纪欧洲启蒙学者在对早期人类社会几乎一无所知的情况下，设想的人类社会发展序列。由孟德斯鸠（Montesquieu）在 1748 年正式提出[1]。在我国较早的译本中一般都将这三个阶段翻译为蒙昧、野蛮和文明。1767 年，弗格森（Adam Ferguson）在其《论文明社会的历史》中采用了这种分期法，并据以对社会结构、经济结构和生存手段等诸方面进行了综合考察论证[2]。1777 年，罗伯特森（William Robertson）第一次从人类学和考古学的角度提出了划分这三个阶段的依据[3]。到 19 世纪中期，人类学普遍地采用这种分期法。1877 年，摩尔根在他著名的《古代社会》一书中，也采用了这种三段分期法，并得到了马克思、恩格斯的赞同和借鉴，因而在我国学术界产生了深远、巨大的影响。

由以上介绍可知，尽管西文的“Civilization（文明）”和“Culture（文化）”获得类似于中国传统“文明”和“文化”概念的时间，比先秦典籍晚了近两千年，但两者的使用方式、范围及各自所包含的语义却十分接近。正因为如此，西文中的“Culture”和“Civilization”才被翻译为中文的“文化”和“文明”。

[1] Montesquieu, 1949 (orig. 1748): *The Spirit of Laws,* Translate into English by T. Nugent. Hafnet, New York.
[2] Ferguson,A. 1819 (orig. 1767): *An Essay on the History of Civil Society. A. Finley*, Philadelphia.
[3] Robertson ,W 1812 (orig. 1777): *The History of America J. Broien and T.L. Plowman*, Philadelphia.

第二节　自然的脉动与华夏文明

邃古之初，几块石头敲击，乃告人猿相揖别。然万类杂处，不可方物。故有大巢氏为巢穴居，以避风寒雨雪；燧人氏作燧用火，以去污秽腥臊，人兽乃得分际。更有伏羲，作结绳而为罔罟，以佃以渔；神农氏作，为耒耜而始耕耨，以农以谷，天道人文始化神州。然洪荒乍起，"天倾西北，地陷东南"，江河横溢，水漫平畴；低地陆灵，或为鱼鳖。赖有女娲，炼彩石以补苍天，断鳌足以立四极。青兖岱岗，两昊以为芦舟，雍冀土原，天鼋得为诺亚，于是有炎昌黄盛。邹鲁华族，厚积徐发，西土是渐；雍岐熊黄，师兵为营，沿河东下；鹿逢中原，双英奋争；姬昊携手，大正顺天，五帝轮值，万邦和合，中华文明乃得以华夏为兴。

这是笔者对中华早期文明形成过程的一种简要概括。所谓"洪荒乍起，江河横溢"指的是四千年前的"洪水传说"。炎昊、华族和天鼋、熊黄，分别用以指称海岱地区以北辛、大汶口文化为代表的炎帝、少昊、太昊族系和以陕晋豫结合部为中心的以半坡、庙底沟文化为代表的黄帝族系。

一　地球物理的冰期脉动

距今大约 23000 年，第四纪冰川在经历了 5 万～3 万年前的小间冰期之后，迎来了末次冰期，并在 18000 年前后达到峰值。冰期最盛时，海平面达到 -100～-150 米的低位；全球低海面导致陆地外围的大陆架广泛出露，日本群岛、南海诸岛、台湾岛因此而与东亚大陆连成一片。北半球中高纬度陆地平均气温比现在低 10℃～15℃，最多可达 20℃；气候干冷，降水量显著减少，仅有现代的 30% 左右。此后，末次冰期开始缓慢消退，在 13000 年前后温度骤然升高 4℃，接着是持续 2000 年左右的冷暖交替，在 11000 年（或 11500 年）前后温度又在数百年内突然下降 6℃，史称"新仙女木事件"。此后温度迅速回升，于距今 10000 年左右达到现代水平，形成了 9000～5000 年期间（或以东亚为 8500～3000 年，或止于 4000 年）的大暖期。在此期间，除 8500 年、5000 年前后有两次短期的气温下降之外，全球总体上处于暖湿气候的控制之中。距今 7200～6000 年期间，是全新世大暖期最盛的时期，中高纬度的平均气温比现代高 2～3℃以上。距今 6500～5000 年期间，出现了高于现代 1～3 米的高海平面，导致滨海约 7×10^4 平方千米的低地平原被淹没。此后全球气温开始出现下降的趋势，于 4000 年（一说 3000 年 B.P.）前后下降到与现代相当的水平，期间也有数次冷暖交替的现象。

冰川的消退，气温和海平面的回升意味着雨量的增加，地球在经历了长时期的干冷气候之后开始向温湿气候转变。自然证据和"大气环流模式"的模拟结果显示[1]，全新世[2]前半期呈现出季风加强和陆地降水增多的特点。大量的降水和冰川的消融，使得全球各地的低地平原，特别是中国华北和欧洲的低地平原，都面临着洪水的威胁。大禹治水和诺亚方舟的传说，就是这种地球物理大背景的一种人文折射。

二　气候脉动与初民的集聚

距今12000～10000年前后，中华先民开始走出山林，步入了定居、农耕、制陶的历史新纪元——新石器时代，远古中国域内海岱、江淮、江汉、洛颍、桑卫、河原六大原初民族文化区，亦即考古学文化谱系显示的六大历史文化区正式形成。此时，正是中国古史"洪水"传说的肇始阶段。《尚书·舜典》大舜"肇有十二州"和《禹贡》"禹别九州"，给出了"远古中国"疆域大致的地理概念。东亚地区的地理态势显示，"远古中国"域内是一种"天倾西北，地陷东南"的地貌形态，今黄河、长江冲积平原当时还是河流纵横，池沼密布的水网地带，并不适宜人类居住。山东沂源北桃花坪扁扁洞[3]，北京西郊东湖林、怀柔转年[4]，河北徐水南庄头[5]，河南密县李家沟[6]等万年左右的早期新石器时代遗址，均分布在低山丘陵和山前岗地，即反映了先民规避洪水的心理取向和现实需要。

随着气温的进一步回升和盛水期的到来，今华北平原水网地带的水患逐步加重，以至于成为"水浩洋而不息"，满目洪荒的泽国，"洛颍""桑卫""江淮"地区先民的生存发展受到严重的威胁。海岱地区的低山丘陵、河原地区的土原岗地，以及平原地区的低山丘岗成为早期先民赖以躲避洪水，繁衍生息的家园。正是这种特定的地理态势和自然条件，奠定了中华远古文化发展的基本格局，为炎黄东西两大部族集团（考古学文化）的快速发展，提供了得天独厚的契机，也为日后的炎黄"中原逐鹿"埋下了伏笔。海岱北辛文化的扩张，河原半坡、庙底沟文化的东进，大汶口文化的中原大迁徙。历时数千年的文化交流碰撞，即为"中原逐鹿"的历史大背景。

旧石器末期至新石器时代早期，低地平原没有发现人类活动的踪迹就是铁证。新石器时代早期后段，海岱地区后李文化沿鲁中南山地北侧呈弧线扇形分布；河原地区老关台文化、李家村文化则分布在河谷土原的阶地上。其他如洛颍地

[1]　有关冰期气候，参见张兰生等：《全球变化》第六、七章，高等教育出版社，2000年。施雅风等：《中国全新世大暖期气候与环境的基本特征》，《中国全新世大暖期气候与环境》，海洋出版社，1992年。

[2]　全新世是最近的一个地质时期，通常以最后一次冰期（新仙女木期，11500或11000年）结束为全新世年代上限。考古学则以新石器时代开端，即12000年算起。

[3]　孙波：《扁扁洞初识》，《文物研究（第16辑）》，黄山书社，2009年。

[4]　郁金成：《北京市新石器时代考古发现与研究》，《跋涉集》，北京图书馆出版社，1986年。北京大学考古系碳十四实验室：《碳十四年代测定报告》，《文物》1996年第6期。

[5]　保定地区文管所等：《河北徐水县南庄头遗址试掘简报》，《考古》1992年第11期。

[6]　北京大学考古文博学院等：《河南新密市李家沟遗址发掘简报》，《考古》2011年第4期。

区的贾湖—裴李岗文化，桑卫地区的磁山文化等也都分布在山前冲积扇的低岗台地之上。江淮地区南部的跨湖桥文化则发现于浙江萧山低山丘陵地带，低地平原很少发现7000年以前的考古学文化等等，就是这种地理气候态势的综合体现。这些现象充分说明“洪水”对早期人类活动的深刻影响。由黄河、长江冲积而形成的两河中下游平原和不计其数的台地丘岗，为华夏先民的繁衍生息开辟出广阔的生存空间。迄今的考古发现与研究显示，距今7000年前后，先民逐步摆脱了山前扇形高地的束缚，开始向低地平原扩散，河滨台地、平原低岗逐步成为先民竞相开发的新家园。于是形成了“海岱”（山东及其邻近地区）、“江淮”（淮河以南至太湖平原的苏皖浙平原地区）、“桑卫”（太行山以东，桑河卫河之间的地带）、“洛颍”（以洛水、颍水中上游为中心的中原地区）、“江汉”（以湖北为中心的江汉平原）、“河原”（以陕晋豫结合部为中心的黄河、渭河河谷和黄土原地带）六大原初民族。

三　大禹治水与华夏文明

如前所述，距今7200～6000年期间是全新世大暖期最盛的时期，并于6500～5000年期间出现了高于现代1～3米的高海平面。此后，大暖期开始消退，于4000年左右下降到正常水平。中国古史中的洪水传说与全球气候物理揭示的情况基本吻合：当中华先民随着人口的增殖开始平原生活之时，大暖期的高海平面和降水的增加，使得芸芸众生饱受水灾之苦。传说时代的洪水泛滥和共工、鲧、禹相继治水的历史故事就是在这种地球物理的大背景下展开的。这类记载遍见于先秦和秦汉各类文献。

《山海经·海内经》：“洪水滔天，鲧窃帝之息壤以堙洪水，不待帝命。帝令祝融杀鲧于羽郊。鲧复生禹，帝乃命禹卒布土以定九州。”

这是从神话传说的角度所作的描写。《尚书》和《史记·夏本纪》等记载则较为系统，也少了一些神话色彩。据说，帝尧当政之时，洪水滔天，浩浩怀山襄陵，民不聊生。帝尧求能治水者，四岳群臣共同推荐一个名字叫鲧的大臣。帝尧说：“鲧为人负命毁族，不可。”四岳曰：“等之未有贤于鲧者，愿帝试之。”于是帝尧才起用鲧治水，九年而水不息，功用不成。帝尧只得再求贤人，乃得舜。舜才智聪明，处事得当，很快受到重用，得以代行天子之政，“巡狩行视鲧之治水无状，乃殛鲧于羽山以死。天下皆以舜之诛为是，于是舜举鲧子禹，而使续鲧之业”，继续治水。《国语》的记载略有不同。

《周语下》：“昔共工弃此道也，虞于湛乐，淫失其身，欲壅防百川，堕高堙庳，以害天下，皇天弗福，庶民弗助，祸乱并兴，共工用灭。其在有虞，有崇伯鲧，播其淫心，称遂共工之过，尧用殛之于羽山。其后伯禹念前之非度，厘改制量，象物天地，比类百则，仪之于民而度之于群生。共工之从孙四岳佐之，高高下下，疏川导滞，锺水丰物，封崇九山，决汨九川，陂鄣九泽，丰殖九薮，汨越九原，宅居九隩，合通四海，故天无伏阴，地无散阳，水无沈气，火无灾燀，神无闲行，民无淫心，时无逆数，物无害生，帅象禹之功，度之于轨仪，莫非嘉绩，克厌帝心，皇天嘉之，祚以天下。赐姓曰姒，氏曰有夏。”

按照这个说法，最先奉命治水的是共工，然后才是鲧禹父子。“水趋下而低流”是不可改变的自然规律，共工氏却“壅防百川，墮高堙庳”，就是从高处挖土，筑坝围堵，将泛滥洪水的百川“壅防”起来。这种用围堵的办法只能导致更为严重的灾害，结果自然是“以害天下”“共工用灭”；不幸的是，接替共工治水的崇伯鲧，并没有接受教训，仍然采取同样的方法，“窃帝之息壤以堙洪水”，故而“称遂共工之过，尧用殛之于羽山”。于是有了“其后伯禹念前之非度”，痛定思痛，吸取前人失败的教训，进行了认真细致的调查研究和计划准备工作，“厘改制量，象物天地，比类百则，仪之于民而度之于群生”；顺应自然规律，改“壅防百川，墮高堙庳”为“高高下下，疏川导滞”。所谓“高高”就是用土垫高高处以供民居，与《淮南子·齐俗》“禹令民聚土积薪，择丘陵而处之”的意思相同；“下下”就是“疏川导滞”，在低洼处开凿人工河道，或打通原有河道的瓶颈，疏导沟壑，加快泄洪速度。

《吕氏春秋·慎大》：“禹通三江五湖，决伊阙，沟迴陆，注之东海，因水之力也。”

《淮南子·修务训》：“禹沐浴淫雨，栉扶风，决江疏河，凿龙门，辟伊阙，修彭蠡之防，乘四载，随山刊木，平治水土，定千八百国。”

所谓“因水之力”“凿龙门，辟伊阙”“通三江五湖”讲的都是这个意思。公平地说，共工未必有心“以害天下”；“鲧堙洪水”也没有“播其淫心”的特别用意，只是未能正确把握洪水的习性，洞察水灾的严重程度，以为“尽息壤以堙之”就可解决问题，因而在客观上造成了“祸乱并兴”“以害天下”的结果。“失败是成功之母”，从这个意义上说，正是有了共工和伯鲧的牺牲，才换来了大禹的治水成功。另一方面，帝舜的信任和支持，大禹未雨绸缪的调查研究和完善的治水方案，以及其多管齐下的广泛动员都是制服洪水不可或缺的先决条件。

依《尚书·虞书》《夏书》和《史记·夏本纪》的相关表述而论，其时大禹虽未摄政，但其获得的授权却是极为充分的。如伯益、后稷（烈山氏之子柱的讹传）等虽为舜之肱股大臣，却必须听命于禹，《夏本纪》所谓“令益予众庶稻”“命后稷予众庶难得之食”等均是明证；而“率诸侯百姓”“别九州、任土作贡”“中邦锡土姓”“均诸侯”“治万国”等“天子”职责，也均由大禹代为施行。按上引《国语·周语》“四岳佐之”的说法，首辅大臣四岳也必须听命于禹，由此奠定夏后氏族群的强势地位，为夏王朝的建立和华夏文明的形成奠定了坚实的政治基础。

大禹伤其父治水不成遭戮，乃劳身焦思，居外十三年，三过家门而不入。

薄衣食，致孝于鬼神。卑宫室，致费于沟淢。陆行乘车，水行乘船，泥行乘橇，山行乘檋。左准绳，右规矩，载四时，以开九州；通九道，陂九泽，度九山，令伯益分发易于在卑湿之地生长的稻种；命后稷，即烈山氏之子柱给“众庶”分发难得之食。食物匮乏时，则调有馀补不足，以均诸侯，或徙之适于生存的地方，众民乃定，万国为治。

《尚书·禹贡》：“禹别九州，随山浚川，任土作贡”“九州攸同，四隩既宅，九山刊旅，九川涤源，九泽既陂，四海会同。六府孔修，庶土交正，厎慎财赋，咸则三壤成赋。中邦锡土姓，祗台德先，不距朕行……东渐于海，西被于流沙，朔南暨声教讫于四海。”

《尚书·禹贡》和《国语·周语》的记述虽然不尽相同，但都对大禹的功绩作了比较全面的阐述和总结。《禹贡》这段话的前三句，清楚地点明了大禹治水三项主要措施。一是“禹别九州”，就是根据地形地貌和水系流域，将帝舜划分的“十二州”重新划分为“九州”，以便更好地整合治水的人力和物力；二是“随山浚川”，根据地形地貌确定开沟凿渠，疏浚河道的不同措施；三是“任土作贡”，即根据不同的行政区划和物产情况，确定贡赋（税收）水平，以保障治水工程的财力支持。正是有了帝舜的大力支持和正确的政策和策略，才成就了“九川涤源，九泽既陂，四海会同”，“声教讫于四海”的不世之功。

《孟子·滕文公下》：“当尧之时，水逆行泛滥于中国，蛇龙居之，民无所定，下者为巢，上者为营窟……使禹治之。禹掘地而注之海，驱蛇龙而放之菹，水由地中行，江淮河汉是也。险阻既远，鸟兽之害人者消，然后人得平土而居之。”《左传》襄公二十九年：“美哉！勤而不德，非禹其谁能修之！见舞《韶箾》者曰：德至矣哉！大矣！如天之无不帱也，如地之无不载也。（禹）虽甚盛德，其蔑以加于此矣。”

又，昭公元年：“美哉禹功，明德远矣！微禹，吾其鱼乎！吾与子弁冕端委，以治民临诸侯，禹之力也。”

所谓“勤而不德”，是说禹受舜命，勤苦为民，平治水土，立下了不朽的功勋，却不居功自傲，受到人们的衷心爱戴。这些记载从不同的角度对大禹的治水安邦伟大功绩给予极高的评价。西周中后期的《遂公盨》关于“天命禹尃（敷）土，随山浚川，迺（乃）拂方执征，降民监德，迺自乍（作）配乡民，成父母生”等记述[1]，从出土金文的角度极大地提高了“大禹治水”的可信度。

需要说明一点，《尚书·禹贡》所谓“九州攸同，四奥既居……东渐于海，西被于流沙，朔南暨声教讫于四海”的说法，表述的是大禹治水成功之后推行的治国方略，并带有一定程度的夸张和渲染，并不代表大禹治水的足迹遍布“九州”全境。

---

[1] 李凯、周晓陆：《再读遂公盨》，《中国文物报》2005年12月30日第7版。

《史记·殷本纪》引《汤诰》:“古禹、皋陶久劳于外，其有功乎民，民乃有安。东为江，北为济，西为河，南为淮。四渎已修，万民乃有居。”

《汤诰》所称四渎，是为“虞夏古国”的四渎，其中济水、河水和淮水位置十分清楚，学界的看法也比较一致，分别指山陕交界处的黄河、古济水（今被黄河夺占)和淮河,唯“东为江”争议较大。历代学者多以今日之长江,即《禹贡》“岷山导江”而解“江”为长江。《大戴礼记·帝系》“青阳降居泜水”,王聘珍即以“泜水即江水，《说文》云江水出蜀湔氐徼外岷山”解之，非是。

《尚书·禹贡》:“荆及衡阳惟荆州。江汉朝宗于海，九江孔殷，沱、潜既道……浮于江、沱、潜、汉，逾于洛，至于南河。”

毋庸置疑，《禹贡》所称“江汉”“浮于江”之“江”确为长江无疑；而其中的“逾于洛，至于南河”,则说明《汤诰》四渎之“南为淮”的淮河即为《禹贡》所称之“南河”。由是可证“东为江”之“江”决非长江。《汤诰》明言此“江”为东部地区的河流,若以其即为淮水以南之长江,“南为淮”又当作何解释？“四渎”又如何成其为“四渎”？历史地理学者石泉根据古籍的有关记述，推断《汤诰》所称之“东为江”当指今鲁南、苏北之沂河[1]，所见很是。沂水发源于鲁中南山地东部的鲁山和沂山南麓，其东侧的沭河发源于沂山，故“四渎”之江水，即应为今日之沂沭河。

据此并结合远古中国的地理区划分析,《汤诰》所称四渎,即现在的“大中原”地区，包括豫州、冀州、兖州、青州、徐州等地，正是有虞氏、夏后氏族群活动的中心区域。从地理态势的角度说，大禹治水的主要区域应是今三门峡以东的黄淮水系（黄河水系的部分流域,如漳河、卫河现已归属海河水系),包括河南、河北的黄河、济水以及淮河北侧支流如颍河等，古豫州、兖州、徐州则是治水的中心区域。今日山东地区的禹城、禹王庙等地名和遗迹，正是大禹治水传说的遗留。

在距今8000年左右的各类新石器时代文化遗存中，洛颍地区的贾湖—裴李岗文化、桑卫地区的磁山文化，经过短期的繁荣之后都处于一种衰退式微的状态中，以至于很难明确其后续的直系亲缘文化。究其原因，或与岗地狭窄难敌水患有关。另一方面，东方海岱地区的后李—大汶口文化系统、西方河原地区的老官台—庙底沟文化（也称西阴文化）系统，则凭借着得天独厚的地理条件和相对广阔的活动区域，得以子孙繁盛，传承有序，逐步发展成为“远古中国”域内社会发展水平最高，实力最为强盛的两大部族集团。

迄今的考古发现和研究已经证明，黄河下游的海岱民族和黄河中上游的河原民族，是远古中国域内发展程度最高、交争最激烈、融合程度最深的族群，炎黄二帝分别为东西两大部族集团当之无愧的代表人物。地处中原的桑卫、洛

[1] 石泉：《古文献中的“江”不是长江的专称》，《文史》第六辑，中华书局，1979年。

颍文化区在东西两大文化集团激烈交争中首当其冲，以至于被迫随着双方的势力消长而改变其物质文化的发展方向。经过长达数百年的“中原逐鹿”，形成了“五帝共和轮值”的政治格局。促使“远古中国”域内各大原初民族在族缘关系、宗教信仰、风俗习俗、物质文化面貌诸方面，达成了前所未有的深度融合，促成了华夏民族和华夏文明的诞生和发展。

第三节 历史的脉动与文明的发展

水是生命的源泉、农业的命脉，更是人类社会赖以存在、文明赖以发展的基本物质。在新石器时代以来至工业革命以前的历史时期，人类社会，特别是古代中国，农业生产一直是富民强国的主要经济活动。早在先民逐水草而居的旧石器时代，先民就懂得水对于生活和生存的极端重要性。进入农耕时代，先民更是选择近水台地作为安身立命的居所，新石器的绝大部分居住遗址都在河边、湖滨附近的岗地就是明证。然而，天有不测风云，在靠天吃饭的漫长历史进程中，水患、旱灾不时地左右着区域社团和文化的发展、兴衰。经历了无数的苦难磨砺，中华先民很早就开始了兴修水利，改善生存环境的尝试。

一 史前时期的水利工程

治水，变害为利，是人类继制造工具、用火、制陶、种植之后的又一伟大的文化创举。自然水系既是重要的军事屏障，又是交通运输的重要通道，但是，由于西高东低的自然地理态势，导致远古中国域内的水系大都呈东西向径流，互不连通，对水上交通、农业灌溉造成了诸多不便。为改变这种现象，上古先民付出了不懈的努力。因山就势，开渠引水，以改变水道的流向和联通方式，最大限度地发挥“水利”效应。距今八千年前后的海岱后李文化、辽西兴隆洼文化先民的村寨环壕，是目前所知最早的人工“水利工程”，主要的作用是用“引水注壕”，以防卫外敌或野兽的侵扰。大汶口、龙山文化时期的城堡，军事防卫属性更为明确。虞舜乃至夏商时期，人工水利设施已正式提上当政者的议事日程。共工、伯鲧的“壅防百川，堕高堙庳”，虽然因方法不当而失败，却也是人类治水活动的重要组成部分。“失败乃成功之母”，正是因为有了共工、伯鲧的失败，大禹才能“念前之非度”[1]，找到“高高下下，疏川导滞”的正确治水方法，最终达成“锺水丰物”，“丰殖九薮，汩越九原，宅居九隩，合通四海”[2]的不世之功，是人工开凿渠道，“尽力乎沟洫”[3]的历史丰碑。

[1] 《国语·周语下》，上海古籍出版社，1978年。

[2] 《尚书·禹贡》，上海古籍出版社，1978年。

[3] 《论语·泰伯》，《十三经注疏》，中华书局，1979年。

二 历史时期的水利工程

《周易·上经·师》："师贞，丈人吉，无咎。"李塨《传注》："坤为田土，为国邑，而险即存乎其间，画沟洫而藏兵，众所谓师也。"

《合订删补大易集义粹言·系辞下传》："井牧沟洫之事，虽不同而取于益，则同也。"

春秋战国时期，战争频仍，各诸侯国开始大量开凿人工水道，以利灌溉、漕运，是运河文化的发轫阶段。如楚国、吴国、齐国、魏国，乃至秦、汉、三国时期，都有开凿、使用灌渠、运河的实例。《周礼》之《司徒》《考工记》对治理水道、开凿沟洫有较详细的记载，《史记》《汉书》分别设有《河渠书》和《沟洫志》，表明修筑水利工程，已成为国家的政治、军事和经济活动的重要事项。春秋时期吴国修筑的邗沟、魏国的鸿沟，战国时期秦国修筑的都江堰和郑国渠，都是举世闻名的早期水利工程。齐桓公时期管仲对水利水害的分析，及其提出的治水理念和工程技术理论，表明上古时期人们的治水能力已达到相当的高度。

1. 邗沟

是京杭大运河的重要组成部分，也是见于记载的最古老运河，南起长江，北至淮安，沟通长江、淮河的两大水系。

《左传》哀公九年："秋，吴城邗沟，通江、淮。"

鲁哀公九年为公元前486年。吴王夫差为了北上中原，争夺霸主地位，筑邗城（今扬州）。从今扬州市西，向东北开凿航道，沿途拓沟穿湖至射阳湖，至淮安旧城北五里与淮河连接，将长江水引入淮河。全长170千米，因途经邗城，故得名"邗沟"。

据清代扬州学派学者刘宝楠《宝应图经·历代县境图》之"邗沟全图"标示，邗沟从长江边广陵之邗口向北，经高邮县境的陆阳湖与武广湖之间，再向北穿越樊梁湖、博支湖、射阳湖、白马湖，经末口入淮河。在相关的图幅中，用"开皇邗沟由此""大业邗沟由此"的方式，标注出不同时期邗沟的流经线路，使人们清楚地了解到邗沟的历史演变过程。刘宝楠在《宝应图经》卷三中，根据《水经注》等地理著作的相关记载和实地考察情况，比较详细地记录了邗沟宝应段从春秋哀公九年开始挖筑一直到明万历四十一年的13次变迁。认为：扬州地势，唐宋以前南高北下，邗沟水北流入淮，故昔日江淮之间只患水少，不患水多。至蓄高堰，内水始南流入江。这些见解，对运河水利发展历史的研究提供了极为珍贵的资料。此外，在吴王夫差开凿邗沟之前，即伍子胥伐楚时，还曾在纪南城（郢都）西南开挖过一条运河，被称为"子胥渎"[1]。

[1] 王国维：《水经注校》卷二十八，第912、913页，上海人民出版社，1984年。

2. 淄济运河

《史记·河渠书》在记述中国历史上的各地各类水利工程时说“于齐，则通淄济之间”，指的就是联通淄河与济水的淄济运河。春秋时期，管仲与齐桓公一起探讨治国方略时，将水、旱、风雾雹霜、厉（瘟疫）、虫等自然灾害视为五害。认为“善为国者必先除其五害，人乃终身无患害而孝慈焉……五害之属水最为大，五害已除，人乃可治”；“除五害，以水为始”[1]。建议专设水官，负责治水，将治水作为治国安邦的头等大事来抓。

管仲将水分为经水（干流）、枝水（支流）、谷水（季节河）、川水（大江大河）、渊水（湖泽）五类，对每种水系的属性特点，以及筑堤、开渠的时间、水坝的结构，人力物力准备，组织实施等相关问题作了细致深入的分析。指出“此五水者，因其利而往之可也，因而扼之可也，而不久常有危殆矣。”用今天的话说，就是要根据不同水系的特点，统筹规划，综合治理，因势利导，采取相应的工程措施，兴利除害，否则就会导致“危殆”的出现。是当时最完整、最全面的治水工程理论著述，淄济运河就是这种理论的直接结果。

齐国地处鲁北滨海平原，是东方强国，更是春秋首霸，为了发展与中原地区的水运交通，利用临淄城下的淄水与古济水邻近的有利条件，开凿了淄济运河。《汉书·地理志》泰山郡莱芜颜师古注“原山甾水所出，东至博昌入泲”。泲水即济水，在河南荥阳附近从黄河中分出，经巨野大泽，在今山东博兴县东北入海。博昌在今山东博兴东南，位于淄水支流时水近旁。据此推测，淄济运河当由临淄附近开渠北上，至博昌的时水，再由时水开渠引入济水。淄、济二水沟通以后，齐国的船只便可由淄河入济水，经济水溯流而上，直达中原各地，使齐国与中原地区的贸易更加便捷，为齐国的强盛提供了新的支撑。

3. 都江堰

是世界上水利工程的最佳典范，也是使用年代最久、唯一留存至今、以无坝引水为特征的宏大水利工程。岷江出岷山，以地上悬河的形式，沿蜀中平原西侧向南流去，因平原地势平坦，流速突然减慢，导致大量泥沙沉积，淤塞河道，每当洪水泛滥，平原便一片汪洋。《尚书·禹贡》“岷山导江，东别为沱”，记述了古人对岷江水害的治理。遇到旱灾，蜀中平原大片肥沃农田，又是赤地千里，颗粒无收。成为古蜀地民众生存发展的一大障碍。公元前256～前251年，秦昭王命李冰为蜀郡太守。李冰上任后，首先对当地的水文情况作了认真细致的实地调查研究，决定凿穿玉垒山，排洪引水，根治岷江水患，发展农业生产。在前人治水的基础上，李冰父子依靠当地人民群众，最终建成了蜚声中外的都江堰水利工程。

都江堰水利枢纽主要由宝瓶进水口、鱼嘴分水堤、飞沙堰溢洪道三大主体

[1]　《管子·度地》《诸子集成》（五），中华书局，1986年。

工程构成。三者有机配合，相互制约，协调运行，引水灌田，“分四六，平潦旱”，分洪减灾。科学地解决了江水自动分流、自动排沙、控制进水流量（宝瓶口与飞沙堰）等问题，消除了水患，灌溉了灌县以东平原上的万顷农田，改变了“靠天吃饭”的局面，使蜀中平原成为“水旱从人”的“天府之国”，为嬴秦一统中国奠定了雄厚的经济基础。当地民众为了纪念李冰父子，建了一座李冰父子庙，称为二王庙。

《北堂书钞》卷七十四：“秦昭王听田贵之议，以李冰为蜀守，开成都两江，溉田万顷以上，始皇得其利。以并天下，立其祠也。”

“宝瓶口”，是在玉垒山山脊开凿的、宽20、高40、长80米的进水口，是控制进水流量的咽喉。因其独特功能而名之为“宝瓶口”；宝瓶口右边的被“瓶口”切断的山体名为“离堆”，有“离堆锁峡”之称。《史记·河渠书》：“蜀守冰凿离碓，辟沫水之害，穿二江成都之中”，指的就是宝瓶口开凿工程。

“鱼嘴”，因形得名，主要作用是分水。为了进一步调节宝瓶口的进水流量，李冰父子率众在靠近宝瓶口的上游江心构筑分水堰：用大竹笼盛装卵石，在江心堆成一个鱼头状的人工岛和分水长堤（金刚堤），将岷江分为内、外两江。西侧为外江，俗称“金马河”，是岷江正流，主要用于排洪；东则为内江，主要用于引水灌溉。是沿玉垒山山麓开凿人工渠，通过宝瓶口流入成都平原。

“飞沙堰”，因其功能而得名，主要作用是分洪、排沙、减灾。是在鱼嘴与离堆之间，分水金刚堤下段约200米的地段，特意适当降低分水堤堰的高度，作为内江与外江联通的溢洪道。当内江的水量超过宝瓶口流量上限时，多余的水便从飞沙堰溢出；如遇特大洪水，自行溃堤，让大量江水回归岷江正流。溢洪道前修有弯道，迫使江水形成环流，江水超过堰顶时，洪水中夹带的沙石，在利用离心力的作用下，与溢出的江水一同流入外江，以确保宝瓶口和内江水道不会淤塞，故名“飞沙堰”。是确保成都平原不受水灾和内江引水畅通的关键工程。如今，原来是用竹笼卵石堆砌的堤堰，已改为混凝土堤坝。

都江堰水利工程，历久弥新，至今仍发挥着极为重要的作用。不仅是中国古代水利工程技术的伟大奇迹，也是世界水利工程的璀璨明珠。都江堰水利工程遵循中华民族“道法自然”的传统哲学思想，“体自然而然”，充分利用自然地理条件，变害为利，开创了中国古代水利史上的新纪元，在世界水利史上写下了光辉的一章。这是中国古代人民智慧的结晶，是中华文化的杰作。

4. 郑国渠

是战国后期在关中地区建设的大型水利工程，位于今泾阳县西北25千米的泾河北岸，引泾水东注洛水，“长300余里”，由韩国的郑国主持兴建。

春秋战国长达数百年的割据战争，使劳苦大众处于水深火热之中，到战国晚期，“天下一统”已是人心所向、大势所趋的历史必然。秦国自商鞅变法以来，始终保持政治上的进步，尊贤尚功、严禁私斗；“废井田”“开阡陌封疆”，鼓励生产，富国强兵；官吏廉洁奉公，朝政清明，君主集权不断加强，使秦国不断走向强盛。关中是秦国的腹地，土地肥沃，对农业的发展极为有利。面对虎视眈眈，国力日益强盛的秦国，国力疲弱的韩国君臣，很是有些朝不保夕的忧患。为了自保，愚蠢的韩桓王采纳臣下所谓的“疲秦”之计。于公元前246年，派遣著名的水利专家郑国入秦，利用秦王急于发展粮食生产的心理，游说秦国在泾水和洛水（北洛水，渭水支流）间，穿凿一条大型人工灌渠，以期借此耗竭秦国的国力。

秦国采纳了这一建议，任命郑国主持兴建这一工程，并立即征集大量的人力和物力付诸实施。期间，韩国的阴谋败露，秦王大怒，要杀郑国。

《汉书·沟洫志》：“中作而觉，秦欲杀郑国。郑国曰：始臣为间（谍），然渠成亦秦之利也。臣为韩延数岁之命，而为秦建万世之功。”

秦王认为郑国说得很有道理，乃赦免其罪，让他继续按原议实施，历时十年，全渠通水。“溉舄卤之地四万余顷，收皆亩一锺。于是关中为沃野，无凶年，秦以富强卒并诸侯，因命曰：郑国渠。”（《汉书·沟洫志》）秦国的40000余顷，约合今天的28000余顷。一钟为六石四斗，比当时黄河中游一般亩产一石半，要高许多倍。为秦始皇横扫六合，一统天下奠定了雄厚的物质基础。

郑国渠西起仲山西麓谷口（今陕西泾阳西北王桥乡船头村西北），郑国在此作石堰坝，抬高水位，拦截泾水入渠。利用西北微高，东南略低的地形，渠的主干线沿北山南麓自西向东伸展，流经今泾阳、三原、富平、蒲城等县，最后在蒲城县晋城村南注入洛河。干渠总长近300华里。沿途拦腰截断沿山河流，将冶水、清水、浊水、石川水等收入渠中，以加大水量。在关中平原北部，泾、洛、渭之间构成密如蛛网的灌溉系统，使多旱缺雨的关中平原成为富庶甲天下的粮仓。1985年到1986年，陕西省考古工作者对郑国渠渠首工程进行了调查勘探，发现了西起泾水西岸100多米王里湾村南边的山头，东迄距泾水东岸尖嘴高坡，底宽100多米的泾水拦截大坝遗迹。

5. **大运河**

是世界上里程最长、工程最大、年代最古老的运河之一，与长城并称为中国古代的两项伟大工程。大运河南起杭州（余杭），地跨浙江、江苏、安徽、河南、山东、河北、天津、北京六省两市，贯通钱塘江、长江、淮河、黄河、海河五大水系。始建于公元前486年，至今已有2500年的历史，总长度达2700余千米，其中，元明京杭大运河长达1780余千米，部分河段仍然具有通航能力。

大运河始创于吴王夫差所开“邗沟”，全线贯通则达成于隋代。为加强对全国的控制，开通漕运，方便南粮北调，以增强京畿地区粮食供给和军事力量，隋朝统治者于公元584～610年（隋文帝开皇四年至隋炀帝大业六年），充分利用此前既有的运河和自然水系，先后开凿了永济渠（山东临清至河北涿郡，长约1000千米）、通济渠（洛阳到江苏清江，即今淮安市，长约1000千米）、山阳渎（北起淮水南岸的山阳，南到江都即扬州市）、江南运河（江苏镇江至浙江杭州，长约400千米）、对邗沟进行了改造。贯通了以都城洛阳为中心，北到河北涿郡，南达浙江余杭的大运河。北宋时期，通过开凿整治汴河、惠民河、广济河、金水河及江淮运河、江南运河等，把江浙、两淮、荆湖等地与开封京畿一带有机地连接在一起。

1271年，元世祖忽必烈定都燕京（今北京），号称“大都”，急于建立稳定的漕运补给线，以获取南方的漕粮。由于战乱失修，此时的运河已不能全线贯通，而原有的河道需绕道中原，绕路太过遥远；绕行山东半岛经渤海北运，虽然绕路稍短，风险却大为增加。因此，忽必烈决定开挖从淮北纵穿今山东地区的新河段，以缩短到元大都的漕运里程。至元十九年（1282年）开通济州河，以任城（今济宁）为中心，南至鲁桥与泗水沟通，北至安山（今梁山）入济水，全长150千米（图1-1）。济宁南旺的地势为京杭运河全线的最高点，有水脊之称，面临水源严重不足的问题。为此，特意在兖州城东的泗水河上修筑了金口坝，令泗水入府河；在宁阳北的大汶河上筑罡城坝，引汶河水南入洸河，与经府河西流而来的泗河之水汇合，注入城西的马场湖，南北分流，接济运河，保障漕运。

至元二十六年（1289年），忽必烈采纳寿张县尹韩仲晖等“开河以通运”的建议，开挖连接永济渠的惠通河，南“起项城县安山渠西南，由寿张西北至东昌，又西北至临清，引汶水以达运河。长二百五十余里，中建闸三十有一，以时蓄泄河。成，赐名惠通”[1]。至元二十九年（1292年）又开通元大都到通州的通惠河，至此，将大都至江苏清江之间的天然河道和湖泊连接起来，南接邗沟和江南运河，直达杭州。较之绕道洛阳的隋唐大运河缩短了900多千米。

明朝初年，定都南京，对京杭运河北段的需求相对减少。洪武二十四年（1391年），黄河在黄南原武黑洋山（今原阳县）决口，造成会通河淤塞断航。永乐元年（1403年），明成祖朱棣即位，迁都北京。京杭运河北段的通航问题被提上日程。永乐九年（1411年），工部尚书宋礼奉命疏浚会通河，采纳汶上老人白英的建议，在加深河道的同时，在大汶河上“筑戴村坝（东平）……遏汶流（图1-2），使无南入洸而北归海”，人工开凿小汶河引水工程，迫使汶水沿人工开挖的长90里的小汶河向西南方向进入运河南旺水脊区段，以济漕运。成化十七年（1481年）又修建了南旺上闸和下闸（图1-3），即十里闸和柳林闸，再以石砌分水驳岸、“水拨刺”、节制闸、斗门（减水进水闸）进行南北分流。形成“以六闸撙节水势，启闭通放舟楫”，“七分朝天子，三分下江南”的水流分配格局。并根据地势，在会通河上设头闸、二闸、七级闸等38座水闸，以节制水流速度。万历十七年

[1]　薛凤祚：《两河清彙·运河》，《四库全书》版。

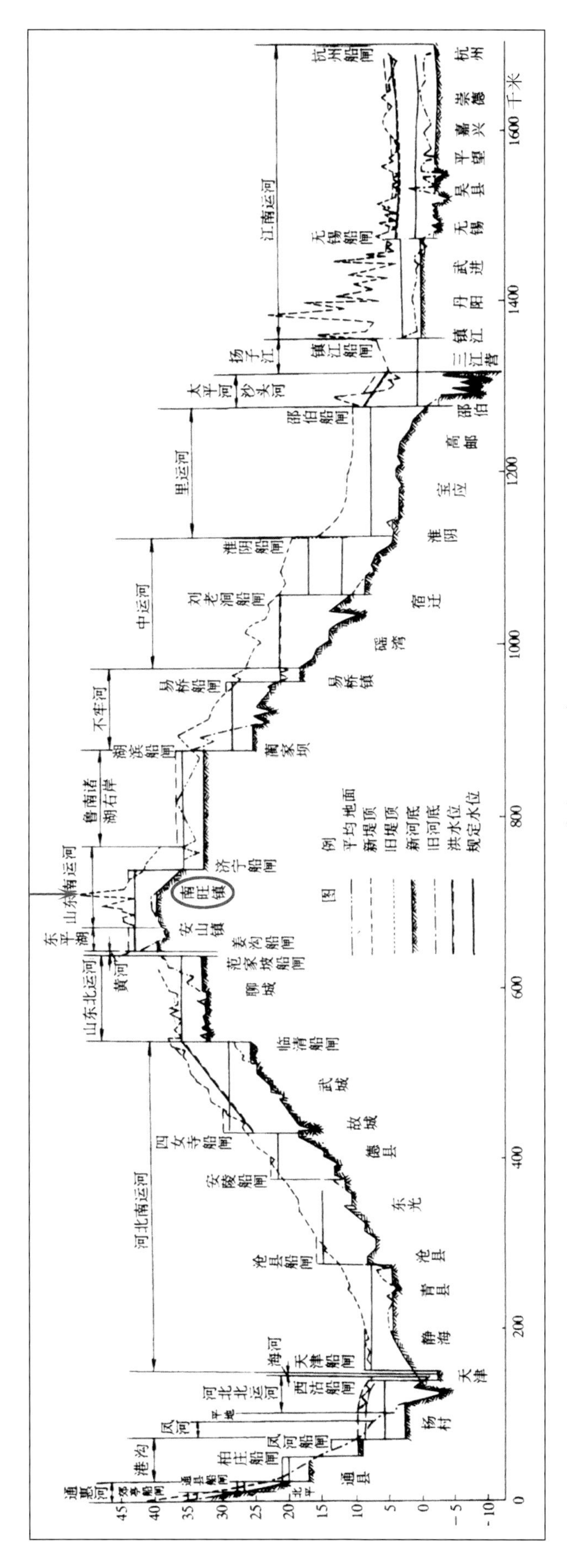

图1-1　京杭运河纵剖面图

图1-2　戴村坝主坝（从南向北摄）

（1589年）黄河在茶城（今徐州北）决堤，运河淤塞断航。工部都给事中常居敬奉命主持河务，增设了南旺、马踏、蜀山（汶上）、安山（即东平湖）四座人工湖，以为水柜。运河径流充足，则引水入湖，以预储留，旱则决湖水以济漕运。这些措施，保证了运河漕运连续畅通300余年。

清咸丰五年（1855年）黄河在河南兰考铜瓦厢决堤，夺济水（大清河）入海，会通河淤塞，漕运因此而逐渐衰败，光绪二十七年（1901年）清政府下令停止漕运。以后虽经多次整治，水脊缺水的问题一直没有得到很好的解决。到20世纪70年代，济宁以北河段完全断航。

京杭大运河自开通以来，特别是会通河及南旺分水枢纽工程建成通航以后，成为沟通中国东部发达地区南北经济的交通大动脉，孕育、繁荣了沿线的港口、商埠等城镇文化。

京杭大运河沿线曾经是中国历史上最富庶的地区，今天仍然是中国工农业最发达的地区。兖州、济宁、枣庄、滕州市、丰县、沛县、徐州、邳州及两淮等煤炭、钢铁、石油等矿产资源，与上海、南京、徐州、镇江、常州、无锡、苏州、扬州、杭州等现代工业港口城市，构成了很好的产业互补链条。为了更好地发挥物资流通、产业互补的优势，鲁、苏、浙沿线三省对大运河进行了分段整治、扩建和渠化，使千年古运河重新焕发了青春，成为中国仅次于长江的第二条“黄金水道”。

6．胶莱运河

可以看成是京杭大运河的补充工程。元代初期，由于京杭运河不能全线贯通，南粮到达淮北以后，需要改为海运，绕行山东半岛经渤海北运。不仅绕路，且风险极大，为此元世祖在至元十七年（1280年）下令开凿胶州湾至莱州湾的

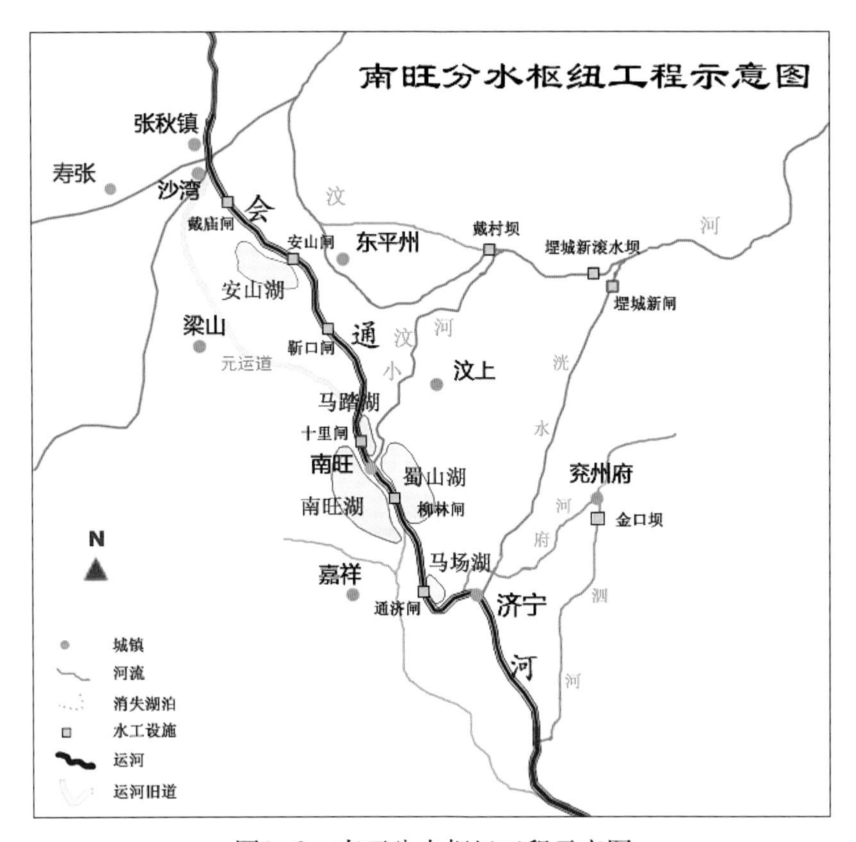

图1-3　南旺分水枢纽工程示意图

胶莱运河，借助从半岛中部分水脊岭两侧发源的两条南北向河流，开挖人工河渠，沟通高密、胶州、昌邑、平度、莱州等地，建立起黄海与渤海间的陆地水上通道。由于分水脊岭的存在，沿途设有9座通航船闸，以节制水流。济州河、会通河、通惠河开通之后，胶莱运河逐步废弃。明嘉靖十六年（1537年）重开胶莱运河。

三　运河文化的启示

水是生命的源泉，交通是经济的命脉，经济则是富民强国的必要条件。京杭大运河自公元前487年吴王夫差开辟邗沟以来，特别是隋代贯通京杭大运河以后千余年的时间里，或兴或废、或通或淤，运河都以其通则经济繁盛、国泰民安；塞则民生凋敝、战祸不断的特殊方式，顽强地向国人发出警示信号。运河对现代经济和文化发展的巨大推动作用，更为今日欧美国家的内河连通体系和江苏段运河沿线的发展模式所证实。

大运河是人类在特定的社会历史条件下，通过跨自然水系的通航、漕运，促进运河流域不同文化区在思想意识、价值形态、社会理念、生产方式、文化艺术、风俗民情等领域的广角度、深层次交流融合，推动沿运河流域的社会政治、经济、科技、文化的全面发展而形成的一种跨水系、跨领域的网带状区域文化集合体。

两千多年以来，对中华文化和中华文明的繁荣发展产生了重大影响。

尽管运河的开凿和运营在很大程度上是出于政治、军事目的，历代统治者也力图将运河的运营管理完全纳入官方的控制之下，并在很长的时间内严格限制漕运以外的商业航运，但商业行为还是透过漕运、物资和相关人员的交流，在一定程度上得以实现。随着社会的进步和经济的发展，国家对运河的政治、军事依赖程度逐渐降低，运河的商业运营规模日渐扩大，推动了全运河流域整个社会在不同层面上的交流、发展和融合，具有特定内涵的、跨自然水系的运河政治、经济、文化网带最终形成。

应该说，运河文化是沿线各自然水系、不同文化区、不同民族、不同社团、不同阶层在运河文化系统的作用下，通过相互交流、相互影响、扬弃融汇，在哲学、宗教、政治、军事、经济、商业、教育、文化、科技、艺术、民俗等人类社会的各个领域，形成的具有自身特色的文化现象。

血缘关系和地缘关系一直是影响人类社会经济、政治和文化发展的两个举足轻重的重要因素。自新石器时代开始，在运河流经地带就形成了不同的文化区域，如以血缘关系维系的崧泽·良渚文化、大汶口·龙山文化、裴李岗·大河村文化，到历史时期以地缘关系维系的吴越文化、荆楚文化、齐鲁文化、燕赵文化等。这些不同的、互不隶属的文化区，之所以能够逐步发展成为中华一统文明，除了东亚大陆的地理态势和三皇五帝以来形成的哲学思想、价值理念、政治、礼仪制度的综合作用外，京杭大运河发挥了不可忽视的巨大作用。她像一张充满活力的网状大动脉，把自然流域和各个不同文化区连接成有机的整体，形成了由自然水系和人工河道组成的网带状运河文化，增强了中华各民族的向心力和凝聚力，成为维系中华大一统局面的政治纽带。其主要表现形式大致有以下几点：

1. 天人合一的科学治水思想

人们在开凿运河及确保运河畅通的过程中积累了宝贵的治水经验，包括开凿运河的设想、不同时期的河道设置方案、总体规划，水源配给和控制，设施定位和日常运营、维护管理等。如为解决黄河决堤淤塞的问题，人们采取了“避黄保运”和增设“水柜”的防范措施；为克服水源不足和控制运河水位，因势利导，引汶、泗、洸、沂等“四水”以补充运河水源。利用闸口和河道弯曲减缓、调节流量、流速，元明时期的会通河就有闸坝近40座，其中尤以明永乐九年建成的南旺分水枢纽工程备受世人瞩目。这些成果是自大禹治水以来，中华民族为变水害为水利，前赴后继，不懈努力、不断探索、长期积累的智慧结晶，是运河文化在科学技术领域的主要表现形式。在中国乃至世界水利科技史上都占有极为重要的地位。

2. 中华一统的政治纽带

运河因政治、军事和经济需要而开凿，更因通航、漕运和商业贸易而发达，自元代开浚会通河，使江南漕船可以直达通州，到清末废弃漕运为止，京杭大运河的漕运制度维持了600余年，年漕粮运输量基本保持在400万石以上，最高可达700余万石，最低也在200万石以上。为了保证漕运畅通，朝廷沿河设置都漕运使、都漕运司；修筑城池，驻守重兵，仅济宁一地在明清时期就分别设有任城卫、济宁左右卫和城守营、运河营及河标左、中、右三营，皇帝和官僚也不时沿运河南巡，通过京杭大运河实现对东部繁荣地区的严密统治，使运河成为国家的重要经济命脉和维系中华大一统格局的政治纽带，是运河文化在政治领域的主要表现形式。

3. 兴旺发达的商品经济

漕运的畅通和交流的便捷，密切了沿运河流域各不同物资产区的经济联系，官商乃至于民间商贾，凭借着纵横交错的水上交通网和便捷的舟楫之利往来其间，有力地推动了东西南北的物资交流，促进了手工业、加工工业、服务业和农业商品经济的发展。作为历代王朝的重要经济命脉，明代的20余个染织局，半数以上设立于运河沿线，清代设立于北京、江宁、苏州、杭州等著名织造局也均在运河沿线。明清两代在运河上的商税收入分别高达80万～150万两白银，分别占全国关税收入的30%～50%，明代的资本主义萌芽在很大程度上也得益于运河商品经济的发展，这是运河文化在经济领域的主要表现形式。

4. 海纳百川的社会结构

大运河纵贯南北，连通五大自然水系，是古代中国大地上独一无二的运输大动脉。大规模的漕运，跨流域商贸经济带的形成，吸引着汉、回、蒙、满等数十个不同民族、大量河工、船户、水手、搬运工人、手工业者、官僚、衙役、军兵、商贾、僧道教众等不同阶层与当地居民杂居共处于运河沿线，导致沿线民众谋生手段和生活方式的改变，形成了独特的社区、社团结构，如不同的宗教、帮会团体、地方会馆、各类学校等，促进了不同文化区和不同社团的传统理念、价值形态、文化习俗得以在更广大的区域内互相交流，融汇发展，这是运河文化在社会综合领域的主要表现形式。

5. 星罗棋布的港口城市

便捷的交通，繁荣的经济，使运河沿线成为人们向往的聚居地，人口密度的大幅度增加直接导致了一大批运河城镇的崛起，原来处于散居状态的村落或荒芜的原野，在运河通航的带动下，迅速发展成为全国闻名的商业都市或政治、经济、文化中心，如北京、通州、天津、德州、聊城、临清、东昌、济宁、张秋、徐州、淮安、镇江、高邮、无锡、常州、扬州、苏州、余杭、嘉兴、杭州、绍兴等。这些众多的城镇或者从无到有，或者由小到大，或由军事城防转变为商业城市，逐步发展成商贾云集、百业兴旺的大都市，就像苍穹银河闪耀的繁星，点缀在千里运河之畔，构成了独特的网带状都市格局，这是运河文化在聚居方式领域的重要表现形式。

6. 百花齐放的民俗文化艺术

城市的发展和经济的繁荣，极大地促进了文化、教育和民间艺术的发展。大运河以其博大的胸怀，接纳着来自不同文化区、不同民族、不同国别、不同肤色、不同信仰的人群，集古今中外文化之精粹，融东西南北民俗之神韵。域内书院林立、人才荟萃，文化昌盛；宗教信仰、民间艺术、曲艺杂耍、饮食起居、服饰礼仪、殡丧嫁娶、迎送往来等民俗风情，随着运河人员、物资大流动而呈现出百花齐放，融汇发展的格局。词汇数量庞大的、几乎包括所有行业门类的暗语切口或手势广泛流行于运河沿线，各种帮会组织的形成，以及天主教的迅速传播等都是比较突出的现象，这是运河文化在民俗文化领域的主要表现形式。

7. 独领风骚的历史文化遗迹

运河的开凿、通航和政治、经济、文化的全面繁荣，为运河流域、为中华民族、为世界文化宝库留下了丰富的文物古迹。运河本身的各类设施，如河道、码头、闸坝及其附属建筑；各类古城街区、特色民居、道观庙宇、教堂楼所、地方会馆、皇家园林、官商庭院、名人遗迹等等，构成了运河沿线独具特色的建筑群落和文物名胜，展现出绚丽多姿的运河文化风貌，这是运河文化在物相文化领域的重要表现形式。

京杭大运河的开凿、通航，凝聚着历代运河建设者的辛勤劳动和聪明才智，积淀了中华五千年的科技文明和治水经验，是人类尊重自然法则、尊重科学规律，与大自然交互发展的伟大成果，体现了“天人合一”的传统哲学思想，是中华文明史上的又一座历史丰碑，也是世界文明史上的伟大创举。

运河文化最显著的特点，是兼容并蓄、共同发展的动态开放性。京杭大运河以贯通自然水系的方式连通了相对封闭的不同地理单元、以人员交流的方式打破了不同社区的文化封闭、以物资交换的方式促进了不同经济区的共同繁荣、以文化交流的方式推动了不同文化区的融汇发展、以风俗民情融汇发展的方式维系了中华一统的政治格局。这对于我们在世界政治多极化和全球经济一体化快速发展的大潮中，更好地保持民族特色、维护国家统一；在独立自主的前提下快速发展民族经济，自强于世界民族之林；以及南水北调工程的启动，都有着极为重要的启示作用。

第四节 时代的脉动与中华复兴

中国幅员辽阔，人口众多，是世界上唯一源远流长、绵延相承的文明古国。如果说，黄河和长江是哺乳中华文明绵延不断、健康成长的母亲，京杭大运河则是中华各民族相互交流、融合，共同发展的课堂。自大运河江苏段——古邗沟开凿以来，历代统治者都十分重视灌溉、漕运，发展农业经济。秦代以来到工业革命之前两千余年的绝大部分时间里，中国一直是世界上政治、经济、文化，乃至军事上最繁荣、最强盛的大国。当西方工业革命和资本主义取得快速发展的时期，东方大国却因为清王朝的腐朽统治、日渐没落，以至于成为西方列强觊觎、瓜分的目标。京杭大运河也因为大致同样的原因，随着1855年的黄河改道而逐步废弃。

一　百年屈辱

1616年，爱新觉罗·努尔哈赤统一女真各部落，建立后金。1635年，皇太极改称“满洲”，1636年又改国号为清。1644年入关，逐步统一全国。大清王朝作为中国历史上最后一个中央集权王朝，虽然也有过辉煌的“康雍乾”盛世，但由于满族在建国之前，其社会组织还有着浓厚的氏族社会色彩，社会发展水平和生产力还处于较低水平；伴以统治者的夜郎自大，固步自封，和固有的政治腐败，在某种程度上迟滞了中华文明的发展和科技进步，最终导致中国历史上最令人痛心的百年屈辱。

1583年，努尔哈赤起兵自立，相关记载称之为努尔哈赤“崛起为酋长”（《李朝实录·宣祖》卷一八九）。由于本部落人数较少，乃与苏克苏浒部四个城寨主诺米纳等结盟。“四酋谓太祖曰，念吾等先众来归，毋视为编氓，望待之如兄弟手足”（《清太祖武皇帝实录（一）》）。“编氓”，满文作“诸申”，是“肃慎”“女真”的变称。满族在阶级分化之后，奴隶主称为“贝勒”或“按班”，“诸申”则是被奴役的底层民众。是以“四个参与结盟的酋长”要求努尔哈赤以兄弟之礼相待，而不要把他们当作“诸申”。努尔哈赤是在部落氏族制的废墟上建立起满清的统治和八旗兵制。用自己兄弟子侄掌握兵权、政权、旗权，用各部落的酋长（族长）作“世管佐领”，以统治归顺、投降的部族。清初推行强取豪夺的跑马圈地、投充[1]、重农抑商等弊政，就是部落氏族制社会习俗的体现，极大地破坏了中原地区的经济，制约了资本主义的发展；制造文字狱，大肆销毁古籍，导致思想文化上的“万马齐喑”；轻视科技和闭关锁国，导致中国的经济和科技极大地落后于西方。

康乾时期，清朝统治者为了自家的“万世基业”，仿效明代的政治组织体制，加强中央集权和君主专政，极力推崇儒学，开设科举，起用汉人官吏，以赢得汉族知识分子的支持，消弭敌对情绪，使社会趋于稳定。据美国学者肯尼迪《大国的兴衰》中统计，康乾盛世时，中国的国内生产总值恢复到世界的三分之一，工业产量，占世界的百分之三十二，成就了所谓的“康雍乾”盛世。

[1]　清兵入关后，一度允许八旗官兵抢掠汉人百姓，充为奴隶。

然而“盛世”之下的康乾时代，却是政治腐败，贪官辈出。如明珠、索额图、和珅，营私舞弊，贪赃枉法，贪腐数额之巨，几乎达到了空前绝后的程度。雍正整顿吏治，高压之下，贪污导致的考场舞弊事件依然层出不穷。在西方资产阶级工业革命和思想启蒙运动风起云涌之际，“天朝圣主”面对世界范围内的历史性大变动、大转折，茫然无知，毫无准备。仍然自诩天朝上国，妄自尊大，盲目排外，固步自封，不思进取，将西方科技视为“奇技淫巧”，坚持推行愚蠢的闭关锁国政策。顺治十二年，清政府开始实行全面海禁（《清世祖实录》卷33）。康熙、乾隆亦未能完全脱此窠臼。尽管康熙曾经以浓厚的兴趣积极向传教士学习天文、数学、医学等方面的知识，乾隆及其皇子也对外国的科学发明产生过相当的兴趣。但是，出于对西方国家的防范和戒备，康熙在平定台湾后，曾有过短时期的有限开放海禁，不久再一次全面禁海（《清圣祖实录》卷270）。乾隆的例子更为荒唐。1860年，英法联军洗劫圆明园时发现，英国在60多年以前“进贡”给“天朝”的枪炮完好无损，从未进行过任何形式的测试和研究，子弹、炮弹一发都没少。清朝统治者一系列的愚昧、错误政策，加速了大清王朝的衰落，进一步拉大了与西方发达国家的差距，处于人为刀俎，我为鱼肉，被动挨打的地位。马克思曾经指出：

“一个人口几乎占人类三分之一的大帝国，不顾时势，安于现状，人为地隔绝于世并因此竭力以天朝尽善尽美的幻想自欺。这样一个帝国注定最后要在一场殊死的决斗中被打垮”[1]。

19世纪中叶，西方列强用鸦片和坚船利炮叩开了古老中国的大门，也惊醒了中华百年睡狮。鸦片战争、中法战争、甲午中日战争、八国联军侵华战争，胁迫清政府签订了《南京条约》《天津条约》《瑷珲条约》《北京条约》《中法新约》《马关条约》和《辛丑条约》等一系列丧权辱国的不平等条约，勒索巨额赔款；蚕食、鲸吞中国领土；控制、窃取中国军事要地；划分势力范围，控制重要通商口岸和建立租界；施行领事裁判权和片面最惠国待遇；在中国进行商品倾销和资本输出。推行的殖民主义统治，引起中国社会政治、经济、文化的剧烈动荡，中国逐渐沦为半殖民地半封建社会，古老的中国面临日益深重的民族生存危机。

随着大清帝国的日趋没落，作为中华各民族和不同文化区重要政治纽带和经济大动脉，京杭大运河也步入了命运多舛的时代。第一次鸦片战争（1840年6月～1842年8月）期间，英军多次进攻广东、福建、浙江、江苏沿海港口。两度占领吴淞、镇江，威逼南京，封锁运河漕运，迫使道光皇帝签订了丧权辱国的《中英南京条约》。1853年，太平天国占据南京和安徽沿江一带达十余年之久，运河漕运被迫中断，当地经济和沿线主要城市遭到严重破坏。在1855年（清咸丰五年）黄河在河南兰阳（今兰考）北岸铜瓦厢决口改道，夺大清河入渤海，

[1] 马克思：《鸦片贸易史》，《马克思恩格斯选集》第1卷，第716页，人民出版社，1995年。

清朝统治者再也无力维护河道的畅通，山东段运河逐渐淤废，漕运主要改经海路。到 1911 年，津浦铁路全线通车，除江浙地区某些河段外，纵贯华东、华北的经济大动脉被迫停止“脉动”，沿线城市也随之失去了往日的辉煌。

二　救亡图存

“路漫漫其修远兮，吾将上下而求索”。面对帝国主义的入侵、清帝国的日渐腐败没落、国家主权独立和领土完整不断遭到破坏。为摆脱帝国主义、封建主义的压迫，挽救民族危亡，寻找救国良策，争取民族独立和解放，无数仁人志士和广大人民群众，进行了长时期的、不屈不挠的探索和艰苦卓绝的斗争，救亡图存、自强富国的民族运动波澜壮阔，此伏彼起。如魏源等的“师夷之长技以制夷”；洪秀全的反清起义；康有为、梁启超的“变法图强”；奕忻、曾国藩、李鸿章、左宗棠等的洋务运动；义和团起义、孙中山的国民革命，前赴后继，英勇奋斗，谱写了中国近代史上可歌可泣的悲壮篇章。

辛亥革命推翻了清王朝，结束了中国两千多年的君主专制制度，开创了完全意义上的近代民族民主革命。新文化运动冲击了封建主义的思想、道德和文化，开启了思想解放的闸门。古老的中国在饱受列强欺凌、被迫开放的环境中不断进行着经济、政治和思想文化的变革，社会结构开始逐步从传统社会向近代社会转型。1914 年 8 月，第一次世界大战爆发，中国北洋政府以协约国盟国的身份于 1917 年 8 月 14 日参战。1919 年，取胜的协约国在法国召开“巴黎和会”，重新瓜分世界，将战前德国侵占的山东胶州湾的领土和相关资产划归日本所有。消息传至国内，群情激愤，爆发了“五四”学生爱国运动，最终发展成为全国规模的群众爱国运动，迫使北洋军阀政府拒绝承认这个丧权辱国的条约。

五四运动的爆发，标志着资产阶级领导的旧民主主义革命的结束、无产阶级领导的新民主主义革命的开始。1921 年中国共产党成立，中国革命的面貌从此焕然一新。第一次国共合作推动了国民革命运动的高涨。国共合作破裂后，中国共产党为反抗国民党统治，进行工农武装革命，开始了中国革命道路的艰难探索。

1931 年日本帝国主义发动“九一八”事变，中华民族面临严重的民族危机，全国抗日救亡运动不断高涨。1935 年，日本发动华北事变，中日民族矛盾上升为全国主要矛盾。1936 年 12 月“西安事变”促成了抗日民族统一战线。经过八年浴血奋战，终于第一次取得了近代以来反侵略战争的彻底胜利。1949 年取得了新民主主义革命的伟大胜利，推翻了国民党在中国大陆的统治，建立了中华人民共和国，向全世界庄严地宣告：“中国人民从此站起来了。”

三　复兴之路

从鸦片战争开始，中国逐步沦为半殖民地半封建社会，在帝国主义列强蛮横施加的惨痛屈辱中，开启了现代化之门。鸦片战争是中国近代史的开端，也是中华民族救亡图存，探索复兴之路的起点。从这一个意义上说，当时的中国是被迫走向世界的。鸦片战争以后，中华民族面临着两大历史任务：一是求得民族独立和人民解放；二是实现国家繁荣富强和人民共同富裕。1949年中华人民共和国的成立，标志着中国具备了自主进行大规模现代化建设的基本条件，中国进入了一个全新的历史发展时期。

仇恨可以淡化，历史却不应该被忘记。站起来的中国，如何在列强环伺和敌对势力政治孤立、经济封锁的国际时局中，站稳脚跟，独立并自强于世界民族之林，是中国共产党和全国各族人民面临的首要问题。毛泽东在新中国成立前夕召开的中国共产党七届二中全会上，语重心长地告诫全党和全国人民："夺取全国胜利，这只是万里长征走完了第一步。以后的路程更长，工作更伟大，更艰苦。务必使同志们继续地保持谦虚、谨慎、不骄不躁的作风，务必使同志们继续地保持艰苦奋斗的作风。"

自立于世界民族之林，就是要办好自己的事：清除半殖民地半封建的腐朽思想和统治秩序，建立新型社会生产关系，充分发展以近代工业为主的社会生产力，改变近代中国经济、文化落后的地位和状况，实现国家繁荣富强和人民共同富裕、实现中国的现代化和中华民族的伟大复兴。中国共产党和全国人民为此进行了不懈的努力和痛苦的尝试：公私合营、社会主义改造、工业化建设（时称"一化三改"，即逐步实现国家的社会主义工业化，逐步实现国家对农业、手工业、资本主义工商业的社会主义改造）；"大跃进"和人民公社（与社会主义建设总路线合称为"三面红旗"），乃至于"文化大革命"。走了许多弯路，付出了沉重的代价，也取得了令人振奋的光辉业绩。"两弹一星"的成功，再一次向世界庄严地宣告："东方睡狮"已醒，龙的传人已经自立于世界民族之林。

第一个五年计划（1953～1957年），国民收入平均每年增长8.9%，工业总产值比1952年增长128.6%，平均年增长率高达18.4%。"二五"期间，由于"大跃进""人民公社"的冒进和"三年困难时期"，国民经济大起大落，进入"调整期"。1963～1965年期间，社会总产值和国民收入都有了大幅度提高，增长率超过10%。经济形势明显好转。"文化大革命"时期，国民经济虽然有过大起大落，但也有过1969年、1975年两个较高的增长期。1952～1978年间，中国的经济总量按可比价格计算的社会总产值、工业总产值和国民收入的年均增值率分别达到7.9%、8.2%、6.0%[1]，成绩是可观的。

[1]　参见周树立：《论改革开放前的中国经济发展战略》，《经济经纬》2003年第4期。刘国光：《改革开放前的中国经济发展和经济体制》，《中共党史研究》2002年第4期。

复兴的路是曲折的，前进的步伐却是坚定的，有成千上万的爱国者，为寻求救国真理前仆后继，执着求索，在困惑中奋斗，在徘徊中探索，在曲折中前进。经过三十余年的探索和磨砺，中国迎来了改革开放的新时代，20 世纪 70 年代末期，国家确立了改革开放、以经济建设为中心的方针，中国人民追寻百年的现代化事业，从此走上了新的发展轨道。

四 时代的脉动

中国是一个水资源严重紧缺的国度。淡水资源总量为 28000 亿立方米，占全球水资源的 6%，仅次于巴西、俄罗斯和加拿大，居世界第四位，但人均只有 2100 立方米，仅为世界人均水平的 28%，是全球人均水资源最贫乏的国家之一。且其分布极不均衡。数据显示，中国目前年用水总量已突破 6000 亿立方米，全国年平均缺水量 500 多亿立方米，三分之二的城市缺水。人多水少、水资源的时空分布严重不均，南方水多，北方多旱缺水，是中国的基本国情。

随着改革开放的深入和现代工业的发展，水资源紧缺的情况日趋严重，成为制约国家经济和现代社会运行与经济发展的瓶颈。解决北方缺水的问题刻不容缓。经过了数十年的研究酝酿，“南水北调”最终成为 2002 ～ 2014 年间、几乎完全纵跨“十五”至“十二五”三个国民经济和社会发展五年规划的重大战略工程。

早在 1952 年 10 月，新中国的缔造者毛泽东在视察黄河，听取黄河水利委员会关于引江济黄设想的汇报后说：“南方水多，北方水少，如有可能，借点水来也是可以的”。1953 年 2 月，毛泽东在视察长江时，再次提出“能不能从南方借点水给北方”的问题，并要求组织人员查勘、研究，“南水北调工作要抓紧”。从国家最高领导人的角度，正式提出了南水北调的宏伟设想。1958 年 8 月 29 日，中共中央北戴河政治局扩大会议发布了《关于水利工作的指示》，提出：“全国范围的较长远的水利规划，首先是以南水（主要指长江水系）北调为主要目的地，即将江、淮、河、汉、海各流域联系为统一的水利系统规划”。明确将“南水北调”作为国家最高领导机关的正式决策。1958 ～ 1960 年，中央先后召开了 4 次全国性的南水北调会议，提出在 1960 ～ 1963 年期间完成南水北调初步规划要点报告的任务目标。

改革开放初期，“南水北调”再次被提上国家的议事日程。1972 年 12 月，水电部正式成立了部属的南水北调规划办公室，统筹领导协调全国的南水北调工作。1978 年 10 月，水电部发出了《关于加强南水北调规划工作的通知》。五届全国人大一次会议上通过的《政府工作报告》中也正式提出：“兴建把长江水引到黄河以北的南水北调工程”。1987 年 7 月，国家计委正式将南水北调西线工程列入“七五”超前期工作项目，要求于 1990 年年底提交相关初步研究报告和规划研究报告。1991 年 4 月，七届全国人大四次会议将“南水北调”列入“八五”计划和十年规划。1992 年 10 月，中国共产党第十四次全国代表大会把“南水北调”

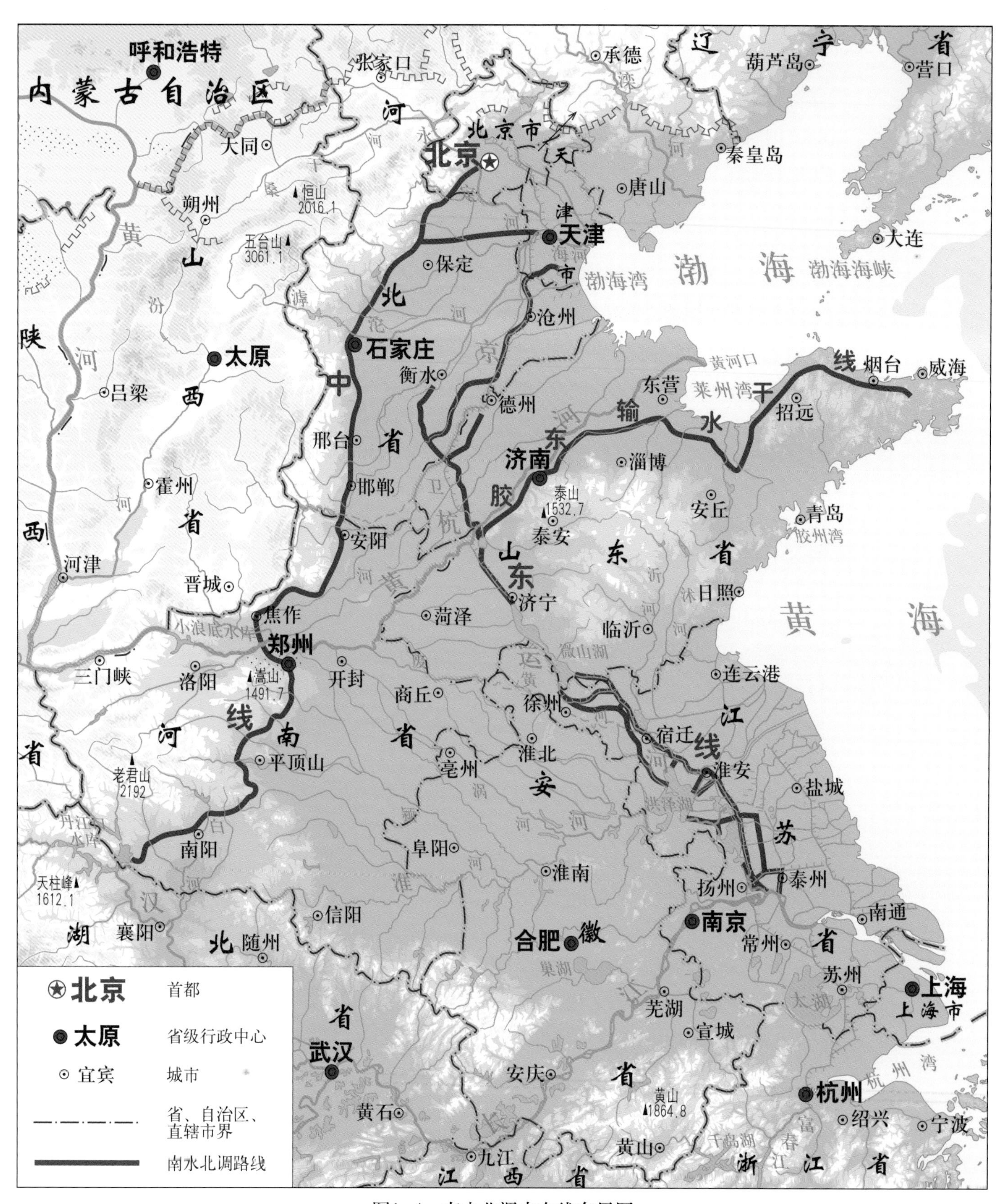

图1-4　南水北调中东线布局图

列入中国跨世纪的骨干工程之一。1995 年 12 月开始了全面的研究论证。2000 年 6 月最终确定了南水北调工程总体布局，定为西、中、东三条线路（图 1-4）。

2002 年 12 月 27 日，“南水北调工程开工典礼”分别在北京人民大会堂和山东省、江苏省施工现场同时举行。东线山东段济平干渠工程、江苏段三阳河、潼河、宝应站等首批工程正式开工。

南水北调一期工程东中线调水干渠，贯通北京、天津、河北、河南、山东、江苏、湖北七个省市，涉及“远古中国”域内除河原（以陕晋豫结合部为中心的黄河、渭河河谷和黄土原地带）的海岱（今山东及其周边地区）、江淮（淮河以南至太湖平原的苏皖浙平原地区）、桑卫（太行山以东，桑河卫河之间的地带）、洛颍（以洛水、颍水中上游为中心的中原地区）、江汉（以湖北为中心的江汉平原）等五大原初民族文化区，以及稍后的夏商文化、荆楚文化、燕赵文化、齐鲁文化和大运河等中国历史上重要的文化区域。中线主干渠全长 1383.2 千米。东线工程南北主干渠长约 1156 千米，从江苏省扬州附近的长江干流引水，连通洪泽湖、骆马湖、南四湖、东平湖，并作为调蓄水库，经泵站逐级提水进入东平湖后，分水两路，一路穿黄河北去；东西主干渠西起泰安市东平县的东平湖，一路向东，经胶东输水干线接引黄济青渠道，至威海市米山水库。中东线工程沟通长江、淮河、黄河、海河四大水系。划区人口 4.38 亿，涉及文物点 710 余处。

南水北调工程的实施，是中国继京杭大运河之后，也是人类社会有史以来，规模最为宏大的水利工程。也是现代科技文明的硕果，是人类文明发展史上的伟大创举。与三峡水利枢纽工程、全国高速公路网、青藏铁路、京沪高速铁路等一系列工程，构成了中华民族伟大复兴和永续发展的最新脉动。

作为缓解中国北方水资源严重短缺局面的重大战略工程，如何在工程建设中，确保沿线，包括京杭大运河相关水工设施、村落、集市在内的大量珍贵文化遗产的安全，留住历史的“文明记忆”，便成为国家决策、工程建设和文物工作者共同面临的重大课题。抓住机遇，因势利导，充分发挥京杭大运河地理位置优越，基础设施完善，文物古迹丰富的有利因素，加大科技和资金投入，认真做好前期研究和科学论证，从发展方向和发展速度上下功夫，将运河文化带建设成为集调水、航运、科技、商贸、旅游和环保为一体的绿色长廊，更好地展示中华五千年文明的丰硕成果，让古老的运河文化再度绽放出绚丽的光芒，为中华民族的伟大复兴、为中华民族自强于世界民族之林做出更大的贡献。

第二章　文明的记忆

文物是文化的载体、文明的记忆，是不可再生的文化资源。山东位于中国东部沿海、黄河下游，属《尚书·禹贡》青、兖、徐三州之地，是“远古中国”域内最重要的历史文化区、中华文明的重要发祥地。学界根据《尚书·禹贡》“海岱维青州，淄潍其道”的说法，将以今山东为腹地的古文化区称之为“海岱文化区”。因早期典籍把东部地区的先民称之为东夷，所以又有“东夷文化”的称谓。山东作为海岱先民和东夷古族的核心分布区，是全国为数不多的文物大省，拥有悠久的历史文化和辉煌的上古文明，留下了极为丰富的优秀文化遗产，是人类社会的共同财富和最为持久的“文明记忆”。

山东地貌分为半岛和大陆两部分。东部的山东半岛为和缓起伏的丘陵地带，突出于黄海、渤海之间，隔海与辽东半岛遥遥相对，海岸线总长约3000余千米，近岸岛屿299个。庙岛群岛屹立在渤海海峡，是渤海与黄海的分界处，是扼守海峡咽喉，拱卫首都北京的重要海防门户。中南部是高耸隆起的鲁中南山地，华北平原的中心制高点、五岳独尊的巍巍泰山雄峙其中。北部、西部为黄河冲积平原，自北向南依次与河北、河南、安徽、江苏四省接壤。气候适宜，物产丰富，人文荟萃。大汶口、龙山文化是“远古中国”域内发展水平最高和最为强势的考古学文化之一。海岱先民以其杰出的智慧、先进的文化，积极参与中华民族的融合过程。炎帝族系的蚩尤、少昊、太昊、伯益、后羿等古族，凭借着优势的文化背景，同西方的黄帝族系一道，通过“中原逐鹿”，演绎出一幕幕波澜壮阔的历史长歌，为中华文明的产生、发展建立了不朽功勋。

第一节　史前简史

20世纪80年代，沂源猿人的发现，将山东地区的人类历史上溯六十万年前后。鲁中南山地、胶东半岛旧石器时代遗存和距今约3万年新泰乌珠台人的发现，则意味着海岱地区在旧石器晚期仍是早期人类活动的重要区域。沂沭河流域和马陵山一带发现的细石器文化遗存，以及沂源北桃花坪扁扁洞万年左右的新石器遗址的发现表明，海岱地区早期人类的繁衍生息是绵延不断、一脉相承的。

承袭扁扁洞遗存发展起来的后李文化，距今约 8500 ～ 7700 年，沿鲁中南山地北侧冲积扇前缘呈弧带状分布。距今 7000 年左右的北辛文化，已遍布山东全境，并扩展至周边邻近地区。处于新石器时代中晚期的大汶口文化、金石并用时代的典型龙山文化，则是“远古中国”域内最为强势的原始文化，对远古历史进程和中华文明产生了举足轻重的深远影响。

从古史传说的角度说，海岱文化区是中国古族活动脉络最为清晰的地区。伏羲、炎帝、蚩尤、少昊、太昊、帝喾、帝舜、皋陶、伯益、后羿等，分别为海岱部族集团不同时期、不同地域、不同发展阶段的代表人物。

太昊伏羲氏，时代约当旧石器时代末期。代表着从渔猎游牧与采集经济向农耕种植经济（新石器时代初期）过渡的发展阶段。新泰乌珠台人和距今万年以前鲁中南山地的细石器遗存，可信为这一阶段的物质文化。就社会发展阶段而言，大致处于“酋邦学说”所称的“游团”时期。

《易・系辞下》:“古者包牺氏之王天下也，仰则观象于天，俯则观法于地。观鸟兽之文与地之宜，近取诸身，远取诸物，于是始作八卦，以通神明之德，以类万物之情。作结绳而为罔罟，以佃以渔，盖取诸离。”

《左传》僖公二十一年:“任、宿、须句、颛臾，风姓也。实司大皞与有济之祀。”

根据以上记载中的东方、雷泽、有济之祀等方位，可知太昊伏羲氏为海岱历史文化区最早的领袖人物。

《易・系辞下》:“包牺氏没，神农氏作，斲木为耜，揉木为耒。耒耨之利，以教天下，盖取诸益。”

《帝王世纪》:炎帝“作耒耜，始教民耕农，尝别草木，令人食谷而以代牺牲之命，故号神农。”

《世本・作篇》（王谟辑本）:“夙沙氏煮海为盐”。宋衷曰:“夙沙氏，炎帝之诸侯”;《世本》（孙冯翼集本）:“宿沙卫，齐灵公臣。齐滨海，故卫为鱼盐之利。”

炎帝神农氏是为中华人文始祖，约当新石器时代早期。人类社会已步入农耕时代。沂源扁扁洞万年左右的新石器早期遗存、泰沂山系周边的后李文化可信为炎帝时代的物质遗存。社会发展阶段大致相当于“酋邦学说”所称的“部落”阶段。远古中国域内形成了海岱、江淮、江汉、洛颍、桑卫、河原六大原初民族文化区。扁扁洞・后李、北辛、大汶口和龙山文化，即为海岱地区万年以来，至文明时代初期的主体文化。

炎帝时期，第四纪冰川的末次冰期已经消退，为早期人类的生息繁衍，开辟了更为广阔的空间。随着社会生产力的发展和人口密度的增加，部族之间的文化交流和利害冲突日趋明显。炎帝末期，由于远古中国两个发展势头最强的部族集团的相向拓展，导引出一场旷古烁今、长达数百年的中原逐鹿。

蚩尤、少昊时期，为末代炎帝时期，约当新石器时代中期，物质文化有了突飞猛进的发展。鲁北地区的北辛文化，豫北冀南的北辛文化后冈类型，以及相应地区的大汶口早中期文化，应与蚩尤部族有关；鲁中南及豫西、苏北、皖北的北辛文化、大汶口早中期文化，应该与少昊部族有关。社会发展进程大致相当于“酋邦学说”所称的“酋邦”阶段。

《逸周书·尝麦解》：“昔天之初，□作二后；乃设建典，命赤帝分正二卿，命蚩尤于宇少昊，以临四方；司□□上天未成之庆。蚩尤乃逐帝，争于涿鹿之河（或作阿），九隅无遗。赤帝大慑，乃说于黄帝，执蚩尤，杀之于中冀，以甲兵释怒。用大正顺天思序，纪于大帝。用名之于绝辔之野。乃命少昊清司马鸟师，以正五帝之官，故名曰质。天用大成，至于今不乱。”

《帝王世纪》：少昊“邑于穷桑，以登帝位，都曲阜。或谓之穷桑帝。以金承土，即图谶所谓‘白帝朱宣’者也。故称少昊，号金天氏。在位百年而崩。”

后即帝，赤帝即炎帝，“二后”即炎、黄二帝；“二卿”即为“蚩尤、少昊”。“于宇”学界多认为是“宇于”之误。“宇”为屋檐，引申为居住。《路史·蚩尤传》即作“命蚩尤宇于小颢”，就是命蚩尤前往少昊所居之地，共同抗击前来进犯的黄帝。

此役涉及地域、族群之广，持续时间之长，对中华文明进程的影响达到了前所未有的深度。黄帝族系面对炎帝，特别是蚩尤族的顽强抵抗，不得已而联手少昊，即所谓“乃命少昊清司马鸟师，以正五帝之官”。最终以炎帝、蚩尤战败式微；少昊族与黄帝联手共治而告结束。开启了中国特有的“天用大成，至于今不乱”的“五帝轮值共和”时代，“酋邦联盟”已初步形成。

反映在考古学文化上就是北辛文化、后冈一期文化西渐受阻，西部地区的半坡、庙底沟文化向东进逼，其影响直达山东腹地。如北辛遗址发现的瓮棺葬，北辛、大墩子、大伊山等遗址发现的细颈瓶，近似杯形口双耳罐、器座和大汶口文化早期后段彩陶和其他中原文化因素明显增多等，应为黄帝族系东进的影响；而北辛文化最具特色的鼎，折腹圜底三足盆也见于洛颍石固、王湾等遗址。

经历了这场旷世日久的“中原逐鹿”，黄帝得以在鲁中南建立“轩辕之国”，少昊族系则成为海岱地区土著部族文化中最为兴盛的一支。最终发展为太昊帝喾、帝舜（《山海经》称之为帝俊）所代表的考古学文化。

《世本》（秦嘉谟辑补本）：“玄嚣生侨极，侨极生高辛，是为帝喾。”宋衷曰：“玄嚣青阳即少昊也”；“穷係生敬康，敬康生句芒，句芒生蟜牛，蟜牛生瞽叟，瞽叟生重华，是为帝舜。及象生敖。”王谟辑本“句芒”作“句望”。

《世本·作篇》：“神农作琴瑟。”

《山海经·大荒东经》：“东海之外大壑，少昊孺帝颛顼于此，弃其琴瑟。”

帝喾为帝舜之祖，均为少昊族裔，时代约当新石器时代中晚期和金石并用时期早段，亦即大汶口文化中晚期至龙山文化早期。由于迁徙和部族的分衍，少昊旧部发展分衍出新的族群，即太昊部族。具体地说，少昊部与黄帝族系媾和，在东海之外大壑“孺养颛顼”并“弃其琴瑟”，意味着文化属性和表现形式发生了某种变化。文化属性和表现形式的变化，又意味着部族成分和名称的改变。所以，少昊在东海之外大壑所建之国，即应为太昊部兴起的神话映像。具体地望大致应在鲁中南山地东南侧，靠近黄海的诸城、临朐、五莲、日照、莒县一带。社会发展进程已步入早期国家阶段。据此看来，《孟子》之谓：“舜生诸冯，东夷之人”是有其历史根据的。

考古学研究显示，新石器时代早期，刚刚走出山间林地的早期居民，往往散居在山前冲积扇的前缘。如海岱地区的后李文化，自20世纪90年代确立至今，发现的遗址总计不足20处，呈扇形散居在泰沂山系北侧的山前平原地带。所以在炎帝（假如可以称作）治下，社会结构还比较松散，有如弯月高悬、繁星点点的夜空。各相关民族文化区的早期居民，好比点点繁星，散落在重华大地之上，各自营生，互不相扰，难有交流；炎帝族系有如那一轮弯月，出众，但并不特别光亮，与点点繁星也没有过多的内在联系。

随着社会的发展，人口的增殖，生存空间的压力不断上升，最终导致了长达数百年炎黄中原逐鹿之争。远古中国六大原初民族都受到了这场碰撞的强烈冲击，族群融合分衍、文化交流达到了空前的规模。在黄帝族系的主导下，远古中国各部族之间形成了一个类似于宇宙星系的动态圆盘结构。如黄帝“以兵师为营”的战时体制，少昊的鸟官分职，直至帝尧的四岳百官，总体上都是一种以盟主（帝）为中心，各酋邦联盟成员单位的部族领袖都承担一定的管理职权，构成了一种平铺的圆盘结构体系。这种现象一直持续到虞舜时代。

帝舜的“肇有十二州，立四岳、群牧、群后”，在顶层权利层面之下，设立“十二个州牧”，相当于后世郡、州、道、府、省的中层权利体系，州牧之下才是群后、方伯一类的部族首领。三级管理体制的形成，使“酋邦联盟”的权利体系，首次具备了完全意义上的立体分层圆锥结构，标志着文明时代的正式开启。

第二节　夏商古国

龙山文化时代后期，随着夏王朝建立，华夏、东夷、苗蛮三大部族集团基本形成。今山东地区作为东夷族团的中心分布区，是夏商时期最重要的势力集团之一。东夷先民在今山东地区建立了众多的方国，由于年代久远，史料缺乏，夏商方国的具体情况，已难窥其详，现择其要者略述如下。

楚竹书《容成氏》简33～34：“禹有子五人，不以其子为后。见皋陶之贤也，而欲以为后。皋陶乃五壤（让）以天下之贤者，述（遂）称疾不出而死。禹于是乎让益，启于是乎攻益而自取”[1]。

《韩非子·外储说右下》："禹爱益，而任天下于益，已而以启人为吏。及老而以启为不足任天下，故传天下于益，而势重尽在启也。已而启与友党攻益而夺之天下，是禹名传天下于益，而实令启自取之也。此禹之不及尧舜明矣。"

夏代初年，夏禹名义上将"帝位"传与伯益，暗地里却"以启人为吏"，造成"势重尽在启"的局面，最终"启攻益而自取"，窃取了国家联盟的最高权力。夏启窃取帝位之后，不思进取，"淫溢康乐"，"湛浊于酒"[2]，启子太康更是"尸位以逸豫"，"盘游无度"。伯益之族的"有穷后羿因民弗忍"[3]，趁机发动了凌厉复仇的斗争，并取得了"因夏民以待夏政"的伟大胜利，从此开启了数百年的夷夏交争。

一　东夷方国

终有夏一代，伯益、后羿所代表的东夷之族与夏后氏的关系一直是夏王朝与诸侯关系的主轴。今本《竹书纪年》记载：帝相元年征淮夷，二年征风及黄夷，七年于夷来宾。八年寒浞杀羿，使其子浇居过。二十年寒浞灭戈。二十六年寒浞使其子浇帅师灭斟灌。二十七年浇斟鄩大战于潍，覆其舟灭之。二十八年寒浞使其子浇弑帝（相），后缗归于有仍，伯靡出奔鬲。后缗方娠逃出，自窦归于有仍，伯靡奔有鬲氏"。

1．任

即有仍氏，太昊四国之一。

《左传》僖公二十一年："任、宿、须句、颛臾，风姓也。实司大皞与有济之祀，以服事诸夏"；"二十有二年春，公伐邾，取须句。"杜预注："任，今任城县也。"

《世本·氏姓篇》："仍氏本国名，夏后缗有仍氏女。又有仍叔，世为周大夫。"《史记·吴太伯世家·索隐》："《春秋经·桓五年》'天王使仍叔之子来聘'，《谷梁经传》并作'任叔'。仍、任声相近，或是一地，犹甫吕、虢郭之类。案：《地理志》东平有任县，盖古仍国。"《通志·氏族略》："仍，即有仍氏，夏之诸侯"；"任为风姓之国，实太昊之后。今济州任城，即其地也。"《路史·国名记一》："任，伯爵。今济阳之任城。或曰仍也。"

2．有缗氏

传为少昊之后，夏之诸侯，活动地域与有仍氏相近。

《左传》昭公四年："夏桀为仍之会，有缗叛之。"

《今本竹书纪年》："（桀）十一年，会诸侯于仍，有缗氏逃归，遂灭有缗。"

[1]　马承源主编：《上海博物馆藏战国楚竹书（二）》，上海古籍出版社，2002年。
[2]　孙诒让：《墨子閒诂·非乐上》，《诸子集成》，中华书局，1986年。
[3]　《尚书·夏书·五子之歌》，《十三经注疏》，中华书局影印，1979年。

有缗氏地望，在今山东省金乡县东北。《路史·国名纪》:“缗，蔑姓，夏灭之，山阳东缗。今济之金乡有古缗城。贾逵以缗为有仍之姓，妄。”杨伯峻《春秋左传注·僖公二十三年》注曰 :“缗，本古国名，昭四年《传》‘有缗叛之’是也。在今山东省金乡县东北二十五里，旧名缗城阜。”《通志·氏族略·以国为氏》:“缗氏，夏时诸侯，子孙以国为氏。今济州金乡有古缗城。《姓苑》有缗氏。”

3. 颛臾

太昊四国之一。

《论语·季氏》“季氏将伐颛臾。冉有、季路见于孔子曰 :季氏将有事于颛臾。孔子曰 :求！无乃尔是过与？夫颛臾，昔者先王以为东蒙主，且在邦域之中矣，是社稷之臣也。何以伐为？”

《左传》僖公二十一年杜预注 :“颛臾在泰山南武阳县东北。”颛臾为春秋鲁国的附庸，故址在今山东平邑东北 20 千米处的柏林乡颛臾村，今改为固城村。据《读史方舆纪要》记载，西汉时曾在颛臾故城西南设南武阳县，属泰山郡，东汉及晋因之。隋开皇十八年（598 年）改为颛臾县，属沂州 ；唐贞观初省入费县，1946 年后入平邑县。

4. 须句

太昊四国之一。《春秋经》僖公二十二年:“春，公伐邾，取须句。”《左传》“邾人以须句故出师。公卑邾，不设备而御之”。杜预《左传》僖公二十一年注“须句在东平须昌县西北，四国封近于济，故世祀之。”须昌县即今山东东平县，邾地在今邹城市。

5. 宿

太昊四国之一。故地也在今汶泗流域，后徙安徽宿县。

6. 有虞氏（遂国）

太昊直系后国。

《左传·哀公元年》:少康“为仍牧正。惎浇能戒之。浇使椒求之，逃奔有虞，为之庖正，以除其害。虞思于是妻之以二姚。”

虞思，为帝舜之后，因其始祖虞幕而被称为“有虞氏”。有仍氏在今山东济宁一带，故少康所奔有虞氏的地望，距有仍氏不至太远，张学海认为阳谷县景阳冈龙山文化城，就是少康逃奔的有虞氏[1]。《左传》昭公八年:“自幕至于瞽瞍，无违命。舜重之以明德，置德于遂，遂世守之。及胡公不淫，故周赐之姓，使祀虞帝。”遂国地望在今泰安肥城县境。周武王所封“胡公”之“陈国”为遂国后世支系，地望在今河南省淮阳县境，被楚惠王所灭。

7. 有鬲氏

少昊旧部之一。

[1] 张学海：《考古学反映的山东古史演进》，《张学海考古论集》，学苑出版社，1999年，第96页。

《左传·襄公四年》:“靡奔有鬲氏。浞因羿室，生浇及豷，恃其谗慝诈伪，而不德于民，使浇用师，灭斟灌及斟鄩氏，处浇于过，处豷于戈。靡自有鬲氏，收二国之烬。”

《史记·夏本纪·正义·帝王纪》:“初，夏之遗臣曰靡，事羿，羿死，逃于有鬲氏，收斟鄩二国余烬。”

有鬲氏为后羿支系，其地在今山东德州地区。《左传·襄公四年》杜预注:“有鬲，国名，今平原鬲县。鬲音革。”《括地志》:“故鬲县在德州安德县西北十五里”。《通志·氏族略》:“鬲氏，即有鬲之国。今德州平原有故鬲城。子孙以国为氏。”

8. 逄伯陵（明）氏

炎帝后裔，少昊支系，姜姓齐国的先祖。

《左传》昭公二十年:“昔爽鸠氏始据此地，季萴因之，有逄伯陵因之，蒲姑氏因之，而后太公因之。”

其中，爽鸠氏为史前居民，季萴、伯陵氏传为夏代部族。

《国语·周语下》:“则我皇妣太姜之姪，伯陵之后，逄公之所凭神也。”《山海经·海内经》:“炎帝之孙伯陵。”

《左传》襄公四年:“寒浞，伯明氏之谗子弟也。伯明后寒弃之，夷羿收之，信而使之，以为己相。浞行媚于内而施赂于外，愚弄其民而虞羿于田，树之诈慝以取其国家，外内咸服。羿犹不悛，将归自田，家众杀而亨之，以食其子。其子不忍食诸，死于穷门。”

《孟子·离娄下》:“逄蒙学射于羿，尽羿之道，思天下惟羿为愈己，于是杀羿。孟子曰:是亦羿有罪焉。”

赵岐注:“羿，有穷后羿，逄蒙，羿之家众也。罪羿不择人也。”“逄蒙”，《荀子·王霸》《正论》和《吕氏春秋·有始》记作“蠭门”，《路史·后纪》作“庞门”。《路史·国名纪》:“逄，伯爵，伯陵之国……夏有逄蒙。”由是可知“逄蒙”即为“有逄伯陵氏”族裔;“伯明氏”则为“伯陵氏”之异称，祖居鲁北。1985年山东济阳刘台子西周墓地出土了带“夆”字铭文的青铜器，其中M6出土7件有铭铜器中，就有6件为“夆”氏器，“夆”即逄、逢，也就是逄氏的族铭。此墓所葬为一代“夆公”无疑[1]。从文字记载和出土金文的双重角度证明，商周时期，逄伯陵氏仍活动在这一地区。

9. 寒国

后羿支系，伯明（陵）氏之后寒浞归附后羿，参与夏代早期的夷夏交争，一度取代后羿成为当时的天下共主。故地在今鲁北地区，今潍坊市有寒亭。所谓“伯明后寒弃之”，是说伯陵氏所建“寒国”的国君厌恶寒浞的德行操守，弃而不用，而后羿却收而使之。《楚辞·天问》:“覆舟斟鄩，何道取之？”《今本竹书纪年》，

[1] 山东省文物考古研究所:《山东济阳刘台子西周六号墓清理报告》，《文物》1996年第12期。

“浇伐斟鄩，大战于潍，覆其舟，灭之。”寒浞兵败之后，逃回鲁北故地。并将“斟鄩”“斟灌”之族的国名一并带至鲁北地区。

10. 昆吾氏

《孟子・滕文公》：“汤始征，自葛载。”葛，传为夷人之后，嬴姓，其地望在今天河南省商丘市宁陵县北。商汤起兵，首先灭掉了临近的葛氏，后来又剪除了夏的盟邦韦、顾和昆吾。《诗经・商颂・长发》：“韦、顾既伐，昆吾、夏桀。”《今本竹书纪年》：“二十八年，商会诸侯于景亳，遂征韦。商师取韦，遂征顾。二十九年商师取顾。三十年商师征昆吾。三十一年商自陑征夏邑。”

11. 顾氏

昆吾氏分支，己姓。顾地所在濒临商人灭夏的前锋。商汤灭夏时，先灭韦、顾。其地望在夏初斟灌氏故地，在今山东鲁西莘县观城一带，紧邻河南范县。《世本・氏姓篇》：“顾氏，出自己姓。顾伯，夏商侯国也。”《左传・哀公二十一年》杜预注：“顾，齐地。”《元和郡县图志》卷十一濮州范县条：“故顾城在县东二十八里，夏之顾国也。”《读史方舆纪要》云：“顾即《诗・商颂》‘韦、顾既伐’之顾国，在今河南范县旧治东南五十里，齐地。”

12. 诸夷与王寿

远古中国东方诸族的泛称。

《后汉书・东夷传》：“夷有九种，曰畎夷、于夷、方夷、黄夷、白夷、赤夷、玄夷、风夷、阳夷；自少康以后，时服王化，遂宾于王门，献其乐舞。”

今本《竹书纪年》：“八年征于东海及三寿，得一狐九尾。”

《山海经・海外东经》：“青丘国在其北其狐四足九尾。”

郭璞注引《汲郡竹书》：“柏杼子征于东海及王寿，得一狐九尾。”少康“中兴”之后，与东夷的关系稍有缓和。据今本《竹书纪年》记载，少康二年“方夷来宾”。但是，其子帝予继位不久，就有了夏人东征的记载，其范围也从内陆延伸到海滨。

三寿、王寿应为一国，后世讹传为二，《逸周书・王会》曰：“青丘，狐九尾。”孔晁注云：“青丘，海东地名”，其地在今鲁北地区。《路史・国名纪六》：“王寿，夏世侯伯之国。宜是平寿，卫之下邑。在潍州西南三十里。”明人陈士元《名疑・卷一》：“三寿，东夷国名，一作王寿，一作平寿，字讹。”清人雷学淇《今本竹书纪年义证》：“三寿，东海之国名也。”逄振镐也认为王寿国在今潍县西南三十里[1]。帝相流亡期，曾有斟鄩、斟灌在此地区暂居。

此后，双方的关系一度较为稳定。帝槐，或称帝芬“三年，九夷来御”；“后泄二十一年，命畎夷、白夷、赤夷、玄夷、风夷、阳夷。”后发元年“诸夷入舞”[2]。

[1] 逄振镐：《山东境内的夏诸侯国与姓氏》，《禹城与大禹文化文集》，中国文联出版社，2007年。

[2] 王国维：《今本竹书纪年疏证》，辽宁教育出版社，1997年。

夏代末期，由于夏桀的昏庸、暴虐，夷人再次发动了大规模的反抗斗争。《今本竹书纪年》:“畎夷入于岐以叛。”《后汉书·东夷列传》:“桀为暴虐，诸夷内侵。”《后汉书·西羌传》:“后桀之乱，畎夷入居邠、岐之间。”均是其例。傅斯年所撰《夷夏东西说》[1]就是对这种现象的概括。

二　姒姓方国

山东地区在三代时期还有一些夏后氏所封的姒姓之国。《国语·周语下》“有夏虽衰，杞、鄫犹在”，即是说杞、鄫为夏人之后。杞国原在河南杞县，后迁山东，留待后叙。

鄫国

又做缯、曾，姒姓，自夏立国至春秋。《世本·氏姓篇》:“夏少康封其少子曲烈于鄫，襄六年，莒灭之。”《路史·夏后纪下》云：帝予“乃封其仲曲列于缯，至周为莒所灭”。以路史“帝杼封曲列”之说为是。鄫之地望，在今鲁南枣庄市峄城区和临沂市苍山县一带。杨伯峻《春秋左传注·僖公十四年》注云:“襄公六年灭于莒，召公四年鲁取其地，后又属齐。故城在今山东省峄县东八十里。”鄫国故城址在今苍山县境。

三　其他方国

如过（今莱州市）、斟鄩（今潍坊市潍城区西南）、斟灌（今寿光市东北）、蒲姑氏（今博兴）、商奄（今曲阜）。《左传》襄公四年:“浞因羿室，生浇及豷，恃其谗慝诈伪，而不德于民。使浇用师，灭斟灌及斟鄩氏。”杜预注：“乐安寿光县东南有灌亭”;《路史·国名记》:“故淳于县属北海，郦元云本夏之斟灌国”，《括地志》“斟灌故城在青州寿光县东五十四里”。《左传》昭公九年:“及武王克商，蒲姑、商奄，吾东土也。”《史记·周本纪》:“召公为保，周公为师，东伐淮夷，践奄，迁其君蒲姑。”《正义》引《括地志》云：“薄姑故城在青州博昌县（今淄博市）东北六十里。薄姑氏，殷诸侯，封于此，周灭之也。”《竹书纪年》有“太戊，五十八年，城蒲姑”的记载。这些均为山东境内参与谱写夏代历史的重要部族或方国。

四　商代封国

夏桀的无道导致其统治集团内部的混乱，加速了夏王朝的灭亡。周边原来的同盟或附属国也纷纷起来对抗夏朝，成为外患。夏桀在镇压的过程中，使夏朝的实力遭到很大损失。当夏朝逐渐走向衰亡时，曾是夏朝附属的商人逐步崛起，

[1]　傅斯年：《夷夏东西说》，《庆祝蔡元培先生六十五岁论文集》，中央研究院，1935年。

成为夏后氏王朝的最大威胁。

《史记·夏本纪》："乃召汤而囚之夏台，已而释之。汤修德，诸侯皆归汤，汤遂率兵以伐夏桀。桀走鸣条，遂放而死。"

今本《竹书纪年》："商师征有洛，克之。遂征荆，荆降；二十六年，商灭温"；"二十三年，诸侯宾于商。二十九年，费伯昌出奔商。"

商人早期以鲁西豫东为活动中心，商代前期的五次迁都，有三次在山东境内。商的始祖契都于蕃（今滕州），相土东都在泰山下，势力逐渐向东发展，山东地区成为其主要活动区域。至商汤灭夏，商朝建国，定都于亳（今属曹县。一说在今河南省商丘县北），后商都八迁，其中两次在山东境内。第五次由西而东迁至庇（今梁山县一带），第六次迁都到奄（今曲阜市）。在商的周围存有许多与商有联系的方国和部落，今山东地区主要的方国为"人方"，著名的部落有薄姑（今博兴）、诸（今诸城）、逢（今青州）、薛（今滕州）、亳（今属曹县）、奄（今曲阜）、卞（今泗水县东）、陶（今定陶）、单（今单县）、郯（今郯城）和须句、颛臾等。

由于远古中国的政治伦理提倡"举逸民、兴灭国"，夏代的山东诸国，绝大多数继续以不同的形式继续着本国族的繁衍生息。据学者研究统计，夏商时期山东地区的古国，见诸文献、地理可考者有135国之多，其中绝大多数是由东夷族的氏族部落发展而来。从考古学的角度说，滕州前掌大遗址、济南大辛庄遗址、青州苏埠屯遗址，无论遗址规模还是出土遗物的规格，都表明这三处遗址应为商代重要方国的居地或军事重镇。

第三节　周代山东封国

周武剪商，使蛰居西北的姬姓周人从一个边陲小邦，一跃变成天子之国。为了巩固和扩大周王朝的统治，有效地管理广大被征服的地区，镇抚各地原有的邦国，周初实行了"封建亲戚，以蕃屏周"（《左传》僖公二十四年）的分封制。就是把周王的子弟、亲戚、功臣以及古代先王圣贤的后代，分配到一定的地区，分别配给相应的土地和人民，成为拱卫西周王室的诸侯国。诸侯在自己的统治范围内，按照宗主国册封规定的等级、疆域、属民规模，建立政权机构，设置军队、监狱、相关的礼器和仪仗等。诸侯对周王承担一定的义务，如定期朝见、缴纳贡赋、征调军队随周王出征，助祭王室的重大祭祀活动等等。

一　周初分封

通常认为，周初分别在周武灭商和周公平叛（成王时）后有过两次大的分封。武王所封的主要诸侯包括：封神农的后代于焦，封黄帝的后代于祝，封尧的后代于蓟，封舜的后代于陈，封大禹的后代于杞，封师尚父于齐，封周公旦于鲁，封召公奭于燕，封叔鲜于管、叔度于蔡，封商汤的后代武庚于殷。这些人或为先贤先圣的后代，或为周人立国的功臣以及子弟。周公平定武庚、管、蔡之乱后，便将他们所管辖的殷遗民一分为二，一部分给了商纣王的哥哥微子启，封于商丘，国号宋。另一部分则分给成王的叔父康叔，封于殷墟，国号卫。成王诛灭唐以后，封其弟叔虞于唐。后世历代周王也随机进行过册封，但都规模不大。

经过周初的两次分封，形成了以王畿为中心，众多诸侯拱卫“宗周”（镐京）王室的局面。成王时，按照武王的遗愿在洛阳地区修筑“成周”，派驻“八师”镇守，以为东方诸侯朝会的东都，并把部分“殷顽民”迁移至此，加以监视。在西起岐阳，东到圃田，所渭、泾、河、洛一带，形成了纵贯东西长达千余里西周“王畿”之地，作为统治、震慑各路诸侯的大本营。周朝在王畿（甸服）之外有侯服、宾服、要服、荒服，侯服就是指诸侯国所分布的地区，侯服之外，就是一些关系比较疏远的旧国或其他“少数民族”部落。

《荀子·儒效》：周初分封，“立七十一国，姬姓独居五十三”。据《左传·僖公二十四年》记载，先后受封的文王后代有16国：管（河南郑州）、蔡（河南上蔡）、郕（山东汶上北）、霍（山西霍县）、鲁、卫（殷墟）、毛（河南宜阳县境）、聃（地不详）、郜（山东成武县东南）、雍（河南沁阳东北）、曹（山东定陶）、滕（山东滕县）、毕、原、酆、郇（山西猗氏县西）。属于武王诸子的四国，邘、晋、应（河南宝丰县西南）、韩（山西芮城县西）。属于周公后代的六国，凡（河南辉县西南）、蒋（河南淮滨期思集东北）、邢、茅（山东金乡境）、胙（河南延津）、祭（郑州北）。

二　山东列国概述

黄河中下游地区原是殷商统治的中心区域，周武王灭商，姬姓周人的势力首次抵达黄河下游，特别是今山东地区。祖居山东的东夷族人，虽然在灭商的过程中起到了很大的作用，内心并不服从周人的“管理”，有的则公然起兵反抗，刚刚建国的西周王朝深感“一统天下”的“力不从心”。周公东征“灭国五十”，就是为了剪灭不肯归附的殷商残余势力。故而在其实施“封建亲戚，以蕃屏周”政策的过程中，除了封建宗室亲属和功臣外，更多的则是对归附的殷商旧国的“认可式”重封。

周王朝在东方分封诸侯时，一方面树立周王室在东方的支柱，另一方面对殷民实行分而治之。当时，分封在山东地区的诸侯国大小数十个。封周公之子伯禽于鲁（今曲阜），以监督殷民六族；封主要功臣姜尚于齐，都营丘（今临淄一带），治理原在薄姑（今博兴、临淄一带）的殷民。齐和鲁是周王朝在山东的两个最大的封国。齐国初封地域不过“方百里”。由于姜太公实行“简其礼，因其俗”“通商工之业，便鱼盐之利”的治国方略，齐国得以迅速发展。成为“东至海，西至河，南至穆陵，北至无棣，五侯九伯实得征之”的征伐大权，以其强大的政治、经济、军事实力，称霸一方，成为“春秋五霸”之首、“战国七雄”之一。鲁国作为周公的封地，以更为优渥的条件立国。但是，由于伯禽实行“变其俗，革其礼”“辑其分族，将其丑类，以法则周公”，重农抑商的政策，经济发展较慢，但也是疆域北抵泰山，东过龟蒙，南包凫峄，襟带汶泗，以发达的文化著称于世的周代大国。因此，后人将山东称作“齐鲁之邦”。

齐鲁之外，分封在山东的小国还有曹、薛、郯、颛臾、黎、谭（今济南东）、淳于（州，今安丘一带）、夷（今即墨西）、纪、莒、滕、郕、郜、须句、偪、任、阳、鄅、萁、邿等。其他未列入的殷商方国，仍在旧地存续，并得到了西周王室的认可。

公元前770年，平王迁洛，史称东周，历史进入春秋时期。王室衰微，天子失官，诸侯争霸，弱肉强食，狄蛮内侵，战祸连年，构成了春秋时期的重要特征。据记载，齐桓公“并国三十五”（《荀子·仲尼》），晋“献公并国十七，服国三十八”（《韩非子·难二》），楚庄王“并国二十六，开地三千里”（《韩非子·有度》），秦穆公“兼国十二，开地千里”（《韩非子·十过》），逐步形成齐、鲁、晋、秦、楚、宋、卫、陈、蔡、曹、郑、燕、吴、越十四个势力较强的诸侯国。以齐桓公、晋文公、楚庄王、吴王夫差、越王勾践为代表的“春秋五霸”[1]相继称雄。不过，春秋时期，称霸中原时间较长，并得到公认的只有齐桓、晋文和楚庄三位。郑庄、宋襄虽有称雄的壮志，却未达成目标。秦穆公虽然强势，却为晋国所阻，只能在函谷关以西“称霸西戎”。吴王阖闾一败越军，两败楚军，攻破郢都，并迫使楚国迁都，虽然威震中华，其势力范围却未逾江南之地。夫差、勾践北上中原，称雄一时，只是昙花一现，未能持久。齐桓之后，在中原长期争霸的主要是晋楚两国，齐国作为老牌强国，时而参与其中，成为晋楚争霸的“平衡木”，发挥着举足轻重的作用。

春秋中后期，随着商品经济的发展，建立在旧基础之上的道德观念、封建礼教、宗法制度都发生了巨大的变化。东周王室与诸侯、诸侯于诸侯、诸侯与卿大夫、卿大夫与卿大夫之间，普遍展开了土地、人口、财富的争夺战。天子失官，诸侯专政，“礼乐征伐自大夫出”和“陪臣执国命”的现象层出不穷。为争夺更多的土地、财富征战不已。大国兼并与诸侯、卿大夫之间的明争暗斗愈演愈烈。公元前548年（鲁襄公二十五年）齐国发生了崔（杼）庆（封）之乱的弑君（齐庄公）专政；公元前535年（鲁昭公五年）鲁国发生了季孙、叔孙、孟孙氏三分、

[1]　“春秋五霸”历来就有不同的说法：《史记》以齐桓公、晋文公、秦穆公、宋襄公和楚庄王；《荀子·王霸》为齐桓公、晋文公、楚庄王、吴王阖闾、越王勾践；《汉书·诸王侯表序》为齐桓公、宋襄公、晋文公、秦穆公、吴王夫差；《辞通》为郑庄公、齐桓公、晋文公、秦穆公、楚庄王。这里采用中学教材的通行说法。

四分公室的事件；公元前453年晋国的贵族韩、赵、魏三家合力灭掉专擅国政的知氏，尽并其地[1]，史称“三家分晋”，晋国由此走向末路。齐国则经历了一场血腥的“改朝换代”，即“田氏代姜”的大变故。

据《左传》记载，齐桓公十四年（公元前672年），陈国发生内乱，陈厉公之子陈完逃奔齐国，改称田氏，其后裔成为齐国望族。齐景公十六年（公元前532年，齐景公的宠臣陈桓子挟持景公，对齐国权臣栾、高两家发动突然袭击，奠定了田氏执政的基础。田氏家族自齐平公五年（公元前476年）起，历经齐宣公（公元前455～前405年）、齐康公（公元前404～前391年）两代，独揽齐国大权85年，姜氏齐国名存实亡。齐宣公五十一年（公元前405年），田悼子死，田氏家族内乱，田会以廪丘（郓城西北）叛入赵国。齐国出兵攻廪丘，韩、赵、魏三晋联军出救，大败齐师[2]。公元前404年，齐康公即位，田和出任齐相。齐康公十四年（公元前391年），田氏家族自陈完奔齐，历时第九代，由田和（即太公和）完成了篡夺姜齐君权的过程，史称“田齐”。次年，即公元前403年（威烈王二十三年），周王室正式承认三晋的诸侯国地位。以此为契机，中国历史迎来了“七雄争长”的战国时代。

战国早期，经过田齐桓公午的励精图治，齐国的综合国力再度强盛。齐威王在田忌、孙膑等的辅佐下，创造了“桂陵之战”“马陵之战”等中国历史上著名的战例。“于是齐最强于诸侯，自称为王，以令天下”[3]，田氏齐国取代魏国成为最强大的国家。另一方面，由于魏国的衰落，西方的秦国也渐渐地强盛起来，“合纵”与“连横”成为齐、秦两国激烈博弈的重要手段。齐湣王三年（公元前298年），在齐相孟尝君田文的主导下，成功“合纵”，组成“齐韩魏”联军，攻至函谷关，围关三年，并最终破关，突破了秦国最重要的天险要隘，开创了打击、削弱秦国的最好前景。因孟尝君缺乏战略远见，没有继续进攻，轻易错过了大好的战略机遇。面对这种情势，秦昭王开始推行联齐政策，以期瓦解“齐韩魏”联盟。齐湣王则想联秦灭宋，并借机削弱孟尝君地位，因此而与孟尝君发生了激烈冲突，公元前294年（齐湣王七年），孟尝君因指使田甲作乱出奔魏国。公元前286年，齐湣王趁宋国内乱，联合赵国灭亡宋国，将齐国的版图扩大至淮北地区。

齐国在齐湣王即位前后的十几年内，南败楚，西败秦，北占燕国，取得了辉煌的战果。五国合纵期间，齐国一心想吞并宋国，燕国一心想报齐国占领之仇，其他各国也心怀鬼胎，合纵攻秦虎头蛇尾，齐国又一次空手而回，虽然暂

[1]（汉）司马迁：《史记·晋世家》“哀公四年，赵襄子韩康子魏桓子共杀知伯，尽并其地。”司马贞《索隐》：“如《纪年》之说，此乃出公二十二年事”。依《中国历史纪年表》晋出公二十二年为公元前453年。中华书局，1959年。

[2]《水经注·瓠子水》引《古本竹书纪年》，王国维，《水经注校》，上海人民出版社，1984年。另（汉）司马迁：《史记·赵世家》赵敬侯“三年（公元前386年）救魏于廪邱，大败齐人。”中华书局，1959年。

[3]（汉）司马迁：《史记·田敬仲完世家》，中华书局，1959年。

时削弱了秦国，却没有壮大自己。这种现象在合纵连横格局中不断重复出现，使秦国逐步确立了独强地位，齐国则日渐衰弱。加上齐湣王穷兵黩武、内政腐败，忽视发展生产和休养生息，灭宋以后，齐国已成了强弩之末，逐渐丧失了与秦国争胜的资格。

齐灭宋，得淮北之地，威盛一时，三晋和楚国、秦国都深感不安，北方的燕国之于齐国，更有破国之恨。叛逃至魏并出任魏相的孟尝君，为报当年之仇，以齐国土地为诱饵，劝秦相魏冉策动秦王攻齐。赵国大臣金投奔走于秦赵间，策动联兵伐齐。公元前285年（齐湣王十六年），秦昭王分别与楚顷襄王、赵惠文王“先出声于天下”，率先派蒙骜带兵，越过韩、魏，开始向齐进攻，夺九城。公元前284年（齐湣王十七年），“燕秦赵魏韩”五国联军与齐军决战于济西。由于齐湣王“伐功矜能，谋不逮下，废黜贤良，信任谄谀，政令戾虐，百姓怨怼”，齐军缺乏应有的战斗力，加之齐湣王在连年的征战中，后方空虚，故而在强敌面前迅速溃败，燕军主帅乐毅抓住战机，率军直逼齐都临淄。城破，齐湣王仓皇出逃，齐宫被洗劫一空：“珠玉财宝车甲珍器尽收入于燕”[1]。燕军乘胜进击，在半年中，攻掠齐国七十余城。仅即墨和莒地两座孤城尚在齐国控制之下。后来虽经“田单复国”，齐国却从此一蹶不振。

春秋前期的古代中国仍然是邦国林立，见诸文献者即达一百余个。由于周“天子”已丧失了统领天下的王权，诸侯争霸，弱肉强食，到春秋后期至战国早期，弱小国家相继被吞并，今山东地区尚有齐、鲁两个大国，以及曹、滕、薛、郳、莒、杞、牟、郯、郜等小国。战国晚期，仅存齐鲁两国，公元前255年楚灭鲁。公元前221年（秦王政二十六年、齐王建四十四年）齐国灭亡，秦并天下，分为三十六郡。中国历史由此进入了秦汉大一统的帝国文明阶段。现择其要者介绍如下。

（一）齐地诸国

周初的齐地方国，主要有临淄的齐国；齐国东邻寿光、青州、临朐、安丘一带的纪国及其属邑；曩国，今胶州、莒县一带的莒国；在安丘县境还有淳于（州）国。莱国则是齐国东部最强大的土著国家之一，纪国东部直至胶东半岛，几乎都是它的领地。这些方国大多姜姓国族，另一部分则属于少昊族系。如《左传》昭公二十年：“爽鸠氏”，伯益后国“其氏”（曩国）和莒国等，他们都是鲁北地区的土著居民。

1. 齐国

是炎帝族系的姜姓后裔，早在虞夏时期就有姜姓“逄伯陵氏”。《国语·周语下》：“则我皇妣太姜之侄，伯陵之后，逄公之所凭神也”。杜预《左传》注：“逄伯陵，殷诸侯，姜姓”；《国语》韦昭注：“逄公，伯陵之后，太姜之侄．殷之诸侯封于齐者。”《山海经 · 大荒北经》“大荒之中……有北齐之国，姜姓。”进一步说明，姜姓齐

[1]　（汉）司马迁：《史记 · 乐毅列传》，中华书局，1959年。

国也是鲁北地区的古老国度，早在夏商时期即已立国，只是各种典籍记述所使用的称谓有所不同。甲骨文也有“齐”的记录，如“庚寅卜，在齐次”;“在齐次，佳王来征人方。”(《殷墟文字甲编》)。人方就是夷方，地处今山东域内。除政治和宗族原因之外，海盐的获取是商人东伐的一个重要因素，鲁北地区发现的商代晚期大型制盐工场，或者就是帝辛伐齐的主要动因。可以确信商代鲁北已有以“齐”为称的方国。晚商时期，周代齐国之域为“蒲姑氏”的领地。周武克商之役，“蒲姑氏”等五十余国被周公东征的大军扫荡殆尽，该地遂成为周代姜姓齐国的领地。

《史记·齐太公世家》:“武王已平商而王天下，封师尚父于齐营邱，东就国道宿行迟，逆旅之人曰:吾闻时难得而易失，客寝甚安，殆非就国者也！太公闻之，夜衣而行，黎明至国。莱侯来伐。与之争营丘。营丘边莱，莱人，夷也。会纣之乱而周初定，未能集远方，是以与太公争国。”

太公吕尚封齐之时，仅有方百里之地。“太公至国修政，因其俗简其礼，通商工之业，便鱼盐之利，而人民多归齐，齐为大国。”姜太公制定的符合齐地社会基本情况和风土人情的国策，使齐国得到了快速发展。管、蔡、武庚之乱，淮夷畔周，周公率师东征“凡所征熊盈族十有七国”(《逸周书·作洛》),“伐奄三年，讨其君，驱飞廉于海隅而戮之，灭国者五十”(《孟子·滕文公下》);周天子“乃使召康公命太公曰：东至海，西至河，南至穆陵，北至无棣，五侯九伯实得征之，齐由此得征伐为大国，都营丘”[1]。“营丘”的具体位置迄今尚无定论，总之，当不出以临淄为中心“方百里”的周边地区，今临淄北部桐林田旺遗址或与此有关。齐国取得了封域周边诸侯国的征伐全权，可以合法地吞灭周围小国。

春秋时期，周室衰微，戎狄与楚国的交侵，诸侯兼并，战事频仍，各国苦不堪言。由此导引出“争霸莫如尊王”的政治理念，富国强兵、“尊王攘夷”遂成为春秋时期各国首先要解决的历史课题，谁能顺应历史潮流，解决好这个问题，就能“挟天子以令诸侯”，成为列国拥戴的霸主。齐国的后继统治者基本承袭了太公的“衣钵”和“鱼盐工商、劝其女工、尊贤尚功”的治国方针。经三百余年的经营，齐国的人口逐渐增多，迅速由一个疆域不过百里的小国发展成为雄踞东方的大国。东周王室的衰弱，“礼乐征伐自诸侯出”，为春秋初期齐国庄公、僖公、襄公三代的小霸、齐桓公的春秋首霸提供了前提条件。

《史记·货殖列传》总结说：“太公望封于营丘，地潟卤，人民寡，于是太公劝其女功，极技巧，通鱼盐，则人物归之，繦至而辐凑。故齐冠带衣履天下，海岱之间敛袂而往朝焉。其后齐中衰，管子修之，设轻重九府，则桓公以霸，九合诸侯，一匡天下……是以齐富强至于威、宣也。”

[1] （汉）司马迁：《史记·齐太公世家》，中华书局，1959年。

2. 莱国

“营丘边莱”,说明齐国初封之地与莱国为邻。其原有领地大致相当于今淄河、潍河及其以东的半岛地区，国土面积具有“大国”规模。

《尚书·禹贡》:“海岱惟青州。嵎夷既略，潍淄其道。厥土白坟，海滨广斥……莱夷作牧。”

《左传》宣公七年：“夏，公会齐侯，伐莱。秋，公至自伐莱。”

《史记·管晏列传》:“晏平仲婴者，莱之夷维人也。”

《禹贡》颜师古注：“莱山之夷，齐有莱侯。莱人，即今莱州之地。作牧者，言可牧放。夷人以畜牧为生也。”莱州后改称的掖县,今又复莱州之称。“潍淄其道”是说大禹治水，疏浚潍淄两条河流，大水退去，草木繁盛，莱人因地制宜，以“作牧”为其主业。《史记正义》:“《齐记》云：齐城三百里有成安，即晏平仲之邑，汉为夷安县，属高密国。应劭云：故莱夷维邑”。《左传》宣公七年杜氏注“莱，东莱黄县地，今登州黄县有莱山。”《元和郡县志》《寰宇记》《通志》《路史》等均黄县故城即莱国。《明史·地理志》:“黄县东南，有故莱子城。”

《左传》襄公二年：“齐侯使诸姜宗妇来送葬，召莱子，莱子不会，故晏弱城东阳以偪之。”

襄公六年（公元前566年）:“十一月，齐侯灭莱……四月，晏弱城东阳，而遂围莱……丁未，入莱。莱共公浮柔奔棠。正舆子、王湫奔莒，莒人杀之。四月，陈无宇献莱宗器于襄宫。晏弱围棠，十一月丙辰，而灭之。迁莱于郳，高厚、崔杼定其田。”

郳，即小邾国，邾武公夷父颜庶子友来的封国，故地在今山东枣庄滕州、山亭一带。2002年，枣庄市文物部门经发掘确认，山亭区东江古墓群为春秋时期小邾国的贵族墓地。“迁莱于郳”，就是将莱国的统治者迁到外地，监视居住，最后不知所终。《左传》杜预注“王湫故齐人,成十八年奔莱。正舆子,莱大夫。棠，莱邑也，北海即墨县有棠乡。”“晏弱城东阳，而遂围莱。”表明东阳就在被围之莱城附近。《左传》杜预注说“东阳，齐境上邑。”是说齐国在其东部边境筑邑以伐莱。《路史》以东阳在青州临朐;《山东通志》说在县东10里。总之当在安丘、昌乐一带。上述文献表明，今临朐、高密、即墨（含平度）莱州等地均曾为莱人属地。今龙口市（黄县）的“归城故城”则是莱共公所建东莱。直到战国被齐完全吞并。

3. 纪国

是一个古老的国度。甲骨文已见有商代“己氏”的记录。如“己亥卜,己贞……”(萃1239);“丙寅，自己入”（前8、4、6),“己贞”的“己”为贞人的称谓，“自己入”的“己”为地名。20世纪中叶寿光县出土了64件晚商铜器，包括19件带铭青铜器，其中，有三件自铭“己”字。此外还有陶器、玉器等，组合完整，地方特色浓厚。己即纪，这批文物的出土有力地证实了在商代纪国已在寿光一带立国[1]。西周的纪国是商代纪国的延续。在文献典籍中,纪国历史始于周懿王,纪国带铭铜器也多见于西周前期，包括如己侯钟、己侯簋、卫作己中鼎、□作己公鼎、大作己白鼎、己白钟。据铭文所记，纪国与西周王室的关系颇为密切，深受西周王室的宠信，其统治者大多在西周王室服务，有的官居要职，本国则在山东寿光一带。有如周公旦封鲁，留在王室辅政，其子伯禽代为就封；郑桓公封郑并不就封，留在王室作司徒。

《左传》隐公元年："纪人伐夷"，杜预注"夷国在城阳壮武县，纪国在东莞剧县。"正义："世族谱：纪，姜姓，侯爵，庄四年齐灭之。"《史记》索隐《路史》等均以纪国为姜姓。"纪"金文作"己"。《己侯貉子簋铭》自称"己姜",《己侯簋铭》有"己侯作姜萦簋"之语，表明纪国确为姜姓族团的成员。城阳为西汉诸侯国，壮武县治在今即墨；剧县即今山东寿光。县南 20 里有纪侯台，己侯钟即出土于纪侯台附近。

纪国与齐国为近邻，在齐国拓展疆域的过程中必定首当其冲。这恐怕是纪国统治者归附、并极力讨好西周王室的重要原因。

《史记·周本纪》:周夷王时"纪侯谮之周，周烹哀公而立其弟静，是为胡公。胡公徙都薄姑"；"哀公之同母少弟山怨胡公，乃与其党率营丘人袭攻杀胡公而自立，是为献公。献公元年，尽逐胡公子，因徙薄姑都，治临菑。"

纪国的这一举措，导致齐哀公被周王烹杀，并引起齐国公室的内乱。虽然暂时削弱了齐国，却在两国间种下了难以化解的世仇。西周时期，由于王室的震慑作用，齐国尚不敢把攻伐的矛头贸然指向纪国。春秋时期，周室王权式微，齐国便无所顾忌地展开了复仇计划。

《左传》桓公五年："夏，齐侯、郑伯朝于纪，欲以袭之。纪人知之。"

桓公六年《经》:"夏四月,公会纪侯于成……冬,纪侯来朝。"《传》"夏会于成,纪来咨谋齐难也""冬，纪侯来朝，请王命以求成于齐，公告不能。"

鲁桓公五年,齐侯谋纪,由于"纪人知之"已有准备未能得逞。鲁桓公六年,纪国求助于鲁国，希望鲁桓公能出面协调齐、纪两国关系，以避战端，得到的回答却是"公告不能"。纪国处在孤立无援,岌岌可危的境况之中。鲁庄公元年(公元前 693 年)，齐国首次对纪国发动战争。

《左传》庄公元年："冬十月……齐师迁纪郱、鄑、郚。"

庄公三年"秋，纪季以酅入于齐，纪于是乎始判。"

"郱、鄑、郚"为纪国的外围城邑和屏障，齐国夺取了这些城邑，纪国的处境更加险恶。时隔不足两年，纪侯的弟弟见大势已去，携自己的属邑"酅"投降了齐国。"郱、鄑、郚"丢失后，"酅"与国都已是唇齿相依，"酅"邑归齐，

[1] 王永波：《"己"识族团考——兼论其、并、己三氏族源归属》，《东夷古国史研究（第二辑）》，三秦出版社，1990年。

纪国已危在旦夕。在纪季降齐后的第二年(公元前692年),纪国便被齐襄公所灭。《左传》庄公四年所谓“纪侯不能下齐，以与纪季。夏，纪侯大去其国。”

4. 曩国

也称“其氏”“箕氏”，甲骨、金文作“[illegible]”“曩”，传世文献作“箕”，是伯益、后羿的人族裔。夏代初年伯益与夏启争立之前，“其氏”族人就在鲁北一带立国。王献唐认为，其氏原籍应在今山东莒县北部的潍水之源，亦即《汉书·地理志》所载箕县故地[1]。1975年发现于临朐营子乡的一组晚商其氏铜器（此组铜器原存临朐县图书馆），可视为其氏故地的重要物证。《殷墟书契前编》第2卷2页有“曩侯”，安阳殷墟出土了较多的“曩氏”铜器，仅“妇好墓”就出土21件。表明商代的曩氏已是一个重要国族。

《左传》昭公三年：“箕伯、直柄、虞遂、伯戏，其相胡公、大姬，已在齐矣。”

陈槃认为“曩国始封,或曰伯益”[2]。晏琬认为:“商末的曩,就是文献中的微、箕之箕”[3]。在甲骨文一、二期中，“曩”仍作“其”，知甲骨、金文中的“曩氏”与文献中的箕氏均指“其氏”。

今临淄、青州一带有“益”地之称，曾多次发现战国“賹化钱”[4]，“賹”字陶豆[5]和西周时期铸有“[illegible]”（益）字的原始布币。《汉书·百官公卿表》：“《书》载唐虞之际……葬作联虞。”旧注均以“葬”即“伯益”。“葬”即“[illegible]”，为益之古体，翳则为其通假字。早期的“益”字原有两体，一为“益”体，本意为水满则溢之“溢”；二为“[illegible]”，体作双手上提土筐之形。山东益地发现的钱文、陶文和原始布币上的益字均作“[illegible]”形。据笔者所知，“[illegible]”字除用于上述场合外，乃是一个弃置不用的“死文字”，后世一律改用“益”体。伯益之“葬”与益都之“[illegible]”共同专用“葬”体，足以证明两者之间有着密不可分的内在联系。换言之，青州之所以得称益都，实因其曾为伯益之都而缘起。在河南登封，伯益以箕山为居地，在山东鲁北，伯益又傍箕山而建都，箕山之名与伯益之族的对应关联由此可以得到证实。与《史记·秦本纪》伯益之族“去复归商，以佐殷国”的记载正相吻合，青州“[illegible]”地一带就是夏代“其氏”族人的“国都所在”[6]。

大约在殷商中期（约当甲骨文3～4期，殷墟文化三期）偏晚阶段，其氏族徽发生了一个引人瞩目的变化,即在“其”字前面加冠“己”字,而演变为“己其”复合徽识，表明曩与纪结成了政治军事同盟。周代铜器的“王妇匜”铭文

[1] 王献唐：《黄县曩器》，《山东古国考》，齐鲁书社，1983年。

[2] 陈槃：《不见春秋大事年表之春秋方国稿》149，上海古籍出版社，2009年。

[3] 晏琬：《北京辽宁出土铜器与西周初期的燕》，《考古》1975年第5期。

[4] 朱活：《从山东出土的齐币看齐国的商业交通》，《文物》1972年第5期，第55页。

[5] 曾毅公：《山东金文集存》上，齐鲁大学国学研究所，1940年，第32页。山东省文物管理处：《山东临淄齐故城试掘简报》，《考古》1961年第6期。

[6] 王永波：《“己”识族团考——兼论其、并、己三氏族源归属》，《东夷古国史研究（第二辑）》，三秦出版社，1990年。王永波等：《益都得名与伯益古族新证》，《管子学刊》1992年第1期。

作“王妇曩孟姜作旅吕匜”“曩公壶”铭文为“曩公作为子叔姜□盥壶”，说明曩氏为姜姓。根据甲骨、金文的记载，从武丁时起，经祖庚、祖甲、廪辛、康丁、武乙、文武丁、帝乙、帝辛八代。曩氏的首领一直在王室服务，曩氏族的最高首领“**矣**”，在武丁、祖庚、祖甲之世为王室贞人，是商代较为显赫的国族。殷商灭亡，“箕子北奔朝鲜”[1]，在北京、辽宁一带留下了“曩氏”铜器。其本部仍活动在鲁北、鲁东地区。寿光“己器”、临朐出土的晚商其氏铜器、烟台上夼发现周代曩器和清代出土于登莱之地的西周晚期“师寰簋”将“曩氏”作为征淮夷的军事力量，与齐师、莱师并举，均是其证。鉴于该地区出土的多数“曩氏”为春秋时期，而不见战国“曩氏”铜器，表明曩国应灭亡于春秋末期至战国初年[2]。有学者认为周孝王十年（公元前431年）楚简王“北伐灭莒”[3]，与之相邻的郕也在此时为楚所灭。

5．杞国

原称“娄”为夏后氏姒姓支系，故地分别在今新泰、宁阳和安丘、诸城一带。商代初期商汤将娄人的一支作为夏后氏遗族重封在河南杞县，称之为“杞”。《大戴礼记·少间》即云：“（商汤）乃放移夏桀，散亡其佐……乃迁姒姓于杞。封夏后氏之后于杞，亦命氏焉。”甲骨文有帝辛在“杞”地田猎的记录。

《左传》隐公四年《经》：“春，王二月，莒人伐杞，取牟娄。”

又，僖公十四年：“诸侯城缘陵，而迁杞焉。”

又，襄二十九年：“晋平公，杞出也，故治杞。六月，知悼子合诸侯之大夫以城杞。”

《公羊传》僖公十四年：《经》“春诸侯城缘陵”；《传》“城杞也，曷为城杞，灭也，孰灭之，盖徐莒胁之。”

《史记·陈杞世家》：“杞东娄公者，夏后禹之苗裔也。殷时或封或绝。周武克殷，求禹之后，得东娄公，封之于杞，以奉夏后氏祀。”

隐公四年（公元前719年）杜注：“杞国本都陈留雍丘县。推寻事迹，桓六年（实为五年）淳于公亡国，杞似并之，迁都淳于，僖十四年又迁缘陵。襄二十九年，晋人城杞之淳于，杞又迁都淳于。牟娄，杞邑，城阳诸县东北有娄乡”；僖公十四年杜预注：“缘陵，杞邑。辟淮夷，迁都于缘陵”；昭公元年“城淳于”，杜注又云：“襄二十九年，城杞之淳于，杞迁都”。

周武王封杞，原在河南杞县，西周晚期东迁山东新泰。春秋早期至鲁襄公时期，杞国仍在新泰一带活动。公元前646年（僖公十四年），因“徐莒胁之”，从鲁南迁到缘陵，即在今昌乐一带。由僖公三十三年（公元前627年）“杞子奔

[1]　（汉）司马迁：《史记·宋微子世家》，中华书局，1959年。

[2]　王永波：《“己”识族团考——兼论其、并、己三氏族源归属》，《东夷古国史研究（第二辑）》，三秦出版社，1990年。

[3]　（汉）司马迁：《史记·楚世家》，中华书局，1959年。

齐”可知，此时的杞国，仍处在动荡之中。是以在鲁襄公二十九年（公元前544年）又再迁“淳于”，即今诸城、安丘一带。《楚世家》所谓“楚惠王四十四年（公元前445年），楚灭杞”，当指为今新泰一带，杞国再次东迁后保留的宗祠故地。

杜预以杞国先后有两次迁都于淳于，非是。《左传》桓公五年，“淳于公如曹”的说法，并没有说明具体原因，故而只能证明公元前707年淳于公奔曹，再也没有回来。即便确如杜预所言，“淳于公出奔曹国”是由于杞国的入侵，也只是占领了淳于的地盘，而不能随意发挥，说杞国此时已迁都淳于。到公元前544年（襄二十九年）：晋平公派知悼子合诸侯之大夫“以城杞”，杞国才正式迁都淳于。

6. 淳于（州）国

也称州国，周代封于今安丘县境的小国，春秋时期被杞国吞并。《括地志》说：“淳于国在密州安丘县东三十里”。《通志・氏族略》以淳于为姜姓。

《左传》桓公五年《经》：“冬，州公如曹”；《传》：“冬，淳于公如曹。度其国危，遂不复。”

又，襄公二十九年：“晋平公，杞出也，故治杞。六月，知悼子合诸侯之大夫以城杞。”

又，昭公元年：“祁午谓赵文子曰：……子相晋国以为盟主，于今七年矣！再合诸侯，三合大夫，服齐、狄，宁东夏，平秦乱，城淳于……”

《左传》桓公五年杜预注：“不书奔，以朝出也。淳于州国所都，城阳淳于县也。国有危难，不能自安，故出朝而遂不还。”昭公四年（公元前541年）“城淳于”是“祁午”对往事的追述，杜注认为，此谓“城淳于”，就是“桓公六年（实为五年），淳于公亡国，杞似并之，迁都淳于”之事，非是。桓公五年（公元前707年）“淳于公如曹”，只是说淳于公亡国出奔。不能作为杞国迁都于淳于的证明。

（二）鲁南诸国

周代鲁南地区，鲁国、莒国两个较为强大的诸侯国之外，尚有滕（今滕州）、薛、小邾（今滕州）、郯（今郯城）、鄫（今苍山）、任（今济宁）、邾（今邹城）、偪（今枣庄台儿庄）、曹（今定陶北）、郜（今成武东南）、阳（今沂南境内）、郕（今宁阳）、牟（今莱芜城东）、颛臾（今平邑）、黎（今郓城）、须句（今东平西北）、鄅（临沂）等国。鲁国作为姬周王室分封在东方的强藩，是震慑、管理东方的“宗邦”。《诗・鲁颂・閟宫》所谓：“泰山岩岩，鲁邦所瞻，奄有龟蒙，遂荒大东，至于海邦，淮夷来同，莫不率从。”就是对鲁国强势地位的真实描述。因此除莒国外，上述方国多为鲁国的附庸，有朝觐鲁国的义务，这里主要介绍鲁国、莒国、鄅国的简况。

1. 鲁国

周公名旦，亦称叔旦，周文王之子、武王之弟，鲁国的始封君。周公在灭商和扫荡东夷的斗争中居功甚伟。武王死，成王年少，周公担负起辅佐成王的重任，奠定了西周时期的各项典章制度，是西周初年的杰出政治家。

《诗·鲁颂·閟宫》:“王曰叔父、建尔元子，俾侯于鲁，大启尔宇，为周室辅。”

《左传》定公四年：“昔武王克商，成王定之，选建明德，以藩屏周……分鲁公以大路大旗……因商奄之民，命以伯禽，而封于少昊之虚（墟）。”

《孟子·告子下》：“周公之封于鲁，为方百里也。”

《史记·鲁周公世家》：“封周公旦于少昊之虚曲阜，是为鲁公。周公不就封，留佐成王……而使其子伯禽代就封于鲁。”

其他如《周本纪》《管蔡世家》也有近似的记载。诗中“王”指周成王,“叔父”即周公，“元子”是周公的长子伯禽。值得注意的是《诗》和《左传》以伯禽为鲁国的始封君,《史记》则以周公为鲁国的始封君。根据周初太公、召公、管叔、蔡叔均有封地的情形观察，当以《史记》的说法为是。也有根据《史记》集解、索隐等关于岐山周地“为周公菜（采）邑,故曰周公”的说法,认为周公并未封鲁。事实上，周公先食采于周，再封于鲁，并无排他性的矛盾。

伯禽代父就封之前，曾任大祝之官，西周铜器《大祝禽鼎》《禽鼎》《禽簋》记载了这方面的情况。通常认为，鲁的最初封地在今河南鲁山一带。

《史记·鲁周公世家》记载：“伯禽即位之后，有管、蔡等反也，淮夷、徐戎亦并兴反。于是伯禽率师伐之于肸，作《肸誓》……遂平徐戎，定鲁。”

《周本纪》：“召公为保，周公为师，东伐淮克，残奄，迁其君薄姑。”

表明周公东征以前，鲁国已经建立。当时，今山东曲阜一带还是奄国的领地。周初分封，一个重要目的便是开拓疆土，“以藩屏周”“为周室辅”。所以，伯禽被封于鲁后，便代表周王室，担负起镇抚徐、奄、淮夷的使命。东征胜利后，周人为了更好地控制包括今曲阜在内的“远东”地区,遂将奄国国君迁到了薄姑，把鲁国迁至商奄旧地。

《说苑·至公》：“周公卜居曲阜，其命龟曰：作邑乎山之阳，贤则茂昌，不贤则速亡。”

说明泰山之阳的曲阜城选址是周公确定的。傅斯年也认为,《閟宫》的记载是“此则初命伯禽侯于鲁，继命鲁侯侯于东，文义显然”[1]。

周公作为王室宗亲和西周初年的核心人物，受封时的待遇远远高于齐国。虽相关记载两国的封地都是方百里（或四百里）。

《史记·十二诸侯年表序》:“齐晋秦楚，其在成周微甚，封或百里或五十里。”

《诗经·鲁颂·閟宫》:“俾侯于鲁，大启尔宇，为周室辅。”

郑氏笺：“封鲁公以为周公后，故云大开汝居，以为我周家之辅。谓封以方七百里，欲其强于众国”。

《史记》列举“百里或五十里”的封国中，没有鲁国。郑氏笺所称鲁国封地

[1] 傅斯年：《大东小东说》，《历史语言研究所集刊》第二本第一分，1930年第1期。

则远远优于他国。《閟宫》“赐之山川，土田附庸”的待遇，也不见于齐国。

《左传》定公四年：“昔武王克商，成王定之，选建明德，以蕃屏周。故周公相王室，以尹天下，于周为睦。分鲁公以大路，大旂，夏后氏之璜，封父之繁弱（弓）；殷民六族，条氏、徐氏、萧氏、索氏、长勺氏、尾勺氏。使帅其宗氏，辑其分族，将其类丑，以法则周公。用即命于周，是使之职事于鲁，以昭周公之明德。分之土田倍敦，祝宗卜史，备物典策；官司彝器，因商奄之民，命以伯禽，而封于少皞之虚。”

《閟宫》：“公车千乘，朱英绿滕，二矛重弓，公徒三万，贝胄朱綅，烝徒增增。”

《礼记·明堂位》：“凡四代之器、服、官，鲁兼用之。是故，鲁，王礼也，天下传之久矣。”

《史记·鲁周公世家》：“成王乃命鲁得郊祭文王，鲁有天子礼乐者，以褒周公之德也。”

鲁之初封，在物质封赏之外，还有特别赐以天子礼乐。表明鲁国在政治、文化及物质上的待遇比异姓姜齐的更加优厚，以强化“宗邦”鲁国“大启尔宇，为周室辅”的政治功能。《閟宫》郑氏笺：“大国三军，合三万七千五百人，言三万者，举成数也。”伯禽就封时，在大量殷民和财物之外，还有“公徒三万”壮行，何等威风！与姜太公就国的“夜衣而行”形成了鲜明的对比。

齐鲁两国分封时的待遇不同，治国的方略也存在着质的差异。与齐国的“简礼，从其俗”“极技巧，通鱼盐之利”的治国方针不同。鲁公伯禽采取了“启以商政，疆以周索”“变其俗，革其礼”（《史记·鲁周公世家》）、“辑其分族，将其类丑，以法则周公”（《左传·定公四年》）的策略，通过强制手段，推行周礼，实行“周化”统治。这些不同的政策决定了两国日后发展模式、发展速度的差异。

《公羊传》隐公五年：“自陕而东，周公主之。”作为周天子的东方代表，鲁国在西周时期一直是周室的强藩，充分发挥着“宗邦”震慑、管理东方的作用。《閟宫》所谓：“泰山岩岩，鲁邦所詹，奄有龟蒙，遂荒大东，至于海邦，淮夷来同，莫不率从，鲁侯之功。保有凫绎，遂荒徐宅，至于海邦，淮夷蛮貊及彼南夷莫不率从，莫敢不诺，鲁侯是若。”虽然有些夸张，却也反映了鲁国强盛时期的基本态势。春秋时期的鲁国虽已积弱，但东方的小国，如曹、滕、薛、纪、杞、小邾、郜、邓、郰、牟、葛等，仍奉鲁国为“宗邦”，常以附庸的身份朝觐鲁国。

鲁国积弱，究其原因，除了立国治策上的原因外，数度废长立幼、杀嫡立庶导致的内斗，以及庆父、三桓之乱，都起到了一定的作用。西周晚期，鲁武公携长子括、少子戏朝拜周宣王。宣王很喜欢戏，不顾众臣的反对，违背常规立戏为鲁国太子。鲁武公薨，太子戏立，是为鲁懿公，长子括的儿子伯御，弑懿公自立。伯御又被周宣王诛灭。

公元前662年，公子庆父在鲁庄公治丧期间，杀死太子般，立公子开为君，是为鲁闵公。次年又袭杀闵公，故有“庆父不死，鲁难未已”的成语。后来庆父奔莒，被逼自杀。这一事件持续了两年之久，对鲁国造成了较大的损害。庆父事件不久，鲁国又爆发了公卿争权的恶性事件，对鲁国的实力和“国际”地位造成了更大的损害。闵公死，僖公继位，历文、宣、成、襄、昭、定、哀、悼八代，东门、三桓之族的权势日渐强大，与公室争权夺利的斗争愈演愈烈，尤以东门襄仲和季氏执政时期最为突出。

公元前609年，鲁文公崩，东门襄仲杀死哀姜所生的公子恶与公子视，拥立文公二妃敬嬴所生庶子馁，是为鲁宣公，鲁国进入东门氏专政时代。鲁宣公时，季文子以其“忠贞守节，克勤于邦，克俭于家”，开初税亩，兴私田，获得平民阶层的拥戴。以至于“民不知君”而只知季氏[1]受到鲁宣公的猜忌。公元前591年（宣公十八年），公孙归父挟其父襄仲拥宣公的功宠，以“去三桓，以张公室”为借口，鼓动宣公借晋国之力去掉“三桓”。未及，宣公死。季文子（即季孙氏，也称季孙行父）借机重翻旧账，对朝臣说：“使我杀适（嫡）立庶以失大援者，(襄)仲也夫。”欲对东门氏痛下杀手。杜预注：“适谓子恶，齐外甥，襄仲杀之而立宣公。南通于楚，既不能固，又不能坚事齐晋，故云失大援也。”鲁国大夫臧宣叔质问说：“当其时不能治也，后之人何罪？”但鉴于季文子的强势地位，还是表示“子欲去之，许请去之”，遂逐东门氏。公孙归父奔齐，开启了“三桓”专政的时代。季文子家族（包括季武子、季平子）在鲁宣公、成公、襄公、昭公、定公五代执掌鲁国大权。并采取了一系列削弱公室权力的措施。

鲁定公时期孔子执政，于定公十二年（公元前498年）发动了“堕三都”的政治攻势，以期消减三桓的势力，恢复君臣之礼。季桓子鉴于阳虎事件，同意堕费城，但遭到家臣公山不狃、叔孙辄的反对，经过一番激战才达成目的。叔孙氏也堕了郈城，孟氏则不肯堕其成城。定公发兵讨伐，不克，也就不了了之。最终还是三桓把孔夫子赶出了鲁国。鲁哀公也曾因“患三桓之侈也，欲以诸侯去之”。事败，哀公随公孙有陉氏（鲁大夫，亦称有山氏）出奔，流亡于邾、越之间，不知所终。在战国群雄合纵连横的格局中日渐式微。鲁顷公十九年（公元前261年），楚伐鲁取徐州。顷公二十四年（公元前256年），鲁国为楚考烈王所灭，迁顷公于下邑，后七年（公元前249年）鲁顷公死于柯（今山东东阿），鲁国绝祀。

2．莒国

是东方土著民族所立之国。本为嬴姓，后改称己姓，一说曹姓。郭沫若《中国史稿》认为，“传说中伯益的后裔，有徐氏、郯氏、莒氏等14个民族。”至商

[1]（清）阮元：《十三经注疏》，（宋）程公说：《春秋分记》卷五十一，四库全书版。

代为姑幕侯国，周为莒国。

《左传》襄公二十四年："遂伐莒，侵介根。"

杜预注："介根，莒邑，今城阳黔陬县东北计基城是也。"孔颖达疏："谱云：莒嬴姓，少昊之后，周武王封兹与于莒，初都计，后徙莒，今城阳莒县是也。"《太平寰宇记》引《地理志》："周武王封少昊之后，嬴姓兹舆于莒，始都计，在今高密县东南四十里。"

清雍正《莒县志》：莒地"唐虞以前无考，商姑幕国。此侯国也，殷爵列三等，而姑幕实侯此土。"

武王灭商，封少昊之后兹舆期于莒。都于计（今胶州市），至春秋初迁都莒（今山东莒县），传23世，立国600余年。春秋初从计迁莒后，莒国国势正强，不断与齐、鲁、晋等大国会盟，还常常对周围小国发动战争。到春秋中后期，政治腐败，内乱频发，国势日弱，疆域屡遭蚕食。

杜预《春秋释例·世族谱卷九·莒》："莒国，嬴姓……今城阳莒县是也。《世本》自纪公以下为己姓，不知谁赐之姓者。十一世兹平公方见春秋，共公以下微弱，不复见，四世楚灭之。"

莒国的公族承袭东夷风俗，国君无谥号。自周初始封至春秋鲁隐公元年，文献不见莒国历史的记载，《史记》未设《莒世家》。至十一世莒平公始见于《春秋》，开始出现国君世系的记载。莒共公以下微弱，不见记载。

《左传》鲁哀公十四年（公元前481年）："莒子狂（狂）卒"，莒国的历史不复见于史书。直至公元前431年，才再现于《史记·楚世家》，其辞曰："简王元年，北伐灭莒"。然而，其他文献却有不同的说法。

《墨子·非攻》："东方有莒之国者，其为国甚小，间于大国之间，不敬事于大，大国亦弗之，从而爱利。是以东者，越人夹削其壤地，西者，齐人兼而有之，计莒之所以亡于齐越之间者，以是攻战也。"

《战国策·西周策》："邾莒亡于齐，陈蔡亡于楚，此皆恃援国而轻近敌也。"

据《吴越春秋·勾践伐吴外传》记载，越王勾践二十五年（公元前472年），曾将国都由会稽北迁琅琊，即今苏北地区[1]，迫使莒国归附，齐国也因此趁火打劫。在两强的夹击下，莒国更加贫弱，最终为齐国所灭。依当时列强争霸和莒之全境最终被齐国兼并等现象观察，应以"齐灭莒"的说法为是。公元前284年乐毅破齐，克七十余城，仅剩即墨、莒城不下，知此时的莒地已全部为齐国所有。

3. 鄅国

为鲁南地区的土著小国。

《左传》昭公十八年《经》："六月邾人入鄅"，《传》："六月，鄅人藉稻。邾人袭鄅，鄅人将闭门。邾人羊罗摄其首焉，遂入之，尽俘以归。鄅子曰：'余无

[1] 刘延常等：《山东地区越文化遗存分析》，《东方考古（第9集）》上册，科学出版社，2012年。

归矣。'从帑于邾，邾庄公反鄅夫人，而舍其女。"

《左传》昭公十九年："鄅夫人，宋向戌之女也，故向宁请师。二月，宋公伐邾，围虫。三月，取之。乃尽归鄅俘。"

鄅国小人寡，本无国防可言，邾人在公元前524年，以"鄅人藉稻"为借口，发动偷袭，鄅人正待关闭城门，便被邾人羊罗"摄其首"。城破，鄅夫人以下全部被俘。邾国因鄅夫人娘家是更为强大的宋国，才将鄅夫人放归。次年，宋国还是进行了报复，迫使邾人返还其掠夺的人口和物资。《左传》杜注以"鄅国，今琅邪开阳县"，杨伯峻《春秋左传注·昭公十八年》以鄅国地处今临沂市境，顾栋高《大事表》说，鄅国都城在临沂县北15里[1]。

1982年，山东省兖石铁路考古队在临沂相公公社王家黑墩凤凰岭发掘一座春秋晚期大墓，出土铜器残损严重，又有明显的修复迹象，相关铭文全部被锉磨毁，难以辨认。发掘者认为，该墓出土铜器即应为昭公十八年被邾人掠走，宋国又迫使其返还的鄅国礼器。锉磨铭文砸毁器体的应是邾人，返还鄅国后又经修复[2]。

第四节 历代建制沿革

"竹帛烟消帝业虚，关河空锁祖龙居。坑灰未冷山东乱，刘项原来不读书。"这是唐朝的诗人章碣的词章。唐代及其以前，"山东"作为一种纯粹的地理概念，泛指黄河流域崤山、华山或太行山以东的广袤区域。

今山东省所辖区域在远古时期，被称为"海岱文化区"，是夏商时期东夷部族的中心分布区，为禹贡九州之青、兖、徐三州之地。因西周封邦建国，以蕃屏周，封姜太公吕尚于齐，周公旦封于鲁。外加众多小的诸侯国，今山东大部分地区为齐鲁两国辖地，战国时期仍延续这种格局，所以山东又简称为"鲁"。秦汉时期实行郡县制，或郡县封国并行，郡治、国名基本沿袭以前的称谓。西汉（公元前202～公元23年）初年，由于恢复分封制度，除中央直接统治郡县外，在部分地区设诸侯王国，从而形成郡县与封建并存的局面。西汉在秦代的基础上增设了许多郡县。山东地区设有山阳、济阴、平原、千乘、济南、泰山、齐、北海、东莱、琅邪、东海等11个郡；鲁国、淄川、胶东、高密、城阳、东平等6国，另有东郡的大部和渤海郡一部亦在今山东地区，共有304个县。东汉在郡国之上设立州刺史部或州牧，山东地区大体上属青州、兖州刺史部，另有徐州、豫州、冀州的一部也在今山东境内。三国时期山东地区属曹魏政权辖地。西晋时期的区划名称大致同于东汉，东晋十六国和南北朝时期，社会陷入大动荡、

[1] 转引自杨伯峻编著：《春秋左传注·昭公十八年》，中华书局，1981年。

[2] 山东省兖石铁路文物考古工作队：《临沂凤凰山东周墓》，齐鲁书社，1987年。

大分裂局面。山东地区先后被后赵、前燕、前秦、后燕、南燕、刘宋、北魏等政权占据。隋初改州、郡、县三级制为州（郡）、县二级制。今山东地区分属济阳、东平、济北、渤海、北海、齐郡、东莱、高密、鲁郡、琅邪10郡，另有东郡、彭城、武阳、平原、下邳、清河等郡的部分县。唐初基本延续隋制，贞观元年（627年）于州之上设置“道”，形成了道、州（郡）、县三级政区。山东地区大部分属河南道，北部的部分地区属河北道。宋代行政区划为路、府（州、军、监）、县三级制，山东地区分属京东东路、京东西路及河北东路的一部，辖有5府，17州和军、监各2个。

金代大定八年（1168年），将宋代的京东东路和京东西路改称山东东路、山东西路，设两路统军司，“山东”首次正式成为行政区划的名称。明代设山东布政司（又称行省）管辖6府、104县，大致奠定了今山东省行政区域范围。清代始称山东省，基本沿袭明代的山东版图，至清末，山东省共辖济南、东昌、泰安、兖州、沂州、曹州、登州、莱州、青州、武定10府，济宁、临清、胶州3个直隶州，8个散州96个县。中华民国初期，划分为济南、济宁、胶东、东临4道，属县107个。1928年废道，各县由省府直接管辖。1937年10月，日军侵占山东，国民党省政府流亡。1938年7月，中共苏鲁豫皖边区省委开始恢复县、区、乡政权，到年底有12个县成立了抗日民主政府。1939年7月，中共山东分局将山东划分为3个区和2个特区。1943年9月，山东省战时工作推行委员会改名为山东省行政委员会，下设5个主任公署及滨海直属专员公署，共辖18个专署和92个县级政权。1945年8月，山东省行政委员会改为山东省政府，下设5个行政公署，共辖21个专署、119个县。1949年3月山东省政府改称山东省人民政府。8月20日长山列岛解放。

中华人民共和国成立后，行政区划的变动十分频繁，经过1950、1952、1956年三次大调整及其他一系列微调，山东省行政区划的格局已从适应战时条件过渡到逐步适应社会主义建设时期的需要。至20世纪80年代初期，开始了以市带县的新一轮调整。1982年11月设立省辖东营市。1983年，撤销烟台地区、潍坊地区、济宁地区，设立地专级烟台市、潍坊市、济宁市。1985年，撤销泰安地区，设立地专级泰安市。1987年，威海市升为地专级市。1989年，日照市升为地专级市。1992年，惠民地区更名为滨州地区，莱芜市升为地专级市。1994年，撤销临沂地区、德州地区，设立地专级临沂市、德州市。1997年，撤销聊城地区，设立地专级聊城市。2000年，撤销滨州地区、菏泽地区，设立地专级滨州市、菏泽市。

至2005年年底，全省划分为济南、青岛、淄博、枣庄、东营、烟台、潍坊、济宁、泰安、威海、日照、莱芜、临沂、德州、聊城、滨州、菏泽17个地级市，县级单位140个（市辖区49个、县级市31个、县60个），乡镇级单位

1931个（街道办事处460个、乡277个、镇1194个）。目前仍基本保持着这种建制区划格局。

第五节 经济文化简说

山东号称“齐鲁”，素以发达的农业和手工业著称于世。西周初年，姜太公“至国修政，因其俗简其礼，通商工之业，便鱼盐之利，而人民多归齐，齐为大国。”姜太公制定的符合齐地社会基本情况和风土人情的国策，使齐国很快成为称霸一方的大国。春秋时期，齐桓公根据管仲的提议，实行“官山海”，即“盐铁专卖”制度和“相地衰征”的经济政策，即“视土地之美恶及其所出，以差征赋之轻重也”[1]。鲁国，作为宗周王室的旺支，在分封时就得到了特别的照顾。

《左传》定公四年：“昔武王克商，成王定之，选建明德，以蕃屏周。故周公相王室，以尹天下，于周为睦。分鲁公以大路，大旂，夏后氏之璜，封父之繁弱（弓）;殷民六族，条氏、徐氏、萧氏、索氏、长勺氏、尾勺氏。使帅其宗氏，辑其分族，将其类丑，以法则周公，用即命于周。是使之职事于鲁，以昭周公之明德。分之土田倍敦，祝宗卜史，备物典策；官司彝器，因商奄之民，命以伯禽，而封于少皞之虚。”

《鲁颂·閟宫》：“公车千乘，朱英绿縢，二矛重弓，公徒三万，贝胄朱綅，烝徒增增。”

物质封赏之外，鲁君还有特赐天子礼乐。《史记·鲁周公世家》：“成王乃命鲁得郊祭文王，鲁有天子礼乐者，以褒周公之德也。”《礼记·明堂位》记载说：“凡四代之器、服、官，鲁兼用之。是故，鲁，王礼也，天下传之久矣。”表明鲁国在政治、文化及物质上的待遇比异姓姜齐的更加优厚，以强化“宗邦”鲁国“大启尔宇，为周室辅”的政治功能。鲁公伯禽就封时在大量人力财物之外，还有“公徒三万”壮行。故而鲁国在西周至春秋早期，一直是东方大国。鲁宣公时期（公元前608～前591年），季文子以其“忠贞守节，克勤于邦，克俭于家”，行“初税亩”，鼓励开发私田，促进了经济的发展，国力曾一度强盛。

秦汉时期，今山东地区号称“膏壤千里”，农业发达，所产粮食不断溯黄河西上，运往关中地区。西汉时期，山东地区有人口1700余万，户390万，占全国当时人口的30%，人口密度居全国首位。后来虽经东汉末年与魏晋南北朝时期的战争破坏，但同全国其他地区相比，山东仍不失为经济中心。隋初，山东各州县遍置粮仓，户口占全国总户数的21%。唐代开元天宝年间，每年要将山

[1]《国语·齐语》韦昭注，上海古籍出版社，1978年。

东几百万石粟米漕运至关中。开元年间，“海内富实，米斗之价钱十三，青、齐间斗才三钱。绢一匹，钱二百”。到了唐后期，虽经战乱，但山东农业生产仍在发展，“田畴大辟，库仓充积”。宋金元时期，山东地区承受的封建剥削尤重，并不断遭受外来的侵扰和野蛮统治，经济处于滞退状态。元代山东有38万户，126万人，与金代相比，户减约75%，人口减约87%。明初“多是无人之地”，统治者不得不采取大规模移民和奖励人民垦荒的措施，到洪武二十六年（1393年）时，山东耕地面积达到7240万亩，为北宋时期的2.4倍，居全国第三位。清康熙年间又增至9000万亩。

山东的冶铁业起源很早，临淄齐故城内的冶铁遗址比较集中的就有六处，最大的一片面积达3万～4万平方米，冶铁炼渣内木炭测年可早到西周晚期。春秋初年，齐国已使用铁制农具，管仲提出“官山海”的政策，首创“盐铁官营专卖制度”。西汉时，武帝在全国设置铁官48处，山东就有18处。唐朝的兖州是矿冶中心，莱芜有铁冶13处、铜冶18处。北宋时莱芜铁冶规模更加扩大，与江苏利国监同为京东两大铁冶中心。明朝初年，山东年产铁315万余斤，居全国第三位。山东的其他矿产也很丰富，宋时登、莱二州产金，元丰年间登州、莱州的黄金产量占全国的90%。明初，济南、青州、莱州三府岁采铅32万余斤。清朝山东煤矿已大量开采，最著名的是峄县煤矿，乾嘉时期，北运京师、奉天，动辄数百万石。

山东的纺织手工业举世闻名。战国时期，齐国即号称“冠带衣履天下”。临淄、定陶、亢父（今济宁）是汉代三大纺织中心。所产纺织品数量多、质量好，源源不断地通过“丝绸之路”输往西域等地。因此，当时山东地区是“丝绸之路”的主要源头之一。唐代兖州的镜花绫、青州的仙纹绫都是驰名全国的纺织品。宋代在青州设立织锦院，专门织造高级纺织品。宋神宗时在山东“和买”绢帛，每年达30万匹左右。明清时期，济南、济宁、临清等城市都有较发达的纺织手工业，有的地方还出现了带有资本主义萌芽性质的手工工场。

1840年第一次鸦片战争之后，山东经济走上了半殖民地半封建化的道路。由于外国资本主义的经济掠夺，近代山东经济形成畸形发展的局面。农村封建土地所有制仍然顽固地保存着，土地集中的现象普遍存在。在封建势力盘剥下的农民和手工业者，又受到外国资本主义的经济侵略。洋货在山东的倾销，使大量手工业者和小商贩破产失业。农民日趋贫困，自然经济逐渐瓦解。随着资本主义在中国的产生和发展，山东也出现了近代工业。在济南有从事军工生产的机器局；在枣庄、淄川、平度等地有煤、铅、金等矿业生产；在烟台有张裕酿酒公司、缫丝厂、蛋粉厂等轻工业。

第一次世界大战期间及战后初期，欧美帝国主义忙于战争，放松了对中国的经济侵略，山东民族工业曾一度得到发展。至20世纪30年代，达到中华人民共和国成立前的最高水平。

1937年“七七”事变之后，山东成为日本帝国主义的侵占区，他们重点掠夺山东的“二白二黑”，即食盐、棉花和煤、铁。对战火中余存的工业，他们采取“军事管理”“中日合办”等手段加以夺取，迫使大部分民营工业陷于绝境。在农村他们强占土地，征调劳工，对抗日根据地实行惨绝人寰的“三光政策”。据1945年12月的不完全统计（缺当时未解放地区，鲁中、鲁南新解放区，部分机关的数字），八年抗战期间的损失：死亡668143人，抓壮丁393259人，掠走牲畜10797921头，粮食1178486公斤，农具2542844件，烧毁房屋1151186间。山东地区小麦等11种作物耕种面积1941年比战前减少16%，小麦、玉米、水稻、棉花、烟草均减产50%以上，农业遭到极大破坏。农村手工业进一步衰落。整个经济濒于崩溃。抗战胜利后，由于国民党政权的贪污腐败，山东国统区的经济陷于全面崩溃。

在中国共产党领导下的山东解放区，随着各级人民政权的建立，新民主主义经济得以发展壮大。建立了财税金融贸易机构，发行解放区货币，进行了排挤敌伪货币的斗争，开展输入输出贸易，繁荣解放区市场。新民主主义经济的发展壮大，为抗日战争及之后的解放战争的全面胜利奠定了雄厚的物质基础。

山东是中国古代文化的发源地之一，也是古代思想文化的中心。这里曾产生过许多杰出的思想家、科学家、政治家、军事家、文学家和艺术家。在学术思想方面，有孔子、孟子、颜子、曾子、墨子、荀子、庄子、郑玄、仲长统等；在政治军事方面，有管仲、晏婴、司马穰苴、孙武、吴起、孙膑、诸葛亮、戚继光等；在历史学方面，有左丘明、华峤、崔鸿、马骕等；在文学方面，有东方朔、孔融、王粲、徐干、左思、鲍照、刘勰、王禹偁、李清照、辛弃疾、张养浩、冯惟敏、李开先、李攀龙、蒲松龄、孔尚任、王士禛等；在艺术方面有王羲之、颜真卿、李成、张择端、高凤翰等；在科学技术方面，有鲁班、甘德、刘洪、何承天、王朴、氾胜之、贾思勰、王祯、燕肃等；在医学方面，有扁鹊、淳于意、王叔和等。他们的思想、理论、智慧和学术成就，构成了中国传统文化的重要内容，对中华民族文化的发展产生了广泛而深远的影响。

山东人民富有革命传统。春秋末期，就有以跖为首的奴隶起义，“从卒九千人，横行天下”。在漫长的封建社会中，山东人民无数次的武装起义，沉重打击了封建统治。著名的有新莽末年的赤眉大起义，东汉末年青州黄巾起义，隋末王薄领导的长白山起义及窦建德、孟海公、杜伏威、刘黑闼等人领导的农民起义，很快在全国范围内卷起农民革命的风暴。唐末黄巢大起义，推翻了唐王朝的统治。北宋末年有宋江农民起义。明代有唐赛儿、徐鸿儒起义。清中叶以前有于七、王伦等人领导的起义。近代有幅军起义及捻军斗争，山东还是义和团运动的发源地。

1919 年五四运动期间，山东人民掀起了声势浩大的反帝爱国运动。五四运动以后，山东成立了早期的共产主义小组，1921 年，王尽美、邓恩铭参加了中国共产党第一次全国代表大会，成为全国建党最早的省份之一。第一次国内革命战争和第二次国内革命战争时期，在中国共产党的领导下，山东人民在阳谷、高唐、博兴、益都、日照、苍山、昆嵛山等地举行武装暴动，反对新旧军阀和帝国主义的压迫剥削，支援革命战争。抗日战争爆发后，山东人民先后发动了冀鲁边、鲁西北、天福山、黑铁山、牛头镇、徂徕山、泰西、鲁南、湖西等抗日武装起义，创建了胶东、渤海、滨海、鲁中、鲁南五个解放区，至 1945 年 5 月下旬，人民武装力量已发展到 21.3 万人，民兵 41 万人，在八年抗战中共歼灭日伪军 43.9 万多人。

第六节　文物资源保护概要

文物是文化的载体、文明的记忆，是不可再生的文化资源。作为全国为数不多的文物大省，山东有着悠久的历史、灿烂的文化和众多的文物古迹。

中华人民共和国成立以来，特别是 20 世纪 80 年代以前，山东的文物保护考古研究工作一直走在全国的前列。20 世纪 50、80 年代，我省曾先后开展了两次较大规模的文物普查和多次小流域、区域性文物考古调查，是全国文物资源底数最清楚的省份之一。改革开放以来、特别是进入 21 世纪以来，山东文物工作，坚持以人为本，以构建和谐社会和文化强省为目标，认真落实科学发展观，努力贯彻执行国家的文物工作方针，依法行政。2006 年，山东省委、省政府根据《国务院关于加强文化遗产保护的通知》的精神，适时做出了 3 项重大举措：重新组建山东省文物局；投资 15 亿元建设省博物馆新馆；2011 年山东省文物局升格为正厅级的省政府直属局，编制从 25 人增加到 60 人。加大了文物保护资金投入，省财政设立了省级大遗址保护专项经费。文物保护经费有了较大幅度的增长，比 2010 年增加 4 倍，2012 年又增加到 7000 万元。为文化遗产的保护与永续利用，展示人类社会“人文化”进程、留住文明的记忆；为贯彻国家的文化遗产保护方针，落实中共山东省第九次党代会提出的“由文化资源大省向文化强省跨越”的战略目标，奠定了坚实的物质基础，提供了强有力的组织保证。全省的文物保护事业飞速发展，考古工作步入黄金时代，博物馆事业欣欣向荣，大遗址保护与考古遗址公园工作如火如荼扎实推进。

随着改革开放的不断深化和社会经济的快速发展，尤其是城镇化进程和大规模的“旧城改造”“新农村建设”，使得传统生产生活方式及其实物遗存消亡的速度明显加快，经济建设和文化遗产保护的矛盾日益突出。很多文化遗产，包括有形的物质文化遗产和无形的非物质文化遗产，都面临损毁或消失的危险。不少新发现的文物同时也是濒危文物。

为加强新形势下的文化遗产保护工作，国务院于2007年4月下发了《关于开展第三次全国文物普查的通知》，从“国情国力调查、确保国家历史文化遗产安全，提升综合国力”的战略高度，在全国范围内启动了新一轮的文物普查工作。山东省委、省政府高度重视，省主要领导分别做出重要批示。省政府下发了《关于落实国发〔2007〕9号文件精神，认真做好第三次文物普查工作的通知》。要求各地、各有关部门充分认识第三次全国文物普查工作的重要性、紧迫性和艰巨性，密切配合，通力协作，各司其职，各负其责，广泛动员社会各界和广大人民群众共同关注、积极参与。并成立了以分管副省长为组长，省直各有关部门参加的领导小组。各市、县政府按照国务院的统一部署，将这项工作作为确保文化遗产安全、推进社会主义文化大发展大繁荣、构建和谐社会的一项重要内容来抓。各级文物部门遵照“应保尽保”的原则，突出“资源”和“整体保护”的目标理念，全面动员，精心部署，充分利用水下考古、航空遥感、空间地理信息技术、网络技术等现代科技手段，极大地提升了文化遗产保护的科技水平，第三次文物普查取得明显成效。

至2011年12月，全省17市140个（县域）普查基本单元，圆满地完成了各项普查工作任务，到达率和完成率均为100%。全省共登记不可移动文物4万余处，登录国家数据库33551处。其中古遗址11161处、古墓葬5149处、古建筑6658处、石窟寺及碑刻2096处、近现代重要史迹及代表性建筑8373处、其他114处。新发现的文物点占调查总数的63%。工业遗产、乡土建筑、20世纪遗产、文化景观等一批新类型文化遗产得到充分重视。进一步摸清了我省不可移动文物总量、分布、类型、年代等总体情况；查清了不可移动文物的所有权、使用情况、人文环境、自然环境及保存现状等基本信息。对研究我省史前文明、古代社会及至近现代的政治、经济、军事、文化等方方面面，都具有重要的意义。

“十一五”后期，山东省文物局在已有普查资料的基础上，对山东境内的文物资源进行了综合分析，提出了文物事业发展的“七区两带”规划设想，正式列入省委办公厅、省政府办公厅印发的《山东省“十二五”时期文化改革发展规划》。曲阜、淄潍、泰山、黄河三角洲、半岛、沂蒙、鲁西等七个文化遗产保护片区和大运河、齐长城两个文化遗产保护带建设进入实施阶段。全国第三次文物普查成果的公布，战略规划的实施，极大地提高了社会各界的文物保护意识，各级政府资金投入力度不断加大，以“大遗址保护曲阜片区”、大运河和齐长城保护为突破口，打造文物保护示范区，全面建设鲁国故城、南旺分水枢纽、大汶口三处国家考古遗址公园。山东的文化遗产保护工作呈现出生机勃勃新局面。

迄今，各级人民政府公布的不同级别的重点文物保护单位7500余处，其中全国重点文物保护单位196处，省级重点文物保护单位1400余处（含拟公布的第四批），世界遗产2处，扩展项目1处，世界遗产预备名录3处；省级优秀历史建筑373处，国家级和省级历史文化名城分别为8座和9座。此外，山东省公布了三批省级非物质文化遗产名录，包括民间文学、民间美术、民间音乐、民间舞蹈、戏曲、曲艺、杂技、传统体育与竞技、民间手工技艺、传统中医药、消费习俗、民间信仰、岁时节令以及与此相关的文化空间等，共计14大类430项。其中，有25项列入国家非物质文化遗产名录。

山东考古工作取得了丰硕成果，获新中国十大考古发现、中国20世纪重大考古发现各1项，全国十大考古新发现奖17项20个分项，有4个发掘项目获得国家文物局田野考古二等奖和三等奖。承担了多项国家社会科学重点课题和国家文物局重点课题，出版和发表了一批较高水平的专著和学术论文，获文化部科技进步奖1项，夏鼐考古学研究成果二等奖1项，山东省社会科学优秀成果奖10余项。

全省各级各类博物馆已达196座，其中，文化系统管理的139座、行业博物馆47座，民间博物馆10座。全省现有馆藏文物150.2万件，珍贵文物16877件，一级藏品10626件。考古发掘标本和文物商店库存流通文物约40万件。办馆主体日趋多元化，除文化、文物部门办博物馆外，行业、集体、个人等创办博物馆呈现出旺盛的发展势头；非物质文化博物馆、传习所和文化生态保护实验区，如雨后春笋，蓬勃发展。对于贯彻落实科学发展观，全面提升全民文化遗产保护意识，促进政治、经济、文化社会全面协调和可持续发展，实现“中国梦”——中华民族伟大复兴，都具有十分积极的意义。

第七节　南水北调山东段文物状况

山东地处中国东部沿海、黄河下游，地貌形态分为东部半岛的丘陵地带，中南部高耸隆起的鲁中南山地，北部、西部的黄河冲积平原。南水北调东线一期工程山东段总长度为1191千米，由南北干线和东西干线两部分组成，平面呈横向“T”字形。南北主干线南起苏鲁交界处台儿庄区的韩庄运河段，北至德州市武城县，沿鲁中南山地西侧，纵向穿越鲁西鲁北平原地区。联通南四湖、东平湖，途径枣庄、济宁、泰安、聊城、德州等地市，全长484千米。东西主干渠西起泰安市东平县的东平湖，东北向穿过济南平阴、长清、槐荫等地，折而向东，沿小清河的北侧，经济南章丘、淄博高青、滨州邹平、博兴，进入引黄济青干渠，向胶东半岛地区供水。横向穿越鲁中南山地北侧的鲁北平原，全长704千米（图2-1）。

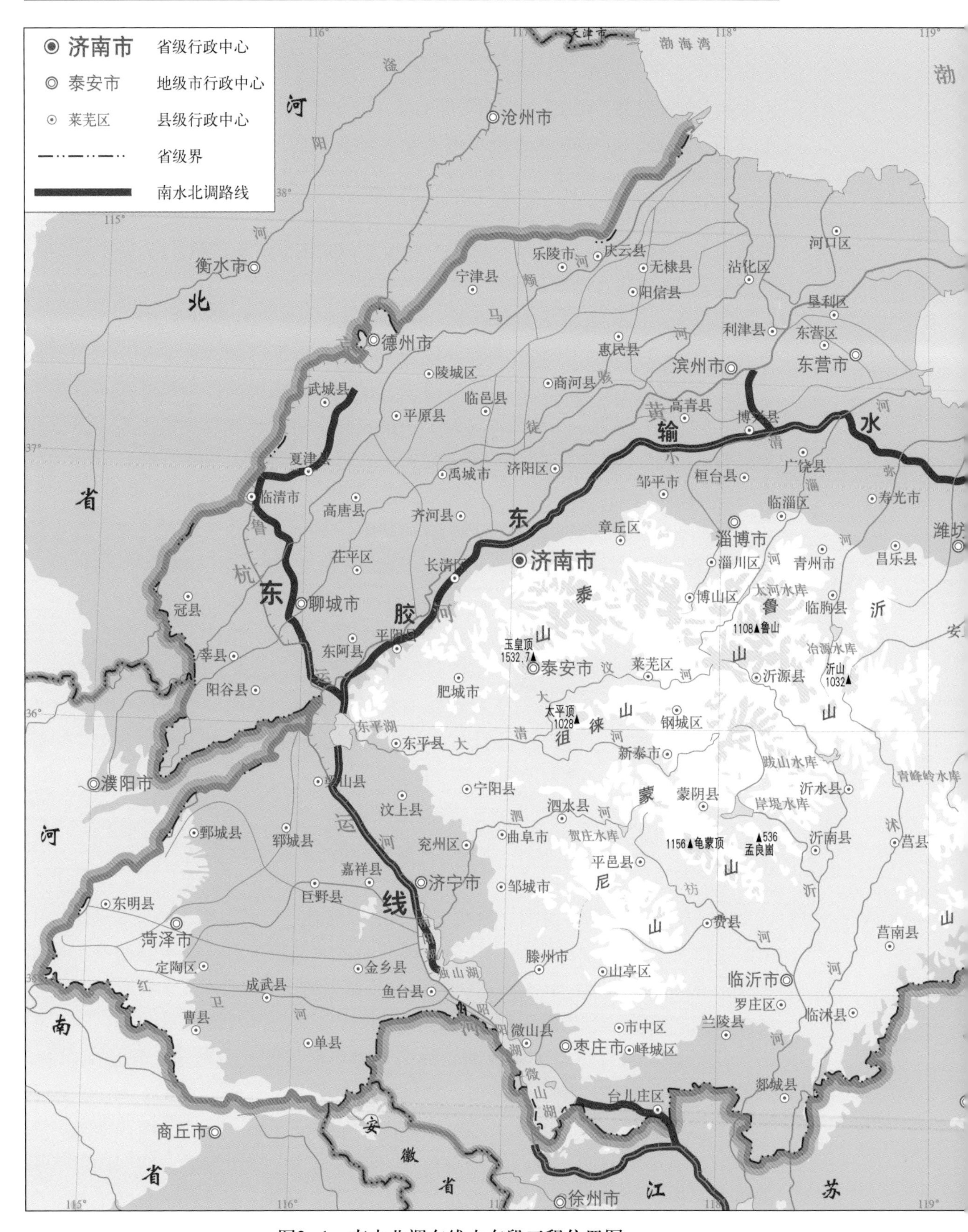

图2-1 南水北调东线山东段工程位置图

渤海海峡
黄海
北隍城岛
大钦岛
砣矶岛
大竹山岛
大黑山岛
南长山岛
庙岛群岛
桑岛
蓬莱区
线
龙口市
艾山
814▲艾山
芝罘区
福山区
烟台市
威海市
刘公岛
海驴岛
招远市
栖霞市
牙山
805▲牙山
牟平区
昆嵛山
922▲泰礴顶
荣成市
文登区
莱州市
大泽山
736▲大泽山
莱阳市
产芝水库
乳山市
莱西市
五龙河
海阳市
苏山岛
平度市
大沽河
即墨区
崂山
城阳区
千里岩
胶州市
巨峰 1132.7
胶州湾
青岛市
潮连岛
黄岛区
灵山岛
黄海
平岛（平山岛）
达山岛（达念山）

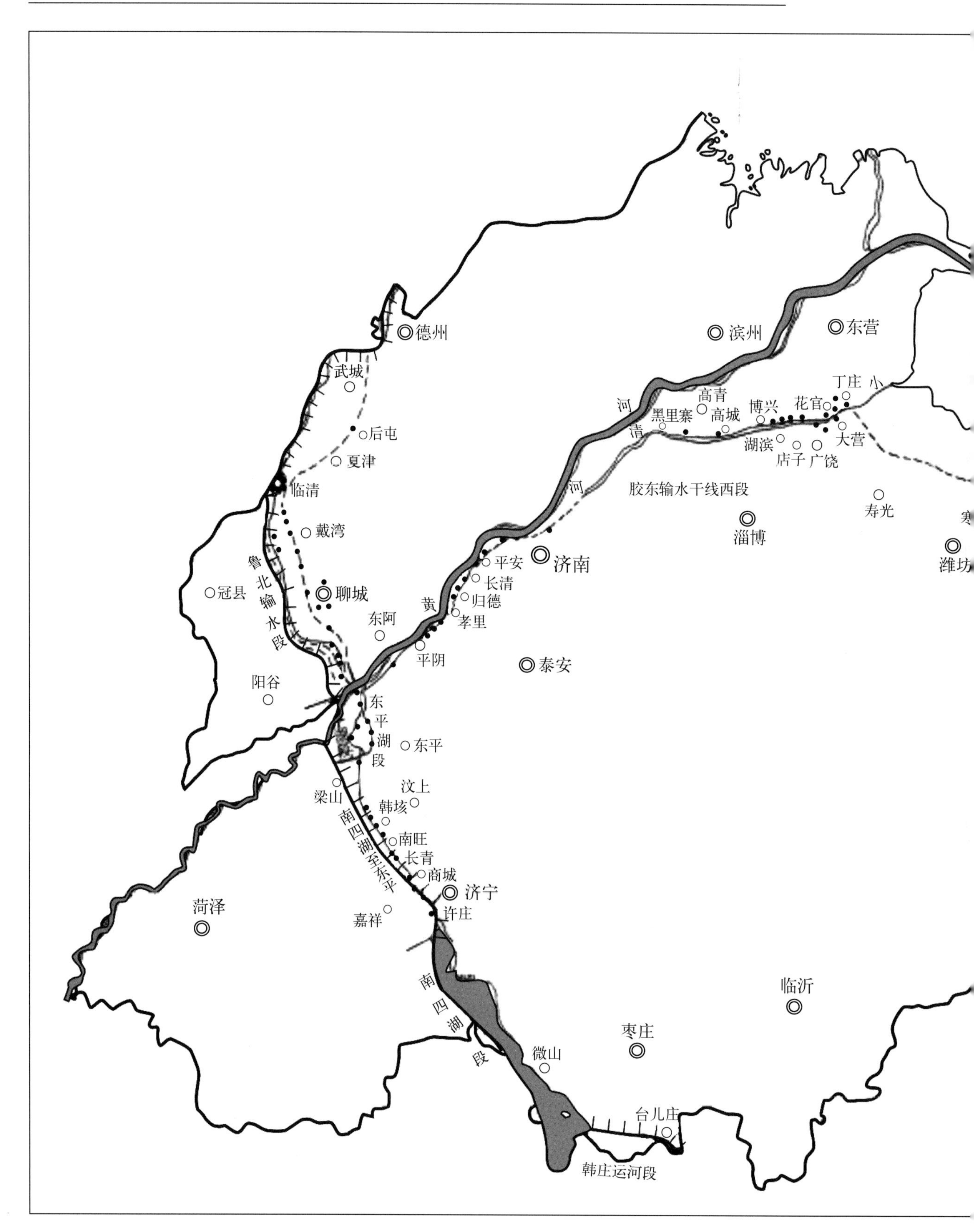

图2-2 南水北调东线山东段干渠与胶东输水配套工程文物分布图工程位置图

龙口
辛庄
东红
村里集
臧家庄
福山
寨里
莱山
威海
牟平
招远
栖霞
莱州
宋庄分水闸至威海（胶东地区引黄调水段）
平度
青岛

工程建设部门将山东段南北干渠分为韩庄运河段、南四湖段、南四湖至东平湖段、东平湖段、穿黄段、鲁北输水段、济平干渠段、济南至引黄济青段等工程段。其中济平干渠段、济南至引黄济青段属于东西干渠，另有武城大屯水库、章丘东湖水库、寿光双王城水库等三个调蓄水库。

南水北调胶东半岛输水段工程向青岛、烟台、威海地区供水的胶东引黄调水工程，西起潍坊市昌邑宋庄引黄济青分水闸，经平度、莱州、招远、龙口、栖霞、蓬莱、福山区、莱山区、牟平区，东达文登米山水库，新辟输水线路 322 千米。以龙口黄水河分水闸分为东西两段，西段长 160、东段长 162 千米。可直接调引黄河之水，亦可承接南方北调之水。

南水北调一期工程山东段所经区域，自古以来就是人类生息繁衍的宜居地带，是山东地区古遗址、古墓葬等各类文物遗存最富集的区域。其中，南北主干渠沿线是伏羲、少昊、太昊等上古部族活动的中心区域，又是薛、滕、郲、任、鲁、顾、虞、遂、商奄、邿、鬲等古国的发祥地，并在很大程度上与京杭大运河古河道重合或平行。东西主干线的则是爽鸠氏、蒲姑、齐、鲁、杞、郕、谭、逄、寒、淳于、曩、纪、莱等古族、古国的活动区域，是山东悠久历史和灿烂文化的见证。

通过充分的考古调查和初步勘探，在南水北调一期工程山东段主干渠涉及区域共发现文物点 88 个（图 2-2），其中省级文物保护单位 2 个，地、县级文物保护单位为 12 个。经过文物部门与工程部门的反复协商，多次调整方案，最后避让了其中的 21 处文物点，确定了 67 处文物保护项目，其中地上文物点 5 处，地下文物点 62 处。胶东输水段共发现 32 处地下文物埋藏点，其中 25 处需要进行勘探，10 处需要进行抢救性发掘。

南水北调东线一期工程山东段发现的文物遗存，包括古遗址、古墓葬等地下文物埋藏和古建筑、运河水工设施等地上构筑物，时代涵盖史前时期、夏商时期、两周时期，一直延续到明清以后。分布密集、年代跨度长、文物保护级别高，文化内涵丰富，是中华文明的重要组成部分，也是“文明记忆”之不可再生的重要载体。

第三章　法律与制度保障

作为不可再生的资源，文物蕴含着中华民族传统的价值理念、宗教信仰、哲学思想、典章制度、风俗民情和工艺技术等各种文化信息，体现了中华先民勤劳勇敢、奋发进取，“体自然而然”“与时偕行”的精神风貌，是中华各民族聪明才智的结晶和历史文化长期积淀的结果，是中华文明最持久的“文明记忆”，也是全国各族人民乃至于全人类共同拥有的物质和精神财富。因此，保护文物就成为政府、社会，乃至于每个公民义不容辞的责任。政府主导、社会参与则是现阶段我国文物保护的基本模式。在国民经济的高速持续发展条件下，如何做好大型基本建设和城镇化过程中的文物保护，成为中国政府、文物部门、建设部门，乃至于社会各界面临的严峻挑战。

作为一项举世瞩目的、跨地区、跨流域的大型水利工程，南水北调工程所经区域又是山东地区古代文明十分发达的区域，工程建设涉及包括京杭大运河在内的大量古代文化遗存，文物保护工作任务繁重，是南水北调工程建设的重要组成部分。做好南水北调工程建设中文物保护工作，对于传承中华历史文脉，弘扬传统优秀文化，满足和丰富广大人民群众日益增强的精神、文化需求，推动社会主义文化大发展、大繁荣，促进社会政治、经济、文化全面协调和可持续发展，具有极为深远的历史意义和极为重要的现实意义。

遵照国际惯例和《中华人民共和国文物保护法》的有关规定，根据国务院有关部门的部署和相关文件精神，本着文物优先与统筹兼顾的原则，山东文物部门与工程建设部门的积极协调，认真配合，努力探索，经过持续不断地艰苦努力，建立起一整套行之有效的规章制度，保证了南水北调东线工程山东段文物保护工作的有序推进，是大型基本建设和城镇化过程中文物保护的成功范例。

第一节　文物保护立法

保护文物，是对民族历史和传统的尊重，是传承和发扬民族文化的需要，是人类文明进步的重要体现。对凝聚族群或国族的身份认同和归属，乃至于维护国家主权和领土安全，都具有深远的历史意义和极为重要的现实意义。

“没有规矩不成方圆”。鉴于文物特殊的历史、艺术、科学价值，和不可再生的特殊性，世界各国，特别是西方发达国家很早就制定了文物保护的法律法规。如意大利早在1462年，教皇庇护二世就规定，不能随便破坏古建筑遗址，否则将被判处监禁或不许入教。1624年，用法令的形式禁止随便买卖艺术作品。1821年正式确定文化遗产是本地文化历史不可分割的组成部分。1939年，意大利通过颁行文物保护条例，明确规定：对于考古、历史和人类研究有价值的艺术品，未经有关专门部门的批准，禁止任何形式的拆除、修改或修复。同年7月22日正式通过法律，成立全国文物保护中心。1975年，正式组建文化遗产部，负责意大利的文物保护工作。

法国在17、18世纪兴起了考古热潮，客观上提出了对文物收藏品和考古发掘进行制度规范的需求，为相关法律的产生提供了相应的社会环境；大革命时期大量文物古迹遭到破坏，加快了国家通过立法保护文化遗产的步伐。在1793年的“共和二年法令”，规定法国领土内的任何一类艺术品都应受到保护。1834年任命罗佩斯·梅里美为“历史古迹督察官”，标志着法国文物保护的官方机构正式成立。1887年3月通过的法律规定，文化财富分别属于国家政府机关和基层行政区所有。1913年颁行《保护历史古迹法》取代了1887年通过的法律。随后又连续颁布了1930年的《景观地保护法》，1962年的《马尔罗法》，1983年的《地方分权法》，通过细化的法律对本国的文化遗产进行了全方位的保护。

与中国一衣带水的日本和韩国，在文物保护方面起步虽然略晚，却非常成功。1950年，日本政府颁布《文化财保护法》，就独树一帜地提出无形文化财（即非物质文化遗产）的概念，标志着日本战后文物保护制度全面建立，后又不断修改完善，成为日本文物保护立法的一个特点。韩国1962年公布的《韩国文化财保护法》，借鉴了日本的经验，文化遗产保护也取得了长足的进步。

探究韩国和日本这两个亚洲发达国家的发展历程，不难看出，它们的现代化过程是伴随着对自身文明传统不断认知的自觉过程。反观中国，在20世纪的大部分时间里，特别是改革开放以前的大半个世纪中，几乎都是在不断地自我否定中走过来的。人们经常说“只有民族的，才是世界的”。21世纪的中国，如何借鉴国际经验，完善自己的文物保护制度，在经济高速发展，全球一体化、外来文化观念大面积渗透，社会生活全面与国际接轨的特殊时期，充分发挥历史悠久，文化底蕴深厚，文物资源丰富的优势，凝聚并加深对自身文明的理解和认同，传承自身优秀文化传统，自觉张扬民族的价值理念和哲学思想，更好地保持中华文明的自身文明特色，打造利于国家发展的软实力。对于我们这样一个文物资源丰富，却又屡遭外敌劫掠和内扰浩劫的国度来说显得尤为重要。

一　文物保护立法简史

中国自古就有重视文物，收藏文物，利用文物考据证史补史的传统。如著名的秦始皇泗水升鼎故事。晋代出土并整理成册的“汲冢竹书”、宋代的金石学、元明以来古玉研究等，都是对文化古迹的一种保护、研究利用。不过，这种收藏、保护研究利用通常是民间学者或达官贵人，出于对古物经济价值、书法价值、证史作用的考虑的自发行为，其表现形式停留在猎奇、淘宝或历史考据的层面，而没有上升到文化遗产和国家保护的高度。

我国正式将文物纳入国家保护是清代晚期，1906年（光绪三十二年），清政府规定：凡图书馆、博物馆的经营建造及管理事项由各省学务公所（后改“提学使司”）职掌；古迹、古物的保存由民政部门负责。北洋政府内务部1916年颁布的《保存文物暂行办法》是我国近代史上第一部较完备的文物保护法规，将古代帝王陵寝、先贤墓冢、古代城郭、关塞、壁垒、岩洞、楼观祠宇、台榭亭塔、历代碑版、造像、壁画、摩崖、古树、金石、竹木、陶瓷、饰绣等各种器物纳为保护对象，分别制定保护措施。同时规定私人所藏古物不得售于外国人，初步具备现代文物保护法的基本内涵。1930年南京国民政府颁布《古物保存法》，首次规定：埋藏地下及由地上暴露地面之古物概归国有，初步具备了现代意义上文物保护概念。真正意义上的现代文物保护立法和全面的文物保护，则是在中华人民共和国成立以后，逐步发展和完善起来的。

二 当代文物保护立法

中国共产党自建立以来就十分重视文物的保护管理，在战争时期就注重文物保护工作。平津战役期间，为北平攻城准备的文物保护方案，以及努力争取北平和平解放的努力就是很好的例证。1948年4月，中共胶东区委首先成立“胶东区文化古物管理委员会”，同年8月成立“山东古代文物管理委员会”。解放战争时期，山东人民政府根据《土地法大纲》第九条的规定发布了《通行征集保存古代文物令》将土改中没收地主阶级和接收官僚资本的文物作了集中收存和妥善处理。中华人民共和国成立后，国务院于1961年颁布了《文物保护管理暂行条例》。遗憾的是条例施行不久，“文化大革命”就开始了，对中国的文物保护事业造成了不可估量的损失。党的十一届三中全会拨乱反正，国家的政治、经济、文化生活逐步步入正轨。但是，文物保护与基本建设的矛盾也日益突出，亟需一部更具权威性的文物保护法律。

为顺应时代的要求，国务院有关部门在《文物保护管理条例》的基础上，吸收国内外的文物保护实践和经验，制定了我国第一部现代意义上的文物保护法——《中华人民共和国文物保护法》，于1982年11月19日，由第五届全国人民代表大会常务委员会第二十五次会议通过并颁布实施。1991年6月29日，第七届全国人民代表大会常务委员会第二十次会议又通过了《关于修改〈中华人民共和国文物保护法〉第三十条、第三十一条的决定》，主要是扩充了对文物刑事犯罪和量刑等方面的规定。

为更好地贯彻《文物保护法》，适应改革开放的新形势，推进我国的文物保护事业，规范田野考古发掘和日渐增多的国际文物保护交流合作，强化基本建设和水下文物的保护管理，文化部于1984年5月10日发布了《田野考古工作规程》（试行）、1989年2月27日颁布了《文物出境鉴定管理办法》（文物发〔1989〕9号）；国务院于1989年10月20日颁布了《中华人民共和国水下文物保护管理条例》；国家文物局、国家发展计划委员会、财政部于1990年4月20日联合颁布了《考古调查、勘探、发掘经费预算定额管理办法》（国家文物局〔90〕文物字第248号）；经国务院批准，国家文物局先后颁布了《中华人民共和国考古涉外工作管理办法》（1991年2月22日）、《中华人民共和国文物保护法实施细则》（1992年4月30日），对《文物保护法》的有关规定进行了细化和补充。1998年7月15日，国家文物局又颁布了《考古发掘管理办法》。其中《文物保护法实施细则》在2002年版《中华人民共和国文物保护法》颁布后废止。《考古调查、勘探、发掘经费预算定额管理办法》《中华人民共和国水下文物保护管理条例》《考古涉外工作管理办法》等适用至今。《田野考古工作规程》和《文物出境鉴定管理办法》等又经过新一轮的修订。

1982年版《文物保护法》及其《实施细则》的颁布实施，是我国有了第一部现代意义上的文物保护法律，对我国的文物保护事业发挥了巨大的作用。但是随着改革开放的深入，社会经济快速发展，形势发生了很大变化，多种所有制带来一些问题，需要做新的界定；近二十年来文物保护实践的一些行之有效的经验也亟待总结。此外我国正式加入国际古迹理事会，是国际文物保护公约的缔约国。文物保护工作也需要与国际接轨。1982年版《文物保护法》虽然经过一次修订，仍远远不能适应改革开放条件下的文物保护工作，许多新问题需要新的法律规范。经过反复酝酿、审议，2002年10月28日全国人民代表大会通过了新的《中华人民共和国文物保护法》，由原来的33条增加到80条。增加、修改的部分主要包括以下几个方面的内容：一是吸收了以往行之有效的有关规章，如文物商店的设立、文物购销、文物保护维修管理等。二是原有文物法中的缺项，如馆藏文物管理、文物工作者的责任。三是适应形势的变化，如民间收藏、文物调拨补偿、历史文化街区、村镇、拆除非文物单位的建筑构件管理、对外学术交流、合作、文物外展等。四是强化了有关各方，特别是文物管理及有关部门的法律责任。五是吸收了一些新的观点，如西安全国文物工作会议确定的文物保护工作16字方针等。

2003年5月18日，国务院颁布了《中华人民共和国文物保护法实施条例》，对新版《文物保护法》的主要内容、相关条款作了更为细致、具体和程序化的规定，具有较强的针对性和可操作性。2007年12月29日，第十届全国人民代表大会常务委员会第三十一次会议对现行《文物保护法》第二十二条、第二十三条、第四十条进行了修改，涉及的问题主要是审批权限的调整。

为了使我国的文物保护更好地与国际接轨，早在1997年10月，国家文物局就正式组建了《中国文物古迹保护准则》编撰项目组。采取了中外专家合作的方式，邀请美国盖蒂保护研究所和澳大利亚遗产委员会的专家参与工作。十易其稿。2000年10月10日，在承德举行的中国ICOMOS大会上获得原则通过。2002年由国家文物局批准公布。经过修订于2004年发行了第二版。

《中国文物古迹保护准则》是在中国文物保护法规体系的框架下，以《中华人民共和国文物保护法》和相关法规为基础，参照以1964年《国际古迹保护与修复宪章》(《威尼斯宪章》)为代表的国际原则而制定的。贯彻保护文化遗产历史真实性、完整性和"不改变文物原状"的理念和原则，是中国文物法律法规的专业性解释和延伸，也是中国文物古迹保护理念、经验的总结，同时也是与国际古迹保护理念接轨的过程。经国家文物主管部门批准公布，成为中国文物古迹保护事业的行业规则和行业标准。

在此期间，为进一步强化现行《文物保护法》贯彻力度，做好新形势下的文化遗产保护工作，国务院及其相关部门先后颁布了《文物保护工程管理办法》(2003年4月1日)、《文物行政处罚程序暂行规定》(2004年12月16日)、《古人类化石和古脊椎动物化石保护管理办法》(2006年8月7日)、《全国重点文物保护单位保护规划编制审批办法》和《全国重点文物保护单位保护规划编制要求》(2005年7月21日)、《长城保护条例》(2006年10月11日)、《世界文化遗产保护管理办法》(2006年11月14日)、《国家级非物质文化遗产保护与管理暂行办法》(2006年12月1日)、《文物进出境审核管理办法》(2007年7月13日；1989年发布的《文物出境鉴定管理办法》同时废止)、《历史文化名城名镇名村保护条例》(2008年4月22日)、修订后的新版《田野考古工作规程》(2009年10月1日)和《国家考古遗址公园管理办法(试行)》(2009年12月17日)等一系列法规和规范性文件，对建设法治社会，有序推进我国的文化遗产保护事业起到了难以估量的积极作用。

三 山东省的文物保护立法

中华人民共和国成立后，山东省的第一部文物保护法规是1990年10月30日，山东省第七届人民代表大会常务委员会第十八次会议通过的《山东省文物保护管理条例》，1994年8月9日山东省第八届人民代表大会常务委员会第九次会议曾做过一次修改。

2002年版《中华人民共和国文物保护法》颁行后，该《条例》与上位法之间出现了一些不衔接、不一致、不配套、不完善的地方。同时，多年来文物保护管理方面积累的一些较为规范、成功的经验，需要纳入进地方性法规，补充现行法律法规的不足。

为适应经济社会发展形势和文物保护工作的需要，切实解决我省文物保护管理工作中遇到的诸多新问题，山东省人大、山东省政府从建设经济文化强省战略全局出发，做出了立新废旧，重新制定《山东省文物保护条例》的重大决定。新《条例》的起草工作于2004年下半年启动，山东省人大、山东省政府法制办、山东省文化厅、山东省文物局等部门共同努力，经过六年多的调研、积累、沉淀和修改，向社会各界广泛征求意见，对《条例》草案进行了十多次重大修改。2009年9月29日，由山东省第十一届人大常委会第十九次会议审议通过，于2010年12月1日正式施行。

新版《山东省文物保护条例》共七章68条，以科学发展观为指导，全面贯彻“保护为主、抢救第一、合理利用、加强管理”文物工作方针，从我省实际出发，积极创新，具有“切合山东文物保护实际、突出重点、富于创新、法律责任明确、可操作性强”等特点，是《中华人民共和国文物保护法》及其《实施条例》的细化和补充。其中，与基本建设联系紧密的主要有以下几点：

一是突出文物管理机构和队伍建设。规定“县级以上人民政府应当加强文物管理机构和队伍建设”，建立“文物保护专家咨询机制”，强调政府决策、审批活动的科学化、民主化和法制化。

二是突出委托执法。依据《行政处罚法》做出了“县级以上人民政府文物行政部门可以在法定权限内，委托文物管理机构等具备法定条件的事业组织实施行政处罚”的规定，为缓解文物行政执法力量薄弱，加强对违法施工、盗掘、倒卖文物等违法行为的监管提供了法律依据。

三是强化对尚未核定为文物保护单位的一般文物点的管理，根据《文物保护法实施条例》第十九条第三款的精神规定：“尚未核定公布为文物保护单位的不可移动文物，由县（市、区）人民政府文物行政部门予以登记公布，参照县级文物保护单位进行管理。”首次对大量的、“尚未核定公布为文物保护单位”的普通文物点的管理做出了明确的规定，弥补了普通文物点保护的法律盲区。

四是坚持“文物保护先行”的原则，进一步强化基本建设中的文物保护工作。《条例》第三十一条规定：“基本建设工程应当避开地上、地下文物丰富的地段。工程项目在立项、选址前，建设单位应当征求该项目立项审批主管部门的同级文物行政部门的意见；凡涉及不可移动文物的，建设单位应当事先确定保护措施，作为建设项目重要内容列入可行性研究报告或者设计任务书，并根据文物级别，报上一级人民政府文物行政部门批准，未经批准，有关主管部门不予立项和批准施工”。第三十二条规定“进行占地两万平方米以上的大型基本建设工程或者在地下文物保护区、历史文化名城范围内进行工程建设，建设单位应当事先报请省人民政府文物行政部门组织考古调查、勘探，发现文物的，由省人民政府文物行政部门会同建设单位共同商定保护措施”。第一次对基本建设项目涉及文物保护的不同情形做出了具体的界定。

五是兼顾建设单位的利益，《条例》第三十五条规定“在基本建设工程中发现重要文物需要实施原址保护的，县级以上人民政府与建设单位协商后，可以另行安排用地或者收回土地使用权、退还已交纳的土地出让金；造成建设单位经济损失的，依法给予补偿”的处理办法，既保护了文物，也维护了建设单位的合法权益。这些法律，包括《中华人民共和国文物保护法》及其《实施条例》《山东省文物保护条例》，为南水北调工程中文物保护工作提供了坚实的法律依据。

第二节　国家相关制度与政策

保护文物是对民族历史和传统的尊重，是传承和发扬民族文化的需要，是人类文明进步的重要体现。对凝聚族群或国族的身份认同和归属，都具深远的历史意义和重要的现实意义。在国际政治风云变幻，敌对势力不断挑起领土争端，试图拼凑“遏华”包围圈的当今世界，文物保护还与民族关系和领土主权等国家重大安全问题有着密切关联。

党中央、国务院十分关心、重视南水北调工程的文物保护工作，党和国家领导人多次对南水北调工程的文物保护做出批示，强调依法做好南水北调工程中的文物保护工作。为南水北调文物保护提供了有力的政治保障。国家的相关立法和政策规范，则为做好南水北调文物保护奠定了坚实的法律基础。

一　法律基础

现行《中华人民共和国文物保护法》总则明确提出：为了加强对文物的保护，继承中华民族优秀的历史文化遗产，促进科学研究工作，进行爱国主义和革命传统教育，建设社会主义精神文明和物质文明。强调文物工作贯彻“保护为主、抢救第一、合理利用、加强管理”的16字方针。要求各级人民政府应当重视文物保护，正确处理经济建设、社会发展与文物保护的关系，确保文物安全；基本建设、旅游发展必须遵守文物保护工作的方针，其活动不得对文物造成损害。规定：建设工程选址，应当尽可能避开不可移动文物；因特殊情况不能避开的，对文物保护单位应当尽可能实施原址保护。《文物保护法实施条例》在此基础上，对承担文物保护单位的修缮、迁移、重建工程单位、考古发掘单位的资质条件、管理权限、运行规则，做出了明确规定。对配合建设工程进行的考古调查、勘探、发掘审批程序、时限，以及建设单位的法定义务等都做出了明确的规定。其他如《中华人民共和国水下文物保护管理条例》，国家文物局颁布的《考古发掘管理办法》《文物保护工程管理办法》《考古调查、勘探、发掘经费预算定额管理办法》《考古涉外工作管理办法》和《田野考古工作规程》《中国文物古迹保护准则》等规范性文件，对文物保护工作中的相关问题做出了更为细致，更具针对性和操作性的规范，为做好南水北调工程中的文物保护提供了坚实的法律基础。

二　政策规范

党和国家领导人的批示和《中华人民共和国文物保护法》的有关规定，为南水北调工程确立了“保护为主，抢救第一”的文物保护原则。国务院有关部门，包括国务院南水北调工程建设委员会办公室、国家发改委、水利部、财政部、国家文物局等有关单位，对南水北调工程的文物保护工作高度重视。早在南水北调工程启动之初，国家文物局、水利部就联合印发了《关于做好南水北调东、中线工程文物保护工作的通知》，对相关问题提出了明确的政策要求和制度规范：

一是强调文物保护工作是南水北调工程的重要组成部分。明确提出水利部淮河水利委员会和长江水利委员会应分别要求东线第一期和中线第一期工程沿线各省（直辖市）水利部门和南水北调工作机构，及时向各省级文物行政部门提供准确的工程及辅助设施范围图，明确工程施工占地范围，合理预留实施时间。

二是要求南水北调东中线一期工程的规划设计尽量避开不可移动文物；如必须涉及不可移动文物的，应当按照有关规定，事先由工程建设管理单位按程序报批。对涉及全国重点文物保护单位和省级文物保护单位的，应报国家文物局批准。

三是要求各省级文物行政部门依法积极配合，统一管理和协调各省（直辖市）南水北调工程中的文物保护工作，纳入部门年度计划，并据此组织开展配合工程的文物保护和考古发掘工作，切实保证工作质量。

四是责成工程建设管理单位和沿线省级文物行政管理部门组织、协调有关工程设计单位和文物保护机构，对工程范围内的文物保护进行认真分析研究，确定需要补充调查或勘探的范围。在已有的南水北调前期工作和补充调查或勘探的成果基础上，拟定文物保护措施和方案，按程序报批后，尽快组织文物保护和考古发掘工作。

五是对南水北调工程文物调查、勘探、发掘、保护费用提出了明确的政策规范，规定工程建设单位要将文物保护费用列入工程项目预算，费用标准按照1990年4月20日国家文物局、国家发展计划委员会、财政部联合发布《考古调查、勘探、发掘经费预算定额管理办法》（国家文物局〔90〕文物字第248号）执行。要求工程建设管理单位与相关文物保护机构签订相应的合同，并及时拨付文物保护工作经费;文物保护机构必须按要求完成文物调查、勘探、发掘和保护工作,合理使用经费,确保专款专用。

六是要求工程建设单位在施工中意外发现文物遗迹,应立即采取措施保护好现场,及时通知当地省级文物行政管理部门进行处理。工程建设部门和文物保护部门应积极协商,制订妥善的保护方案,确保文物不受损失。

该《通知》完全符合现行法律法规,并有更为具体的政策宣示,成为工程建设和文物保护部门依法做好南水北调文物保护工作的制度规范,为有序推进南水北调工程的文物保护工作发挥了重要作用。

三 管理体制

2004 年 5 月,由国家文物局、国家发改委、水利部和国务院南水北调办公室等有关部门联合组建的“南水北调工程文物保护协调小组”宣告成立。先后召开 5 次协调会议,研究、协调解决南水北调文物保护工作中的重大问题。责成国家文物局文物保护司负责“协调小组”的日常工作,协调处理南水北调工程文物保护前期工作和工程施工过程中出现的文物保护问题。并专门设立了南水北调文物保护和考古专家组,对沿线各省市编制的南水北调文物保护规划和保护方案等进行专业把关,确保南水北调文物保护符合专业技术规范。

2004 年 8 月,水利部、国家文物局、国务院南水北调办公室在北京组织召开了南水北调工程文物保护专题报告编制工作会议,原则通过了《南水北调东线、中线一期工程文物保护专题报告编制大纲》。国家发展改革委员会安排了专项经费,用于编制文物保护专题报告等前期工作。

2005 年 5 月 2 日至 9 日,国家文物局会同水利部、国务院南水北调办公室、全国政协教科文卫委员会组成调研组,赴北京、河北、河南、湖北、江苏、山东、天津等省、市,对南水北调中、东线工程沿线文物保护工作情况进行了专题调研。调研组一行重点考察了已经开工的考古工地和即将实施的文物保护项目,全面调查了解情况,与各省市主管领导会谈,布置和推动有关工作。

2005 年 9 月 1 日,南水北调一期工程文物保护工作协调小组在北京召开第四次会议,为进一步加强对南水北调一期工程文物保护工作的管理与实施,会议决定,由国家文物局牵头,在总结国内其他基本建设项目文物保护工作经验基础上,起草南水北调工程文物保护工作实施管理办法草案,提交下次协调小组会议讨论。同月,全国政协会同国家发改委、水利部、国务院南水北调办公室、国家文物局组成的联合调查组,对山东、江苏、湖北、河南四省进行专题调研。调研组实地考察了有关工程和工程涉及的文物保护情况,听取了各地的相关工作情况汇报,与相关各省政府及有关部门进行了座谈。

2005 年 11 月 14 日,国务院南水北调办公室下达了《关于南水北调东、中线一期工程控制性文物保护方案的批复》（国调办环移〔2005〕97号），南水北调文物保护的田野发掘工作全面展开。

2005年11月16日，国家文物局在河南郑州召开南水北调工程文物保护工作动员大会，动员全国具有考古发掘资质的专业研究单位，全力支援南水北调工程文物保护工作，最大限度地保护文物并支持南水北调工程的顺利施工。国家文物局单霁翔局长在会上作了总动员，号召全国具有考古发掘资质的专业研究单位，充分调集力量进行会战，以保证按时间、高质量地做好南水北调工程中的文物抢救保护工作，完成党中央、国务院和全国人民交给我们的光荣任务。对南水北调工程沿线各省市文物部门提出了明确要求：

一是要切实做到统一思想，提高认识，抓紧工作，增强使命感、责任感和大局意识，以积极的态度投身南水北调工程文物抢救保护工作中。

二是要建章立制，规范程序，加强管理，认真总结开展基本建设中文物保护工作的成功经验。结合本次工作的实际，运用新的管理理念、新的运作模式，探索新形势下开展南水北调工程文物保护工作的新思路。

三是要树立课题意识，坚持质量第一，提高工作水平，在现有工作的基础上进一步加强横向联合，有计划地组织专业技术力量进行深层次的课题攻关，广泛开展专题和综合课题研究。

四是要加强防范，消除隐患，做好工地安全工作，进一步加强安全意识，提高防范能力，采取有效措施，消除各种隐患，确保工作人员和文物安全，坚决避免发生工地安全责任事故。

五是要把握大局，实事求是，做好南水北调工程文物保护的宣传工作。主动加强与新闻媒体的交流、沟通，实事求是地介绍情况，全面、客观、科学地报导南水北调工程文物保护工作，要加强正面报导，避免不负责任的炒作，使南水北调工程文物保护工作，成为展现我国政府历史责任感和保护文化遗产的坚强决心、展现我国文物保护工作者良好社会形象，宣传文物保护成绩的大舞台。

随着工程的进展，国务院南水北调办公室于2007年4月下达了《关于南水北调东、中线一期工程第二批控制性文物保护方案的批复》（国调办环移〔2007〕32号）、2009年10月下达了《关于南水北调东、中线一期工程初步设计阶段文物保护方案的批复》（国调办征地〔2009〕188号）、国家文物局于2012年12月10日印发了《关于进一步做好南水北调工程文物保护工作的通知》（文物保函〔2012〕1925号）。山东省文物部门根据山东的实际情况，按照上述批复，主动与工程建设部门协调、合作，及时组织业务力量，积极推进各个工程段文物保护项目的实施。山东段南水北调工程的文物保护工作，持续、健康地向纵深发展。

四 规章制度

2006年4月11日，南水北调工程文物保护工作协调小组在北京召开第五次会议。发展改革委投资司、农经司，水利部调水局，国务院南水北调办投资计划司、环境移民司和国家文物局文物保护司的有关同志参加了会议。会议对《南水北调工程文物保护管理办法》进行了初步讨论。2008年3月，国家文物局、国务院南水北调办公室联合印发了《南水北调东、中线一期工程文物保护管理办法》（文物保发〔2008〕8号）和《南水北调工程建设文物保护资金管理办法》（文物保发〔2008〕10号）。

《南水北调东、中线一期工程文物保护管理办法》，进一步强调了《文物法》的权威性，对已形成的管理体制和前述国务院有关部门组成的工作协调小组进行了确认，规定国家文物局负责南水北调工程文物保护工作的协调、指导和监督；国务院南水北调工程建设办公室参与指导、协调、监督南水北调工程文物保护工作，协调小组负责就南水北调工程文物保护工作中出现的重大问题进行研究协商。明确省级文物行政部门是所辖地区南水北调工程文物保护的责任主体，工程涉及的有关省市可参照“协调小组”的形式建立相应的协调机制。要求南水北调工程文物保护、考古发掘要严格遵守《文物保护工程管理办法》《考古发掘管理办法》和国家文物局《关于加强基本建设工程中考古发掘工作的指导意见》。对南水北调工程考古发掘单位的资质、程序、监理、方案调整、检查监督，以及表彰奖励、行政和刑事责任等等做出具体规定。

《南水北调工程建设文物保护资金管理办法》明确规定，省级文物行政部门是南水北调工程文物保护资金管理的责任主体，要求文物保护资金管理遵循责权统一、计划管理、专款专用、包干使用的原则，并对资金使用范围、包干协议的内容、项目资金调整、预备费、不可预见费，以及审批权限、资金拨付、财务制度、账户管理、审计监督、法律责任等方面做出具体规定。并要求省级文物行政部门据此制定《文物保护资金管理办法实施细则》，报国家文物局、国务院南水北调办公室备案。

南水北调工程沿线各省、市党委、政府十分重视工程中的文物保护工作，根据国务院和相关部门的要求，召开专题会议，设立协调机构，对南水北调工程文物保护工作做出部署。相继成立了南水北调文物保护工作领导小组和工作办公室，专职负责南水北调文物保护抢救的日常管理工作，有力地保证了南水北调东、中线一期工程文物保护工作的顺利开展。

第三节 省级管理体制与相关制度

山东省委、省政府高度重视南水北调工程的文物保护工作，要求相关部门遵照国务院关于配合国家基本建设的“两重、两利”（即“重点保护、重点发掘，既对生产建设有利，又对文物保护有利”）原则和《文物保护法》“保护为主、抢救第一”的方针，积极主动、保质保量地做好南水北调工程的文物保护和考古发掘工作。为发展山东的文物保护事业，实现从文化资源大省向文化强省跨越的战略做出新的贡献。

一 管理体制

根据国家和省政府的相关规定，南水北调东线工程山东段的文物保护工作由省文化厅统一管理。早在2002年5月，山东省文化厅就主动向山东省水利厅发出了《关于做好南水北调工程山东段文物保护工作的函》，就南水北调文物保护工作进行联系、协商。2002年11月，省文化厅责成山东省文物考古研究所对济平干渠段工程沿线进行了考古调查，正式揭开山东省南水北调工程文物保护工作的序幕。

为了加强南水北调文物保护的组织管理，山东省文化厅于2003年3月组建了“南水北调工程文物保护工作领导小组”和“山东省文化厅配合重点工程考古办公室”。“领导小组”负责山东省南水北调工程文物保护工作的领导和协调工作。“办公室”负责制定总体工作计划和保护项目实施的组织工作。山东省文物考古研究所、山东省文物科技保护中心作为牵头单位，分别负责地下和地上文物的调查、勘探、发掘与测绘、搬迁、复原。各相关市县的文物管理部门和业务单位分别与省属相关单位配合，负责本辖区的管理和业务工作。

2004年2月，山东省文化厅又成立“南水北调东线工程济平干渠考古工作领导小组”，下设由山东省文物考古研究所、济南市考古研究所、长清区文管所等单位业务人员组成的山东省文化厅南水北调东线济平干渠考古队。

2004年4月，山东省文化厅又组建了“南水北调东线工程山东段文物保护规划领导小组”和“南水北调东线工程山东段文物保护规划小组”，以加强南水北调山东段文物保护规划的编制工作。

为进一步加强管理，最大限度地整合全省业务力量，山东省文化厅于2006年2月7日，将此前设立的相关机构合并改组为“山东省文化厅南水北调文物保护领导小组”，将原本设在山东省文物考古研究所的“山东省文化厅配合重点工程考古办公室”变成相对独立的临时机构，作为“领导小组”下辖的“山东省文化厅南水北调文物保护工作办公室”（鲁文物〔2006〕13号），独立办公。同年3月，“山东省文化厅南水北调文物保护工作办公室”正式挂牌。

2006年10月，山东省委、省政府为进一步推动全省文化遗产保护的管理工作，决定重新组建副厅级的山东省文物局，按照业务分工，“山东省文化厅南水北调工程文物保护领导小组”，及其下辖的“山东省文化厅南水北调文物保护工作办公室”划归山东省文物局管理。2011年6月，山东省委、省政府决定，将山东省文物局与山东省中华文化标志城规划建设办公室合并，组建正厅级的山东省文物局（山东省中华文化标志城规划建设办公室），继续负责南水北调工程文物保护工作的管理。

二　机构与职能

1. 人员组成

（1）“山东省南水北调文物保护领导小组”，由山东省文化厅分管领导、相关处室、沿线各市文物主管部门负责同志组成。

（2）“山东省文化厅南水北调文物保护工作办公室”，先后分别由山东省文物局分管领导和专业机构有关人员组成。

2. 职能分工

（1）“山东省南水北调文物保护领导小组”基本职能

1）按照国家有关法律法规，在山东省文化厅领导下组织南水北调东线工程的文物保护工作。

2）审核南水北调山东段文物保护工作管理规定和办法。

3）协调南水北调文物保护工作与相关地市政府部门的关系。

4）指导和检查南水北调文物保护办公室的工作。

5）审核、监督与有关业务单位签定的文物保护协议书和经费拨付计划。

6）检查文物保护工作的落实情况。

7）对有关单位和个人予以奖励和处罚。

（2）“山东省文化厅南水北调文物保护工作办公室”的基本职能

在南水北调工程文物保护领导小组的领导下，具体负责文物保护工作的协调、组织与实施。具体工作分以下几个方面：

1）负责与山东省南水北调工程部门的联系与协调。

2）按年度编报文物保护项目实施计划、经费计划；按法定程序履行有关项目考古发掘、文物保护工程的报批、汇报手续。

3）审核项目承担方的资质，拟定相关的协议书。

4）委托项目监理。

5）检查项目进展情况和工作质量，按项目进度拨付经费，组织项目结项，验收资料建档，汇总出版工作成果。

6）对文物保护项目实施过程中不可预见性工作的规划与实施。

7）组织出土文物的宣传与展示。

8）组织专题研究、综合性研究、学术研讨的实施。

9）及时向领导小组汇报工作情况；完成领导小组交办的其他工作。

（3）办公室负责人职责

1）主任职责

①学习党的各项方针、政策，抓好政治理论学习的组织工作。

②积极与工程部门联系，做好文物保护工作的协调。

③组织力量做好各种管理规定和办法的起草，报领导小组审查通过。

④协调文物部门之间的协作关系，做好文物保护工作的组织和实施。

⑤审查项目承担方的资质；审定各种协议、合同文本；保证文物保护经费的落实。

⑥及时检查各项文物保护工作的落实情况。

⑦做好专题研究、综合性研究、学术研讨的组织工作。

⑧组织文物保护工作的宣传与展示。

⑨做好办公室内部日常事务的管理工作。

2）副主任职责（一）

①协助室主任，组织政治理论的学习。

②协助室主任，按年度编报文物保护项目实施计划、经费计划；按法定程序履行有关项目考古发掘、文物保护工程的报批、汇报手续。

③协助室主任做好协议承担方的资质审查工作。

④负责各种文件、合同的起草，做好文物保护工作的组织。

⑤协助室主任检查各种文物保护工作落实情况。

⑥协助室主任做好办公室内部的管理工作。

⑦做好专题研究、综合性研究、学术研讨的组织工作。

⑧安排发掘资料的整理工作，组织资料的出版。

3）副主任职责（二）

①协助室主任组织政治理论的学习。

②协助室主任做好与工程部门联系，协调工程部门与文物部门的各种关系。

③对工程中不可预见性项目进行规划并提出具体意见。

④协助室主任做好文物保护工作中的各种接待工作。

⑤协助室主任，加强与监理方的沟通、联系。

⑥做好各种文件、合同、协议及资料的归档。

⑦协助室主任检查各种文物保护工作落实情况。

⑧协助室主任，做好文物保护工作的宣传与展示。

三　制度建设

南水北调山东段文物保护工作的绝大部分项目为考古发掘项目。作为社会科学的重要组成部分，有其自身的规律和特点，通常情况下都必须经过考古调查勘探，大致摸清文物的分布、范围、保存状况和时代等情况，以此为基础制定具体的考古发掘计划，经法定程序批准后，按照国家的有关规定实施科学考古发掘，获取完整、科学的信息和资料及资料整理、出版等。与自筹资金、主动的、以科研为目的的考古发掘不同，配合基本建设的文物保护和考古发掘工作，更有其特定的步骤和要求。工程建设单位作为法定出资人，在先期调查勘探之外，项目先期洽谈，保护方案、经费预算的编制，签订项目协议，资金拨付及监督管理，乃至于工期和结项报告、审计等等都必须有建设方的全面参与。

南水北调东、中线一期工程山东段，作为21世纪规模最大的基本建设项目，涉及域内多处文物分布密集区，文物保护项目既多，考古发掘的工作量和资金投入也是空前的。如何在国家现行法律法规的框架内，根据国家有关南水北调工程的相关制度与政策，建立起一套行之有效的规章制度，是确保南水北调东、中线一期工程山东段的文物保护工作的顺利实施的基本保障。

为此，早在国家文物局、国务院南水北调办公室印发《南水北调东、中线一期工程文物保护管理办法》之前的2006年，亦即省文化厅南水北调文物保护工作办公室成立之初，即着手制定有关南水北调文物保护的规范性文件。在充分借鉴兄弟省市成功经验，广泛征求各有关方面意见的基础上，制定了一系列与南水北调文物保护工作相关的管理办法和工作制度。其中《山东省南水北调工程文物保护工作暂行管理办法》和《山东省南水北调工程文物保护监理工作暂行管理办法》，于2006年3月28日以山东省文化厅《关于印发山东省南水北调工程文物保护工作相关管理办法的通知》（鲁文物〔2006〕24号）的形式发布实施）；《山东省文化厅南水北调文物保护工作办公室内部工作制度》《山东省文化厅南水北调文物保护项目管理规则》《山东省文化厅南水北调文物保护工作办公室内部财务管理制度》三项制度，于2006年4月30日以山东省文化厅《关于批准山东省文化厅南水北调文物保护工作办理内部管理规定的通知》（无编号）的形式批准实施。

2008年9月1日，山东省文化厅和山东省南水北调工程建设管理局共同以鲁文〔2008〕27号文件的形式，重新发布了《山东省南水北调工程文物保护工作暂行管理办法》。

2008年11月5日，山东省文化厅颁布了《山东省南水北调东线工程文物保护资金管理办法实施细则》（鲁文计〔2008〕65号）。

四　运行机制

运行机制是确保相关制度落到实处的程序性规定，前述相关《办法》在这方面都做了有益的尝试，取得了良好的效果。《山东省南水北调工程文物保护工作暂行管理办法》在现行法律的基础上，将《南水北调工程建设征地补偿和移民安置暂行办法》《南水北调工程建设征地补偿和移民安置资金管理办法（试行）》《山东省文物保护管理条例》《山东省考古勘探、发掘管理办法》等相关法律法规和规范性文件作为基本依据，着重强化了相关责任人的法律责任和运行机制。其中“管理体制”一章明确规定：调水工程的文物保护工作实行项目法人制。项目法人为山东省文化厅，负责山东省境内调水工程文物保护管理工作，接受国家文物局的业务指导、监督。经费管理接受国家审计部门和移民部门的审计、监督。对“山东省文化厅南水北调文物保护领导小组”及其下设的“山东省文化厅南水北调文物保护工作办公室”的职责权限作了明确的规定。

“项目管理”一章规定调水工程的文物保护工作实行项目责任制。要求“南水北调文物保护工作办公室”依据国务院相关部门下达的文物保护项目和有关协议，结合工程进展情况，按年度编报文物保护项目实施计划、经费计划，报领导小组批准后实施。对文物保护项目承担单位的资质，项目招标、委托、资质认证、监理、协作、项目协议、工作计划、进度报告、经费管理和拨付进度、资料记录、质量检查、计划调整、资料记录管理、项目验收、结项和各方责任、奖惩机制等都做了明确的规定。首次将市场机制和监理机制引入文物保护工程。通过邀标等方式，确定文物保护项目的承担单位、监理单位和协作单位。在考古发掘领队负责制、项目合同制的基础上实行学术课题制；地上文物保护工作中实行业主负责、项目招标、工程监理、设计资质验证、项目验收审计等相关制度（图 3-1、2）。

图3-1　文物保护项目招标会议

图3-2　验收组对胶东调水工地检查验收

《山东省南水北调东线工程文物保护资金管理办法实施细则》进一步明确了山东省文化厅是南水北调东线建设工程文物保护资金管理的责任主体。山东省文化厅南水北调文物保护领导小组及其下设的办公室，作为业务组织和财务管理的专设机构，具体负责该项经费的管理和使用，确保文物保护资金的单独核算，专款专用。将南水北调的专项文物保护资金分为调查勘探费、田野发掘费、保护科研费、项目管理费四部分，并对每个项目的具体适用细项、经费使用进度报表、相关责任以及检查监督和审计等作了详细的规定。

《山东省南水北调工程文物保护监理工作暂行管理办法》对项目监理的责任单位、监理资格、委托方式、各方责任、监理内容、监理程序、监理报告、项目变更等作了程序性规定。山东省文化厅南水北调文物保护工作办公室根据上述规定，在2006年首批开工的梁济运河段和穿黄段的7个文物保护项目中，将监理机制引入文物保护工程中，采用了招标的方式，确定了每个项目的承担单位，监理单位、协作单位，为日后监理制度的全面推行积累了可贵的经验。

2006年4月30日山东省文化厅《关于批准山东省文化厅南水北调文物保护工作办理内部管理规定的通知》（无编号）批准了《山东省文化厅南水北调文物保护工作办公室内部工作制度》《山东省文化厅南水北调文物保护项目管理规则》《山东省文化厅南水北调文物保护工作办公室内部财务管理制度》三项制度。对

“山东省文化厅南水北调文物保护工作办公室”内部的运行机制、工作程序作了具体的规定。此外，“山东省文化厅南水北调文物保护工作办公室”还根据国家的有关规定，结合山东实际，制定了《山东省南水北调工程文物保护考古勘探发掘项目协议书》《山东省南水北调工程文物保护工作统筹经费比例的说明》《考古勘探与发掘项目成本核算要则》等相关标准。

上述制度和运行机制的建立，为南水北调东线工程山东段文物保护项目规范有序地顺利开展提供了可靠的法律制度和程序保障。

第四章　考古调查与规划编制

2002～2004年，围绕南水北调工程建设的文物保护，山东省文化厅组织省直考古单位和沿线各市文物部门，在水利部门的积极配合下，做了大量调查、勘探、试掘工作，完成了《南水北调东线工程山东省文物调查报告》。在调查勘探的基础上，按照国家的统一部署，与调水工程部门共同协作，编制了南水北调东线工程山东段文物保护规划的专题报告，并作为南水北调工程“可研报告”的一部分上报国家发改委。国家发改委批复的《南水北调东线第一期工程可行性研究总报告》，是山东段文物保护工作的基本依据。文物保护调查工作及专题报告的编制，为南水北调文物保护工作的顺利实施奠定了坚实的基础。

第一节　考古调查工作

一　调查目的

考古调查是文物保护工作的基础，旨在摸清南水北调东线工程山东段文物点的数量、位置和占压范围等情况，为编制南水北调东线工程文物保护专题报告工作大纲提供依据，同时为下一步南水北调文物保护工作提供最基本的资料。

二　调查方法

首先根据水利勘察设计院提供的南水北调东线工程山东段的设计图纸，检索所经区域的历次文物普查资料，确定调查重点。然后组织考古调查队对工程占地范围进行了详细的实地考古调查。

调查工作主要采用传统的考古学调查方法，在工程占地范围内采用分组沿线徒步拉网式的踏查，通过观察地表和断崖上暴露的文物遗存、咨询当地百姓等手段来判定文物点。对于确认占压的文物点则进行进一步的了解，并做了记录、照相、绘图和采集遗物等工作。为了确保工程占压的文物点位置的准确性，更精确地记录各个文物点的情况，首次采用了GPS定位系统对每个文物点进行了定位，确定文物点的经纬度和海拔高度。在初步调查后又组织有关专家对沿线的文物点进行了复查，以确定其准确性和研究价值。

三　调查经过

考古调查工作始自2002年下半年的济平干渠考古调查,截至到2004年11月,前后历时两年左右的时间（图4-1）。陆续进行了南四湖至东平湖段、东平湖段、穿黄段、大屯水库、双王城水库、东湖水库、济南至引黄济青段、鲁北段的考古调查工作。各个工程段的调查情况如下：

图4-1　考古队员野外调查

1. 南四湖至东平湖段

两湖段（南四湖至东平湖）包括梁济运河段和柳长河段，主要集中在济宁地区的微山县、任城区、汶上县和梁山县（图4-2）及泰安市的东平县。全长217千米。2003年5～6月，山东省文物考古研究所会同济宁市文物局、泰安市文物局及相关县市业务单位，根据山东省水利勘察设计院提供的设计图纸，对工程段沿线进行了多次考古调查和复查。共发现地下古遗址和墓葬12处。

2. 东平湖段

东平湖段指东平湖蓄水库区。2003年6月，山东省文物考古研究所会同泰安市文物局、东平县文物管理所，根据山东省水利勘察设计院提供的东平湖五万分之一地图，对库区进行了考古调查。2004年6月中旬，又对文物点进行了复查，并运用GPS定位系统对文物点进行了定位和高程测量。共发现遗址和墓地4处，地上文物1处。

3. 鲁北输水线段

鲁北输水线主要集中在聊城市的东阿县、阳谷县、东昌府区、茌平县、临清市和德州市的武城县和夏津县,长约167千米。2004年10月下旬至11月中旬,山东省文物考古研究所会同聊城市文物局、德州市文化局及相关县市业务单位,根据山东省水利勘察设计院提供的鲁北输水线五千分之一工程设计图，对沿线

1.墓地钻探场景

2.暴露墓葬（一）

3.暴露墓葬（二）

4.暴露墓门

图4-2　梁山薛垓墓地调查与勘探

进行了考古调查（图 4-3、4）。共发现文物点 26 处，其中地上文物点 5 处，地下文物点 21 处。

图4-3　调查发现的戴湾闸

图4-4　调查发现的土桥闸

4. 大屯水库

大屯水库位于武城县。库区占地面积约10平方千米。为配合该水库的工程建设，山东省文物考古研究所会同德州市文化局、武城县图书馆，根据山东省水利勘察设计院提供的五千分之一工程图纸，于2003年9月对该水库征地范围进行了考古调查。通过考古调查共发现古遗址、墓葬3处。

5. 穿黄段

指东平湖和黄河间输水工程，在东平县境内部分全长约7.5千米。2003年6月，山东省文物考古研究所会同泰安市文物局、东平县文物管理所，根据天津水利勘察设计院提供的设计图纸，对工程沿线进行了考古调查。2004年6月中旬又对文物点进行了复查。共发现墓地2处。

6. 济平干渠段

济平干渠段穿越济南市的槐荫区、长清区、平阴县和泰安市的东平县，长约90千米。2002年11月中旬和2003年1月中旬，山东省文物考古研究所会同济南市文物局和泰安市文物局及相关业务单位，依据山东省水利设计院提供的《东平湖—济南段输水工程初步设计图》（五万分之一地图），对工程沿线进行了两次考古调查，发现文物点12处，其中古遗址和墓葬11处，地上文物点1处（图4-5、6）。

7. 东湖水库

东湖水库位于章丘市，库区占地面积约12平方千米。2004年10月，山东省文物考古研究所会同济南市文物局及相关县、市业务单位，对库区进行了详细的实地踏查，未发现文物点。

需要说明的是由于库区位于鲁北黄泛区，淤土堆积厚达4米以上，古遗址、古墓葬均埋在淤土下，调查难度极大。库区范围内因动土曾发现过古遗址和墓葬。

8. 济南至引黄济青段

济南至引黄济青段输水线途经济南市历城区、章丘市，滨州市的邹平市、博兴县和淄博市的高青县，全长118千米。2004年10月，山东省文物考古研究所会同淄博市文物局、滨州市文物处及相关业务单位，对沿线进行了详细的实地踏查。该段工程位于鲁北黄泛区，地表普遍覆盖着厚厚的淤沙土。古遗址、古墓葬多埋在淤土下，调查难度极大。尤其是高青以西的地区，通过地表勘察，很难发现文物点。根据对工程沿线暴露出的文物迹象调查和了解，共发现8处遗址（图4-7）。

9. 双王城水库

双王城水库位于寿光市卧铺镇，库区占地面积约17平方千米。山东省文物考古研究所会同潍坊市文化局、寿光市博物馆，于2003年9月、2004年3月、2004年10月进行了三次大规模的考古调查。由于库区中部地势低洼，有水且种

1.墓地远景

2.钻探场景

3.墓地石室墓墓门

4.墓室内部结构

5.墓室局部

6.墓地东部清代墓碑

图4-5　调查发现的东平县百墓山墓地

1.石桥远景

2.石桥局部

3.石桥桥孔

4.石桥上的浮雕

5.石桥桥面

图4-6　平阴县牛头石桥遗址调查

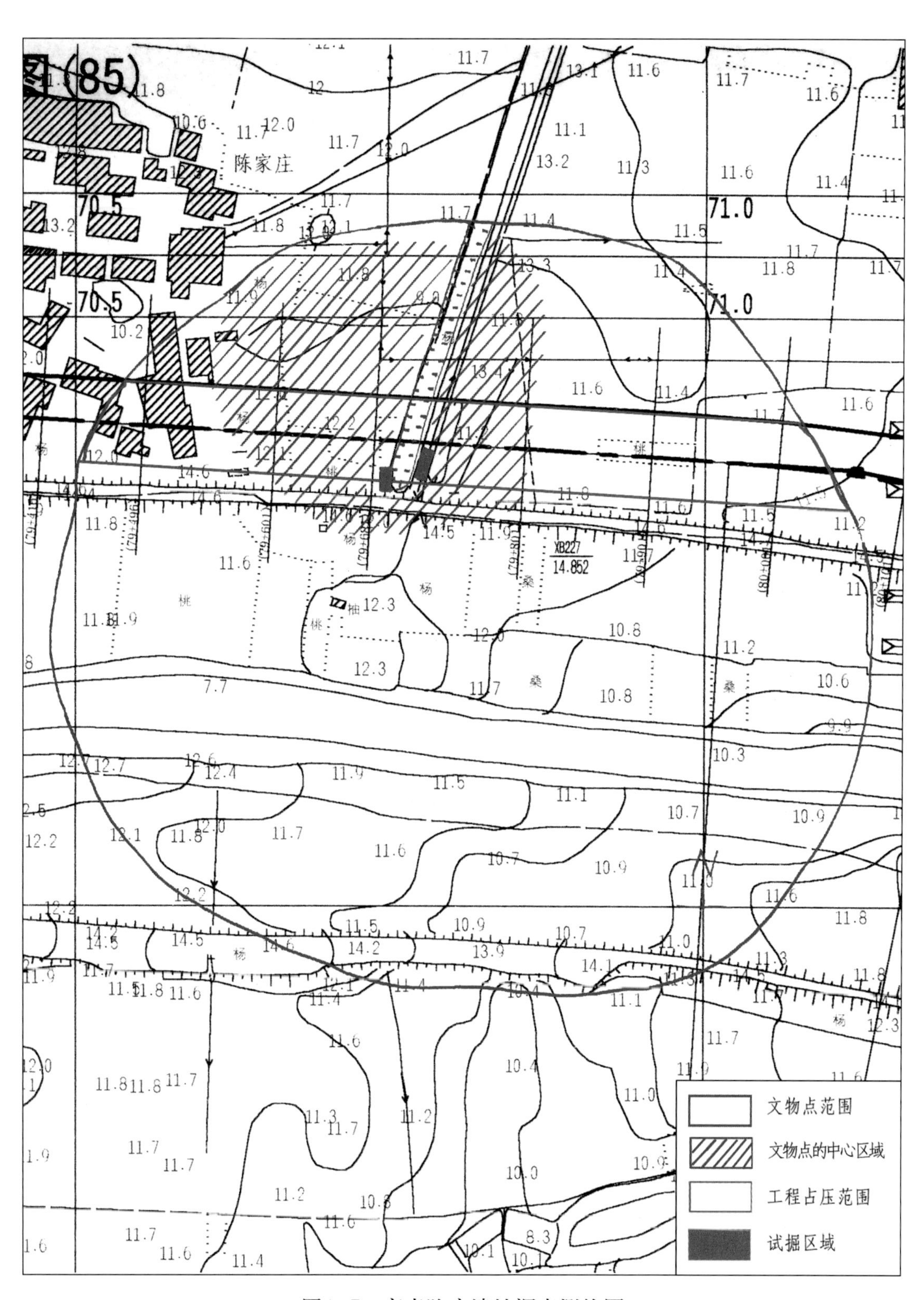

图4-7　高青陈庄遗址调查测绘图

植有大片芦苇，无法深入调查。这三次调查的范围仅仅局限在库区周缘。共发现制盐遗址和墓地 25 处（图 4-8）。

这些制盐遗址的性质、时代相同，应属于同一个盐业作坊区的一部分。库区中部限于条件未进行调查，推测同样存在大量类似遗存。

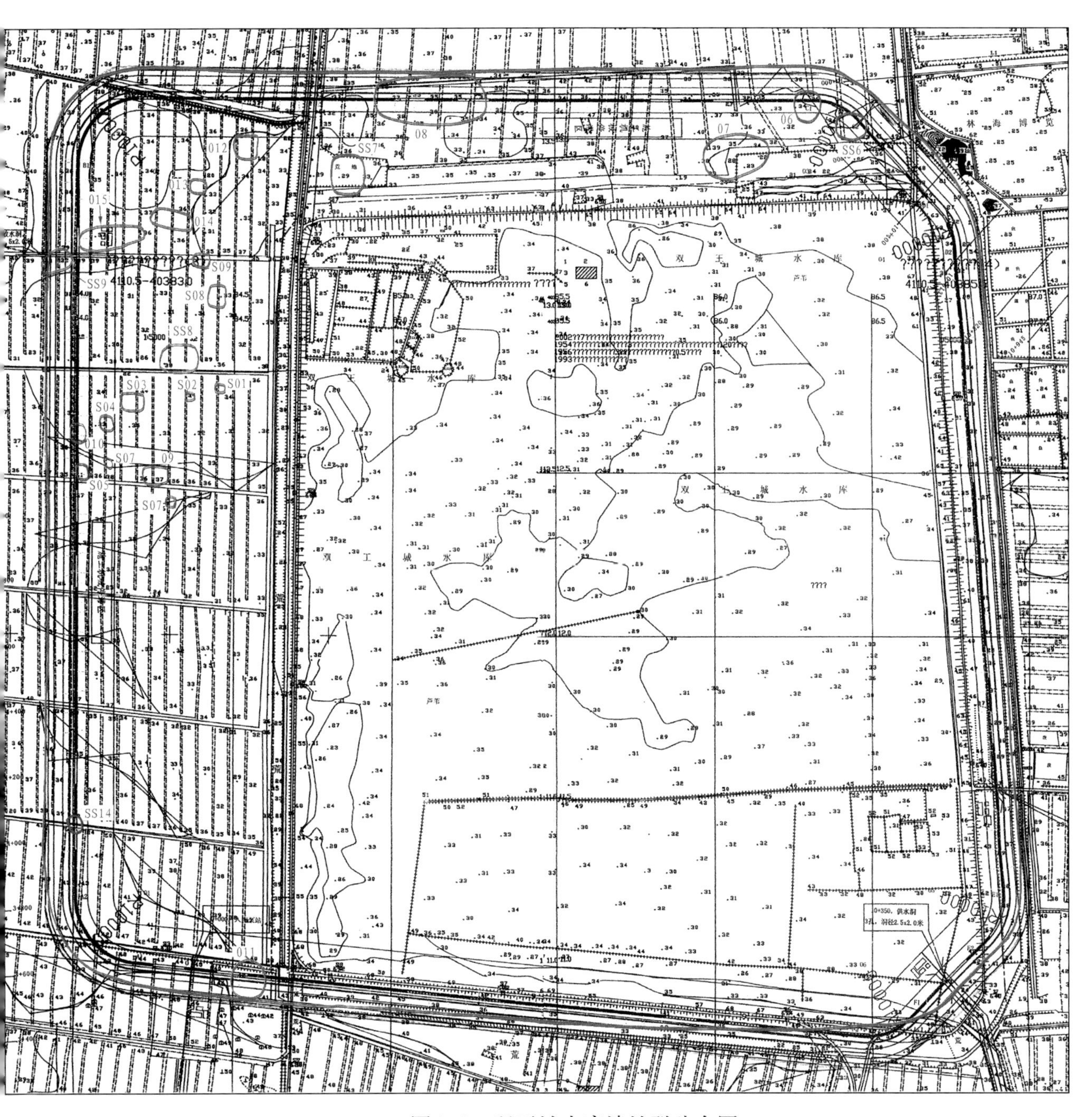

图4-8　双王城水库遗址群分布图

四　主要收获

通过调查共发现文物点88处，其中省级文物保护单位3处，地、县级文物保护单位12处。这些文物点可分为地上文物、地下文物两部分。其中地上文物7处，地下文物点81处。地上文物主要集中在鲁北输水段的聊城地区，包括石桥、闸口、码头等石质建筑。这些建筑大多为元、明、清时期运河使用时修建。

第二节　考古勘探和试掘工作

2004年8月，由国家发改委、水利部、国务院南水北调工程建设委员会办公室、长江水利委员会、国家文物局共同组织召开的南水北调工程文物保护规划论证会。根据会议精神，按照《南水北调东线工程文物保护专题报告工作大纲》的要求，山东省文物考古研究所会同南水北调工程所涉及的地市县相关行政主管部门和业务单位，于9～11月，对工程所涉及的文物点展开了考古勘探和试掘工作。由于此次勘探与试掘是为文物保护规划提供依据的，因此，勘探试掘工作规模较小。

一　考古勘探

1. 目的

在考古调查的基础上，对工程沿线的古文化遗址和墓葬进行了考古勘探，旨在摸清单个遗址的堆积范围、性状和重要遗迹的分布等；了解单个墓地的墓葬布局、分布范围、大致数量；同时搞清工程占地范围内文化遗存的分布和规模等情况，为今后的文物保护工作及下一步的试掘和正式的考古发掘构建资料库。

2. 方法

此次勘探主要采用普探和重点勘探相结合的方式进行。普探运用10米排孔的标准进行；重点勘探运用2米梅花点布孔的标准进行。勘探原则上是孔孔见自然土，进行详细记录和测绘，并对探孔中出土的遗物进行了采集。

二　考古试掘

1. 目的

通过试掘，旨在进一步了解工程所占压文物点的具体文化内涵、文物的丰富程度和该文物点的科研价值，同时为下一步的正式发掘提供更为翔实的参考资料。

2. 方法

此次试掘主要针对遗址。需要做试掘的遗址主要有两种情况：一种保存较好，基本上未遭到破坏，见不到暴露文化遗存的断崖；另一种情况是遗址曾遭到一定程度的破坏，有断崖和土坑等可供观察。针对第一种情况，需要在工程占压范围内全面勘探的基础上，选择一个合适的地域开挖探沟，严格按照田野考古操作规程进行发掘（图 4-9），获取相关文物信息。针对第二种情况，则尽可能利用现有的条件，铲刮清理出部分剖面，以了解其堆积情况，获取我们所需要的有关考古资料。这样做既提高工作效率，同时更好地保护遗址免受进一步的破坏。

图4-9　聊城土桥闸试掘探沟全景

三 工作经过

为了保证《南水北调东线工程文物保护专题报告工作大纲》山东段按时完成，山东省文化厅组织考古队，采用考古勘探和试掘工作同步进行的方式，即边勘探、边试掘的模式，对工程占地范围内的文物点展开大规模的田野考古工作（图4-10）。钻探和试掘工作中，在遵循工作要求的前提下，根据实际情况进行了适当调整。

2003年3～5月，依据《南水北调工程山东段济平干渠考古调查和复查报告》，对济平干渠段的11处文物点进行了考古勘探。

2004年10月28日～11月10日，对济南引黄济青段、寿光双王城库区、东平湖段、两湖段和韩庄运河段等进行了考古勘探和试掘。

2004年10月28日～11月10日，考虑到时间紧，工作量大等因素，鲁北输水线工程范围内的文物点在调查过程中，随即安排业务人员进行了考古勘探和试掘等工作。

四 地上文物的调查和勘测

南水北调东线工程山东段所涉及的地上文物主要集中在鲁北输水段所涉及的古运河上，绝大多数位于聊城地区。对于在工程范围内，与运河有关的古代建筑、桥梁、码头、闸和独立的石质文物，其调查和勘测工作，主要是由山东省文物科技保护中心，会同聊城市文物局及有关县市区的业务单位完成。

五 文物点的复核工作与《文物调查报告》的编写

2003年1月21～22日，山东省文化厅南水北调工程考古队，邀请山东省水利勘测设计院有关专家一行7人，对济平干渠沿线文物点进行逐一复核。

2004年10月下旬～11月上旬，山东省文物考古研究所与山东省南水北调工程建设管理局、山东省水利勘测设计院有关专家一起，对南水北调东线工程山东段的文物点进行了复核工作。进一步查明并确定了山东段的文物分布情况，对每一个文物点从实地和设计图上进行了详细的方位确定，并共同核实了文物点分布范围和工程占压面积。

2004年11月18日，山东省文物考古研究所邀请山东省水利勘测设计院有关专家，对南水北调东线工程山东段所有文物点进行了复核，就文物点在设计图纸中的位置、工程占压范围和占压面积等数据，进行了详细的核对，并最终取得了双方的认可，达成共识。在此基础上编制完成了《南水北调东线工程山东省文物调查报告》。

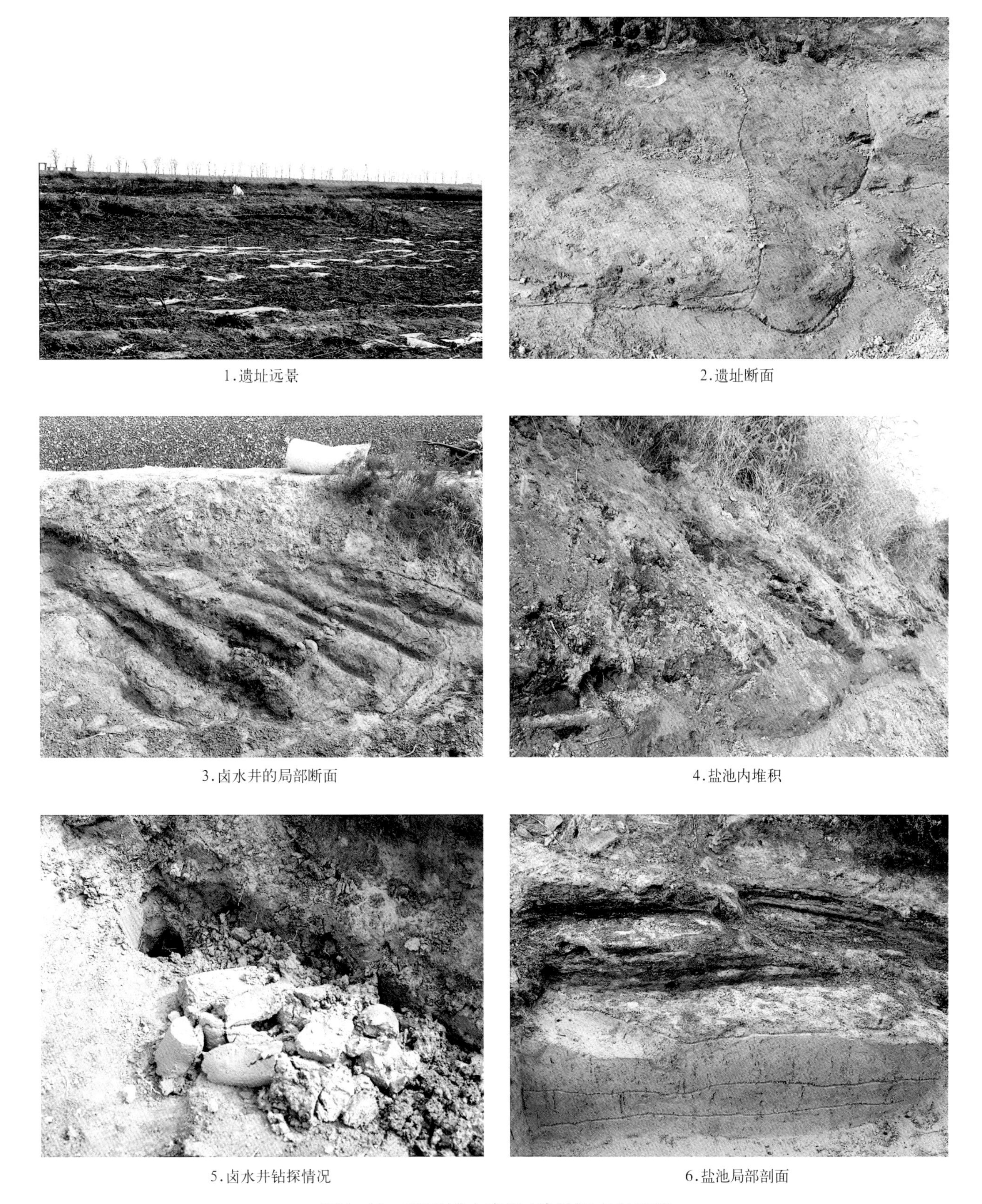

1.遗址远景　2.遗址断面　3.卤水井的局部断面　4.盐池内堆积　5.卤水井钻探情况　6.盐池局部剖面

图4-10　双王城水库014遗址调查与试掘

六 南水北调工程涉及文物点的总体评价

通过对沿线文物普查资料的分析评估，结合历年来的考古发现，对总干渠及库区内文物点形成如下评价：

1. 年代跨度长

所发现的遗址包括从新石器时代到明清各时期的文化遗存。对研究山东地区古代文明的发展进程具有重要的作用。

2. 分布密集

发现的文物点多与古代文化中心或一些活动中心相联系。如在东平湖周围，发现大量与汉代东平国有关的遗址和墓葬；在聊城地区发现与运河相关的地上、地下文物十分密集；长清大街附近有大量与东周齐长城有关的遗址、墓葬；在寿光双王城水库两周时期与盐业有关的遗址就发现近30处。

3. 文物保护级别高

发现的地上、地下文物点中，省级保护单位3处，县市级保护单位12处。发现一些没有保护级别但却十分重要的遗址，如长清大街遗址、双王城水库中的制盐遗址等，这些遗址与省、市级文物保护单位有同等的价值。

4. 文化内涵丰富

所发现的遗址大多文化堆积厚，有的墓葬规模大、规格高；地上建筑保存较好，对研究山东地区古代社会提供了多方面的资料。

5. 文物保护任务重

由于发现的文物点数量多、内涵丰富，地下的遗址、墓葬需要进行勘探、发掘，地上的建筑需要搬迁、复建。据初步统计，发现的文物点中共需对77个点进行勘探，勘探面积约2857514、发掘面积约263243平方米。地上建筑中，需对6个古建筑进行测绘、搬迁。这需要投入大量的人力、物力，并需要充足的时间。

另外由于干渠经过的区域主要为山前冲积平原，地势相对较低，地理环境变迁频仍。聊城、德州唐宋时期的许多遗址埋藏在地下三四米处，济南东湖水库以东区域由于淤土层较厚，很难发现清代以前的古代遗址，博兴、高青也存在这种情况。今后的文物保护工作难度非常大。

第三节 文物保护规划的编写与论证

一 文物保护规划编制前期准备工作

为做好南水北调东线工程山东段的文物保护工作，从2003年开始，在山东省文化厅领导及水利部门的支持下，我们开始对山东段各渠段分别制定保护规划。由于东线工程山东段工程设计分段实施，所以，我们的文物保护规划只能随着工程设计的进展分段进行。2003年6月，我们在工程设计完成梁济运河段及鲁北输水段后,根据文物分布情况对这两个渠段做了文物保护规划,编制了《南水北调东线工程山东段鲁北输水段古代建筑保护方案》和《南水北调东线工程山东段文物保护工作方案》。此后，随着工程设计的进展，根据水利部门的要求，分段编制了《南水北调东线工程山东段韩庄运河段文物保护工作方案》《南水北调东线工程山东段南四湖至东平湖段文物保护工作方案》《南水北调东线工程山东段穿黄段工程文物保护工作方案》《南水北调东线工程山东段胶东段文物保护工作方案》《南水北调东线工程山东段武城大屯水库工程文物保护工作方案》《南水北调东线工程山东段寿光双王城水库工程文物保护工作方案》《南水北调东线工程山东段济平干渠段文物保护工作方案》。以上工作为做好南水北调工程东线山东段文物保护整体规划打下了坚实的基础。

二　总体规划的编写与论证

2004年8月，由国家发改委、水利部、国务院南水北调工程建设委员会办公室、国家文物局共同组织召开的南水北调东、中线一期工程文物保护规划论证会。会后根据《南水北调东线工程文物保护专题报告工作大纲》的要求，山东省文物部门对沿线文物进行了勘探、试掘，对文物的分布、内涵、特征、价值等方面也有了较为深入的认识，尤其是补充进行的重点遗址的勘探、试掘和古建筑的勘测工作使得已有的调查资料更加科学和符合实际。同时，为高起点、高水平、高质量的做好文物保护规划，根据山东段文物分布情况制定了课题研究规划，根据工程部门的意见对一些重要的遗址进行了勘测定位。并将所有的文物点标在1∶5000的地形图上。

2004年11月中旬，根据勘探资料，山东省文物部门与山东省水利工程设计院一起，对工程占压范围和面积进行了复核工作。

为加强规划的编制工作，在山东省文化厅配合南水北调工程领导小组的统一安排下，成立了专门的规划领导小组和规划编制小组。规划编制小组在山东省文物考古研究所临淄工作站内集中办公，经过一个多月的整理、编制工作，至2004年12月中旬完成《南水北调东线一期工程山东省文物调查报告》和《南水北调东线一期工程山东省文物保护专题报告》。山东省文化厅于12月12日在北京召开专家论证会，对调查报告和文物保护专题报告进行了审核，与会专家对山东段的报告给予了高度评价。

2005年2月28日～3月1日，水利部淮河水利委员会在安徽省蚌埠市锦江宾馆主持召开了南水北调东线一期工程江苏、山东两省文物保护规划专题报告评审会。参加会议的有江苏省文物局、南京博物院考古研究所、南水北调工程建设领导小组办公室、水利勘测设计研究院有限责任公司，山东省文化厅、山东省文物考古研究所、山东省南水北调工程建设管理局、山东省水利勘测设计院，中水淮河工程有限责任公司，中水北方勘测设计有限责任公司等单位的领导和代表32人。会议成立了南水北调东线一期工程江苏、山东两省文物保护规划专题报告评审专家组，专家组听取了南水北调东线一期工程两省文物保护规划报告编制单位南水北调江苏省文物保护规划组和山东省文物考古研究所的汇报，同时也听取了其他有关单位代表的建议和意见，在充分审阅了两省文物规划报告和文物调查报告的基础上提出以下专家评审意见：

第一，两省文物部门在水利部门支持下完成的《南水北调东线工程江苏省文物保护专题报告》及《南水北调东线工程山东省文物保护专题报告》，基本符合《南水北调东线工程文物保护报告编制大纲》的要求。

第二，南水北调东线工程所经过的区域是我国文物埋藏最为丰富的地区之一，文物分布密集，历史、科学、艺术价值较高，从现有资料看，涉及国家级、省级及市县级保护单位。南水北调工程文物保护工作应始终坚持“保护为主，抢救第一”的方针，“建设工程选址，应当尽量避开不可移动文物”。因避让文物而调整工程原设计的，应在工程与文物部门取得共识前提下，调整文物保护的工作量。

第三，修改专题报告意见。

（1）专题报告应进一步说明工程建设对各文物点的影响情况。

（2）对地下文物点，应根据各文物点的文物价值确定其发掘面积，同时应注意兼顾不同省市间同级文物点发掘面积比例的平衡。

（3）江苏段应将工程建设影响的文物保护和涉及的历史遗留的文物保护问题分开，对历史遗留的文物保护问题应予以充分说明。

（4）山东段应根据工程规划设计调整情况，对沿线受工程影响的文物做进一步复核、调整。

（5）文物保护规划概算编制要与水利工程的概算编制和水利水电工程占地移民的概算编制相协调，避免重复计列投资；由于地下文物存在着较大的不可预见性，应加大不可预见经费。

第四，建议。

（1）要充分认识到调水工程对库区和沿线文物的侵害及影响，应制定相应保护措施。在工程进行中如有新的文物点发现，应及时报告有关部门，并采取相应的应急措施。

（2）大运河是我国重要的文化遗产，目前正准备申报世界文化遗产。运河沿线相关建筑物、构筑物及沉船等遗存，应给予足够的重视，并采取相应的保护措施。

（3）由于工期紧迫，在专题报告正式批准之前，应先期拨付一定比例的经费，以保证文物保护工作尽早开展。

蚌埠会议后，山东省文化厅与山东省南水北调工程建设管理局经过多次沟通、协调，完成了规划报告的最后修改。2005年11月，中水淮河工程有限责任公司编制了《南水北调东线第一期工程文物调查及保护专题报告》。东线《专题报告》回顾了东线山东、江苏两省前期调查工作成果，分析了工程建设对于文物点的影响，评估了受影响文物点的价值，对文物保护规划的依据和原则、保护措施等做了说明，规划保护东线一期工程建设涉及的101处文物点，包括江苏省33处、山东省68处，共计地下文物86处、地面文物9处、古脊椎动物与古人类文物6处；规划对全线68处地下发掘147046、考古调查350、普通勘探785360、重点勘探815645平方米，8处地面文物采取保护措施；规划南水北调东线一期工程文物保护经费总投资金额以及江苏段和山东段的投资金额。

南水北调东线工程山东段文物保护专题报告作为文物部门与水利部门的共同成果被列入南水北调东线一期工程可研报告，是文物部门与水利部门长期共同探索的结果，为东线工程的文物保护打下了良好的基础。

三　文物保护规划的主要内容与特点

文物保护规划对南水北调工程山东段文物经过区域的历史文化背景进行了剖析；明确了规划的法规依据，文物保护工作承担的主体；对沿线文物点进行了系统的介绍并根据保存状况进行了分类；量化了文物保护工作的任务和环节；细化了文物保护经费取费依据和标准；比较准确地提出了文物保护经费预算和工作进度。其主要特点有：

（一）规划的原则明确

做好南水北调东线工程山东段的文物保护规划，必须坚持以“三个代表”的重要思想和党的十六大精神为指导，全面贯彻《中华人民共和国文物保护法》，紧紧围绕文物保护这个中心，突出重点，服务大局，抢前争先，埋头苦干，从而实现“既有利于文物保护、又有利于工程建设”的双赢目标。为此，在文物保护规划的编制过程中始终坚持以下基本原则：

1. 坚持“保护为主、抢救第一”的原则

文物是一种不可再生的资源。只有坚持“保护为主、抢救第一”的原则，动员全社会一切力量，调动所有能调动的人力、物力和财力抢救好沿线及库区的文物，全面发掘古代文化内涵丰富、有重大价值的地下遗存，全面抢救和保护具有较高历史、科学、艺术价值的地上文物，才能保护好祖先留给我们的珍贵遗产，才能最大限度地使工程涉及文物的损失减少到最低限度。

2. 坚持重点保护、重点发掘的原则

南水北调工程山东段线路长，库区面积大，文物保护工作时间紧、任务重，因此，只有科学、合理地划分文物保护等级，突出保护重点，实事求是地制定文物保护措施，才能使投入到文物保护工作中的人、财、物发挥最大的效益，才能确保在规定的时间内全面做好文物保护工作。

3. 坚持抢前争先、考古先行的原则

文物保护的自身规律要求，考古发掘工作必须抢在工程建设之前进行。工程建设部门也必须充分考虑文物考古工作的特殊性，给文物考古发掘工作留出足够的工作时间，唯有如此，文物保护工作才能做到既不影响工程建设，又有利于文物保护。

4. 坚持抢救与保护相结合的原则

根据工程的不同要求，对水库淹没区的文物进行全面的抢救发掘工作。对干渠经过的区域，在进行详细准确地调查的基础上，发现有非常重要的遗存（如国家级保护单位、省级保护单位或其他价值较高的文物点），及时与工程部门通报，要求他们尽量避开对重要遗址所在区域的占用。

5. 坚持服从全局、服务大局的原则

文物保护工作作为社会主义精神文明建设的重要组成部分，必须牢固树立全局观念，坚持服务于经济建设大局，积极主动地配合工程建设做好文物保护工作。

6. 坚持突出课题、科学保护的原则

坚持文物保护工作的科学性，加强课题意识。根据调查的基础资料，设定基本的课题项目，在实际工作中，对与课题相关的遗存进行重点发掘。与时俱进地运用先进的科学技术手段，尽可能提取和保存历史文化信息，做好文物保护工作。

7. 坚持着眼未来、可持续发展的原则

文物是祖先留给我们的珍贵历史文化遗产，对于促进经济发展和精神文明建设有着不可替代的特殊作用。因此，在做好文物保护工作的同时，应坚持着眼未来、可持续发展的原则，使文物保护步入良性循环的轨道，成为地方经济可持续发展的重要资源。

（二）工作思路清晰

根据各工程段文物分布和内涵的不同，文物保护工作拟按照以下思路进行。

1. 韩庄运河段

在原来的渠段两侧发现4处文物点，由于该渠段不进行新的开挖，仅水面升高后，会对地下文物遗存产生浸泡。我们对这些文物点进行了勘探工作，并做了详细的记录。

2. 南四湖段

从宋、元时期以来，南四湖地区大部分被水面覆盖，但古环境研究资料表明，南四湖的大部分地区是在宋元以后形成的。因此，在南四湖地区存在大量宋元以前的古代遗址和墓葬，该地区文物保护工作，将对南四湖形成的历史过程研究具有重要的作用。

由于湖水淤积，大部分遗址和墓葬在淤土下不易发现，因此，该段的文物保护除细致的调查和必要的勘探外，还需结合工程的进展情况进行。这也需要工程指挥部门和施工部门的大力配合。

该工程段的发掘过程中，我们还将注意遗址海拔高度的测量及生物标本的采集，以便为南四湖的形成时间和过程的研究积累一定的资料。

3. 南四湖至东平湖段

该地区位于泰沂山系的西侧，是山东古代文化与中原文化交接的地带。由于该地区海拔高度相对较低，古代文物大多分布在相对较高的堌堆上。但是，山东地区细石器分布海拔最低是在这一地区的兖州、汶上一带。

济宁市任城区程子崖遗址是原始社会至汉代的重要遗址，20 世纪 80 年代文物部门曾做过大规模的发掘工作，获得大量龙山文化至汉代的文物。

位于汶上县与嘉祥县交界处的茅家堌堆遗址群，分布有省级重点文物保护单位鲁诸公墓及蚩尤冢、东新营汉代墓群。在这些堌堆周围，是大量的遗址和墓葬。

从总体看，该工程段上的遗址延续时间长，且由于地下水位较浅，许多遗址（墓葬）如程子崖遗址、薛垓汉代墓地等大多埋藏在水平面以下，增加了文物保护的难度。对重要遗址和墓葬，必要时需抽干周围的水，然后进行发掘。

4. 东平湖段

该段发现的主要文物点有须昌故城、王李屯汉墓、东堂子墓群、后埠子墓地、清水桥等东周至汉唐时期的遗址和墓地。

须昌故城位于东平县老湖镇老埠子村周围，据清光绪《东平州志》记载为周代须句国，秦置县，汉初称须昌，曾为东平国治所，后置县，晋为东平郡治，唐为郓州州治。中华人民共和国成立后，东平湖为蓄洪区，故城已为湖水淹没，湖水干涸季节，尚有局部残墙露出水面。将利用干枯季节，对古城遗址进行一定发掘，以了解该遗址的文化内涵。

该区域其他古代墓葬规格较高，或与须昌故城有关。

东平湖大部分水域也是唐宋以后形成的，宋代八百里梁山水泊就包括东平湖。对该区域遗址的文物保护工作，将为黄河河道变迁与东平湖形成的研究提供一定的资料。

由于东平湖为调蓄水的区域，水位的升高会使周围一些文物点埋没在水下。现发现的文物点大多在东平湖沿岸湖水易淹没的区域，因此，该区域的考古勘探与发掘工作任务艰巨。

由于水域的变化，一些文物点遭到严重破坏，在该区域，我们将采取航空遥感考古的手段，对古代文化遗存做详细的调查、记录。同时，许多遗址、墓地在枯水期暴露在地面，在枯水期将组织力量进行必要的抢救性发掘工作。

5. 穿黄段

该渠段发现2处文物点，即百墓山汉代墓地及小北山汉代墓地。2个墓地均与汉代东平国有关。

位于东平县斑鸠店镇松柏山村西北百墓山墓群，东西长200、南北宽200米，面积约4万平方米，封土均已被破坏。1959年曾发掘的一座石室墓由墓道、前室和后室组成，前、后室均为覆斗式顶；另有一座石室墓被局部破坏。有前、后室组成，前室附有左右耳室，叠涩式藻井顶。部分石构件雕刻出行、庖厨、乐舞、铺首衔环等画像，这应是汉代官吏或显贵者的墓葬。

由于黄河泛滥，2个墓地的许多墓葬埋藏在很厚的淤土层下。该渠段穿黄工程下挖很深，因此许多埋藏较深、勘探中不能发现的墓葬会受到影响，我们将密切关注工程建设中的文物保护问题。

6. 鲁北输水段

该段文物分布密集，从已掌握的资料看，涉及26处文物点。其中地上文物点5处，地下21处。

鲁北输水段在聊城地区主要沿原运河河道加深和拓宽。这一部分运河自元代，历经明清一直使用，沿途有许多历史时期的桥、码头、闸口及村落、古建，运河下沉积了大量的船只、居民及船工们的生活用品。这段运河本身就是一个文化遗址，因此，该段运河的文物保护工作任务艰巨且具有很大的不可预见性。

从现在掌握的情况看，地上部分以古代的桥、闸口、码头及村落、古建为主。沿途所经的桥、闸多为元、明、清时期的建筑，以石质建材为主。这些石质建筑的石料有的利用古代的石碑或画像石，有的有精美的雕刻花纹，有重要的史料价值。我们拟对发现的地上建筑进行测量、绘图，有的建筑大部分埋在淤土中，需将淤土下部分进行挖掘。对一些散落的建筑构件进行收集并搬迁到安全的地方予以保护。沿运河两岸的村落、建筑大多与运河相连，干渠加宽时，需进行测量、绘图。重要的古代建筑需易地搬迁。古代建筑周围是人们活动频繁的地方，有很多历史时期人们活动的遗迹、遗物，应在古代建筑周围进行较详细的调查、勘探，并对重要遗址进行清理、发掘。这方面的工作一并列入地上文物保护。

根据有关专家意见，工程应避开保存状况较好的土闸、戴闸、七级闸等地上建筑，我们将根据文物保护的要求，制定合适的绕避方案。

地下文物点分为两种遗存：

一种是运河开凿之前的古代遗址（墓葬）。这些遗址（墓葬）包括龙山文化—唐宋各时期的文化遗存，是聊城地区古代文化的典型遗存。我们在对这些遗址（墓地）进行调查、勘探的基础上，拟有选择地进行一些发掘，以保护这些历史文化遗产。

另一种是运河在使用过程中形成的文物点，例如运输过程中的沉船及人们有意或无意丢弃的生活用品，这些都是研究运河文化的实物资料。

对这一部分文物，我们一方面对一些保存较好的遗址进行有限度的试掘，另一方面，密切注意在施工过程中随时出现的沉船及其他文物出土情况。

该地区由于黄河淤积土层较厚，文物不易于发现。发现的遗址、墓葬多在水平面以下，我们拟在发现重要遗址或墓葬后，抽水进行清理。

鲁北地区古代运河曾多次改道，为加强该古代运河的研究，我们准备采用航空遥感考古的手段，对该区域进行详细的调查，为古运河文化的研究提供科学的依据。

7．济平干渠段

济平干渠段主要位于济南的西南部，地处山区与丘陵的交接处。共发现12处文物点。其中地上文物1处，地下文物11处。发现的遗址主要为商周—汉唐时期的遗存。

大街遗址位于长清区孝里镇大街和四街村西约100米。整个遗址墓地南北2100、东西300米，面积约63万平方米。遗址所在地属山前冲积平原，地势较平坦，东部略高。文化遗存多开口在距地表1.5～2米的黄褐淤土下，断崖上暴露有文化层、窑址和大量灰坑等遗迹。从出土遗物分析，该遗址为商周—汉代的遗存。在遗址北部还发现一墓群，位于西街村西约150米。该处地势较高，由北向南逐渐变低。墓地东西约300、南北约500米，面积近20万平方米。墓葬形制分砖室、石椁墓两种，墓葬开口距地表深约1.2米。该遗址墓地呈长条形散布在山前平地，东傍泰沂山余脉，西临黄河，南距齐长城西首不足500米。所处位置自古为南北交通之要道，也是古代军事战略之要地。大街遗址及周围其他的遗址和墓地或与齐长城有关。

长清区卢故城遗址现为县级文物保护单位，位于长清区归德镇国庄村西。城址平面呈方形，边长约2千米。该城春秋时为卢邑；西汉初置卢县，属泰山郡管辖；汉文帝、武帝时置济北国，为济北王都城；汉武帝后元二年，国除为县，至东汉和帝永元二年，分泰山郡置济北国，又为济北王都城。地表城垣已破坏殆尽，散见豆、鬲、罐等器物的残片及较多的素面或绳纹青砖、板瓦、筒瓦等。卢故城周围发现的墓葬多为汉代时期，应与该城址有关。

该段的考古工作主要围绕齐长城及汉代卢故城的研究为中心，对一些遗址进行大规模的发掘。

8．胶东输水干线西段

胶东输水干线西段主要指济南以东至寿光卧铺镇南部水库部分。该段线路主要位于小清河的北岸。小清河所流经地域大致为古济水流域。在古济水流域分布有大量古代文化遗址。黄河夺济入海后，改变了许多河流的走向，并形成许多湖泊。

这一地区分布有原始社会各时期的遗址。商周以后，该地有齐、谭等国家，是中国古代文化十分发达的地区。沿线大致经过8处文物点，时代包括龙山文化至宋元时期。

位于博兴县寨郝镇寨卞村北约1千米处的寨卞故城遗址，面积约35万平方米，文化堆积厚约3米，属省级文物保护单位。1983、1987年钻探有面积约16万平方米的商—东周时期的城址遗存。《博兴县志》载："蒲姑氏殷所封地也，成王时四国作乱，成王灭之，以其入于齐。晏婴所谓蒲姑氏因之立也。蒲又作博，今博兴。"《括地志》载："蒲姑城在青州博昌东北六十里"。2002年，结合国家级课题研究，山东省文物考古研究所曾在该地进行了发掘工作，发现大量龙山文化—汉代的遗迹、遗物。有学者认为该遗址是齐国西周早期的都城。该遗址位于小清河的北岸，工程将占大片的遗址，由于地下水位浅，通常2.5米以下即到水位线，发掘难度较大。同时，由于寨卞遗址文物价值高，保存状况好，建议工程部门绕避。

高青县黑里寨镇的胥家庙是北朝时期的寺庙遗址，总面积约5.6万平方米。曾在6米深的沟底陆续发现一批石造像残件、建筑用石及1件铜造像。石造像刻有北魏"太合十九年（495年）"北齐"天统四年（568年）""武平五年（574年）"等题记，保存较好。由于这些遗址在小清河沿岸，地下水位较浅，增加了文物保护工作的难度。

该区域主要位于黄河泛滥区，古文化遗存大多被厚厚的淤土层叠压，常规的考古调查、勘探很难发现这些文物点。我们准备在该区域进行物探，以了解地下文物的分布情况。

9. 大屯水库

在武城县大屯水库范围内共发现3处文物点，这些文物点多属汉代—宋元时期。据文献记载，从东周—宋元时期，黄河在该区域不断改道，使这一地区存在很厚的淤土层，地下文物点埋藏较深，发现的文物点多是在当地农民取土时发现的。由于地下水较浅，许多墓葬在水平面以下，为今后的文物保护工作增加了难度。由于以上原因，该区域的考古工作做的较少，因此对发现的文物点进行勘探、发掘工作意义重大。

10. 东湖水库

东湖水库位于章丘市白云湖镇的东北部，白云湖的北侧。该区域属黄泛区，也是山东古代文化发达的地区。由于地下文物埋藏较深，对库区的调查没有发现文物点。

东湖水库库区范围内的淤土层大多是清代晚期黄河改道后形成的。20 世纪 80 年代，在配合济南飞机场扩建工程中，发现的清代晚期的墓葬在现地表 4 米以下。21 世纪初，白云湖镇在白云湖内修建莲花仙子的基座时，在湖的底部发现古文化遗存。由此可见，这一地区淤土层形成的年代较晚，白云湖形成的年代也可从考古学上加以考证。

东湖水库所在的区域是古代文化分布的重要区域，在其南部的龙山镇及东部的刁镇都有大量的古代文化遗存。因此，尽管这次的地面调查没有发现古文化遗存，但在未来的工程建设中，肯定会碰到许多重要的文物点，对该区域将采取物探的手段，对地下文物的分布情况做进一步的了解。

11. 双王城水库

双王城水库位于寿光市以北 35 千米，属卧铺乡，南部紧靠寇家坞村，东北部与林海博览园相连。水库征地范围南北长 4500、东西宽 3900 米，面积在 17 平方千米以上。所调查的遗址大多发现了大量盔形器的残片，与之同出的还有素面鬲、绳纹鬲、罐、盆等。据近年在寿光郭井子、阳信李屋遗址的考古发掘资料，这种盔形器的年代可定在商代晚期至西周早期。因此，这些遗址的时代应为商周时期。

盔形器主要出土于渤海西岸一带的商周遗址内，据研究这种器物与古代制盐有关。这次发现的遗址数量多，比较集中，遗址出土的器物主要是盔形器，有的遗址甚至全是这类器物，与日常生活有关的鬲、罐、盆也仅出土于少数遗址内，因此，初步认为该区域的遗址多属于商周时期制盐遗存。像如此密集的商周制盐遗址群在全国也是罕见的。

此外，该区域发现大量与盐业有关的遗址，说明该区域在商周时期肯定离海岸很近，因此，双王城水库的考古工作，对商周时期的海岸线研究也具有重要的意义。

（三）课题意识突出

根据南水北调工程山东段主干渠及库区所涉及的文物点情况，设置了以下课题：

1. 运河文化研究

古代运河本身就是一项文化遗产。京杭大运河全长 1800 余千米，在山东境内约 400 千米，是与万里长城并称的中国古代两项伟大工程，是几百年间维系封建王朝大统一局面的纽带。如何认识运河的历史作用，通过地上、地下文物来研究运河的兴衰变化，研究运河对沿岸政治、经济、文化的发展，具有重要的历史意义和现实意义。运河文化是集漕运、商贸、手工业、农产品加工、农业商品化于一体，具有广泛的兼容性、多元性和开放性的文化。目前在南水北调工程经过的鲁北输水段，发现 5 处与运河有关的古代建筑，在运河的沿岸和运河中，埋葬大量运河使用时期所遗留下来的遗迹、遗物，对这些文物进行保护和研究，是运河文化研究的重要组成部分。

同时，也应该看到，南水北调本身也是一种运河开凿工程，研究古代运河的管理、运河对当地政治、经济、文化发展的影响，“古为今用、推陈出新”，具有重要的现实意义。对古代运河的研究，可以使我们将古代文明和现代文明进行有机的结合，使古代运河与今天的运河交相生辉。

2．山东地区古代环境变迁研究

如前所述，山东地区的地理环境在古代有较大的改变。在距今11000～7500年前后，济宁、菏泽大部分地区为水面覆盖，后形成许多大的湖泊，汉代以后，随着黄河的多次泛滥淤积，地面慢慢升高，河流与湖泊也发生了很大的改变。在运河形成后，人们为调节水源，曾对汶河、泗河、洸府河等水系进行了大规模的改造。在运河的使用过程中，黄河也多次泛滥，使运河多次治理、改道，并使当地的地理环境发生了一定的变化。通过该区域文物点的发掘，从中可获得一些地理环境改变的信息。

在东西干渠经过的区域，也有许多黄河淤积、河水改道的现象。如在长清大街遗址，东周时期的文化遗存被埋藏在1.5～2.5米的黄河淤土下。在东西干渠的东部，一些地区的物质文化还受海岸线变迁的影响。

长期以来，我们十分注意环境变迁对古代文化的影响，也有专门的植物考古实验室及研究古代地理环境的专门人才，同时，也将加强横向联系，联合大学和其他科研院所的人才和科技力量，做好包括南水北调工程主干渠所经地区的地理环境变迁，为社会发展和规划提供科学的依据。

3．古代城址研究

城址在区域文化中往往发挥中心地位的作用。山东地区新石器时代晚期的城址发现较多，考古工作做的也比较充分。汉唐以后的城址工作做的比较少。在已经发现的文物点中，有许多城址及与城址相关的遗址。东平的东平故城、长清卢故城、博兴的寨卞都为东周—汉唐时期的城址。在这些城址的周围，发现一些规格较高的墓葬，可能与城址有关。

汉代的东平故城位于东平的西南部，北朝—隋唐时期的州（郡）城大部分被湖水淹没。东平湖周围发现的一些规格较高的墓地，应是汉代东平国的贵族墓地。

从2003年开始，结合鲁北齐国早期都城研究，在博兴的寨卞进行了考古勘探和发掘，发现该遗址范围大，存在商周—汉代的城址。此次配合南水北调考古发掘，我们将加强该课题的研究工作。

4．盐业考古研究

制盐是古代重要的工业之一，一直由国家控制。据史料记载，齐国以其渔盐之利而称霸，可见其在当时经济中所占的地位。近年来我们与北京大学、安徽中国科技大学合作进行了山东地区盐业考古的研究，并取得初步的成果。

在配合南水北调考古调查中，在寿光的双王城水库库区范围内，发现近30处与古代制盐有关的遗址。这些遗址的面积达30余万平方米，在遗址上发现大量盔形器，并发现有井、灰坑、窑、灶等遗迹。揭露这些遗址，对该区域制盐的时代、规模及制盐工艺的研究具有重要的意义。双王城盐业遗存的进一步考古工作，将逐步解决渤海南岸商周时期的制盐规模、生产方式（如季节性晒盐）、生产流程、社会分工和生产性质等重大学术问题。

5. 齐长城研究

齐国长城是中国古代最早的长城之一。齐国长城的西端在长清县。根据史料记载及考古勘探，齐长城的西端在大街遗址南不足500米的地方。

大街遗址主要为东周时期的堆积，面积大，文化面貌与一般的遗址有所差别。有人认为，该遗址或许与齐长城有关系。

关于齐国长城，一直是人们关注的课题，一些学者曾进行过考察。近年来山东文物部门正在制定统一的规划，对齐长城进行保护和研究。与齐长城相关遗址的发掘将大大推动该课题的研究工作。

6. 古代建筑研究

在古运河沿岸有许多与运河有关的建筑，这些建筑可以分为两类：一类是运河沿岸的寺庙、官衙、民居；另一类是运河的桥、闸、码头。这些建筑是古代人们辛劳和智慧的结晶。目前在工程范围内发现有码头、闸、古街道等5处与运河有关的古代建筑，在这些建筑的周围，还有关帝庙等相关的建筑。东昌府区的土闸的顶部虽然有少量的损坏，但主体结构保存完好。通过对闸北部的解剖，发现码头除外部看到的石头建筑外，内层还有一圈砖砌墙，外部的石头之间连接大都用燕尾状铁锭加固。对这些古代建筑进行有选择的重点发掘解剖，对了解这些建筑的结构具有重要的意义。对这些古代建筑的研究，是中国古代建筑研究的重要组成部分。

7. 古代佛教建筑及佛教造像研究

寺院是人们活动的特殊场所，寺院遗址中不仅可以解剖古代级别较高的建筑，还有大量的佛教造像等与佛教礼仪活动相关的遗物。近年来，随着佛教考古的发展，人们越来越重视佛教寺院的考古。目前，山东地区正在开展对博兴龙华寺、临朐小时庄寺院遗址的考古工作。在南水北调的调查中，在博兴的疃子、高青的胥里、大张庄都发现了寺院遗址。我们将对这些寺院遗址进行重点勘探和发掘，这对探求北朝时期佛教在山东的传播，尤其是研究北朝时期的寺院建筑结构和布局，有着重要意义。

8. 重要遗迹、遗物保护技术研究

文物保护技术的研究，是有效保护文物、实现文物可持续发展的关键。南水北调工程中发现的文物，量多质高，涉及的文物保护技术比较广泛，通过保护文物完好的超前预报方法等技术的研究，尽量实现重要遗迹遗物的无损伤，长久地保存文物。

第五章　保护方案编制与保护工程实施

第一节　济平干渠段文物保护项目的实施

一　工作背景与概况

由于济平干渠段是南水北调工程开工最早的项目，是在国家预算资金还没有到位的情况下开工的，其中并没有列支文物保护项目。为做好工程建设与文物保护的有机结合，在省政府的协调下，工程部门与文物部门达成充分谅解，在没有预算经费的情况下，从预备费中先期拨付部分经费用于济平干渠段的文物保护工作，文物部门在省文化厅的大力支持下，在工作过程中也垫支了部分费用。经过多方努力，济平干渠段文物保护经费得到有效保障，从而保证了文物保护工作的顺利实施和按期完成。

济平干渠段的文物保护工作是一项十分艰苦的工作。调查期间时值冬季，考古队冒着严寒长途跋涉，经过一个多月的时间圆满完成调查任务。勘探期间正值春季麦苗快速生长时期，农民轻易不让进地。经过多方协调，采取相应措施之后，考古队才进地勘探。发掘工作主要在2004～2005年，适逢济南地区丰雨期，雨水较多，大大抬高了地下水位。济平干渠段所经过的区域为黄泛区，地下水位高，大街、归南等遗址和墓地的发掘大部分需抽水作业，无疑增加了工作的难度。大街遗址发掘期间正值隆冬，寒风彻骨，仅清理遗址上的表土就需要新购置大量专门的工具，辛苦了一个星期才完成。就是这样，考古队克服了严寒和高水位的困难，圆满完成2500平方米的发掘工作。大街南汉代墓地是在2005年夏天进行的，发掘的M1规模大、规格高。为抽干墓室中的积水，每天需两台抽水机轮流抽水。为加快进度，保证工期，考古队员们冒着40℃的高温轮班工作，有的队员中暑了，有的队员累倒了，但他们发扬艰苦奋斗的精神，经过一个多月的紧张工作，比较好地完成了墓葬的发掘工作，取得丰硕的成果。

南水北调东线工程山东省济平干渠段的文物保护工作是在国家文物局和省委省政府的直接领导和关怀下完成的。山东省水利厅、山东省南水北调建设管理局及有关施工单位对文物保护工作给予了大力支持和协助。在山东省文化厅的统一领导下，山东省文物考古研究所会同有关兄弟单位及地方文物部门，在配合工程发掘任务繁重、人手短缺、条件困难的情况下，发扬团结一致、顽强拼搏的精神，顶酷暑、冒严寒，不畏任何艰难险阻，经过近四年的艰苦工作，圆满地完成了济平干渠段田野文物保护工作。不仅获得了一批重要的文物资料，为下一步的科研工作提供了大量的历史信息，而且因为田野发掘工作的如期完工，给水利建设部门赢得了宝贵的施工时间，使工程建设得以顺利实施。

二　组织形式

为做好济平干渠段文物保护工作，山东省文化厅整合全省资源，把文物保护工作落在实处。首先建立健全文物保护工作组织机构，专门成立“南水北调东线工程济平干渠考古工作领导小组”，下设由山东省文物考古研究所、济南市考古所和长清区文管所等单位业务人员组成的“山东省文化厅南水北调东线济平干渠段考古队”，成立了高水平专业化工作队。

为做好考古调查、勘探和发掘工作，考古队还制定了《南水北调东线工程济平干渠段考古工作方案》，方案中对工作任务、组织领导、人员组成、后勤保障、安全保卫、宣传报导、文物保管和具体工作安排等方面做了全面部署。考古队还制定了《考古队规章制度》，从政治思想、文物保护、田野发掘、统一领导、领队责任、遵守纪律、加强团结、公共卫生、资料整理等方面做出明确规定，以保证队伍的凝聚力和战斗力。根据国家颁布的《田野考古工作规程》，设计了《文化堆积登记表》《墓葬登记表》《发掘登记表》等，确保南水北调东线工程济平干渠段文物保护工作的科学性和规范性。

三　工作成果

南水北调东线工程济平干渠田野考古工作从 2002 年 11 月对沿线进行考古调查开始，至 2005 年 8 月长清大街东汉大墓发掘结束。在近三年的时间里，徒步调查济平干渠全线 110 余千米（包括长清部分线路变更增加部分），发现文物点 12 处。实际进行普探 300000 平方米，重点勘探 208000 平方米。共发掘大街遗址、大街南墓地（图 5-1、2）、四街墓地、归南遗址、卢故城墓地、小王庄墓地六处，实际发掘面积 5500 平方米（表一、二）。

济平干渠段考古工作的主要成果有：

1. 大街遗址

大街遗址共发掘墓葬 47 座，其中战国墓 1 座、汉代墓葬 38 座、唐宋时期墓葬 8 座。此外，还发掘 3 座窑炉和 6 个灰坑。出土了一批的古代实物资料。其中战国大墓可能同齐长城修建或保卫有某些关系。

2. 大街南汉代画像石墓

大街南发现东汉时期的画像石墓，是山东地区目前发现规模最大的画像石墓之一（图版一六）。

图5-1　长清区大街遗址M18椁室发掘场景

图5-2　长清区大街遗址M18出土陶器修复

表一 济平干渠段地下文物实际勘探面积一览表

序号	编号	遗址名称	面积（米²）	保护级别	价值评估级别	普探（米²）	重点勘探（米²）
1	JNⅡ—01	亭山头遗址	10000	县级	D	9000	1000
2	JNⅡ—02	南贵平墓地	25000		D	0	26000
3	JNⅡ—03	潘庄墓地	20000	县级	D	0	21000
4	JNⅡ—04	大街遗址	230000		C	209000	25000
5	JNⅡ—05	兴隆墓地	10000		C	0	10000
6	JNⅡ—06	归南遗址	50000		C	45000	5000
7	JNⅡ—07	卢故城墓地	70000	县级	B	0	71000
8	JNⅡ—08	三合村墓地	20000		D	0	20000
9	JNⅡ—09	小王庄墓地	25000		C	0	25000
10	JNⅡ—10	钟楼子遗址	10000		D	10000	1000
11	JNⅡ—11	筐李庄遗址	30000		D	27000	3000
合计			500000			300000	208000

表二 济平干渠段地下文物发掘面积一览表

序号	编号	遗址名称	面积（米²）	保护级别	价值评估级别	计划面积（米²）	实际发掘面积（米²）
1	JNⅡ—04	大街遗址（含大街南墓地、四街墓地）	230000		C	2000	2500
2	JNⅡ—05	兴隆墓地	10000		C	500	调整
3	JNⅡ—06	归南遗址	50000		C	500	500
4	JNⅡ—07	卢故城墓地	70000	县级	B	1000	1500
5	JNⅡ—09	小王庄墓地	25000		C	1000	1000
合计			385000			5000	5500

3. 卢故城汉代墓地

卢故城汉代墓地发掘汉代墓葬70余座，为研究汉代济北国丧葬习俗提供了资料。

4. 小王庄墓地

小王庄墓地在干渠范围内共发掘汉代墓葬40余座，出土陶盖鼎、陶壶、陶罐、陶灶、陶釜、陶井、陶樽、铜镜、铜钱、铁剑、铁刀等各类文物达300余件。

四　项目验收

2009年8月3日，山东省文化厅南水北调文物保护工作办公室邀请文物及水利部门的专家，对南水北调东线一期工程山东段济平干渠工程的文物保护项目进行了验收。与会专家听取了项目承担单位山东省文物考古研究所关于济平干渠工程文物保护工作情况的汇报，审阅了《南水北调东线工程山东省济平干渠段文物保护工程工作报告》，查看了济平干渠工程出土的文物资料。通过审议，形成以下意见：

1. 济平干渠工程的文物保护工作克服了工期紧、任务重、施工条件差等困难，积极主动的做好文物保护工作。共完成11处地下文物点的普探和重点勘探，完成普探面积30万、重点勘探20.8万平方米；对其中6处比较重要的文物点进行了发掘，发掘面积5500平方米；对1处地上文物点进行了重要部件的拆迁保护。符合国家发改委批复的工作量。

2. 文物保护工作严格遵守《田野考古操作规程》，根据文物点的特点采取不同的保护措施，取得重要收获。特别是长清四街战国墓葬、大街汉画像石墓及卢故城等墓地和遗址的发掘，为齐鲁文化的分野及济南地区两周至汉代历史研究提供了重要的资料。该渠段文物保护工作的开展，为整个南水北调工程山东段的文物保护工作打下了良好基础。

3. 济平干渠工程文物保护项目的各项财务支出经过国家审计署的专项审计，并根据审计意见进行了整改。整改工作通过了国家审计署组织的检查。财务支出符合国家文物局、国务院南水北调工程建设委员会办公室联合制定的《南水北调工程建设文物保护资金管理办法》。

4. 文物保护工作符合国家有关规定，资料齐备，同意通过验收。

5. 建议。

（1）进一步完善南水北调东线一期工程山东段济平干渠工程文物保护工作验收报告。

（2）加快出土资料的整理与研究工作，按照要求完成资料编辑出版。

（3）做好出土文物的保护与管理。

（4）进一步做好文物保护资金的使用和管理。

第二节　第一批控制性文物保护项目的实施

文物保护工作有其自身的规律，需要一定的考古勘探发掘周期。为做好南水北调文物保护工作，确保工程建设的顺利开展，2004年12月29日，南水北调一期工程文物保护工作协调小组在北京召开第二次会议。国家发展改革委投资司、农经司，水利部调水局，国务院南水北调工程建设委员会办公室投资计划司、环境移民司和国家文物局文物保护司的有关同志参加了会议。会议总结了前一阶段南水北调一期工程文物保护前期工作，对文物保护专题报告的汇总并纳入工程总体可研报告、文物保护工作投资及重点文物保护项目的方案编制等问题进行了研究。为保证南水北调一期工程的顺利实施，应妥善解决文物保护工作时间与南水北调一期工程建设工期的矛盾。会议决定，有关省市文物部门要对保护工作量大、保护方案复杂、对南水北调一期工程建设工期构成制约的少数控制性文物保护项目，尽快编制达到初步设计深度的文物保护方案和投资概算，由南水北调一期工程项目法人和省级文物行政部门联合报国务院南水北调工程建设委员会办公室和国家文物局。国务院南水北调工程建设委员会办公室与国家文物局组织对文物保护方案进行审查，并根据审定的文物保护方案对投资概算进行审核后报国家发展改革委核定。投资概算经核定后的相应的文物保护方案由国务院南水北调工程建设委员会办公室会同国家文物局审批。其他文物保护项目仍按照《南水北调工程文物保护工作协调小组第一次会议纪要》确定的程序抓紧汇总，并连同上述少数控制性文物保护项目一道，纳入南水北调一期工程总体可研报告。

本着这一工作思路，山东省文化厅与山东省南水北调工程建设管理局协商，将济平干渠段和穿黄段的7个文物点（分别是：济宁市程子崖遗址、梁庄遗址、马垓墓地、薛垓墓地、郭楼遗址、泰安市小北山墓地、百墓山墓地）的考古勘探、发掘工作作为第一批控制性文物保护项目。

一 2005年控制性项目方案和投资概算的编制及基本内容

根据国务院南水北调工程建设委员会办公室《南水北调一期工程文物保护工作协调小组第二次会议纪要》精神和国家文物局《关于上报南水北调一期工程控制性文物保护项目方案的通知》要求，山东省文化厅责成山东省文物考古研究所，编制完成了《南水北调一期工程山东段2005年控制性文物保护项目方案和投资概算》。

方案对工程沿线文物分布情况进行了总体的分析；提出了总体工作思路和工作要求；明确了该渠段文物保护课题研究的目标；说明了经费预算依据；编制了经费预算和工作进度安排。

根据编制要求，对每个具体文物点的发掘工作编制了具体方案。如济宁程子崖遗址具体方案为：

1. 工作内容

济宁市任城区程子崖遗址南水北调工程占压部分的考古勘探和发掘工作。

勘探工作分两部分，其中普探面积35875、重点勘探面积35875平方米，拟由专职队长配2名干部带队，技工20人，预计工期1个月。

计划发掘面积 4305 平方米，拟由专职队长配 5 名干部带队，技工 30 人，工期 4 个月。钻探工作完成后，其人员就地转入考古发掘工作。

2. 组织领导

本项考古工作由山东省文化厅直接领导。

省文化厅配合重点工程考古办公室负责同工程部门的谈判和协调工作。

由山东省文物考古研究所负责向国家文物局申报发掘执照。

成立由山东省文物考古研究所、济宁市文物局、任城区文管所业务人员组成的山东省文化厅济宁程子崖遗址考古队。整个考古队由干部 10 人、技工 50 人组成。

山东省文物考古研究所委派第一研究室主任、副研究馆员孙波任队长，负责整个考古队工作；济宁市文物局文物研究室主任王政玉任副队长，主要负责后勤保障工作。另调配干部 7 人分别负责钻探、发掘、资料以及其他辅助工作；技工 50 人，其中 20 人负责钻探，30 人负责发掘。

3. 劳动用工

发掘劳力由考古队通过当地政府协调组织解决。

4. 安全保卫

安全保卫工作拟请济宁市文物局协调公安部门，制定发掘现场安全保卫工作方案。并请工程部门协助做好这项工作。如有重大发现，可请当地公安部门昼夜设岗，确保文物和工作人员的安全。

5. 后勤保障

（1）考古工作所需主要技术物资和设备由山东省文物考古研究所办公室负责筹备，临时性物资可在当地购置。

（2）考古队就近在遗址附近村子临时租住民房三个院落，以解决食宿和物资放置及文物临时保管问题。

（3）发掘工地现场设立临时工棚，以解决工作中安全保卫、值班人员和物资设备的临时存放问题。

（4）工地配备专用车 1 辆。

6. 宣传报导

根据工作需要和考古工作进展情况，由山东省文化厅会同当地政府部门适时召开新闻发布会，向社会公布工作成果。

7. 文物保管

根据《中华人民共和国文物保护法》有关规定，发掘文物和田野考古资料由工作主持单位负责保管。待资料整理报告发表之后，由省文化厅指定保管单位。

2005 年 9 月 13 日至 14 日，国家发展和改革委员会国家投资项目评审中心组织有水利、文物和概预算专家参加的南水北调一期工程 2005 年度控制性文物保护项目投资概算审查会，出席会议的有：国家发改委项目评审中心、国务院南水北调工程建设委员会办公室环移司、国家文物局文保司考古处、南水北调中线管理局、北京市、河北省、河南省、山东省、湖北省、江苏省文物局和调水办等单位代表。会议听取了2005年度文物保护控制性项目投资概算汇总情况汇报，对汇报中的某些问题进行了相关询问后，进行了充分讨论和研究，提出了专家意见。项目编制单位根据专家意见修改后，报有关部门。2005年11月国务院南水北调工程建设委员会办公室下达了《关于南水北调东、中线一期工程控制性文物保护方案的批复》，对方案进行了批复，核定投资金额。

《南水北调一期工程山东段2005年控制性文物保护项目方案和投资概算》，是山东文物部门第一次对地下文物保护工程编制整体工作方案，为以后山东文物部门做好大型基本建设工程的文物保护工作奠定了基础。

二　邀标会与开工典礼

2006年3月25日，山东省文化厅南水北调工程文物保护领导小组在历山剧院举行南水北调山东段2005年控制性文物保护项目邀标会。参加邀标会的有：山东省文物专家委员会有关专家、山东省文化厅南水北调工程文物保护领导小组、山东省南水北调工程建设管理局、山东省文化厅计财处、纪检处及参加文物保护项目的承担单位。会议成立了由各方专家组成的邀标评审委员会；委员们听取了项目承担单位对项目资质、工作方案、经费安排的具体陈述，认真审查各个项目承担单位的项目投标书，针对项目承担单位工作方案提出了具体的意见。经过评审，决定由山东省文物考古研究所、山东省博物馆、济宁市文物考古研究室分别承担2005年控制性文物保护项目的考古勘探、发掘工作；济宁市文物局、泰安市文物局分别承担了各自分管区域内项目的协作工作；中国社会科学院考古研究所承担了项目的监理工作。领导小组要求邀标会议结束后，各项目承担单位马上开始相关项目的文物保护工作。

为做好南水北调东线一期工程山东段控制性文物保护工作的组织和宣传，2006年4月13日，山东省文化厅在济宁程子崖遗址隆重举行“南水北调东线山东段文物保护工程开工典礼”。山东省文化厅、山东省南水北调工程建设管理局领导出席了开工典礼。

文化厅领导要求，文物保护项目承担单位要精心组织队伍、严把工作质量，确保工程工期；当地政府及文化、水利部门要密切配合，为文物保护工作创造良好的施工环境；在南水北调文物保护工作中，要大胆探索，积极引入市场机制，以招标确定工程承担单位，以监理单位保证工程质量，以协作单位协调各种关系，要努力探索和建立大型基本建设工程中文物保护工作管理的新方法和模式。

调水局领导于国平副局长代表水利部门表示，文物保护是南水北调工程的重要组成部分，水利部门将积极配合，共同做好文物保护工作；中共济宁市委宣传部长祝金焕代表地方政府表示，全力支持南水北调东线工程在济宁市的文物保护工作；山东省文化厅南水北调文物保护工作办公室负责同志介绍了南水北调东线山东段文物保护工作的情况。

程子崖遗址的勘探发掘项目由山东省文物考古研究所承担，是南水北调东线工程山东段控制性文物保护项目中发掘任务最重、发掘面积最大的项目，计划发掘面积3000平方米。该遗址文化堆积厚，文化内涵丰厚。由考古所主要业务骨干组成的程子崖遗址发掘考古队有50余名干部和技工，首次开方80个，布方面积2000平方米。

开工典礼后，第一批控制性文物保护项目其他文物点的勘探、发掘工作陆续展开。

三 项目的检查、监理与调整

1. 项目的检查

2006年5月19日，山东省文化厅南水北调文物保护工作办公室与山东省南水北调建设管理局法规处联合对控制性项目进行了中期检查（图5-3）。

图5-3 文物部门与调水局联合对梁庄遗址发掘工地进行检查

南水北调山东段控制性文物保护项目共七个文物点，主要分布在济宁、泰安市。此次主要对济宁段五个项目进行了检查，形成以下结论：

（1）项目承担单位、协作单位和监理单位能够按照协议要求，做好各自的工作，工程进展顺利。基本能够按照工期的要求完成文物保护项目。

（2）项目承担单位严格按照国家有关行业规范进行文物保护工作，工程进展情况良好；考古发掘工作已经取得重要的成果。

（3）由于文物保护工作存在不可预见因素，在进行勘探和发掘过程中，部分文物点的发掘面积需要根据实际情况进行调整；在汶上县工程施工范围内又发现一处新的文物点。

（4）泰安市东平县百墓山墓地工程施工范围内还生长着大量的树木，地下还有许多近、现代坟墓。由于没有进行征地拆迁工作，考古发掘工作还无法开展。

（5）山东省文化厅南水北调工程文物保护领导小组将组织有关专家召开论证会，并与水利部门协商，对部分控制性项目提出调整方案。

2. 项目的监理

为保证南水北调工程文物保护工作的质量，根据《山东省南水北调工程文物保护工作暂行管理办法》和《山东省南水北调工程文物保护监理工作暂行管理办法》的要求，我们聘请中国社会科学院考古研究所作为第一批控制性文物保护项目的监理单位。考古所山东队队长梁中合、副队长贾笑冰承担了监理工作。

监理单位根据监理工作暂行管理办法，对沿线文物保护项目田野勘探、发掘工作进行了监理，并根据自己在三峡监理工作的经验提出了具体的意见和建议。

3. 项目调整

由于地下文物的不可预知性，一些发掘地点的发掘面积需要根据勘探和发掘情况进行调整。2006 年 8 月 30 日，山东省文化厅南水北调文物保护工作办公室邀请文物及水利部门的有关专家，就南水北调东线一期工程控制性项目方案调整问题举行专家论证会。会议听取了山东省文化厅南水北调文物保护工作办公室关于控制性项目进展情况的报告、山东省文物考古研究所关于项目调整方案的说明及中国社会科学院考古研究所的监理意见，就方案调整问题进行了论证，形成以下意见：

（1）需要调整的文物保护项目

1）任城区程子崖遗址、汶上县梁庄遗址、梁山县薛垓墓地（图 5-4）面积大、文化内涵丰富、已发现的遗迹现象重要，应扩大发掘面积，并根据工程量适当延长工期。

2）东平小北山墓地、百墓山墓地及梁山县郭楼遗址处于遗址边缘、文化遗存稀疏，且黄河淤积较厚，以现有的发掘条件无法进行，可在今后施工过程中

图5-4　梁山薛垓墓地发掘现场

视情况进行保护，承担单位应提出具体的方案，与省调水局充分协商，并配备充足的人员，尽量不影响工程施工。

（2）控制性项目为包干使用经费，因此方案调整应在国家发改委关于控制性文物保护项目的批复范围内进行。

（3）新增加的文物保护项目

汶上县南旺镇南旺一村遗址为此次文物勘探中新发现的文物点，文化层堆积厚，属周代遗址。建议在对该遗址进行勘探的基础上，做出详细的保护方案和经费预算，按程序报批。

（4）方案调整后，发掘单位应从课题研究出发，增加发掘力量，提高发掘水平，保证发掘质量。

（5）山东省文化厅南水北调文物保护工作办公室应根据专家意见，提出具体的调整方案，并按程序报批。

山东省南水北调工程文物保护工作办公室根据专家意见，向山东省文化厅做了请示报告，得到批复后，报山东省南水北调工程建设管理局备案。此后，南水北调工程文物保护项目的调整基本按照这一模式进行。

四 工作成果

2006年初至2007年春，经过文博战线上干部职工的共同努力，顺利完成了第一批控制性文物保护项目的田野工作。完成普探面积169000、重点勘探94100、发掘面积9900平方米（表三、四）。为南水北调梁济运河段及穿黄段工程施工提供了保证。

表三 2005年控制性文物保护项目实际勘探情况一览表

序号	文物点名称	文物保护级别	占压	勘探面积	
			面积（米²）	重探面积（米²）	普探面积（米²）
1	程子崖遗址	市级C	71750	35875	150000
2	梁庄墓地	省级B	3930	3930	
3	马垓墓地	B	4175	4170	
4	薛垓墓地	B	13150	13150	
5	郭楼遗址	C	13950	6975	7000
6	小北山墓地	C	10000	10000	
7	百墓山墓地	C	20000	20000	
8	南旺一村遗址	C			12000
面积合计（米²）			136955	94100	169000

表四 2005年控制性项目文物点发掘工作完成情况一览表

名称	原计划面积（米²）	调整计划面积（米²）	完成发掘面积（米²）	工作内容
程子崖遗址	3000	3500	3500	对东周—汉代遗址进行发掘
梁庄遗址	786	3000	3500	主要对宋元村落遗址进行发掘
马垓墓地	835	400	400	发掘一批元代前后家族墓
薛垓墓地	1578	2500	2500	发掘汉代及宋代墓葬210余座
南旺一村遗址	无	500		周代遗址
合计（米²）	9897	≥9900	9900	

第三节　第二批控制性文物保护项目的实施

2006年4月11日，南水北调工程文物保护工作协调小组在北京召开第五次会议。会议简要总结了前一阶段南水北调东、中线一期工程文物保护前期工作，结合2005年控制性文物保护项目实施情况的检查，对南水北调东、中线一期工程下一步文物保护工作进行了研究。会议确定，国务院南水北调工程建设委员会办公室、国家文物局应立即着手就工程建设的工期与文物保护工作工期问题进行协商，排定统一的时间表，确定需要优先实施的文物保护项目，并尽快开展工作。若文物专题报告投资概算不能提前单独核定，则继续上报一批新的控制性文物保护项目。根据协调小组会议纪要精神，南水北调山东段开始了第二批控制性文物保护项目方案的编制，并逐步落实各个项目的文物保护工作。

一　第二期控制性项目方案与投资概算编制及基本内容

根据国务院南水北调工程建设委员会办公室《关于尽快组织上报南水北调工程第二批控制性文物保护项目保护方案及投资概算的通知》（综环移函〔2006〕188号）的要求及山东文物点的基本情况，山东省将南四湖至东平湖段以外的发掘面积超过3000平方米、发掘难度较大、需要长期发掘、有可能影响工程进展的遗址（墓地）列为2006年控制性项目。这些遗址包括：济南至引黄济青段的胥家庙遗址、陈庄遗址、南显河遗址、东关遗址、寨卞遗址；双王城水库库区的07遗址、SS8遗址。

这些遗址（墓地）许多属省、市、县级文物保护单位，面积较大、遗存丰富、价值评估级别较高。由于勘探、发掘工作量非常大，需要有较长的发掘时间，因此应该提前进行发掘，以保证工程建设的顺利开工。

以上7个控制项目均为地下文物点，需要勘探的面积约48万、发掘面积3.8万平方米，超过整个南水北调山东段文物保护工作量的二分之一。

由于山东济平干渠段文物保护工作已经先期开工并完成，为解决文物保护经费问题，在征得国务院南水北调工程建设委员会办公室同意后，将济平干渠段的12个文物保护项目列入第二批控制性文物保护项目。这样山东省有19个文物点被列为第二批控制性文物保护项目。其中属于已完工项目12个，计划实施项目7个。

方案对工程沿线文物分布情况进行了总体的分析；明确了该渠段文物保护课题研究的目标；说明了经费预算依据；编制了经费预算和工作进度安排。特别是根据第一批控制性文物保护项目进行过程中取得的经验，提出了文物保护工程管理工作的具体步骤和要求：

1. 议标

由于2006年控制性项目一般发掘面积大，我们将采取向全国招标的方式确定发掘单位。根据2005年控制性项目的招标经验，成立由文物和工程部门参加的议标委员会。参加2006年控制性项目的单位必须具备考古勘探、发掘资质，根据统一要求填写标书，对每一个遗址（墓地）制定详细的工作方案。

2. 监理

根据实际情况，选择监理单位，对每一个勘探、发掘点进行全程监理，以保证勘探、发掘的质量。

3. 检查

南水北调文物保护工作办公室将定期对每个项目进行检查，及时了解工程进展情况，解决项目实施过程中出现的问题。

4. 课题研究

由于2006年控制性项目遗址价值评估等级高、发掘面积大，我们将根据遗址的内涵及基本发掘成果，设置一定数量的课题，以课题研究提高文物保护工作的档次。

5. 资料整理

发掘工作完成后，办公室将及时督促发掘单位整理资料，工程完工后3年内完成考古报告的编写，争取早日将发掘成果公布于世。

2006年11月，国家文物局、国务院南水北调工程建设委员会办公室在郑州联合召开南水北调工程第二批控制性文物保护项目审查会。国家文物局文保司副司长关强、国务院南水北调工程建设委员会办公室环境移民司副司长袁松龄主持了会议。参加会议的有山东、江苏、河北、河南、湖北等五省的文物部门、南水北调工程管理部门及法人单位的代表。会议成立了由国家文物局考古专家组成员徐光冀、国家发改委投资司调研员李明传、天津市文化遗产保护中心主任陈雍、陕西省考古研究所所长焦南峰、山西省考古研究所所长宋建忠、长江勘测规划设计研究院林春高工、中水淮河工程有限责任公司黄运光处长等7人组成的专家组。专家们听取了各省文物及水利部门关于南水北调工程第二批控制性文物保护项目保护方案及投资概算情况的汇报，并对各省的报告进行了审查，提出了具体的意见。项目编制单位根据专家意见修改后，报有关部门。2007年4月10日，国务院南水北调工程建设委员会办公室下发了《关于南水北调东、中线一期工程第二批控制性文物保护方案的批复》，核定南水北调东、中线一期工程第二批控制性文物保护项目171项，核定项目总投资金额，包括山东省19个项目投资金额。

二　项目的招标、检查与财务审计

1. 项目的招标

2008 年 7 月 13 日，山东省文化厅南水北调文物保护工作办公室组织有关专家在山东剧院举行“山东省南水北调第二批控制性文物保护项目招标会”。参加招标会的专家有山东省文物局由少平、王永波副局长、省文化厅计财处叶健处长、纪检组练德生组长、山东省文物考古研究所原所长张学海，山东省调水局计划财务处处长王金建、法规处庄兴华处长、主任季新民等。申请参加项目的承担单位、监理单位、协作单位的代表参加了会议。会议审核了参加招标单位的资格及工作方案，听取了他们对文物保护的具体意见，确定了各单位的具体工作任务。

山东省博物馆承担高青县胥家庙遗址的发掘工作；山东省文物考古研究所承担高青县陈庄遗址、博兴县寨卞遗址、东关遗址，寿光市双王城水库库区的07 遗址、SS8 遗址的发掘工作；山西省文物考古研究所承担高青县南显河遗址的发掘工作。中国社会科学院考古研究所为监理单位。淄博市文物局、滨州市文化局文物处、潍坊市文化局为相关项目的协作单位。

省文物局领导在会上分析了山东省南水北调第二批控制性项目的工作任务、意义，对各相关单位工作任务和责任提出了具体要求。最后强调“山东省南水北调第二批控制性文物保护项目时间紧、任务重，这是历史赋予我们的机遇与挑战。我们要在此次文物保护工作中，努力探索并不断完善文物保护与工程建设的新模式、新思路，改善和加强文物保护资金的管理和监督；努力培养人才，不断壮大考古队伍；加强课题研究，提高业务素质。我们要在南水北调的文物保护工作中，使山东文物事业有更大的发展，为我省由文化大省转为文化强省做出积极的贡献。”

2. 项目的检查

2008 年 12 月 9 日至 12 日，国家文物局委派由徐光冀、刘绪、杜金鹏、王彬等组成的专家组，到山东对南水北调东线工程第二批控制性文物保护项目的七个发掘工地进行了检查（图 5-5、6）。

专家组对每个项目从田野发掘的组织、实施到资料记录、出土文物保护都进行了细致的检查，对存在的问题分别提出指导性意见。

12 月 12 日，在寿光市召开了南水北调工程控制性项目发掘工地检查情况总结会，参加会议的有专家组全体成员，山东省文物局、山东省文化厅南水北调文物保护工作办公室及项目承担单位的领导，各发掘工地的领队。专家组听取了南水北调文物保护工作办公室关于山东省南水北调文物保护情况的汇报、监理单位的监理报告，对山东省南水北调文物保护工作的组织及每个发掘工地现阶段的发掘情况发表了各自的意见和看法。

图5-5 国家文物局专家组检查高青胥家庙考古工地

图5-6 国家文物局专家组检查博兴寨卞工地

专家组对山东省文物部门能够在南水北调工程文物保护过程中，将田野发掘与课题研究紧密结合，为做好人才培养举办的田野考古技术培训班，给予了高度评价。认为山东省文物部门在南水北调文物保护的组织、监理、协调方面做出了积极的努力，取得了明显的成绩；第二批控制性文物保护项目的每个发掘工地都能严格按照《田野考古工作规程》要求，田野操作规范（图 5-7）。

图5-7 考古发掘队驻地内管理制度

专家组对项目组织及各个发掘工地存在的一些具体问题提出了批评和建议。

2009 年 4 月 7 ～ 10 日，中国考古学会理事长、国家文物局专家组成员、国务院南水北调工程建设委员会办公室文物保护专家组组长张忠培先生到山东检查南水北调工程第二批控制性文物保护工作（图 5-8），陪同张忠培先生来山东的还有中国社会科学院考古研究所研究员朱延平、故宫博物院研究员杨晶。

张忠培先生一行分别考察了高青县陈庄遗址及寿光市双王城遗址，对工地的发掘工作予以高度评价并提出指导性意见。在对双王城盐业遗址做了全面考察后，张先生充分肯定了该遗址作为“2008 年度全国十大考古新发现”之一对中国乃至世界盐业史研究的重要作用，提出要进一步加强遗址的保护工作。

为了解寿光市盐业发展史，张先生还在有关部门的陪同下，考察了羊口镇官台村记载寿光盐业情况的元代石碑及卫东化工有限公司的现代盐场，对寿光市盐业考古研究及盐业遗址的保护提出具体的指导意见。

2009 年 4 月 10 日，张忠培先生应邀参加了山东省文物局举行的“齐鲁文博讲坛”开坛仪式，并以“文化与考古学文化”为题，进行了首场讲座。山东省及济南市文物部门的干部职工及山东大学、山东师范大学的部分学生参加讲坛

图5-8　张忠培先生考察陈庄考古发掘工地

开坛仪式并聆听了张先生的讲座，有关媒体做了报导。

3. 资金管理与财务审计

山东省文化厅南水北调工程文物保护工作办公室十分注意文物保护资金使用的管理工作。在与各相关单位签订的协议中，附有项目资金统计表。2007 年 1 月，办公室下发了《关于抓紧做好 2005 年控制性文物保护项目经费决算表的通知》（南文保〔2007〕1 号）。通知要求“各项目承担单位要及时完成文物保护项目经费决算报表工作。凡完成项目的单位，填写《项目经费决算表》，尚未完工的项目，填写《项目经费年度决算表》。请各单位将经费决算表在 2007 年 1 月 31 日前报送我办，以便我们及时汇总，报业主单位。”

2007 年 4 月 5 日上午，“审计署赴山东省南水北调建设工程和治污项目专项审计进点会议”在济南南郊宾馆举行。参加会议的有山东省人民政府、国家审计署广州特派办、济南特派办、国务院南水北调工程建设委员会办公室、省直相关厅局、相关地市的领导及项目承担单位。会议之后，南水北调第一次审计工作全面展开。

为配合做好审计工作，山东省文化厅南水北调工程文物保护工作办公室专门下发了《关于做好文物保护项目审计工作的通知》（南文保〔2007〕7 号），要求“根据审计部门的意见，各单位要准备好承担项目的项目协议、工作方案、工作进展情况、完工报告、经费使用、文物清单等书面材料，并按项目准备好财务报表及财务凭证，以便审计部门随时进行审计。”

审计工作完成后，办公室及相关单位根据审计部门的意见，进一步加强了文物保护资金的管理，从而保证了南水北调文物保护资金使用的规范。

三　寿光双王城盐业遗址群的发掘

1. 遗址的发掘

2003 年，山东省文物考古研究所在寿光双王城水库发现三十余处与制盐有关的文物点，引起全国考古学界的高度重视。在南水北调山东段文物保护规划中，一直将盐业考古研究作为山东段文物保护工作的重要课题，并将其中两个最大的文物点列为第二批控制性文物保护项目。2008 年 4 月，在经费尚未到位的情况下，山东省文物部门与北京大学联合提前对双王城水库制盐遗址进行了发掘工作，中国第一辆高科技实验流动车也赶到现场，以支持现场的科学检测（图 5-9）。发掘工作领队由王守功担任，党浩为执行领队，北京大学李水城教授为顾问，博士生燕升东参加了发掘工作，寿光市博物馆的同志参加了发掘和组织协调工作（图 5-10）。由于双王城盐业遗址群位于沿海滩涂，人烟稀少，工地使用民工需要从周围几个村庄雇用。在当地政府的大力配合下，考古工作得以顺利开展。

第一次发掘揭露面积 4000 平方米，在发掘范围内，发现有商代、西周及宋元时期的制盐遗迹，为在双王城水库周围进行盐业考古学研究提供了广阔的前景。

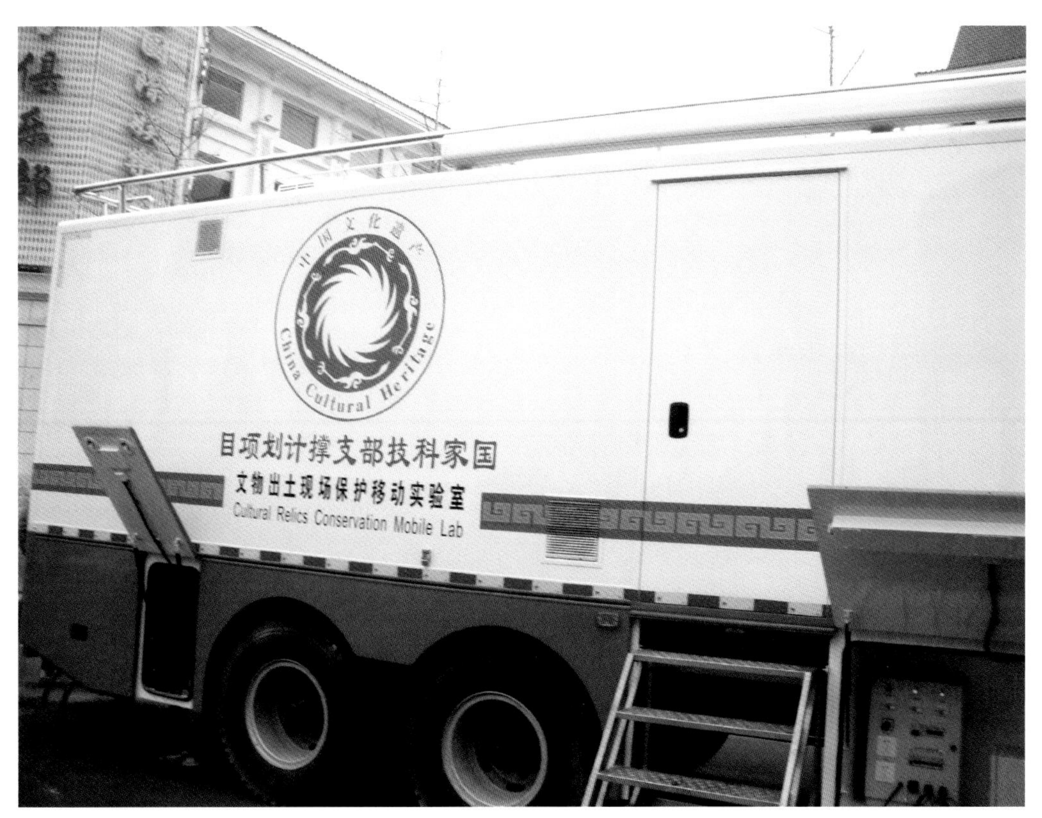

图5-9　中国第一辆实验流动车亮相寿光工地

图5-10　北京大学考古文博学院院长赵辉教授、李水城教授考察双王城盐业考古工地

2008年6月27日，山东省文化厅南水北调文物保护工作办公室邀请北京大学考古文博学院赵辉、李水城等四名教授与山东省文物部门的专家一起到寿光双王城水库发掘工地，对发掘现场进行了考察。专家们认为：发掘现场至少揭露了商代和西周时期两个比较完整的制盐区（作坊），对研究这一时期的盐业及商周时期中央王朝与山东沿海文化关系具有重要的意义。专家们对遗址的发掘工作提出了具体的指导性意见和建议。

为完成南水北调文物保护工作任务，做好盐业考古课题研究，山东省文物考古研究所在双王城连续进行了三年的发掘工作，发掘面积达12000余平方米。领队党浩和他的队友们在寿光沿海的小村庄里坚持了三年工作。由于当地没有蔬菜种植，只能每周派人到县城购买。身在蔬菜基地，却不能吃到新鲜的蔬菜；不远是汪洋的大海，却喝不到甘甜的水。冬季海风刺骨，夏季找不到阴凉。考古工作十分艰苦。也许这种艰苦的生活会成为寿光双王城水库考古发掘队每个队员终生难忘的回忆。

2. 成果论证会

寿光双王城水库07遗址第一次揭露遗址面积4000平方米，发现了多处商周时期与制盐有关的重要遗迹，这些遗迹包括卤水井、盐池、蓄卤坑、大型盐灶及建筑基址等遗迹。由于这些遗迹是以往考古发掘所没有见到的，因此给考古工作者带来一定的困惑。为明确这些遗迹的性质及意义，2008年12月11日，山东省文物局邀请中国社会科学院考古研究所、北京大学考古文博学院及山东省文博界部分专家到寿光双王城盐业考古工地进行了考察，并召开专家论证会及新闻发布会。

参加论证会的专家和领导有：中国社会科学院考古研究所研究员、国务院南水北调工程建设委员会办公室文物保护专家组成员徐光冀，中国社会科学院考古研究所研究员杜金鹏、冯时，北京大学考古文博学院教授、博士生导师刘绪、李水城，国家文物局文保司王彬，山东省文物局副局长、研究员王永波，山东省文物考古研究所原所长、研究员张学海等。

专家们听取了双王城周围盐业考古调查及发掘情况的报告，进行了热烈的讨论，认为在寿光双王城水库周围30平方千米范围内发现的80余处文物点出土的遗物绝大部分为盔形陶器，时代大多为商周时期，这些文物点应是与古代盐业有关的；在这么大范围内发现如此密集的与制盐有关的古代遗址，在我国考古史上尚属首次；此次发现商代晚期的遗存，说明该地区至少在商代就是重要的制盐地点；发掘揭露了比较完整的商周时期的盐业作坊遗迹，获得非常重要的发现，取得了突破性的进展；双王城水库的考古发掘工作，为中国制盐史研究提供了重要的资料，同时也提出更深层次的问题，今后还需要加强多学科协作，探索一些尚待解决的问题。

此外，专家们还对双王城水库盐业遗址今后的发掘及整个遗址群的保护工作提出了具体的意见。

山东卫视、齐鲁电视台、潍坊电视台、新华社、《光明日报》《大众日报》《齐鲁晚报》《生活报》等单位的记者参加了新闻发布会，齐鲁电视台进行了现场直播，其他媒体做了相关报导。

3．十大考古新发现

2009年3月30～31日，国家文物局组织有关专家在北京举办“2008年度全国十大考古新发现”评选活动。山东省南水北调工程文物保护项目——“山东寿光双王城盐业遗址群”的调查与发掘被列为“2008年度全国十大考古新发现”（图5-11）。这是我省近年来文物保护工作的重要突破，也是南水北调工程文物保护取得的又一重大成果。

2009年4月2日，山东省文物局在山东新闻大厦举行“2008年度全国十大考古新发现——山东寿光双王城盐业遗址考古”新闻发布会，省文物局、省南水北调工程建设管理局、潍坊市文化局、寿光市文化局等单位参加了新闻发布会（图5-12、13）。有关媒体对新闻发布会进行了比较详细的报导。

4．黄河三角洲盐业考古国际性学术研讨会

寿光双王城水库盐业考古调查与发掘被评为“2008年度全国十大考古新发现”之一，引起中外学术界的广泛关注。为加强黄河三角洲地区盐业遗存的保护与研究，进而推动世界盐业考古研究进程，山东省文物局与北京大学中国考

图5-11 2008年度全国十大考古新发现评选现场

图5-12 寿光双王城盐业遗址考古成果新闻采访

图5-13 寿光双王城水库考古执行领队党浩接受记者采访

古学研究中心于 2010 年 4 月 24 ～ 26 日，在寿光联合举办“黄河三角洲盐业考古国际性学术研讨会”。

参加会议的海内外学者近六十人，其中来自美国、加拿大、法国的学者 8 名；会议邀请了我国盐业考古领域的著名学者及山东周围省份文物部门、大专院校及科研单位的代表；中国文物报社、新华社山东分社及省内有关媒体参加了会议。德国、墨西哥部分学者也向大会提交了论文并委托有关专家进行了大会演讲。

本次会议议题涉及广泛，除鲁北地区以外，与会代表还分别介绍了长江三峡、四川盐源、西藏芒康、华南珠江口等地的古代制盐遗址及现代民族制盐场所的调查发现及研究成果。此次莅会的国外学者的报告涉及范围涵盖欧洲、北美洲、中美洲及东南亚地区，这些域外的发现与研究对促进中国盐业考古的健康发展具有重要的参考价值和独到的借鉴。

会议期间，组织与会专家学者实地考察了寿光双王城水库正在发掘的晚商时期制盐作坊遗址（图 5-14），并前往昌邑市观摩 2009 年以来新发现的遗址及采集的遗物，实地考察了火道—廒里遗址群东周时期的制盐遗址、盐井及盐灶等重要遗迹。这些新发现对深入了解东周时期齐国的制盐业具有重要的作用。

国家文物局文物保护司关强司长出席了开幕式并做重要讲话。关强司长在讲话中高度评价了山东地区近年来在盐业考古工作方面取得的成绩，并对古代盐业遗址的保护问题提出了具体的要求。强调指出：“黄河三角洲战略开发的区域，正是古代盐业遗址分布密集的区域。如何在经济开发中做好盐业考古的研

图5-14　国内外专家、学者参观寿光双王城盐业考古工地

究及盐业遗址的保护与利用，是我们今后一个时期重要的工作任务。因此山东渤海沿岸盐业考古不仅仅是一个学术研究问题，他与山东经济建设与国计民生相联系。希望大家在探讨学术问题的同时，也共同关心该地区盐业遗址的保护与利用问题，这也是我们将这次国际学术研讨会的主题定名为‘黄河三角洲盐业考古’的指导思想。”

本次会议是继21世纪以来在美国加州大学洛杉矶分校和德国图宾根大学召开的国际学术研讨会后又一次专门就盐业考古举办的大型国际学术会议，也是在中国举办的第一次盐业考古国际学术研讨会。会议围绕黄河三角洲东部寿光双王城遗址的考古发掘及重要发现进行，并分别就鲁北地区、国内各地及国外的盐业考古研究进行了介绍和热烈的讨论。学者们畅所欲言、各抒己见、求同存异。会议在取得学术研究成果的同时，宣传了南水北调工程和山东黄河三角洲战略中的文物保护工作。

四　高青陈庄遗址的发掘

（一）田野考古技术培训班

为加强全省文物队伍的基本素质训练，进一步做好南水北调东线山东段的文物保护工作，山东省文化厅南水北调文物保护工作办公室结合南水北调工程的文物保护工作，分别于2008年10月～2009年1月、2009年3～5月，在高青陈庄举办了两期田野考古技术培训班，培训学员四十余人，为南水北调工程的顺利实施培训了业务骨干力量，也为今后山东文博事业的发展培养了人才。

1. 培训计划

培训组织：培训班由山东省文化厅南水北调工程文物保护领导小组领导，厅南水北调文物保护工作办公室主办，山东省文物考古研究所承办。培训班由王守功、郑同修具体负责。

培训对象：各市、县级文物部门的业务骨干，年龄原则上不超过40岁。第一期培训拟招收学员25名，第二期20名。

地点：根据工作安排，在山东省文物考古研究所负责的高青县陈庄遗址。

培训目标：培训班主要是培训学员在田野调查、勘探、发掘工作的能力和技巧。通过培训使学员具备以下能力：

掌握山东省文物考古工作的基本情况及文物保护工作的基本常识。

能够进行一般田野的调查、勘探和发掘工作。

能够使用基本的测量仪器进行基本的测绘工作。

能够掌握考古发掘的基本技能。

2. 课程安排

进行7～10天的集中理论教学，30天实习，20天整理，10天报告编写。教学课程分为：基础理论、田野技术、专题讲座3部分。

（1）基础理论

根据时间安排，聘请北京大学、中国社会科学院考古所、山东省文物考古研究所及相关单位的专家进行专题讲座。主要讲授山东地区考古工作概况。主要有：

山东旧石器时代考古（孙波）

山东新石器时代考古（王守功）

山东商周考古（刘延常）

山东秦汉考古（郑同修）

山东魏晋—隋唐考古（李振光）

山东宋元明清考古（李繁玲）

（2）田野技术

以基本理论和操作为主。主要有：

干部培训班部分课程（由少平、王永波）

田野操作规程（王永波）

考古调查（区域调查）（王建新）

考古勘探与大遗址保护（张学海）

考古地层学与类型学（王守功）

考古测量（聘请专业的人员重点讲全站仪及 GPS 的使用）

环境考古与标本的提取（靳桂云）

工程建设考古与课题研究（张学海）

（3）专题讲座

考古学的理论与实践（张忠培）

考古工地的检查与验收（徐光冀）

文物保护法与工程建设（张振国）

其他到工地参观考察专家。

3. 培训的组织实施

2008 年 11 月 1 日，山东省文化厅南水北调文物保护工作办公室、山东省文物考古研究所联合在高青县迎宾馆举行第一期培训班开学典礼（图 5-15）。国家文物局、山东省文化厅、山东省文物局、淄博市文化局、高青县委、县政府的领导及新闻部门参加了开学典礼。

山东省文物局主要领导参加了开学典礼并做了主题发言。介绍了改革开放以来山东省文物事业发生的巨大变化；强调了随着大规模经济建设特别是南水北调工程开工后文物保护工作面临的严峻形势，认为这对文物保护工作是挑战，也是机遇。我们要把握机遇，推动全省的文物保护，以实际行动，实践科学发展观。

图5-15　第一期“南水北调东线工程山东段田野考古技术培训班”开学典礼

关于举办培训班，局领导指出，为适应全国第三次文物普查、齐长城资源调查、运河课题研究等工作的需要，我们已经举办了各类专题培训班。此次培训班时间长，内容丰富，对今后南水北调工程的文物保护、提高全省文物队伍的基本素质将发挥重要的作用。

国家文物局文物保护司王彬同志在发言中介绍了南水北调东、中线文物保护工作进展情况；认为举办这类培训班对做好南水北调文物保护十分必要；建议培训班加强国家法律、法规及行业规范教育，做好文物保护的管理工作。

开学典礼结束后，培训班转到高青县陈庄遗址进行集中培训。培训班的田野培训由陈庄考古队队长高明奎同志负责。山东省文物考古研究所所长郑同修也多次到田野进行实地指导。由于许多学员都是第一次参加田野考古发掘，面对的又是十分复杂的地层堆积，因此无论是指导老师还是学员，都面临很大的压力。在困难面前，培训班发扬艰苦奋斗的精神，勤于学习，不断进取，使田野培训取得圆满的成果（图 5-16）。

图5-16　第一期“南水北调东线工程山东段田野考古技术培训班”在发掘工地合影

为全面培养学员的各种技能，培训班聘请了全站仪辅导老师，使每个学员能够掌握仪器使用的基本原理和方法；对陈庄周围开展区域调查，既摸清了陈庄周围文物分布情况，又使学员了解了考古调查的方式方法；对陈庄遗址周围进行了详细的勘探，使学员能够独立进行考古勘探工作；每个学员完成一个探方的发掘工作，并做好记录、绘图、照相等工作，学员对遗址发掘有了基本的把握；每个学员完成一篇实习报告，由教员进行检查并点评，使学员明白了田野考古报告编写的基本程序和规则。以上培训项目的开展，使每个学员能够在短短的两个月内，业务知识有了长足的进步。

2009 年 3 ～ 6 月，山东省文化厅南水北调工程文物保护工作办公室与山东省文物考古研究所联合在高青陈庄遗址成功举办了第二期“南水北调东线工程山东段田野考古技术培训班”，此次培训班除全省文博单位的业务人员外，烟台大学的三名研究生也参加了培训。

两次培训班培训学员四十余名，其中绝大部分顺利结业，取得省文物局颁发的结业证书。考古培训班所进行的陈庄遗址发掘获国家文物局优秀田野工地三等奖。

（二）考古发掘与十大考古新发现

2008 年 10 月底，由山东省文物考古研究所组织的考古队入驻高青县陈庄村，准备陈庄遗址的发掘。对于这个处于小清河河畔的偏僻小村，突然入住这么多外地人，村民们议论纷纷，说来了很多“挖宝人”，他们也不知道祖祖辈辈在此生存的这块土地究竟有什么，甚至当地政府的官员也不解地问道：你们来干什么，这里有什么好挖的？就在当地人这种质疑与不解中，考古队开始了持续两年坎坷而又丰实的考古之旅。

该遗址地处小清河北岸的陈庄村和西口村之间，耕地分属两村。因南水北调东线工程要占压该遗址故抢救发掘。考古队入驻后，工程占压范围内尚未征地清表，杨树、果树林立，地表附着物的清理及临时占地赔偿成了下步工作的首要问题。经与当地镇政府、村委会工作人员多次协调，就有关赔偿问题最终与西口村达成协议，伐掉发掘区域的杨树林，首先发掘水渠东侧的西口村部分。此时已进入初冬。那年的冬天，地处鲁北平原的这个小村，似乎较其他地方更冷，12 月即下了两场大雪，气温骤降到 -10℃多。在如此寒冷的季节开展野外工作，对于来自全省各地市文物部门的学员来说，初次考古工作就面临如此的考验，这注定是他们职业生涯中一次难忘的工作经历。令人欣慰的是，包括两名女学员，他们均表现出了一名文物工作者能吃苦奉献的良好职业精神，扫掉各探方厚厚积雪，冒着严寒坚持工作，至 2009 年元月，该工作才暂告一段落。两个月的工作，主要是发现了周代居住生活遗址，获得大量陶器、骨器、蚌器等生活、生产用具，揭露了一段夯土遗迹，掩埋于地下数千年的周代城址初露端倪，也蕴含了未来的惊世发现。2009年上半年，继续水渠东侧西口发掘区的工作。经过数月的勘探和发掘，已确认西周城址的存在，并发现多座西周贵族墓葬，出土了包括“齐公”铭文在内的多件青铜器、玉器，已沉寂地下数千年的这座西周古城渐渐露出它神秘的面容。经过长达数月的协调工作，7月份终于开始了期盼已久的陈庄发掘区工作，该发掘区西周祭坛、车马坑、“甲”字形大墓的发现，更让世人惊奇（图5-17）。名不见经传的这个偏僻小村——陈庄，终于因这次考古发掘而声名远扬。

丰硕的成果、耀眼的光环中也蕴含着种种艰辛和困苦。该项发掘工作两易寒暑，考古工作者冒严寒、战酷暑，迎风雪、顶烈日，历经17个月，有惊有险，克服种种困难，圆满完成各项工作任务，抢救了大批珍贵文物。由于当地水位较浅，普遍2米出水，而墓葬埋藏较深，一般5～7、深者达8米多，且墓葬均埋于沙土中，难以清理，墓圹极易坍塌。虽采取了降水及加固措施，仍多次出现墓圹局部塌方的现象。所幸无人员身亡，唯有惊魂稍定后的庆幸。车马坑位于水位下，且处于临近春节的隆冬时节，无法现场清理，遂想整体提取到室内，

图5-17　高青陈庄考古发掘工地

需用钢材加固、大型木箱套取。20余人连续工作一周，昼夜不停，冒风雪挑灯夜战，腊月二十五日凌晨，才将数百吨的车马坑运至济南。腊月二十八日凌晨，全部人员踏着皑皑白雪撤出工地。寒冷的冬夜，刺骨的冰天雪地，热火朝天的工作场景，构成了一幅新世纪人定胜天的壮怀画卷。除上述自然、环境原因产生的困难外，还有许多人为因素，制造了诸多的不便。主要受利益的驱使，当地政府有关官员、百姓不理解，乃至消极对待，致使整个工作跌宕起伏，曲折前进，耐人寻味。

陈庄考古发掘的成果引起了各级领导、专家学者及社会民众的强烈关注。2009年9月22日，国家文物局副局长童明康带领有关领导到工地视察指导。11月10日，国家文物局考古专家组组长黄景略先生、中国考古学会理事长张忠培先生等专家现场考察指导，认为发掘成果重大。此后，中国社科院考古研究所、山东大学、吉林大学等单位的专家学者纷纷到工地参观考察，均高度评价这次的发掘成果。

2010年1月10日，在北京召开的中国社科院考古论坛上，陈庄西周遗存被评为“2009年中国六大考古新发现”，《人民日报》《光明日报》、新华社等国内外几十余家主流新闻媒体争相报导。此后，又被国家文物局评为“2009年度全国十大考古新发现”，获得2009～2010年度田野考古二等奖等殊荣。2010年4月12日，“高青陈庄西周遗址发掘专家座谈暨成果新闻发布会”在济南举行。夏商周断代工程专家组组长、首席科学家李学勤先生，中国社科院学部委员、考古研究所学术委员会主任刘庆柱先生，吉林大学资深教授、考古学家林沄先生，北京大学历史系教授朱凤翰、中文系教授李零等多名古文字、青铜器专家应邀出席，对铭文中所反映的史实、城址性质深入研讨。

（三）工程绕避与改线

陈庄遗址发掘从2008年秋开始，至2010年春结束，先后经过了近两年的时间，发现西周时期的城址、贵族墓葬、车马坑以及可能与祭祀有关的夯土台基等重要遗迹，出土带有铭文的青铜器、玉器、刻辞卜甲等重要文物，取得重要成果，获“2009年度全国十大考古新发现”。

遗址的发掘引起学术界的广泛关注，一些专家、学者纷纷利用各种机会到发掘现场参观、考察。2009年10月，中国考古学会原副会长徐苹芳先生、中国考古学会副会长王巍先生到现场进行了考察，在充分肯定陈庄遗址的重要发现的同时，明确提出工程改线绕避西周城址的问题。2009年11月国家文物局专家组组长黄景略先生、中国考古学会会长张忠培先生等专程到山东考察陈庄遗址的发掘与保护情况。在考察后的座谈会上他们认为，陈庄遗址的发现，对研究山东乃至全国西周时期的历史、对研究齐国早期历史具有重要的意义，此次发掘的成果，肯定会成为2009年度全国十大考古新发现；同时，他们认为，作为能够解决中国古代历史瓶颈问题的遗址，应该申报第七批国家级重点文物保护单位，文物部门与工程部门应共同提出改线绕避的问题。座谈会邀请了山东省南水北调工程建设管理局的领导及山东省水利勘察设计院的专家参加。

陈庄遗址的发掘，是中国周代考古的一件大事，是南水北调工程文物保护工作的重要发现。但是，遗址的发掘及其重要发现，也使我们面临工程线路是否绕避的问题，文物部门与工程部门一样承担着很大的压力。

为解决是否绕避的问题，山东省文化厅、文物局与山东省南水北调工程建设管理局进行了多次现场考察、专家研讨、方案比选等基础工作（图5-18），山东省南水北调工程建设管理局顶着工程改线所带来的资金和工期等方面压力，以高度的大局意识和强烈的责任感，积极为文物保护创造条件，组织省水利勘察设计院等单位的专家多次赴现场调研，先后提出了12个绕避保护方案。经国家发改委和国务院南水北调工程建设委员会办公室组织的专家论证，确定了以绕避的形式，保护陈庄遗址的最优方案。

方案确定后山东省文化厅南水北调文物保护工作办公室责成山东省文物考古研究所对工程线路改线占压地段进行了文物调查。考古所派员根据山东省水利勘测设计院提供的南水北调东线高青县绕村明渠输水线路平面设计图，结合历次文物普查资料和陈庄遗址发掘过程中所掌握的材料，组织考古队对工程占

图5-18 山东省南水北调工程建设管理局领导到高青陈庄考察工程改线事宜

地范围进行了详细的实地考古调查。调查工作主要采用传统的考古调查方法，在工程占地范围沿线徒步拉网式踏查，通过观察地表和断崖上暴露的文物遗存、咨询当地百姓、初步勘探等手段来判定文物点的存在与否。为了确保文物点的准确性，采用了GPS定位系统对每个文物点进行定位。共发现四处文物点，分别是西寺遗址、曹家坡墓地、陈庄西北遗址、胡家屋子遗址及墓地等。此后进行了勘探工作，并根据勘探结果，对其中胡家屋子遗址及墓地进行了发掘工作。

南水北调工程干渠对陈庄遗址的绕避，是南水北调东、中线工程唯一的一处干渠绕避项目，充分体现了水利部门对文物保护的高度重视，是南水北调工程重视文化遗产保护的具体见证。它将与陈庄遗址所体现的历史文化一样被后人称颂。

高青县政府将陈庄遗址的保护工作纳入到当地经济文化建设中，邀请专业部门编制了陈庄遗址保护总体规划，拟在遗址上对发现的遗迹遗物进行展示，使陈庄遗址成为人们了解历史、品赏文化遗产的旅游观光场所。该遗址的保护展示，将成为南水北调干渠上的灿烂明珠。

五　工作成果

2008年下半年，第二批控制性文物保护项目的7个文物点全部开工。到2010年年初全部完成，完成勘探面积50余万、发掘面积3.8余万平方米。各个工地进展情况见下表（表五）：

表五　第二批控制性文物保护项目工作进展情况一览表

文物工程名称	计划勘探面积（米²）	实际勘探面积（米²）	计划发掘面积（米²）	实际发掘面积（米²）
胥家庙遗址	29105	50000	6732	6800
陈庄遗址	39977	79990	8000	9000
南显河遗址	53143	280000	6580	6500
东关遗址	30021	15010	5000	2500
寨卞遗址	15000	7500	4000	3200
寿光双王城07遗址	24000	12000	4800	7000
寿光双王城SS8遗址	15000	7500	3000	3000
合计（米²）	206246	138580	38112	38000

第四节　其他文物保护项目的实施

2009年，在第二批控制性文物保护项目基本完成后，根据水利部门的统一安排，开始完成其他文物保护项目（待实施项目）的文物保护工作。

一　山东省文物保护工作初步设计报告编制及基本内容

按照国务院南水北调工程建设委员会办公室《关于尽快编报南水北调工程文物保护初步设计报告的通知》，山东省南水北调工程建设管理局委托山东省文化厅南水北调文物保护工作办公室和山东省文物考古研究所联合编制了《南水北调东线一期工程山东省文物保护工作初步设计报告》。

1. 报告的基本结构

报告分为八个部分。

第一部分，已实施项目文物保护工作概况。主要总结了几年来南水北调文物保护工作取得的成绩。

第二部分，待实施项目文物保护工作初步设计报告的基本内容。明确了今后文物保护工作的基本任务，今后我们需对37个地下文物点，4个地上文物点实施文物保护工作。文物保护除勘探、发掘等田野工作外，还要进行修复整理、测试鉴定、资料整理、研究及出版、保护与保管等工作。

第三部分，待实施项目文物保护规划的依据和原则。说明了规划的原则、依据、工作量的确定、工作进度的安排等。

第四部分，待实施项目经费预算依据与编列标准，确定了经费预算的依据与指标。经费预算严格按照国家发改委批复的《南水北调东线第一期工程可行性研究总报告》中的标准。

第五部分，待实施项目经费概算。待实施项目工作经费预算金额，已实施项目需要补充经费金额。山东省文物保护工作尚需拨付经费金额。

第六部分，待实施项目工作安排与工作要求。根据以往南水北调文物保护的经验，对今后工作进行了总体安排和要求，强调要加强经费管理、人才培训和课题研究。

第七部分，待实施项目初步设计方案。分为地上、地下两个部分，对每个保护项目制定了具体的保护方案。

第八部分，需共同协商解决的几个问题。对需要水利与文物部门协商解决的问题提出了初步意见。

2009年7月13日，山东省南水北调工程建设管理局邀请文物及水利部门的有关专家，对山东省文化厅南水北调文物保护工作办公室与山东省文物考古研究所联合编制的《南水北调东线一期工程山东省文物保护工作初步设计报告》

进行了初审。有关专家对报告提出了明确的意见。会后编制单位根据专家意见，对报告进行了进一步修订。

2009 年 8 月 24 ～ 28 日，国务院南水北调工程建设委员会办公室会同国家文物局在河北组织召开了南水北调东、中线一期工程初步设计阶段文物保护方案和概算评审审查会（图 5-19），对山东省文化厅南水北调文物保护工作办公室与山东省南水北调工程建设管理局联合上报的工作方案及概算进行了评审，基本肯定了山东省的工作方案，对概算进行了调整，核定初步设计投资概算金额。

图5-19 秦皇岛方案及概算评审会

国务院南水北调工程建设委员会办公室《关于南水北调东、中线一期工程初步设计阶段文物保护方案的批复》（国调办征地〔2009〕188 号）下达后，根据山东省南水北调工程建设管理局的要求，我们对方案及预算按照河北会议精神进行了修改，作为《南水北调东线一期工程山东省文物保护工作初步设计报告》的最后定稿。

由于此次报告中涉及地上文物点的维修，我们还邀请了山东省文物保护工程公司编制了地上文物点的维修方案。以聊城土桥闸为例说明维修方案的基本内容。聊城市东昌府区土桥闸保护方案：

（1）概况

位于聊城市东昌府区梁水镇土桥闸村东部的小运河上，始建于明代，原称“土桥闸”。地理坐标为北纬 36° 39′ 20.9″ 、东经 115° 54′ 9.6″ 。调水工程段完全占压该遗址，占压面积约 1 万平方米。闸周围为现代民宅，主要由两侧石砌燕翅及闸口构成。燕翅系长方形青石材砌成，现存十余层高，中部钝折，两翼向外延伸，上部砌石已坍塌多层，唯西侧保存较好，河西岸的路面上仍可见砌石基体，向西延伸约 32 米，东侧部分遭严重破坏，由闸口向外延伸，残长约 17 米。闸口由两侧的燕翅围拢而成，为水流、船只通道，长约 5、宽约 7.5 米，水面上残高约 2 米，中部为闸门所在，两侧还有宽约 0.30、深约 0.06 米的闸门槽。燕翅砌石外侧为堆筑土。为进一步了解闸的结构及建筑过程，我们在燕翅两侧以 5 米间距布梅花孔钻探，东燕翅北端拐角处的砌石内侧开 10 米 ×1 米的探沟一条进行局部解剖。

（2）价值评估

土桥闸建造年代较早，为当时运河上重要水利设施，其设计坚固合理，施工精细，为了解同类型水利设施的研究提供了重要的参考资料，对研究运河漕运历史及水利工程发展具有重要意义。

（3）保护措施

1）依据和原则

土桥闸的保护应贯彻“保护为主、抢救第一、合理利用、加强管理”的方针。妥善处理好文物保护与工程建设以及社会经济发展的关系。

遵循“重点保护、重点发掘，既对基本建设有利，又对文物保护有利”的原则。依据《中华人民共和国文物保护法》和《文物保护法实施细则》中的有关条文规定确定：对土桥闸实行原地修复保护。

2）保护的意义

土桥闸历经明、清两代，保存了大量丰富的历史信息，具有历史真实性，对其进行有效的保护具有重要的历史意义。

3）保护措施

根据土桥闸的历史现状及布局，首先对土桥闸做考古勘探和发掘，发掘出完整原址，然后由文物保护专业技术人员根据残损现状制定修复保护方案，经上级行政主管部门审核批准后，依据批复方案对该闸进行修复保护工程。修复的土桥闸应保持原有布局、原有结构、原有工艺、原有材料，修旧如旧，尽量多的保留历史信息。对土桥闸周围进行环境整治，使之展示原有的风貌，达到保护的目的。

4）经费预算

根据国家发改委批复的《南水北调东线第一期工程可行性研究总报告》，经费预算金额。

5）照片及工程图纸（略）

2．招标与检查监理

（1）招标与工作要求

2010年7月24日，山东省文化厅南水北调文物保护工作办公室邀请有关专家在济南举行南水北调工程山东段文物保护项目招标会（图5-20）。此次招标会主要是对南水北调山东段一控、二控外的37个地下文物点和4个地上文物点进行招标。参加招标会的有文物和水利部门的专家及项目承担单位的代表。招标会成立了以张学海先生为组长的专家委员会。委员会对每个项目承担单位的资质进行了审查，对投标书进行了认真的审阅，通过评议、表决，形成以下意见：

1）同意山东省博物馆承担博兴县疃子遗址的勘探发掘工作。

2）同意山东大学承担聊城市西梭堤遗址的勘探发掘工作。

3）同意山东省文物工程公司承担聊城市七级码头、七级北闸、土桥闸、戴闸、平阴牛头石桥五个地上文物点的维修工程。

4）同意山东省文物考古研究所承担聊城官口等18处遗址、墓地的勘探工作及寿光双王城等17处遗址、墓地的勘探发掘工作。

个别单位的标书存在一些明显的问题，招标会后要根据专家的要求对标书进行修改。

招标会后，山东省文化厅南水北调文物保护工作办公室根据工作计划对各相关单位提出了具体的要求。

图5-20　南水北调工程山东段文物保护项目招标会

（2）项目承担单位

1）严格按照《田野考古工作规程》实施，确保质量。

2）对项目遗址（墓群）进行科学发掘，不论遗址（墓群）的保存状况如何，均须向办公室提供科学的文字、绘图、照相（黑白、彩色、反转片）、摄像记录和相关的电子资料以及标本测试、鉴定结果。

3）项目的发掘面积原则上不得少于本协议规定的工作量，项目验收时，根据项目的实际情况确定有效发掘面积。有效发掘面积不达标者，将根据实际情况扣减协议经费。

4）通过实际工作确认发掘点的实际情况同规划内容及协议确定的发掘面积出入较大的，可书面提出减少或增加发掘面积等调整申请，由办公室根据实际情况研究解决办法，并书面认可后方可改变计划。

5）接受监理单位对考古发掘工作的各个阶段实施的监理。办公室将根据工作进展情况安排监理不定期进行检查。

6）工程开工应通知办公室，发掘完毕后须待工程办公室组织验收后再回填。

7）妥善保管好临时存放的文物，及时整理发掘报告。

8）按协议规定向办公室提交有关资料。

（3）项目监理单位

1）严格遵守《山东省调水工程考古发掘项目监理试行办法（讨论稿）》的有关规定。

2）委派有资格的监理人员对各项目进行不间断的监理。

3）对项目进行中出现的问题及时与办公室沟通，妥善解决。

4）及时完成中期监理报告和完工监理报告。

（4）项目协作单位

1）协助项目承担方协调与当地群众、政府和水利各有关部门的工作关系。积极参与民工征用、后勤保障等项工作，确保项目的顺利实施。

2）负责对辖区内调水工程施工过程的全程巡视和非发掘区的文物拣选、征集。如发现未知文物点，须立即通知调水施工单位停止施工，并及时向山东省文化厅南水北调文物保护工作办公室报告。

3）负责发掘现场、临时库房外围及出土文物、文物构件运输、入库的安全保卫。

4）在田野发掘结束时，提交《协作总结报告》和《协作经费决算表》。

3. 考古勘探工作的基本要求

（1）考古勘探的基本要求

由于此次文物保护任务中，有18处遗址是勘探项目，因此，办公室田野考古工作规程对勘探工作提出了更加具体的要求。

考古勘探是田野工作的重要手段之一。进行时应慎重，尽量减少对古代遗存的损伤。

1）探孔必须保持规整，孔穴要用纯土填实。

2）墓葬一般以探到墓口为宜。遗址的布孔不宜过密。

3）绘制探孔分布图，写出探孔记录，采集探孔遗物。

4）探明的遗迹现象要写出文字记录，内容包括：分布范围、层位、结构、年代等。测绘平、剖面图。

5）写出勘探工作报告，内容包括：工作经过、主要收获、初步认识、问题和建议等。

6）提倡对各种无损伤探测新技术的研究和应用。

（2）《考古勘探工作报告》编写规范

1）工程概况。

2）工程项目所在区域地质构造、地形地貌。

3）工程项目所在区域历史沿革及文物分布概况。

4）工作时间、地点、范围。

5）工作方针和原则。

6）工作方法。

7）主要收获，包括地层堆积、遗迹遗物等。

8）初步认识。

9）问题和建议（下一步工作方案、保护意见）。

（3）附录部分

1）照片：工程项目用地全景、工作现场、探孔土样（地层土样、遗迹土样）、遗物照片。

2）图纸，工程项目位置图、工程项目征地区域四至范围（行政区划范围、GPS定位），考古勘探平面图：主要地标地物、发现文化遗存、标注比例尺、文化遗存定位（GPS）。

3）相关录像资料（工程方要求）。

4）有关文件、考古勘探资质证书、考古发掘领队资格证书等。

勘探工作完成后一周内向办公室提交勘探报告，并提出下一步的发掘计划。

4．检查

为保证南水北调工程文物保护工作的质量，山东省文化厅南水北调工程文物保护工作办公室在督促监理单位加强对考古工地的监理工作的同时，也多次到工地进行检查，在发掘工地进展到一定程度后，邀请有关专家进行检查工作。

2010年11月，山东省文化厅南水北调文物保护工作办公室邀请国家文物局派出田野工地检查小组，对山东境内南水北调文物保护发掘工地进行了检查。

检查小组根据预定的检查项目对每个工地进行了评分，对部分考古工地提出了具体的要求。

2010年12月，办公室邀请国家文物局专家组到聊城土桥闸遗址进行考察指导，专家组对土桥闸考古工作取得的成果给予充分的肯定。结合此次专家组的考察，办公室在发掘现场举行了成果鉴定暨新闻发布会，各大媒体对此作了详细的报导，引起了社会的广泛关注。

5. 监理

这批文物保护项目的监理工作由山东省普华项目管理有限公司负责。为保证监理工作质量，监理单位首先聘任一批长期从事文物保护工作，实际工作经验丰富，已退居二线的专家充实监理工作队伍。在开工之前，先期介入、了解考古发掘项目的计划安排，参加了所有发掘项目的招、投标工作会议，对工作任务分配和项目承担队伍的计划工作情况进行初步了解，掌握工作意向、目的要求、人员组成以及进场时间安排等具体情况，为下一步现场监理工作做好准备。

自2010年下半年开始，随着考古发掘项目的大规模展开，监理单位根据《山东省南水北调东线工程文物保护发掘项目监理试行办法》和实际工作的需要，及时组织监理工作专家组到达现场，通过实地考察，审阅资料等方式开展监理工作。认真听取了各项目承担单位的工作介绍，并就考古发掘项目监理实施情况同各考古发掘单位进行了沟通和交流。决定在发掘期间对所有项目实施跟踪监理。

2011年上半年，监理单位组织监理工作组多次赴各工地，通过实地考察、座谈交流、出土遗物观摩、资料档案审核等多种方式，使我们对各发掘项目的工作进度、业务成果、资料整理，以及与当地文物行政、业务部门的协调、协作情况有了较全面的掌握，对工作中存在问题有了客观、全面地了解，从而形成了良好的交流与反馈机制，使监理工作得以较顺利地实施，基本达到了年度监理的目标和任务。

通过对各个项目的跟踪监理，对文物保护工作形成以下意见：

1）承担考古发掘项目的山东省文物考古研究所、山东省博物馆、山东大学三家单位均具备考古领队资质，项目具有《中华人民共和国考古发掘证照》、项目负责人持有《考古发掘领队资格证书》，及时依法履行了报批手续。

2）按照《田野考古工作规程》要求，绝大部分工地都能够严格落实领队责任制，领队基本坚持在发掘现场主持工作。发掘工地各项制度能落实到位。合理配置考古、技术和文物保护人员，发掘人员职责明确、分工细致、组织有序、工作扎实，工地管理水平有较大提高。

3）各工地能按照计划安排开展工作，考古发掘和勘探工作基本都能严格按照《田野考古工作规程》进行，发掘工作组织有序，发掘现场比较干净整洁，各种标识齐备、醒目。在发掘操作中，层位关系清楚，遗迹现象把握准确，清理到位。

出土文物提取和标本采集较科学、规范。大部分项目发掘记录完整、详细、科学、规范。重要的考古发掘项目有摄像资料，多数单位配备了GPS定位和全站仪等设备，保证了田野绘图和记录的精准，并及时对考古资料进行数字化处理。

4）各发掘项目都比较重视安全工作，多数发掘工地设置围护栏或标识范围，避免群众围观及闲杂人员干扰；一般发掘现场安排专人值守、墓葬发掘中还安排夜间值班和巡逻。对于重要迹象和遗物的清理能够做到不过夜，保证了文物、资料的安全。各发掘工地设立文物库房，配备有铁皮箱、柜，放置重要出土物及贵重设备。部分工地还及时对出土文物标本进行了清理、绘图、上架、展示，为各级领导的参观及同行的交流提供了方便。在国家文物局专家组进行的考古发掘工地检查中得到充分肯定。

5）各发掘单位能够在基本建设的考古工作中有较强的课题意识，有明确的要求目标。对于遗址的整体把握、遗迹现象的认知和处理准确到位，并注意多学科参与，进行综合性研究。对重要成果及时组织召开专家论证会和成果发布会，并邀请国家专家组进行检查、论证。在全面提取信息资料、妥善处理遗迹现象的基础上为下一步的保护、展示工作提出科学依据和专业建议。

6）各市、县（区）的积极配合为工作顺利开展提供了有利条件。在省南水北调文物保护工作办公室的组织协调下，充分调动各市、县（区）两级文物保护机构的积极性，他们协调到位、保障有力，切实负起了相关责任，与考古发掘项目承担单位密切合作，营造了良好的工作环境，保证了项目的顺利开展。在不断地工作交流中，不仅密切了双方关系，而且提高了各级领导和群众对文物工作的重视程度，提高了文物保护单位所在地的社会知名度，达到了双赢的良好效果。

7）管理机构精心组织、及时督导、全程控制，保证了发掘工作的顺利进行。在省文化厅党组、省文物局的强有力领导下，省文化厅南水北调文物保护工作办公室，对三十余处文物点的保护工作进行了科学有序地组织安排。反复进行实地调查，全面了解任务目标，多次召开专门会议，明确任务要求、落实工作计划，及时拨付工作经费，保证了年度工作的顺利开展。在工作期间，多次组织相关专家赴工地进行检查、督导，及时调整项目、复核发掘工作量、交流发掘成果、总结工作经验，按时宣传保护成果和意义，取得了良好的社会效益。

二 勘探项目实施

在山东省南水北调工程文物保护专题报告中，有18处文物点由于地处黄泛区，遗址的地层及性质不明确，因此只明确了勘探任务，发掘任务需详细勘探后根据情况确定。

受山东省文化厅南水北调文物保护工作办公室委托，2010年7月～2011年

3月，山东省文物考古研究所对这18处文物点进行了考古勘探工作。

工作方法主要采取普探与重点勘探的方式，首先对整个区域进行大面积普探，在普探过程中，采用5米×5米的等距离网格布孔法，然后再根据具体情况，适当加大钻探密度，以了解地层堆积的详细情况和遗迹分布状况，并形成了详细的钻探资料。

对墓地进行横向和纵向切面式钻探，由于墓葬分布较为密集，探孔按2米距离布置，根据结果求得墓葬的结构情况和地层堆积状况。对墓地范围内的文化堆积概况、重要遗迹现象进行了专门勘探。

此次勘探的文物点18处，其中14处分布在鲁北输水段。勘探面积为368000平方米，勘探主要发现如下：

官口遗址和谭庄遗址在新运河附近发现有古运河河道。官口遗址在新运河北部发现有古运河河道存在。深3.7～4.3米，河床底部为墨绿色河水沉淀层，土质黏硬。

倪官屯遗址区发现一处面积约30000平方米的遗址，在河堤处开口深2.5～2.6米，在西部的农田中开口深1.6米。遗址文化层呈灰褐色，土质稍松软，层内包含有少量黑灰和少量的木炭颗粒。遗址厚度较薄，河堤内0.10米，西部农田中约0.05米。遗址区域地表陶片、瓦片较多，以建筑用瓦为主，瓦背面为布纹。时代推测为唐宋时期。大吕王庄墓地发现有古墓葬2座。郭堤口墓地发现古墓葬2座。

临清河隈张庄窑址为此次重要发现。勘探发现窑炉13座。窑炉均呈东西方向，分布规律，南北成排，或三个或两个一组。本组内窑间距一致，大小、深浅基本相同。时代为明代，因为窑址处在运河边上，推测为供应北京宫殿建筑的官窑址，它的发现意义较为重大。另外在小屯南遗址发现有明清残窑坑5处。

另外在武城大屯水库勘探40000平方米，发现唐宋时期墓葬35座，基本为砖室墓。还发现有道路和窑址等遗迹。

根据勘探结果，山东省文化厅南水北调文物保护工作办公室及时组织专家进行论证，对项目进行调整，对一些原来没有发掘面积的文物点，如临清河隈张庄遗址、倪官屯遗址等，增加了发掘面积，并组织有关单位进行了考古发掘工作，取得重要考古发现。

三　土桥闸与七级码头发掘与十大考古新发现

1. 土桥闸的发掘

土桥闸位于山东聊城东昌府区梁水镇土桥闸村内，因20世纪初运河停运，船闸失其作用而废弃，主体架构逐渐淤积在黄土之中。进入21世纪以来，因南水北调山东段利用运河故道输水，在相关考古调查中，这座被遗忘的船闸又进入了考古工作者的视野。

为做好南水北调山东段的文物保护工作，2004年10月上旬至11月，山东省文物考古研究所王守功、高明奎会同聊城市文物局、东昌府区文物管理所的相关人员为了解土桥闸的现存状况，在土桥闸村委会的协助下对土桥闸进行了考古勘探，在闸东侧开挖一条探沟，对船闸进行了局部解剖，发现船闸主体保存尚好。经过考古调查，确认土桥闸村内有船闸、月河、大王庙、关帝庙等遗迹，村北有减水闸、穿运涵洞及运河相关的其他遗迹。

根据考古调查勘探结果，经报请国家文物局批准，2010年8月～2011年1月，山东省文物考古研究所以李振光为领队，带领吴志刚、石念吉、崔猛等队员，在聊城市文物局孙淮生、东昌府区文物管理所于忠胜的协助下，对土桥闸遗址进行了发掘，发掘对象为船闸本体和位于其闸墩上的大王庙。

考古队进场后的前期工作是顺利的，发掘现场的整理工作在村民的配合下进展较快，废弃河道中的树木很快得到了清理，散落的石块也分别堆放到一起，船闸闸口区做了初步发掘。到9月底至10月，由于阴雨连绵，本已清理干净的河道中陡然涨满了雨水，由于是废弃的河段，土桥闸周围的运河河道只是残存的一段，满渠的水排不出去，为避免长期的浸泡造成已发掘的闸口区崩塌，考古队用水泵把水抽到较远的另一段沟渠中，雨下了一个月，抽水工作持续了一个月。10月下旬间歇性的降水终于停止了，积水也得到排除，考古队增添了民工数量，最多同时用工达60多人。又经过近两个多月的细致工作，克服了地下涌水、寒冷冻土等一系列困难，最终一座高7米，占地3000多平方米雄伟壮观的船闸完整地再现世间（图5-21）。

这座船闸是京杭大运河山东段第一座经科学考古出土的船闸，国家文物局相关专家和领导人视察考古工地时对船闸的规模，保存程度，发掘质量做出了极高的评价，并在现场举办了发掘成果新闻发布会，相关媒体纷至沓来，《京杭运河第一闸现身聊城》的新闻迅速传播开来，从而让更多大众了解了运河考古，了解了南水北调工程。

2. 七级码头的发掘

七级码头曾濒临黄河，又称七级渡，其始建年代史无明载。北魏时，阳谷县的毛镇因有七级台阶的古渡口，而改称七级镇。黄河两岸至今犹存临津渡、金城渡、横城渡、风陵渡、孙口渡、大禹渡、茅津渡等大批古渡地名。2012年考古发现的七级码头虽已不在黄河之畔，但距离最近的黄河也不超过15千米。

因为黄河屡次改道，七级镇的地理亦经历了沧海桑田，最后七级码头远离了黄河，但依旧有残存河道从七级镇侧流过。元、明、清时河道演变成了京杭大运河的一部分，数不清的航船在其中北上南下。除了普通的行商落脚之外，七

图5-21　聊城市土桥闸发掘场景

级码头更成了阳谷、东阿、莘县等地漕粮北运的起运点，就是因这些黄灿灿的粮食集散在这里，金七级之称遂蜚声遐迩。

明时大戏曲家汤显祖曾在七级码头上岸后短暂留居，并在这里留下诸多诗作。清代康熙下江南时的御舟也曾夜栖于七级码头，一些国家大事就在这古渡之畔得以决断。乾隆皇帝更是怡然走过七级码头，三次上岸欣赏风景体察民情。

但繁荣总被雨打风吹去，因为清末废除漕运，往日喧噪的七级码头沉寂下来，随着大运河出现淤塞，行船也不见了踪迹，七级码头一带成了无人问津之地，后随河道被周边居民圈占，最终失其踪迹。

时间是抹去记忆的最终利器。仅仅过去不到百年，也不过四五代人，七级镇的居民已经是只知道自己的家乡曾有过一个繁华的七级码头，但不知其所在，更不知其形状，仅仅是从七级镇名上相传码头有七级台阶。偶有凭栏怀古的游人来此，也只能诵读一下那些古人的诗句，来想象七级码头昔日的胜景。

但七级码头毕竟曾享有六百年的运河繁华，也是明清县志中传统的阳谷美景之一。这份历史的荣耀注定了它不会在人们的记忆中轻易消失，阳谷众多的文化先贤一直在记述传承它，山东的文物工作者也没有忘记它，人们一直期待它重现世间，实际上它的浮出需要的也不过只是一个契机。

2004年，这个契机来了。南水北调东段工程通过京杭大运河故道输水。为防止工程对地下文物造成破坏，2004年10月下旬，山东省文物考古研究所对七级镇运河两岸进行了考古调查，发现七级中桥东岸一带文化堆积较厚，尤其是在不同深度发现疑似台阶的石板，有可能是一航运码头，但要证明这就是历史上的七级码头，势必要进行考古发掘，但令人遗憾的其上全是民房，要进行考古发掘，必须进行大面积的拆迁，发掘不得不等待。谁都知道拆迁不是一蹴而就的事情，但谁也没有想到等待的时间竟然和七级码头之名暗合。2011年3月，山东省文物考古研究所的考古队七年后又一次来到七级镇。

由于考古发掘工作区在七级镇中心地带，七级中桥又为沟通运河东西的交通要道，人来人往本就众多，再加上七级镇的初中和小学俱在桥西，有诸多学生从工作区经过，不能建立起封闭的工作区，本次的考古工作完全是公开进行，实际上是有诸多七级镇居民参与的公众考古。由于这是七级镇居民经历的第一次考古发掘，人们充满了好奇，围观者众多。有人说考古队是来这里挖宝的，这地下有宝贝；有人说这是七级镇的龙穴，动土你们得给龙王上香；还有人说这里是乾隆的娘娘墓。当知道考古的目的是寻找古代码头时，有“明白人”跳出来说码头在某某处，你们挖错啦；也有人告诉考古队说这个码头有长长的七级台阶，全是汉白玉做的等等（图5-22）。

前期的工作进行得很慢，工作区虽然规划了行人的道路，但上学、放学时的少年总在探方中跳来跳去，而且每当探方中有所发现，即使是一片瓷片，马上也有在周围的群众瞬间围观过去，直到七级镇派出所派出两名协警，设置了警用警戒线，才控制住好奇的群众。使用手铲和毛刷的考古过程让周边的群众非常焦急，他们迫切得想知道这个古码头的台阶是否真的如传说那样为七级？因为谁都知道，这是七级镇的根，是七级镇的得名原因。

用普通青石垒砌而成的码头台阶逐渐显露出来。一阶、二阶、三阶……十七阶。十七级台阶，这个结果显然有些出乎七级镇群众的意料。后来齐鲁电视台来采访，有的当地群众已经不知道该如何诉说七级镇镇名的来历。实际上根据考古调查发现的石碑记载，本次发掘的码头是清朝乾隆十年（1745年）重修而成，其形制距离最早的七级渡已经有了改变。

通过考古，一座湮没近百年的大运河航运码头露出了它的真容。作为使用中的水工设施，千百年来七级码头不知经历了多少次维修重建，相比于今天的现代建筑，七级码头甚至有点寒酸，然而真正承载历史传承的文物不可能是富丽堂皇的，其价值就在于它那普通之中的不平凡。为保护这一重要文物遗迹，省文物局在阳谷组织了七级码头保护专家论证及协调会议（图5-23），为七级码头的保护奠定了基础。

3. 十大考古新发现

2012 年，国家文物局组织“2011 年度全国十大考古新发现”评选，山东省文物考古研究所将 2011 年度发掘的阳谷七级码头、聊城土桥闸、汶上南旺分水龙王庙枢纽遗址三个项目共同申报全国十大考古新发现。

2012 年 4 月 13 日，由国家文物局主办、中国考古学会协办、中国文物报社承办的“2011 年度全国十大考古新发现”在北京揭晓，阳谷县七级码头等三个项目成为“2011 年度全国十大考古新发现”之一。这是山东省南水北调工程文物保护工作获得的第三个全国十大考古新发现。

图5-22　国家文物局专家组对阳谷七级码头工地进行检查

图5-23　专家组召开七级码头保护工作协调会

四　文物保护工作的宣传与展览

山东省文化厅、山东省文物局十分注意南水北调文物保护工作的宣传工作。在第一批控制性文物保护项目开工时，就在济宁程子崖遗址考古发掘现场举行了南水北调东线山东段文物保护工程开工典礼。此后，随着田野考古的进展，不断召开各种研讨会、新闻发布会，扩大南水北调工程文物保护工作的宣传。

2008年，山东省文化厅决定在山东省博物馆举办“改革开放三十年考古成果展”，展览的第一部分就是“南水北调工程文物保护工作成就展”，成就展布置在博物馆的大厅内，以近百幅照片，展现了南水北调工程文物保护工作开展以来取得的成就。国务院调水办领导等参观了这些展览。

山东省博物馆新馆修建后，在布展内容上，山东省文物局要求新馆展陈必须有南水北调工程山东段文物保护成果的内容。山东省文物考古研究所负责的“山东考古馆”在“考古成果展”中，将南水北调工程文物保护项目中被评为十大考古新发现的四个项目列为考古成果展的重要内容，分别是：

1. 寿光双王城盐业遗址展示

展区内复原了寿光双王城盐业遗址群中014遗址发现的盐灶，在盐灶上摆放了大量遗址上出土的煮盐用的盔形器，并堆放了食盐。复原盐灶背面墙壁上

图5-24　山东博物馆寿光双王城盐业展示

以大型油画，描绘了商周时期制盐的场面。观众从画面上可以看到古代收割烧柴、提取卤水、浓缩卤水、煮盐、运输盐等不同的生产过程（图 5-24）。

2．高青陈庄城址展示区

将陈庄出土的三个马坑、车马坑整体搬运到博物馆内，成为博物馆内最大的“文物”，以图片的形式，展示了陈庄遗址考古的发掘过程及成果。在车马坑一侧的展柜内，展出了陈庄西周墓葬出土的铜器、陶器、玉器等（图 5-25）。

3．七级码头与土桥闸展示区

全面介绍了运河水工设施和南水北调工程对运河的保护利用情况，以图片的形式展现了阳谷七级码头和聊城土桥闸考古发现现场和考古发掘成果，在墙壁上粘贴了大量土桥闸出土的瓷片，展示了运河使用时期的文化风采。

在山东考古馆的考古成果展示中，南水北调工程文物保护成果展示占整个展厅二分之一以上的面积。考古馆开馆后国务院南水北调工程建设委员会办公室、国家文物局、山东省委省政府的领导多次到考古馆参观，对南水北调工程文物保护成果的展示给予了高度的评价。

五　考古成果

文物保护任务下达后，各项目承担单位积极做好考古勘探及考古发掘工作。

图5-25 山东博物馆高青陈庄车马坑展示

经过一年多的努力，到2012年年底，基本完成地下文物点的田野考古工作。各项目勘探面积见下表（表六）。

山东省文物考古研究所完成三十九个文物点中近半数文物点的勘探工作，勘探的面积约60万平方米。在聊城河隈张庄遗址上发现大量明清时期烧制贡砖的窑址。

勘探工作完成后，各个项目承担单位根据勘探结果对遗址进行了发掘，需要调整的项目向文化厅南水北调文物保护工作办公室专门提交了申请报告。各个发掘项目发掘面积见下表（表七）。

表六　山东省南水北调东线一期工程文物点勘探工作量一览表

序号	文物名称	计划面积		实际勘探面积		备注
		勘探面积（米^2）	重探面积（米^2）	普探面积（米^2）	重探面积（米^2）	
1	官口遗址	12000	12000	106000	24000	
2	七级码头遗址	400	400	800	2000	
3	倪官屯遗址	10000	10000	20500	10000	
4	谭庄遗址	8000	8000	21900	10000	
5	西梭堤遗址	40000	40000			
6	土桥闸遗址	5000	5000	5000	5000	
7	丁马庄遗址	90000	90000	100000	100000	
8	河隈张庄砖窑址	59500	59500	200000	60000	
9	陈坟遗址	26000	26000	26000	26000	
10	范楼遗址	1500	1500	1500	1500	
11	师提遗址	0	2250	0	10000	
12	尤王庄遗址	1650	1650	2000	2000	
13	郭堤口遗址	0	6000	0	20000	
14	后屯遗址	1500	1500	28000	1500	
15	赵沟遗址	0	3000	0	3000	
16	小屯南遗址	0	3000	0	3000	
17	小屯西遗址	0	3000	0	3000	
18	九营遗址	1500	3000	3000	3000	
19	百庄遗址	6000	6000	9000	6000	
20	肖刑王庄墓地	0	3030	0	4000	
21	大吕王墓地	0	2250	0	2500	
22	前玄墓地	0	8000	0	8000	
23	前贾墓地	0	40000	0	60000	
24	丁王庄遗址	30000	30000	30000	30000	
25	刘信南遗址	13046	13046	15000	15000	
26	大张庄遗址	10289	10289	15000	15000	

序号	文物名称	计划面积		实际勘探面积		备注
		勘探面积（米²）	重探面积（米²）	普探面积（米²）	重探面积（米²）	
27	疃子遗址	0	0			
28	09遗址	4000	4000	20000	4000	
29	011遗址	5000	5000	10000	10000	
30	S01遗址	500	500	2000	2000	
31	S02遗址	500	500	2000	2000	
32	S06遗址	500	500	2000	2000	
33	S07遗址	1500	0	2000	0	
34	S08遗址	0	1500	0	20000	
35	SS6遗址	5000	5000	10000	10000	
36	SS7遗址	7000	7000	10000	10000	
37	SS14遗址	2000	2000	5000	5000	
38	SS8遗址			30000		
39	07遗址			30000		
合计（米²）		342385	414415	706700	489500	

表七　山东省南水北调东线一期工程文物点发掘面积统计表

序号	文物名称	计划发掘面积（米²）	实际发掘面积（米²）	备注
1	七级码头遗址	80	1000	
2	西梭堤遗址	3000	3000	
3	土桥闸遗址	2000	5000	
4	丁马庄遗址	6000	0	
5	河隈张庄砖窑址	0	5000	
6	陈坟遗址	5200	150	
7	范楼遗址	600	400	
8	师堤遗址	500	0	
9	前贾遗址	4000	4000	
10	大张庄遗址	2500	0	
11	疃子遗址	1000	1000	

序号	文物名称	计划发掘面积（米²）	实际发掘面积（米²）	备注
12	双王城09遗址	1600	2200	
13	011遗址	2000	0	
14	S01遗址	100	0	
15	S02遗址	100	0	
16	S06遗址	100	0	
17	S08遗址	300	100	
18	SS6遗址	2000	0	
19	SS7遗址	2800	0	
20	SS14遗址	400	0	
21	SS8遗址	0	2100	
22	07遗址	0	10000	
合计（米²）		34280	33950	

六　不可预见文物保护项目的实施

由于东线工程山东段地处海拔 20 ～ 50 米的鲁西平原和鲁北平原地区，这些地区在历史时期大都遭到黄河泛滥的影响而存在大量的淤土层，大量的文物点被埋在 1 ～ 3 米下，很难发现。在南四湖周围，南水北调工程曾在湖底两米下发现大量汉代墓葬，济宁市文物局对这批墓葬进行了抢救性发掘；在两湖段的梁济运河沿岸，由于多次清理河道，遗址和墓地上存在厚厚的覆土；穿黄段发现的两处墓葬被黄河淤土叠压，用常规的勘探根本探不到墓葬；鲁北输水段宋元墓葬开口大都在 2 米以下；济平干渠段及胶东输水西段的遗址和墓葬上也存在 1 ～ 2 米的淤土。大量的覆土存在，不仅增加了工作难度，也使大量的文物点埋藏在地下很难用常规的调查勘探予以发现。

同时，由于南水北调东线工程主要是对京杭大运河的改造利用，而运河在使用时期，曾沉积了大量的船只及其他日常用品。聊城市在对市区内运河进行改造利用时，曾发现三只沉船和大量的瓷器、铜钱等。因此在南水北调工程施工过程中，肯定会在运河沿岸出现大量没有预知的文物点需要我们去抢救。

南水北调工程山东段不可预见文物保护项目主要分为以下几种情况：

1. 南水北调工程山东段文物保护规划中只列勘探而没有发掘面积的项目

如临清河隈张庄窑址，原来没有发掘任务，经过勘探后，发现大量明清时期的烧制贡砖的窑址，山东省文物考古研究所组织力量进行了考古发掘工作，发掘面积达 5000 平方米。与之相类的项目还有阳谷七级闸、临清戴湾闸等。

2012年12月～2013年1月，山东省文物考古研究所等单位根据勘探情况对阳谷七级闸进行了发掘工作，实际发掘面积3600平方米，基本弄清了闸体的结构和建筑方式。

2012年12月，山东省文物考古研究所等单位对临清市戴湾镇戴闸村京杭大运河上的船闸进行了全面的发掘，发掘面积4000平方米，揭露出一座保存较好的船闸，并发现保存较好的闸板，出土了少量的陶瓷片和铁器。

2．工程改线新发现的文物保护项目

主要是高青陈庄周围的工程改线后新增加的文物保护项目。陈庄遗址采取绕避保护方案后，2010年12月，根据工程部门提供的1∶2000的线路图，山东省文物考古研究所派出业务人员对工程沿线进行了调查，发现东周至明清时期的遗址4处，均为地下文物点。

此后，山东省文物考古研究所对该四处遗址进行了勘探，各文物点勘探面积如下表（表八）。

表八　各个文物点的勘探面积一览表

遗址名称	占压面积	计划勘探面积		实际勘探面积		差额
		普探（米²）	重点勘探（米²）	普探（米²）	重点勘探（米²）	
西寺遗址	6000	6000	0	6000	0	0
曹家坡遗址	18000	9000	9000	9000	9000	0
陈庄西北遗址	6000	6000	0	6000	0	0
胡家屋子遗址、墓地	24000	12000	12000	12000	12000	0
合计（米²）	54000	33000	21000	33000	21000	0

经过勘探，在胡家屋子遗址、墓地发现一批灰坑、墓葬，对该遗址进行发掘，发掘面积1500平方米。

3．工程施工中新发现的文物保护项目

主要有聊城白马寺遗址和八里屯墓地。2012年3月下旬，南水北调施工单位在聊城市朱老庄乡杭海村西南附近河道进行施工时发现碑刻。区文物保护管理所闻讯后立即赴现场核实，确定碑刻为白马寺遗址文物，经调查走访，认为在距白马寺东北150、西北100米之间约1400平方米的区域内还有其他碑刻存在。东昌府区文物保护管理所就此事向省、市文物局有关领导进行了汇报，省、市有关领导对此事极为重视，要求对白马寺遗址进行抢救性发掘。接到指示后，在市文物事业管理局文物专家的现场指导下，东昌府区文物保护管理所组织人员于4月5～12日对该区域进行了详细的考古勘探工作，并对碑刻以上淤泥进行了清理，发现大量白马寺使用时期的碑刻。

2012 年南水北调工程施工时，在聊城市东昌府区前八里屯村东南约 200 米的河沟底部发现大量墓砖。8 ～ 9 月，山东省文物考古研究所等单位对墓地进行了全面的勘探，勘探范围 6000 平方米，并对发现的墓葬进行了发掘。共清理带墓道砖室墓 3 座，长方形砖椁墓 1 座，发现了少量的陶器、铜钱等。实际发掘面积 400 平方米。

七　地上文物保护项目的实施

地上文物点的调查工作主要由聊城市文物局实施完成的。

2003 年 6 月，工程设计完成鲁北输水段设计后，根据聊城市文物局的调查资料，编制了《南水北调东线工程山东段鲁北输水段古代建筑保护方案》。此后委托山东省文物科技保护中心到现场进行了测绘，并编制了详细的保护方案，纳入到南水北调山东省文物保护规划中。方案除牛头石桥为拆取主要部件外，其他四处运河水工设施均采取异地搬迁保护的保护措施。地上文物点见下表（表九）。

表九　地上文物保护项目一览表

序号	文物名称	保护级别	保护方案	建筑面积（米^2）	核定经费（万元）	备注
1	七级古码头		清理维修		-	
2	七级北闸		清理维修		-	
3	土桥闸		清理维修		-	
4	戴闸		清理维修		-	
5	牛头石桥		拆取主要部件		-	
合计					-	

2005 年 2 月 28 日～ 3 月 1 日，水利部淮河水利委员会在安徽省蚌埠市锦江宾馆主持召开了南水北调东线一期工程江苏、山东两省文物保护规划专题报告评审会。会议上山东省南水北调工程建设管理局提出对运河上的水工设施采取原址保护的意见，认为搬迁保护投资大，工期长。可在运河闸口附近采取月河的形式保证干渠的流量，同时在闸口上保证一定的流量，使闸口本体得到有效的保护。这个意见得到与会专家和文物部门的认可。蚌埠会议后，山东省文物部门根据会议精神，对文物保护规划进行调整和修改。

2006 年，根据工程进展情况，山东省文物科技保护中心对平阴牛头石桥进行了测绘，编制了保护方案。在牛头石桥拆除过程中，将石桥的主要构件搬迁至平阴县博物馆保存。

2011年，山东省文物考古研究所对聊城土桥闸进行了考古发掘。为做好土桥闸的维修工程，山东省文化厅南水北调文物保护办公室委托山东省文物科技保护中心编制了《京杭大运河山东聊城段土桥闸维修保护方案》，并获国家文物局批复。2012年9～12月，委托山东省文物工程公司完成了土桥闸保护维修工程。

工程确定了现状整修、防护加固、局部修复的维修路线，施工中严格遵守文物法规和原则，按照《文物保护工程管理办法》及《土桥闸维修保护方案》的要求，先后实施了对燕翅墙、金刚墙、闸底装板等部位的维修：依据原有形制，拆除不当改造墙体，拆砌鼓胀错位墙体，补配缺损石构件，修补残损石构件，补抹脱落石缝灰，使维修后的土桥闸最大限度地保持原有布局、结构、工艺及材料。土桥闸本体维修工程完工后，结合文物保护规划及南水北调工程干渠建设，整治周围环境，使之成为运河遗产的亮点。

2011年年底至2012年初，山东省文物考古研究所对七级码头、七级闸、戴湾闸进行了考古发掘，发掘任务完成后，山东省文化厅南水北调文物保护工作办公室委托山东省文物科技保护中心编制了每个工程涉及的水工设施保护方案。七级码头方案已经得到国家文物局审批，七级闸、戴湾闸的保护方案通过了山东省文物局组织的专家进行评审。此后山东省文物工程公司对阳谷七级码头、七级闸、临清戴湾闸进行了维修，从而保证了南水北调工程建设的顺利实施。

第六章　田野考古的主要收获

2002年5月，山东省文化厅致山东省水利厅《关于做好南水北调工程山东段文物保护工作的函》，联系、协商南水北调东线一期工程的文物保护事宜。2002年11月，山东省文物考古研究所对济平干渠段工程沿线进行了考古调查，拉开了山东省南水北调工程文物保护工作的序幕。2003年6月，根据工程建设进度，完成了梁济运河段及鲁北输水段的文物保护规划，编制了《南水北调东线工程山东段鲁北输水段古代建筑保护方案》和《南水北调东线工程山东段文物保护工作方案》。随着工程设计的进展，先后编制了《南水北调东线工程山东段韩庄运河段文物保护工作方案》等相应工程段的文物保护方案。在此基础上，于2004年12月上旬完成了《南水北调东线一期工程山东省文物调查报告》和《南水北调东线一期工程山东省文物保护专题报告》。12月12日，山东省文化厅在北京召开专家论证会，对调查报告和文物保护专题报告进行了审核，与会专家对山东段的报告给予了高度评价，为南水北调工程东线山东段文物保护整体规划打下了坚实的基础。

第一节　考古发掘项目综述

2005年11月14日，国务院南水北调办公室下达了《关于南水北调东、中线一期工程控制性文物保护方案的批复》（国调办环移〔2005〕97号），2005年11月16日，国家文物局在河南郑州召开南水北调工程文物保护工作动员大会，动员全国具有考古发掘资质的专业研究单位，全力支援南水北调工程文物保护工作，最大限度地保护文物并支持南水北调工程的顺利施工。南水北调文物保护的田野发掘工作全面展开。

山东是南水北调一期中、东线工程开工最早，因而也是南水北调工程文物保护和田野发掘工作开展最早的地区，总计需要完成勘探面积178万、发掘面积8.8万平方米；并对聊城土桥闸等5个地上文物实施维修保护。自2002年5月，山东省文化厅致山东省水利厅联系济平干渠（胶东引黄调水）文物保护工作的函算起，到2011年年底，历时近十年，经过全省文物工作者艰苦的努力，在包括胶东输水在内的长达上千千米、宽约500米的地带内，进行了拉网式的初步调查及重点复查。累计完成勘探面积220余万平方米，发掘面积9.3万平方米。现以不同工程段和项目的实施及发掘时间为序，以项目实施批次和实施时间为序，介绍不同工程段田野考古发掘的基本情况。

一 济平干渠段

"济平干渠"是南水北调一期工程山东段东西干线的西部主干渠，是山东境内最早开工的调水工程段（图6-1）。自东平湖出湖闸至济南市西部的小清河源头睦里庄闸，全长90千米，途经山东省泰安市东平、济南市平阴、长清、槐荫4县（区）。本地区交通便利，自古以来就是人类活动的中心区域。自旧石器至新石器时期，一直是比较发达的区域之一，龙山文化因该地区城子崖的发掘而闻名于世。先秦时期，本区域有商奄、遂、郭、谭、杞、郕、卢、齐、鲁等古国，是山东地区古代文化最为繁盛的地区之一。历年的考古调查和发掘发现了大量重要遗址、墓地，如章丘小荆山遗址、西河遗址、章丘城子崖龙山文化城址、长清仙人台邿国墓地、长清双乳山济北国王陵、济南洛庄汉代墓、章丘危山汉代兵马俑坑及汉代墓等。除小荆山遗址外，上述遗址的发掘均荣列当年的全国十大考古新发现。

济平干渠段是南水北调东、中线一期工程中最早开工的项目。当时，国家乃至省级的相关配套政策尚未成型，早期工程设计方案没有考虑到文物保护问题，文物保护经费没有纳入到整个工程概算。在这种情况下，山东省文化厅在积极与山东省发改委、山东省水利厅等相关部门协调的同时，责成山东省文物考古研究所垫付资金，启动了济平干渠的考古调查和勘探工作。

根据山东省文化厅的统一安排，2002年11月，山东省文物考古研究所会同济南市、泰安市有关业务单位，依据山东省水利勘测设计院提供的《东平湖—济南段输水工程初步设计图》，对济平干渠沿线进行了考古调查，徒步踏查干渠约90千米，发现文物点12处，其中地下文物点11处，地上文物点1处，分别为平阴县亭山头遗址"牛头"石桥、南贵平遗址墓地、长清区潘庄墓地、长清区大街遗址墓地、兴隆村遗址墓地、归南遗址、卢故城遗址、三合村墓地、小王庄墓地、钟楼子遗址、槐荫区筐李庄西南遗址（图6-2、3）。2003年组织有关专家对调查结果进行了复查，对每个文物点的学术价值做出初步评估和认定。

为了缓解济平干渠段文物保护经费的紧缺问题，山东省文化厅于2003年5月15日向山东省人民政府呈送了《关于南水北调工程文物保护工作的报告》（鲁文物〔2003〕88号），分管水利的副省长陈延明和分管文化的副省长蔡秋芳，分别在文化厅的报告上做了重要批示，要求山东省发改委和山东省水利厅拿出解决南水北调工程文物保护问题的办法和方案。经协调，山东省南水北调建设指挥部决定从工程基本预备费中先挤出部分资金，作为济平干渠段文物保护的应

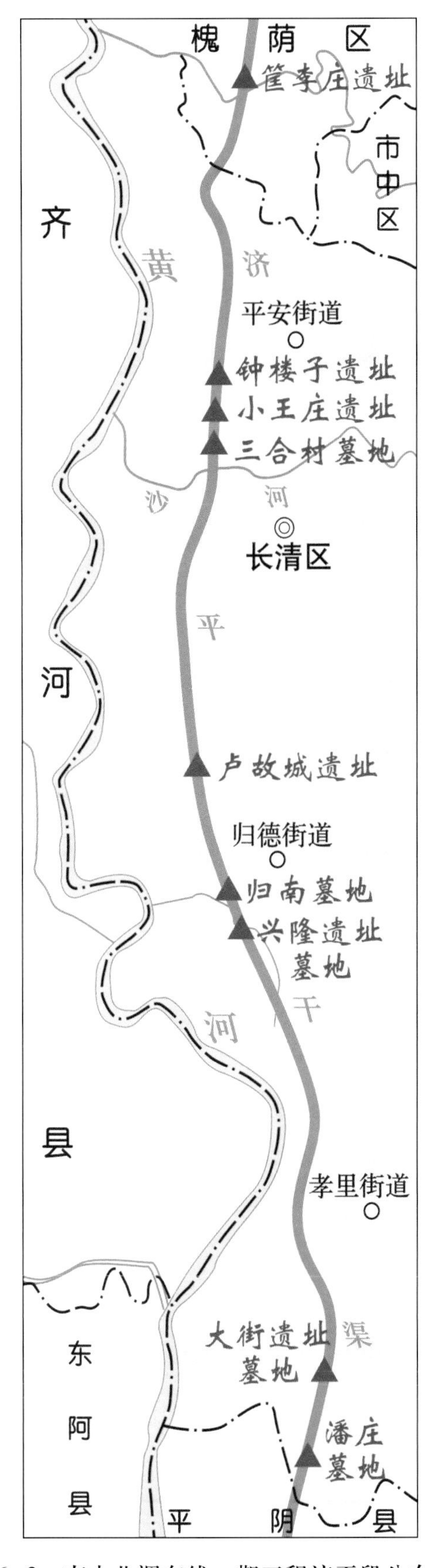

图6-3 南水北调东线一期工程济平段分布点2

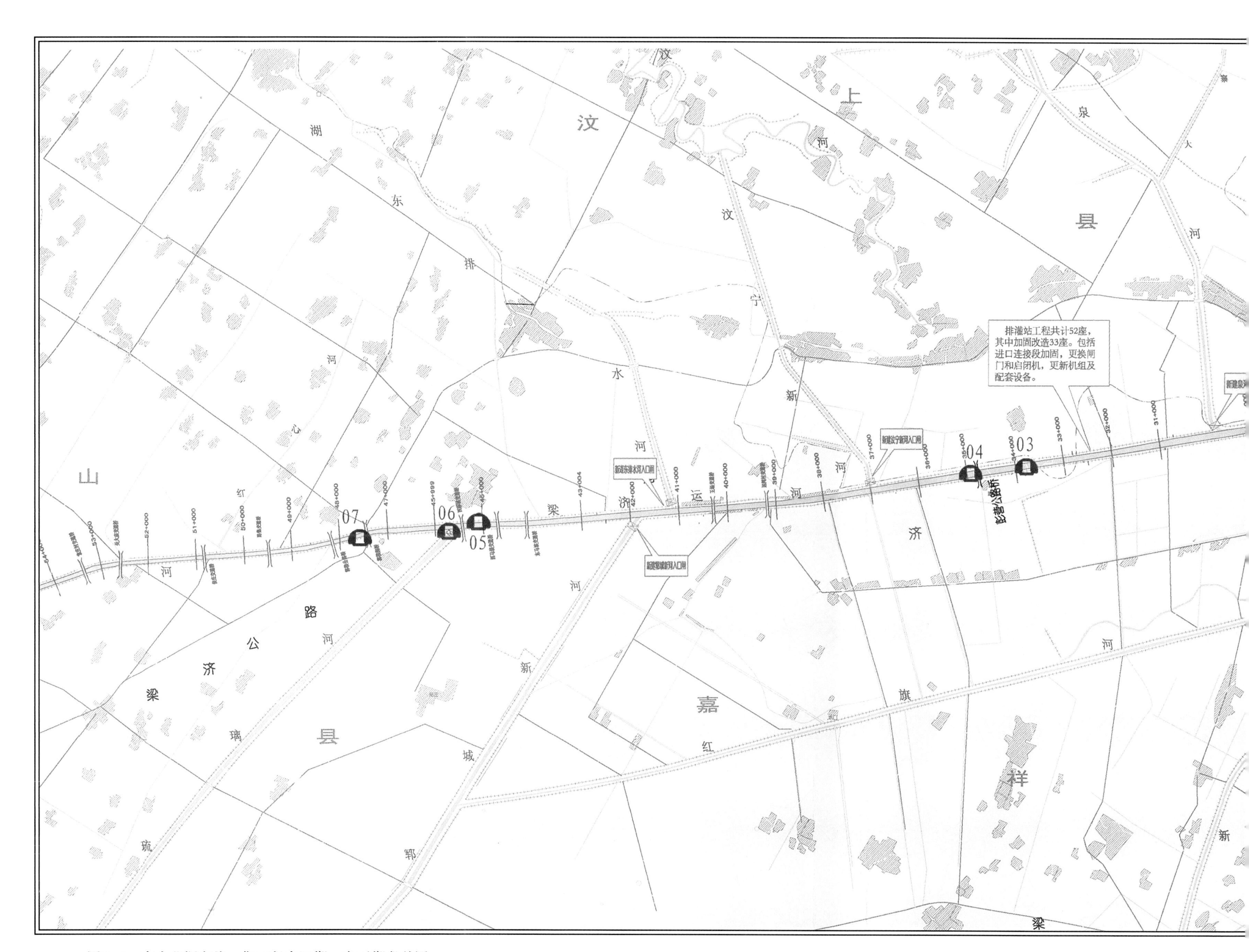

图6-4 南水北调东线一期工程南四湖～东平湖段总图

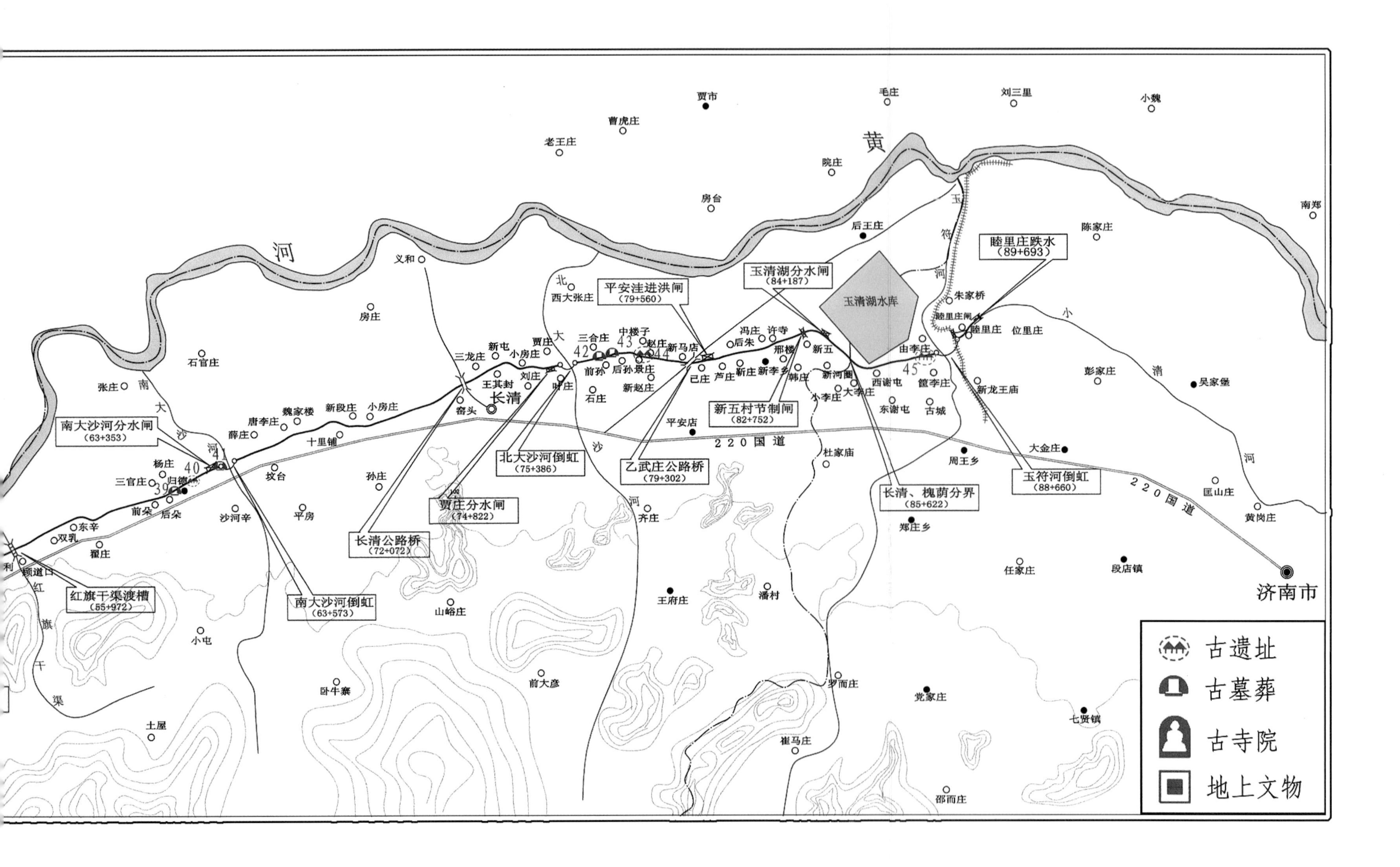

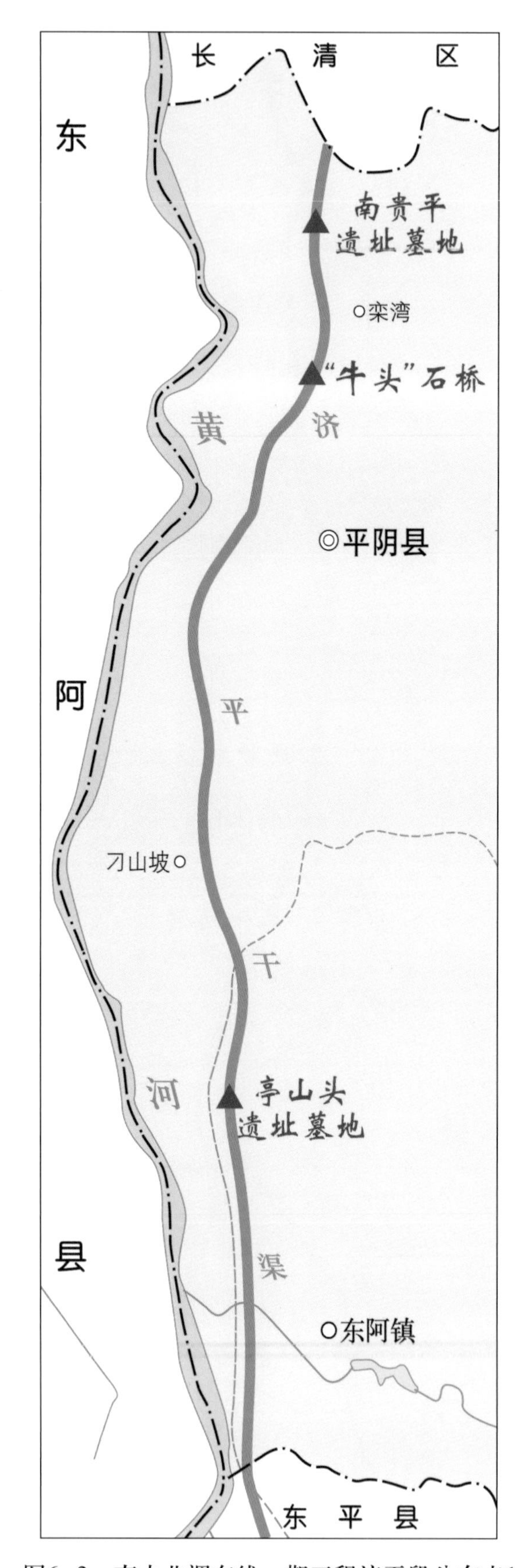

图6-2　南水北调东线一期工程济平段分布点1

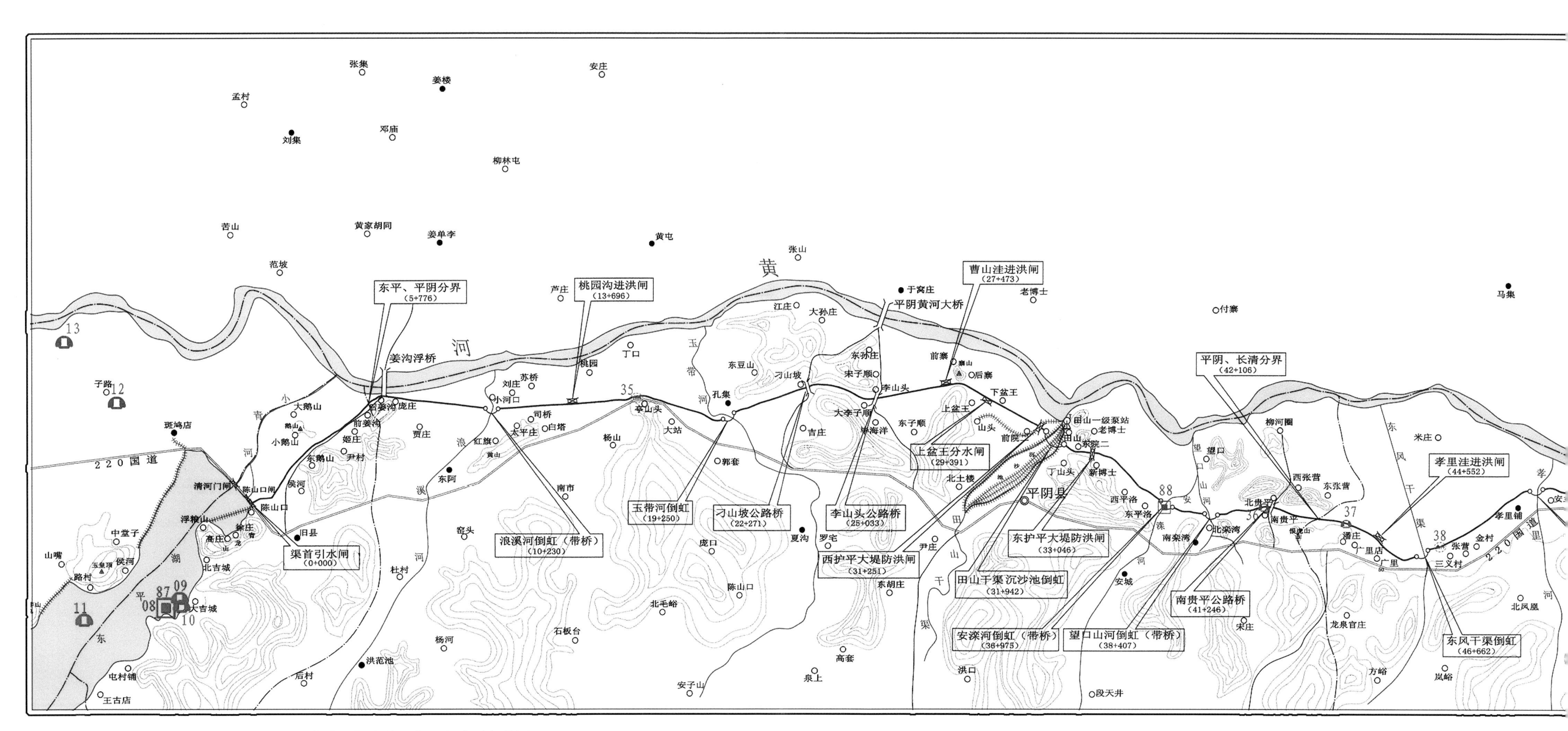

图6-1　南水北调东线一期工程济平段总图

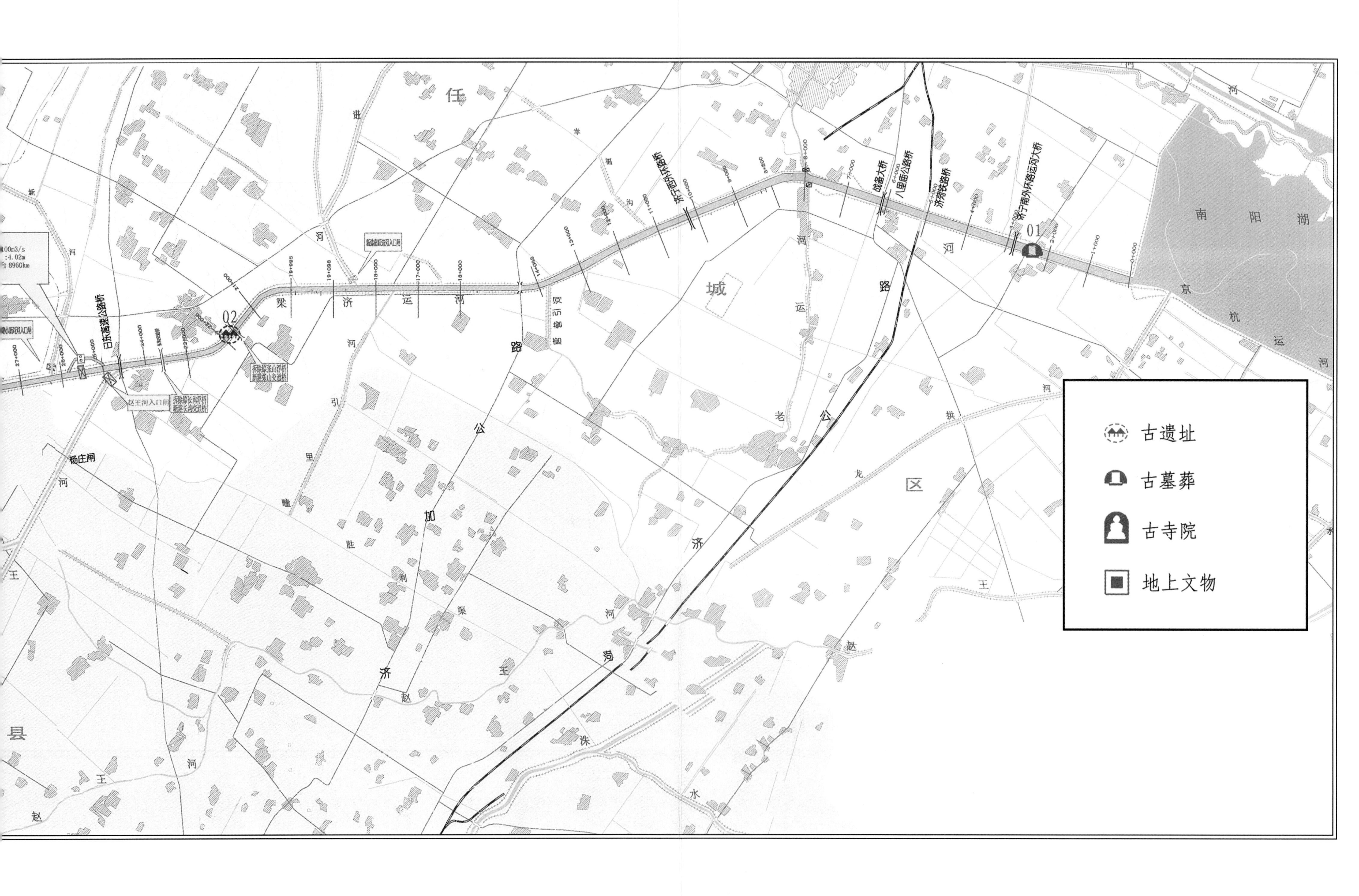
古遗址
古墓葬
古寺院
地上文物
南阳湖
京杭运河
任城区
梁济运河
济宁南外环路运河大桥
济宁西外环路桥
八里庙公路桥
战备大桥
济菏铁路桥
日东高速公路桥
杨庄闸
赵王河入口闸
洸府河
老运河
济加公路
济菏公路
02
01

急费用，以保证济平干渠段考古勘探、发掘和保护维修工作顺利开展。

2004年3月20日，国家文物局局长单霁翔等到山东济宁、聊城进行调研，考察南水北调东线工程山东段的文物保护工作情况，并在济南会同省政府蔡秋芳副省长召集山东省发改委、省文化厅和省南水北调工程建设管理局举行座谈会。会议听取了山东省文化部门关于南水北调文物保护工作进展情况的汇报，围绕如何进一步做好南水北调工程中的文物保护工作进行了讨论和研究，统一了对南水北调文物保护工作的认识。会后，国家文物局与山东省人民政府共同形成了座谈会纪要，报国务院和国家发改委。

2004年秋，山东省文物考古研究所组织业务力量对“济平干渠段”展开了全面的考古勘探和重点发掘工作。济平干渠段所经区域的地下水位较高，不少地点，如大街、归南等遗址和墓地，需要抽水作业，极大地增加了考古发掘的难度。2005年夏天发掘的大街南1号汉墓规模大、规格高，每天需两台抽水机轮流抽水，才能保证发掘工作正常进行。至2005年8月，完成了全线12处文物点的考古勘探，以及长清区大街遗址北墓地及遗址、大街南汉代画像石墓、卢故城墓地、小王庄墓地、归南遗址等6处文物点的重点发掘。完成普探面积30万、重点勘探20.8万、发掘面积5500平方米，发掘墓葬170余座。发现了西周、春秋战国、汉代及唐宋时期的各类遗迹和墓葬，出土陶器、铜器、玉器、铁器、画像石等各类文物1500余件。

2009年8月，济平干渠段文物保护工作顺利通过验收。文物部门及水利部门的专家，对南水北调东线一期工程山东段济平干渠工程的文物保护项目进行了验收。与会专家听取了项目承担单位山东省文物考古研究所关于济平干渠工程文物保护工作情况的汇报，审阅了《南水北调东线工程山东省济平干渠段文物保护工程工作报告》，查看了济平干渠工程出土的文物资料，对济平干渠工程的文物保护工作给予了充分的肯定。

二　2005年控制性项目

“2005年控制性文物保护项目”主要包括梁济运河段和穿黄段的文物保护工作。所谓“控制性文物保护项目”，是为了有效缓解南水北调工程建设周期与文物保护周期之间的矛盾，对南水北调东、中线一期工程相应工程段中，文物价值较高，保护方案复杂、工作量大、实施时间较长，在国家正式批准南水北调东、中线一期工程各单项工程初步设计之前，需要先行确定和实施的文物保护项目。2005年11月10日，国务院南水北调办下达了《关于南水北调东、中线一期工程控制性文物保护方案的批复》（国调办环移〔2005〕97号），将南水北调东、中线一期工程中的45个项目列入第一批控制性文物保护项目，核定投资总额。其中，山东省7项，包括济宁程子崖遗址、汶上县梁庄遗址、梁山马垓墓地、薛垓墓地、南旺一村和穿黄段两个文物点（图 6-4），专项保护资金。

2006 年 3 月，“山东省文化厅南水北调文物保护办公室”正式挂牌办公，在“山东省文化厅南水北调文物保护工作领导小组”的领导下，具体负责南水北调文物保护工作的组织协调。首次将竞争、监理机制引入梁济运河段和穿黄段的 7 个文物保护项目中，采取招标方式，确定每个项目的承担单位、监理单位、协作单位。2006 年 4 月 13 日，南水北调文物东线工程山东段文物保护工程开工典礼在济宁程子崖遗址举行，梁济运河段的考古发掘工作正式展开。

梁济运河段文物点的发掘区域主要位于运河滩地上，由于河水的冲积沉降，及历代的河道清淤，文化层或墓葬开口地面（即当时的地表）以上堆积了 1 ～ 3 米的覆土。不仅极大地增加了田野发掘的工作量，还给工地安全带来很大的隐患：覆土增加了发掘深度，造成隔梁坍塌、墓壁塌方现象频繁出现。山东省博物馆及济宁市文物局负责的梁山县薛垓墓地墓葬埋藏深，地上覆土厚，地下水位高，几乎每个墓室都必须采取抽水作业，为保证发掘质量，还要对每个墓室底部的淤土过筛，以防止文物和考古标本流失。由于墓葬数量多，发掘难度大，该墓地发掘工作一直延续到冬天，在寒冷的天气中，考古队员仍要冒着塌方的危险在水中清理墓葬，表现了顽强的敬业精神。经过考古队员的努力工作，除新发现的南旺一村没有进行发掘、穿黄段两处需在施工过程中清理外，梁济运河段的考古发掘工作取得了显著的成果。共完成了普探面积 16.9 万、重点勘探 9.4 万、发掘面积 0.99 万平方米。发现汉代至唐宋时期墓葬 200 余座，东周至隋、唐、宋代的居住遗址和各类遗迹，出土了一批不同时代的陶器、瓷器、铁器、石器等各类文物，获取大量和炭化植物颗粒等遗物。

三　胶东输水段

2007 ～ 2008 年，山东省南水北调工程文物保护工作主要分为三个方面：一是 2005 年控制性文物保护项目的收尾与验收；二是胶东引黄调水工程文物工作，即胶东输水段保护项目的组织实施；三是南水北调东线一期工程山东段第二批控制性文物保护项目的组织实施。

胶东输水工程，为山东省实施的胶东地区引黄调水工程，完成后可同时输送南水北调引入的长江水。该工程西起潍坊市昌邑宋庄引黄济青分水闸，经平度、莱州、招远、龙口、栖霞、蓬莱、福山区、莱山区、牟平区，东达文登米山水库，新辟输水线路 322 千米。以龙口黄水河分水闸分为东西两段，西段长 160、东段长 162 千米。早在 2003 年，山东省文物考古研究所根据省文化厅的工作安排，就组织了对沿途进行了调查、勘探工作。经过详细调查和初步勘探，共发现 32 处地下文物埋藏点，其中 25 处需要进行勘探，最终选择了 10 处文物点进行了发掘。

2007年3月10日，山东省文化厅南水北调文物保护领导小组在青岛召开“胶东调水工程文物保护工作会议”，由南水北调文物保护工作办公室分别与项目承担单位及协作单位签订了协议，胶东调水田野发掘工作正式启动。

老店遗址是招远市级文物保护单位，经过勘探、试掘，发现龙山文化时期的环壕聚落遗址。在工程范围内发现环壕、夯土台基等重要遗迹。山东省文化厅南水北调文物保护工作办公室及时建议项目承担单位组织专家论证会，协商保护办法，形成《招远市老店龙山文化遗址保护论证会纪要》。并根据专家论证意见，向山东省胶东地区引黄调水工程建设管理局发了《关于加强招远市老店遗址文物保护工作的函》。通过与水利部门多次协商，签订了老店遗址发掘补充协议，对工程施工范围内占压的1500平方米进行发掘。

到2007年12月，基本完成了对招远老店、莱州路宿、平度市埠口、龙口芦头遗址等龙山文化、岳石文化和东周、汉代、宋元时期遗址，以及莱州碾头、水南、龙口望马史家汉代墓葬和莱州后趴埠、文登崮头集宋金墓地、招远磁村明清墓地等文物点的发掘工作。共完成勘探面积169000、发掘面积8000平方米。分别比原计划超出22000和3000余平方米。发掘汉代和宋金时期的各类墓葬共计250余座。莱州路宿遗址的发掘发现了一批岳石文化—东周时期文化遗存；平度市埠口遗址的发掘发现宋元时期的灰坑、水沟、窖穴等遗迹，出土一批宋元时期的瓷器和铁器，特别是窖穴中出土的大量完整的铁器较为少见。老店遗址发现龙山文化时期的环壕及夯土台基，对研究胶东地区古代文明进程提供了最新资料。

从2007年4月开始，山东省文化厅南水北调文物保护工作办公室先后5次组织专家对各发掘项目进行了监理、验收工作，对各个工地分别做了验收报告。根据工程进展情况，先后进行了中期和完工监理，并分别做了监理报告。2007年12月19日，邀请国家文物局专家组成员、中国社会科学院研究员徐光冀先生、国家博物馆考古部主任信立祥研究员、北京大学博士生导师秦大树教授、淄博市文物局副局长张光明、烟台市博物馆馆长王锡平等专家（图6-5），举办了文登崮头集晚唐至明代墓地发掘成果鉴定及新闻发布会，形成专家论证意见。新闻部门及时对发掘成果进行了报导，取得了良好的社会效果。

四　第二批控制性项目

山东段第二批控制性文物保护项目共计19项，除已经完成的济平干渠段项目外，主要集中在东西干渠的济南至引黄济青段。该段工程西接济平干渠，东至潍坊市昌邑宋庄分水闸，与胶东引黄调水工程连接。

2006年9月14日，国务院南水北调工程建设委员会办公室《关于尽快组织上报南水北调工程第二批控制性文物保护项目保护方案及投资概算的通知》（综

图6-5　文登崮头集发掘成果鉴定会

环移函〔2006〕188 号），要求将南水北调东线一期工程山东段 2005 年控制性文物保护之外的，计划发掘面积超过 3000 平方米，有可能影响工程进度的文物点列入第二批控制性文物保护项目，以便提早实施保护工程。

由于南水北调启动初期，没有编列项目和投资概算，济平干渠段的文物保护采用了经费垫支的方式完成的。经国务院南水北调工程建设委员会办公室同意，将济平干渠段的 12 个文物保护项目列入第二批控制性文物保护项目。以解决经费列支的问题。因此，山东段第二批控制性文物保护项目实际只有 7 个待实施项目。

2006 年 11 月 20 日，国务院南水北调工程建设委员会办公室与国家文物局在郑州联合组织召开南水北调工程第二批控制性文物保护项目审查会，对南水北调工程第二批控制性文物保护项目进行了审查。与会专家一致认为：第一批控制性文物保护项目已取得多项重要考古发现，并为南水北调工程的顺利实施创造了条件。因此，在南水北调工程总体可研报告暨文物保护专题报告批准之前，继续安排第二批控制性文物保护项目是完全必要的。最终确定沿线各省报送的 169 处文物点的考古发掘和文物保护列入第二批控制性文物保护项目。

2007 年 4 月 10 日，国务院南水北调工程建设委员会办公室下发了《关于南水北调东中线一期工程第二批控制性文物保护方案的批复》（国调办环移〔2007〕32 号），核定南水北调东、中线一期工程第二批控制性文物保护项目 171 项，核定项目总投资金额，其中山东省 19 个项目，包括前期已经完成的济平干渠段部分项目和济南至引黄济青段的重点项目。如寿光双王城水库盐业遗址、高青县陈庄遗址、胥家庙遗址、南县合遗址、博兴县寨卞遗址、东关遗址、博兴县疃子遗址等，投资金额及需要完成38000平方米的发掘任务。

2007年5月26日，山东省文化厅与山东省南水北调工程建设管理局签订了第二批控制性文物保护协议。随后制定了具体工作方案，经山东省文化厅南水北调文物保护工作领导小组会议审议通过。7月13日召开招标会，并分别与承担单位、监理单位及协作单位签订了协议。8月13日，山东省文化厅与水利部门联合召开南水北调工程文物保护工作座谈会，山东省文化厅、水利厅、南水北调工程建设管理局的主要领导参加了会议，就南水北调工程文物保护原则及具体问题达成一致意见。会后，山东省文化厅与山东省水利厅联合发了《关于做好山东省南水北调第二批控制性文物保护项目的通知》，保证了第二批控制性文物保护项目的顺利开展。

2008年下半年，第二批控制性文物保护项目济南至引黄济青段的7个文物点全部开工。为提高行业整体专业水平，缓解技术干部不足的情况，经山东省文化厅南水北调文物保护工作领导小组批准，于2008年11月1日至2009年1月3日，在高青县陈庄遗址发掘工地举办了为期两个月的田野考古培训班。全省各地50余名基层文物工作者参加了培训。经过三次考核，绝大部分学员取得了合格以上的成绩。

2008年12月，国家文物局考古专家组应邀对第二批控制性保护项目济南至引黄济青段的7个发掘点进行检查，对山东南水北调文物保护的组织、监理、协调，第二批控制性文物保护项目的发掘管理操作，以及配合工程中课题研究、举办田野考古培训班给予高度评价。

2009年年底，第二批控制性文物保护项目济南至引黄济青段的7个文物点田野工作基本结束，完成勘探面积50余万、发掘面积近3.08万平方米。作为调剂项目，继2008、2009年对双王城商代制盐作坊遗址07、014、SS8的发掘之后，2010年，对SS8、07、09遗址进行了追加发掘，新增发掘面积12100平方米。使第二批控制性项目的发掘总面积达42900平方米，超出原计划4900平方米。发现了大量商周时期的文化遗存、制盐遗迹、西周早期城址、东周至汉代城墙和环壕，及隋唐时期的寺庙遗址。特别是双王城商代制盐作坊遗址和高青陈庄西周早期城址的发现，填补了山东乃至全国西周考古、商周时期中国乃至世界古代海盐业史研究的空白，为山东地区的相关考古研究提出了新的课题。对齐国早期历史和商周夷夏关系、中国制盐史研究都具有极为重要的意义，分别荣获2008、2009年度“全国十大考古新发现”。

双王城商代制盐作坊遗址和高青西周早期城址的发现，引起学术界的广泛关注。2009年4月，邀请中国考古学会理事长、国家文物局专家组成员、国务院南水北调工程文物保护专家组组长张忠培先生、中国社会科学院考古研究所朱延平研究员、故宫博物院杨晶研究员来山东检查南水北调工程第二批控制性文物保护工作，分别考察了高青陈庄遗址和寿光双王城遗址发掘现场，对两处遗址的发掘工作及重要发现给予充分肯定。认为陈庄西周早期城址和双王城盐业遗址的发现，对于齐国早期历史、对中国乃至世界盐业史的研究都具有极为重要的作用，要求进一步加强遗址的保护工作。2009 年 10 月，原中国考古学会副理事长徐苹芳先生，中国社会科学院考古研究所所长、中国考古学会副会长王巍现场考察了高青陈庄遗址的发掘工作，在充分肯定陈庄遗址重要发现的同时，明确提出了工程改线、绕避西周城址的问题。

2009 年 11 月，山东省文物局邀请国家文物局考古专家组组长黄景略先生、南水北调工程文物保护专家组组长张忠培先生等专程考察陈庄遗址的发掘与保护情况，召开了有山东省南水北调工程建设管理局领导及山东省水利勘察设计院设计人员参加的座谈会。大家一致认为，陈庄遗址的发现对研究山东乃至中国西周时期的历史、对研究齐国早期历史具有重要的意义。专家建议，文物部门与工程部门应共同提出改线绕避的方案；并将陈庄遗址作为能够解决中国古代历史瓶颈问题的遗址，申报第七批国家级重点文物保护单位。

五 鲁北输水段

根据南水北调一期工程山东段的施工进度安排，鲁北输水段的相关文物点，没有列入第一、二控制性文物保护项目。

2009 年 10 月 13 日，国务院南水北调工程建设委员会办公室下发了《关于南水北调东、中线一期工程初步设计阶段文物保护方案的批复》，认为在总可研范围内的剩余文物保护（即 2005 年控制性项目和第二批控制性项目之外的）项目开展初步设计工作一并进行审查是必要的，原则同意各省、市上报的文物保护方案，基本同意文物保护初步设计报告中项目经费概算编制的依据、原则及标准，核定文物保护经费投资金额。其中，山东省 41 项。

2010 年 7 月，2005 年控制性项目和第二批控制性项目之外的 37 处地下文物点、4 处地上文物点招标会在济南举行，与会专家们对项目承担单位的资质进行了认真的审查，对投标书进行了认真的审阅，通过评议、表决，确定了各个文物保护项目的承担单位、协作单位和监理单位。鲁北输水段相关文物点，如阳谷县七级下闸、七级码头，东昌府区白马寺遗址、汉代墓葬、上桥闸、临清明清贡砖窑厂遗址、戴闸遗址、聊城西梭堤遗址、武城大屯水库墓地等重要文物点的勘探发掘工作全面进入实施阶段。需要完成勘探面积 178 万、发掘面积 8.8 万平方米。并对聊城土桥闸等 5 处地上文物进行维修保护。到 2011 年年底，先后完成勘探面积 220 余万、发掘面积 9.3 万平方米。地上文物保护方面，完成了平阴县牛头石桥主要构件的拆迁工作。编制了聊城土桥闸、阳谷七级码头的维修设计方案，待国家文物局批准后实施。

为保证南水北调工程文物保护工作的质量，山东省文化厅南水北调文物保护工作办公室根据《南水北调文物保护工程监理办法》，督促监理单位加强对考古工地的跟踪监理。2011 年 11 月，邀请国家文物局田野工地检查小组，对山东境内南水北调文物保护发掘工地进行了检查。12 月，邀请国家文物局专家组到聊城土桥闸遗址发掘现场考察指导，专家组对土桥闸考古工作取得的成果给予充分肯定，并在发掘现场举行了成果鉴定暨新闻发布会，各大媒体对此作了详细的报导，引起了社会的广泛关注。

鲁北输水段文物保护取得了丰硕成果：在聊城河隈张庄遗址上发现明清时期烧制贡砖的 9 座窑炉和道路、取土坑、左侧河堤等遗迹，出土了侧面戳印款铭，如“萬曆四年……”“順治……戶孟守科作頭崔文舉造”“康熙二十八年臨清磚窯戶孟守科作頭崔振先造”等贡砖。为研究明清时期的贡砖制度、生产状况提供了宝贵的实物资料。

在聊城西梭堤遗址发现了金代晚期聚落遗址。揭露的主要遗迹有房址、灶址、灰坑、墓葬、活动面、道路等，出土了金代晚期瓷器、陶器、石器、铁器、骨器等文物 300 余件。瓷器以磁州窑系的为主，定窑系瓷器也占一定比例。对了解金代社会具有重要的参考价值。

发掘聊城东昌府区土桥闸遗址，发现明成化七年（1471 年）始建的运河船闸。对船闸整体形制结构，如燕翅、迎水、闸口、分水、燕尾、裹头、东西闸墩，以及南北两侧底部的保护石墙和木桩有了比较清楚的了解，确定了月河的位置与深度，对下游的减水闸进行了定位，发现清代穿运涵洞一座。此外还对东侧闸墩上的大王庙进行了部分发掘，获得一批瓷器、陶器、铜器、铁器、玉石器、石碑等文物标本近万件。聊城土桥闸的发掘，是京杭大运河山东段船闸的首次发掘，也是大运河上完整揭露的第一座船闸，对于研究大运河的水工设施，运河沿岸的物质文化、习俗，认识大运河在我国古代交流与沟通中的重要作用具有重要意义，为京杭大运河申报世界文化遗产提供了一批新的重要实物资料。

在武城大屯水库库区内清理一批东周—汉代的灰坑、唐宋墓葬。出土有陶罐、陶壶、三彩炉、青瓷碗、瓷壶、瓷灯盏、瑞兽葡萄铜镜、开元通宝铜钱、铜带扣、铁釜、铁炉、铁鼎等各类文物 30 余件，丰富了该地区的历史文化内涵。博兴县疃子遗址的发掘，发现了唐至宋时期墓葬、房址、灰坑、灰沟等，出土较完整的遗物 76 件，有陶器、瓷器、铜钱、铁器、玉石、漆器等，其中以瓷器为多，大部分为唐至宋时期遗物，少部分为明清以后遗物，包括部分较为精美的白瓷和青瓷器，分属耀州窑、景德镇窑等，对山东陶瓷史研究有着重要意义。

聊城土桥闸及七级码头是运河上重要的水工设施，整体结构清楚，保存基本完整，荣获“2010年度全国十大考古新发现”。发掘工作完成后，聘请山东省文物科技保护中心编制修复保护方案；责成东昌府区文物部门做好发掘现场的文物保护工作；协调水利部门，编制土闸周围施工设计方案，在保证通水的情况下，对土闸本体进行有效的保护。

第二节　南四湖至东平湖段

南水北调一期工程山东段是分期分段实施的，其中，韩庄运河段和穿黄工程段发现的文物点较为简单，在本章第一节中，为体现文物保护工作进展的时间次序，以相应工程段实施时间先后为序进行介绍。以下则着眼于空间框架，而以南北干渠由南至北、东西干渠自西向东的地理位置为序，分别介绍各个工程段主要文物保护项目的基本情况。

南四湖至东平湖段主要体现在2005年控制性项目中的梁济运河段，包括汶上县梁庄遗址、济宁程子崖遗址、梁山马垓墓地、薛垓墓地等地点。

一　汶上梁庄宋金遗址

梁庄遗址位于汶上与嘉祥两县交界处的梁济运河内，东北距南旺镇的梁庄村约500米。周围地势低洼，为开阔的冲积平原。中华人民共和国成立前后，遗址的西部及北部仍存在大面积的水域，为宋、元、明、清以来的梁山泺、南旺湖、马踏湖所在。经勘探，遗址平面大致呈南北向延伸的长椭圆形，南北长约700、东西宽约300米，大部分在梁济运河的两侧大堤内。文化堆积厚1～2米，呈漫坡状向四周渐低，至边缘处最薄，普遍被厚1～3米的水成堆积覆盖。梁济运河的水道由东南向西北占压遗址的中西部，运河开挖时遗址曾遭大面积破坏。2006年5月～2007年4月，山东省文物考古研究所在工程占压范围内发掘3000平方米，发现房址20余座，另有陶窑、沟、灰坑、灶等遗迹数百座，获取大量陶器、瓷器、铁器、石器和炭化植物颗粒等遗物。

为了解遗址的整体布局情况，在河道的两侧布置南、北、西三个发掘区，分别位于遗址的东南、北及西南部。南区文化堆积的暴露高度由北向东南渐低，均覆盖厚1～1.7米的自然堆积。发现的遗迹主要有残房基12座、陶窑1座及零散的灶坑。由房基的布局看，至少有3座房子南北成列，推测在发掘区内应存在3排东西向延伸的房子，中间的一排房子的东侧还有一座长方形房基，与中间的房基形成拐尺状。房基前为多层垫土和活动面，当为房前的活动场所，如是，这两座房子则属于由正房和厢房组成的院落。房基均为长方形，地面式建筑，门多向南或西。一般两开间或三开间，个别房内残存砖砌隔墙墙基。跨度约10、进深4～5米。残墙体保存较高的约0.4米，有的仅存砖或石砌底部墙基，还有的墙基均遭破坏。墙体一般地面起建，底部以碎石块或砖块垒砌，上部用黄花土堆筑，个别在土墙体外侧用单砖包边，还有的在地面上直接用黄花土版筑起墙，仅在房子四角垫一块方形石板。墙体宽 0.6 ～ 0.8 米。房内的活动面保存较好，多用黄花土或灰土铺垫，个别以青砖铺地，一般存多层活动面，两层活动面间夹杂垫土或淤土。活动面上多有 1 或 2 个灶，呈圆或瓢形，有土坑或地面上青砖垒砌的两种灶坑形式（图 6–6）。

另外有的房内发现残火炕，破坏严重，仅存灶坑和部分火道，多以青砖砌成，仅 1 例为土炕，残存土坑灶和版筑火道。由房内灶和炕的布局推测，多间房屋内应存在功能分区。房屋外发现陶窑 1 座，残存窑室、火膛、烟道、窑门和工作间几部分。窑室和工作间皆为圆形，直径 1.3 ～ 1.5 米。窑室近袋形，周壁烧结严重，不见窑箅。后壁向外掏挖一条斜向上圆洞式烟道，两侧窑壁上还掏挖多个长方形壁龛，龛壁面均烧结。窑室和工作间之间掏挖出长方形窑门，以两石块封堵。

北区位于河道的东岸，南距南区约 325 米，地势低洼，文化堆积埋藏较深，

图6–6　梁庄遗址发现的成组房址

图6-7　梁庄房址F101

普遍覆盖厚达 2 ～ 2.3 米的自然堆积。发现的遗迹主要有房址、灶、沟等，房址、灶的形制结构及建造方法基本同南区。

西区位于河道的西岸，向东南与南区隔河相望，发现的遗迹主要有 10 多座房基及其相关的路、院墙、灶、坑等。房基均为长方形，门向南或东或西，一般面阔 2 或 3 间，进深 5 ～ 7 米。其中两座正房面积较大，长 20 多、宽约 7 米，墙基用石块垒砌，室内砖铺地面，仅局部尚存，不见灶（图 6-7）。还有的房址可能为木结构建筑，房角铺石板，石板上透挖圆形洞，可能用以套立木柱，前墙上等距放置两块大石板，后墙遭破坏，但与前墙对应处有 2 个椭圆形坑，室内还有小圆形坑，这些坑与石板应为立柱所在。另有几段残墙基，长 20 ～ 30 米，以砖或石混合砌筑，当属院墙，其中一条墙基上还放置 2 具凌乱人骨，属二次迁葬，其寓意耐人寻味。另外，发现一条小路紧靠一道长墙，与之并行，宽约 2、揭露部分长 20 多米，延伸到发掘区外。

出土遗物主要有陶器、瓷器、铁器、石器等。陶器以残砖、瓦等建筑材料居多，发现有精美的鸱吻残件（图 6-8、9）、兽面瓦当及绿釉瓦等，其次有较多的陶罐、缸、盆等生活用具。瓷器以白釉碗、盘、碟为主，偶见炉及枕的残片，其中少量器物有白釉划花、刻花或白地黑花图案。黑釉盏、盘较多，黑釉器的内、外表常见呈“油滴”状褐色斑。铁器主要为刀、镢、镰、钉等。石质遗物多为墙基或门枢、槛底部的垫石，还有少量的磙、杵、臼等工具及佛像的底座、莲花座刻石等佛教遗物。在房址内外的垫土中发现较多的铜钱，除个别属唐代外，其余均为北

1.砖砌灶坑

2.陶鸱吻

3.炭化植物颗粒

4.小石兽

图6-8　梁庄遗址出土遗物

宋中、晚期铜钱，还有较多的铁钱，均锈蚀严重，钱文不清。另外，在灶或房基的垫土中，浮选出较多的炭化植物种子或果实颗粒，可辨的种属有小麦、水稻、红豆、大麦、菱角、枣核等。

根据瓷器的形制特征及所出铜钱判断，目前揭露遗迹的年代约属北宋晚期至金代前期。在调查和部分遗迹的解剖中，还发现假圈足或玉璧底白瓷碗残片及绳纹鬲足等，推测宋、金堆积下应有唐代、周及晚商的遗存，由于地下水位较高，发掘至距地表2.5米处无法进一步揭露。

通过大面积的勘探和发掘，证明该遗址是一处文化内涵丰富的堌堆遗址。主要以宋、金时期遗存为主，包含晚商、周及唐代不同时期的遗存。通过调查，周围近十平方千米内已发现多处堌堆遗址，皆有周代遗物，故该遗址与周围的遗址一起组成了一个庞大的周代堌堆遗址群，这对探讨文献所载鲁国的“阚城”地望及其相关历史状况具有重要价值。宋、金时期聚落的大规模发掘，在山东

1.酱釉碗

2.黑釉器盖

3.青瓷碗

4.白瓷炉

5.陶砚

图6-9　梁庄遗址出土遗物

地区尚属首次，从全国范围看，所做工作也不多，无疑这次发现将为我国该阶段的考古研究增添新的资料。佛像残块等佛教遗物及鸱吻、绿釉瓦的出现，推测周围应存在庙宇或寺院等高规格建筑，这对认识该地区的重要性及区域性地位提供了参考资料。成组房址的发现，为研究该时期基层社会组织状况提供了可靠的实证，在一定程度上可弥补我国正史典籍中所载基层社会历史状况所不足。同时，深厚的自然堆积及丰富的文化遗存，为诠释该区域自然环境的变迁及历史演变具有重要意义，也为更加全面了解宋、金时期基层社会政治、经济、文化面貌提供了第一手资料。

二　任城程子崖东周汉唐遗址

程子崖遗址位于济宁市任城区长沟镇程子崖村北，傅街村南，南抵张山和王山，梁济运河穿过遗址北部。遗址是中华人民共和国成立后文物普查中发现的，为济宁市重点文物保护单位。国家文物局考古领队培训班、济宁市文物考古研究室多次进行调查，并进行了发掘。

为配合南水北调工程梁济运河段的施工，在山东省文化厅南水北调文物保护工作办公室的统一组织协调下，山东省文物考古研究所调集干部、技工组成专业考古队，对工程经过的济宁程子崖遗址进行了详细的考古勘探和发掘（图6-10 ～ 12）。

图6-10　济宁市程子崖遗址东部发掘区场景

图6-11　济宁市程子崖遗址M3

图6-12　济宁市程子崖遗址M7

勘探工作自2006年1月上旬开始，至4月中旬结束，对整个工程范围内遗址部分进行了细致的勘探。确认程子崖遗址平面略呈椭圆形，南北约1000、东西约800米，面积约60万平方米。文化内涵包括龙山文化、西周、东周、汉代、隋唐等多个时期的文化遗存，在以往的调查与发掘过程中，还发现了北辛文化、大汶口文化和商代的遗物。在遗址南部，程子崖村下发现一座城址，南北长约260、东西宽约210米，城墙宽约10余米，墙外有壕沟，沟宽30～50、深4米以上。由历年调查、发掘与本次勘探的情况分析，城址的时代最早为战国时期，可能到汉代及以后继续延用。

发掘工作自2006年3月开始，至6月结束，发掘区域位于遗址北部，傅街村南，京杭大运河北岸二滩上，分东、西两个发掘区。共开5米×5米探方80余个、10米×10米探方20余个，实际发掘面积3500余平方米。清理一批东周、东汉、隋唐时期的遗迹和遗物。

东发掘区位于遗址北部，文化堆积在开挖运河与排水沟时遭到部分破坏，除河岸斜坡上外，遗址上普遍堆积厚达2米以上的现代垫土。发掘区地层堆积可分6层。第①～③层分别为耕土层、现代垫土层、近代层。第④、⑤层为东汉时期，出土泥质灰陶板瓦、筒瓦、盆、罐、圆陶片等残片。第⑥层为东周时期，出土泥质灰陶豆、盆、罐、圆陶片等残片。遗迹有建筑基址、灰坑、沟、瓮棺葬等，出土遗物有铜镞、环、五铢、大泉五十、铁器、陶豆、盆、板瓦、筒瓦、罐、缸、钵、甑、器盖、纺轮、圆陶片、弹丸等。

西发掘区位于遗址西北部，接近遗址边缘，文化堆积也在开挖运河与排水沟时遭到破坏，除河岸斜坡上外，遗址上普遍堆积厚 1.5 ～ 2 米的现代地层，其下即为隋唐时期的文化堆积。清理的遗迹主要有水井、灰坑、墓葬等。出土遗物有瓷碗、瓶、罐、盘、杯、珠等。

通过这次调查、勘探与发掘，确定了遗址的范围，大体了解了遗址南部城址城墙及壕沟的情况，对遗址局部的文化堆积及内涵有了清晰的认识，为今后该遗址进一步的保护工作提供了翔实的资料。

三　梁山薛垓汉宋墓地

墓地位于济宁市梁山县韩垓乡薛垓村西运河两岸，呈东北至西南向分布，绵延将近 2 千米，墓葬数量较多，是一处比较重要的古代墓地，时代从汉代一直延续到北宋，可分为 6 个小墓区（图 6–13）。1958 年开挖的运河河道正好从墓地中穿过，破坏了大量的古墓。

图6–13　梁山薛垓墓地发掘现场

薛垓墓地的考古勘探分两个阶段：第一阶段，2006 年 4 月 25 日～ 5 月 20 日，历时 25 天，初步完成了墓地中心区域的普探工作。第二阶段，6 月 16 日～ 7 月 5 日，历时 20 天，完成了整个墓地的考古勘探工作，勘探面积 13150 平方米。

勘探结果表明，墓地南北长 340 米，总面积约 13600 平方米。墓葬密集，可分为多个墓区。本次勘探的范围集中在沿运河西岸长 300、宽 40 余米的范围内，发现 6 处墓葬密集区，分布有 200 余座墓葬。由于发掘区处于 1958 年挖掘运河时的堆土区，在厚达 1 米的自然淤土上，还有一层很厚的现代堆积土，墓葬的开口多在 3 米左右，少数墓葬开口深度甚至超过 4 米。在一些墓葬的填土中，还发现早于墓葬的文化遗物，如商周时期的陶鬲足、新石器时代的石斧等。在墓地的北端，还发现了早期的灰坑遗迹，证明墓地选择在早期人类的居住遗址上面。墓葬形制比较一致，大致分为石椁墓和砖室墓两种，也有少量的砖石混合墓。

薛垓墓地埋藏集中，保存较好，但是由于埋藏深度较大，必须进行大面积的揭露，将叠压其上的土层全部翻开，发掘工作才能进行，耗费了大量的人力物力。

发掘工作共分两季，春季发掘区选择在墓葬最为集中的琉璃河两岸台地，4 ～ 7 月，揭露面积 2200 平方米，清理汉代至北宋时期墓葬 93 座，发现陶器、瓷器、银器、玉器、铁器、铜器等各类随葬品 150 余件，取得了较大收获。

在琉璃河南岸的第一发掘区内，均为汉代墓葬，其中包括石椁墓、砖椁墓和土坑墓。在北岸的第二发掘区，上层是北宋时期砖室墓和儿童墓，下层是与南区相同的汉代墓葬。在 93 座墓葬中，汉墓 65 座、北宋墓 28 座。汉墓中石椁墓 21 座、砖椁墓 34 座、土坑墓 8 座、形制不明的 2 座；北宋墓葬有砖室墓 11 座、土坑墓 3 座、儿童墓 14 座。

汉代石椁墓结构简单，先使用石条铺设椁室底板，再使用带榫卯的 4 块条石构筑长方形椁室，然后用 2 块或 3 块石盖板封盖，构成一个严密的石椁，将木棺放置其中。砖椁室是在铺地砖上使用条砖垒砌椁室，最后用石盖板封盖。不论是石椁或者砖椁墓，大部分墓葬在脚部一侧都有砖砌器物箱。器物箱内多放置 3 个陶罐，也有 1 个或者 5 个，全部为单数，有的陶罐内还发现动物骨骼。随葬器物出土 160 余件（图 6-14），质地有银器、玉器、铜器、铁器、陶器、瓷器等。银器多为头饰，玉器只发现 1 件玉璧，铜器有铜盆、簪等，铁器主要是铁剑、铁环首刀，陶器有陶壶、罐、盆、碗等，瓷器有瓷罐、碗等。

秋季发掘区选择在琉璃河北岸的台地上，紧邻春季发掘区。发掘工作从 10 月持续到 12 月，揭露面积 1500 余平方米，发现汉至宋代墓葬 74 座，其中汉代墓 29 座、宋代墓 26 座、属性不明的 19 座。汉墓中石椁墓 10 座、砖椁墓 10 座、砖室券顶墓 8 座、画像石墓 1 座。宋代墓中砖室墓 12 座、儿童墓 14 座。由于

1.白瓷碗

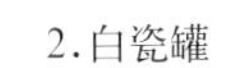

2.白瓷罐

3.白瓷碗

4.陶罐

5.玉璧

图6-14　梁山薛垓墓地出土遗物

发掘区邻近运河，很多墓葬被破坏，随葬品遗留较少。汉代墓葬的陶器多数放置在器物箱内，个别的直接放在椁室外面。宋代墓葬除了木棺内发现少量铜钱外，在砖室的头部有壁龛，多放置瓷罐、碗各1件，个别是陶罐，在一些墓葬的头龛内发现被熏黑的现象，可能与长明灯有关。随葬品质地分铜器、铁器、陶器、瓷器等，共发现各类器物35件，以陶罐和瓷罐居多。

薛垓墓地不仅面积大、分布密集，而且埋藏有序，是汉代一处重要的家族墓地。在琉璃河北岸较高的台地上，还发现了北宋时期的砖室墓，特别是儿童墓分布密集，值得注意。汉代墓葬中，砖椁墓和石椁墓占据了绝大部分，但是墓葬被盗的情况很严重，在椁室内发现的随葬品很少。在多数墓葬中，发现的陶器、五铢钱等都表现出西汉时期的特征，只有少数汉代墓葬即砖室券顶墓时代较晚，出土的陶器也表现出晚期的特点，应该是东汉时期的墓葬。宋代墓葬中发现的钱币有多种年号，但全部是北宋时期的年号，因此可以确定为北宋时期墓葬。总之，薛垓墓地埋藏集中，是一处比较重要的汉代、宋代墓地，为研究当时的社会状况提供了一手资料。

四　梁山马垓宋元墓地

马垓墓地位于梁山县韩垓乡马垓村西，运河东岸河滩上。勘探发现马垓墓地可以分为东马垓、西马垓两个墓区。

1. 东马垓墓地

位于东马垓桥南河西，东西宽40、南北长200米，面积8000平方米。2006年4月23日正式开始勘探，至5月8日勘探工作结束，历时16天。除去村民取土较深已达到水面部分不能勘探外，实际勘探面积约4000平方米，发现墓葬3座。随即进行了发掘清理，3座墓葬均为砖室墓，破坏较为严重，未见随葬品。其中M1位于勘探范围的中部偏南，土塘的断崖处，大部分被破坏，只存墓的西半部，墓底砖为错缝平铺，墓壁为单砖错缝平砌，墓顶已被破坏掉，墓宽1.1米，长度不清，墓底至地表深1.9米。M2只存墓底的北半部，结构与M1相同。M3仅存墓底，结构与M1、M2大致相同。

东马垓墓地因破坏严重，所清理的墓葬未出随葬品，只能根据其结构形制大概判断为宋元时期平民家族墓地，其范围应在生产路以东，根据走访村民了解，在近一两年村民取土时发现墓葬30余座。本次发掘的M1、M2应为墓地的西部边缘，大部分墓葬已被挖土和河道破坏殆尽。

2. 西马垓墓地

通过调查，在西马垓桥北约270米处发现被破坏的砖室墓3座（图6-15~18）。2006年5月7日，对残墓周围进行了勘探，在约60平方米内又发现墓葬3座，至5月14日勘探结束，勘探面积约2500平方米，发现墓葬8座。5月15日开

图6-15　梁山西马坟M4

图6-16　梁山西马坟M5

图6-17 梁山西马垓M6

图6-18 梁山西马垓M8

始发掘，至5月25日结束。因发掘区的地层下部是流沙层，水位较高，其墓葬在水位以下，在发掘时为防止塌方，采取扩大地表开方面积，逐级留台的方式进行发掘，揭露面积为190平方米，清理墓葬8座，均为二次葬，无随葬品。埋葬个体1～7人不等。头向无规律，M1～M7均为圆形，直径在1.55～2.35米，墓壁用单砖错缝平砌，M1、M4～M6的墓壁砌有斗拱及窗子，墓顶均已坍塌，墓底用砖无规律平铺，墓门向南，墓道有等宽与梯形两种，墓门用砖错牙封墙。M8为长方形砖石结构，长1.4、宽0.61～0.78米，墓壁用单砖错缝平砌，墓顶北半部用石板棚顶，南半部用砖砌为穹隆顶，墓底对缝平铺。

通过对西马垓墓地的勘探、发掘，对该墓地的墓葬分布及时代有了全面的了解，本次发掘的8座墓葬应是该墓地的西部边缘，东部的墓葬被河道破坏，因未出随葬品，只能根据其结构形制大致判断为宋元时期的家族墓地。

第三节　鲁北输水段

鲁北输水段的部分干渠与京杭大运河平行或重合，涉及的文物点大多与运河水工设施或运河的运行有关，主要包括阳谷县七级下闸、阳谷七级码头、东昌府区白马寺遗址、东昌府区汉代墓葬、东昌府区土桥闸、临清明清贡砖窑厂遗址、聊城西梭堤遗址、临清戴闸遗址、武城大屯水库墓地的勘探发掘。

一　大运河阳谷七级下闸

七级下闸又称七级北闸，是京杭大运河会通河段上的一座石质船闸（图6-19），是京杭大运河通航期间重要水工设施。始建于元代，历经明、清两代复建和重修，清末裁撤闸官后废弃。20世纪60年代改建为桥。2012年12月至2013年1月，山东省文物考古研究所在聊城市文物局和阳谷县文物管理所的配合下，对船闸进行了考古发掘。

七级下闸坐落在纵穿阳谷县七级镇的京杭大运河故道上，所属区域为阳谷、东阿、东昌府三县（区）交界地带，西南至阳谷县城26千米，北行21千米达聊城市区暨东昌府区政府驻地，东北离东阿县城21、东南距黄河15千米，地理坐标为北纬36° 14′ 58.27″，东经116° 1′ 51.10″。自下闸沿运河故道北上6000米为周家店闸，向南300米可至七级码头，再南下900米为七级上闸。清代《山东通志・漕运》记载：七级下闸在上闸北三里，周家店闸在其北十二里。

为保护七级下闸，南水北调东段工程拟建的输水渠道为绕避船闸的引水涵洞，并在河道中设挡水墙。由于施工不慎，对闸体造成部分损伤。考古队进驻七级镇后，首先对被破坏部位进行抢救性清理。揭露面积3600平方米。船闸全部显露后对前期遭破坏部位进行局部解剖，以了解船闸内部结构和构建方法。

图6-19 阳谷七级下闸发掘前的状态

因运河故道常年季节性积水，土壤水分呈饱和状态，土质黏重，剖面层次明显，虽然深浅不一，但地层状况基本一致，自上而下可明确分为五大层。

第①～③层，厚 2 米多为近现代扰土层。第④层，青灰色淤沙，分布均匀，厚约 0.5 米。土质疏松，有较大沙粒。包含物较多，有明清瓷片、铁器、铜器、石器等。船闸内④层下为平铺石板。第⑤层，青灰色淤泥，分布于船闸外的河道中，因涌水不断，无法下挖。

七级下闸虽经改造，整体结构基本完整，由闸墩、闸口、迎水燕翅、跌水燕尾（又称雁翅或翼墙）、裹头、闸底板、荒石、木桩等组成。

闸墩又称墩台，是船闸的主体建筑，从两侧岸堤对向河道中间延伸，形成拦截水流的两段对向墩式坝体和闸口。迎水燕翅、跌水燕尾从闸口两侧呈八字形分别向河堤南北伸延。镇水兽、绞关石立于两侧台边。闸墩的构筑工序为先挖出基槽，夯砸木桩桩基，用三合土分层夯筑坝体，然后用规整的石材包砌坝体，形成陡直的石砌墙体。东、西闸墩相距（即闸口宽度）6.2、内端宽度（即闸口长度）6.8 米。墙体原来砌有 18 层条石，高约 7.5 米；现仅存 4 层，高 1.85 米，上部为改建时补建。东闸墩南部因南水北调挡水墙施工，造成长9、深2米的缺口。西闸墩的迎水燕翅和跌水燕尾折弯处4层条石之上被掏空，另砌一道直墙，改为桥洞。

闸口是船闸中部的通道，其宽度决定运河漕船的最大宽度，由东、西闸墩内侧的石砌墙体构成的空间，以及闸门、门槛石等组成。现仅存4层，高1.85米，其上均为改建后重修，石材除部分原石外还有各种石碑，长短、厚薄差异较大。新修各层及条石间俱用水泥抹平，缝隙明显宽于原墙。闸门已失，闸墩墙体下部4层的中间留有宽0.3、进深0.29米的闸门导槽。门槛石顶面平整光滑，由5块长短不等，高0.03、宽0.3米的条石组成，两端嵌入墙体。

迎水燕翅位于闸敦南侧，呈八字形沿闸口两侧张开，以导引来水进入闸口。墙体与闸口相同，是用18层条石组成的扇形折弯石墙，原高当在7.5米左右，由内外两层条石错缝垒砌而成，同层条石间用铁锔扣互连固定，即在两块条石间的上面凿出亚腰形的卯口，将铁质锔扣置卯入，再用灰浆灌注，以保证船闸整体性，有效地抗击水流冲击。石材用料不尽一致，长0.4～1.05、宽0.4～0.5、高0.38～0.5米。东侧迎水燕翅总长22.5米，连接闸口处为直墙，长8米，原墙现存4层，折弯后石墙呈内弧形，长14.5米，现存9～13层。西侧迎水燕翅总长24.4米，自闸口至折弯处墙体因修桥改建遭到破坏，第五层残存一块条石，其下4层完整，长7.9、折弯后直墙长16.5米，今存15层。

跌水燕尾又称分水燕尾，位于闸北，崩塌损毁严重。形状、高度、层数、构成以及建筑方式等大致与迎水燕翅相同，长度明显增加。东侧燕尾总长26.5、连接闸口的直墙长8米，现存4层，折弯后的墙体呈小波浪弧形，长18.5米，现存9～16层。西侧总长30.6、连接闸口的直墙长8.1米，因修桥遭到破坏，现存4层，个别区段残存5层的条石，折弯后的墙体长22.5米，现存9～14层。

裹头是燕翅、燕尾末端连接两岸河堤的横向堵头。建筑材料俱为石料，其高度、层数、构成以及建筑方式与燕翅、燕尾相同。迎水燕翅西侧裹头长5.1米，石墙现存14层。东侧裹头长8米，现存9层。燕尾西侧裹头长4.6米，仅存4层。东侧裹头因在路基下无法发掘，长度不详。迎水燕翅东、西裹头相距43米。跌水燕尾东侧裹头未发掘，根据走向推侧，两侧裹头相距应在55米以上。

闸底板是用条石平铺的闸口底平面，前后左右以锔扣互连，设计高程略高于河床。以闸口中间的门槛石为界分南、北两部分，分别铺至迎水燕翅、跌水燕尾墙体折弯处；南部和北部分别有侧立的边石。总长20、宽6.2～15.3米。构筑工序是先在河床上打下密集的木桩作为基础，桩基之上铺设一层长条形木板，然后铺装条石。因大桥过往车辆常年负重挤压，以门槛石为中心出现下陷。

荒石，仅见于闸北底板外侧，大小不一。主要作用能减缓水流，防止冲刷，以保护闸体基础和航道。

木桩是构筑闸体桩基、护围闸体构筑物的主要材料。发掘所见木桩皆为尖头圆木，直径在0.05～0.15米，排列紧密。南部闸底板外侧发现两层木桩保存完好，长15.5、宽0.12～0.18米。闸北底板外未见木桩。东侧闸墩南有一排护坡木桩与护墙木桩相连。

遗物以青花瓷片较为多见，还有白瓷、青瓷、蓝釉瓷、黄釉瓷、彩瓷等，可辨器形有碗、罐（图6-20，3）、盘、碟、杯、笔洗等，另有陶器（如圆形陶模具）、铁器、石器少许。其中绞关石2件，原位置在顶部闸口闸门槽两侧，两两相对，其间安装升降闸门的辘轳。缆桩石柱1件，青石，圆柱形，顶部有纽，底面平整，原址不明，似下部埋于地下；柱面有7层深浅、大小不一的勒痕，系多年拴绳摩擦造成，通高77.5、直径32厘米（图6-20，5）。

《元史·河渠志》载：七级有二闸，北闸至南闸三里；北闸大德元年（1297年）五月一日兴工，十月六日工毕，夫匠四百四十三名；长一百尺，阔八十尺，两直身各长四十尺，两雁翅各斜长三十尺，高二丈，闸空阔二丈。元代所记船闸间的距离与清代相同，可见七级下闸自兴建以来未曾改变位置，但其所记尺寸和今日所见不同。

光绪《阳谷县志》载，明成祖永乐九年（1422年）重开会通河后，令阳谷县丞黄必贵重修七级下闸等阳谷境内的六座船闸，明嘉靖十三年知县刘素对境内六闸进行了重修，清朝康熙十一年知县王天璧增修雁翅，五十五年后即乾隆年间又大修。该闸有据可查的最后一次维修在道光二十四年（1844年）。《清实录·宣宗实录》此年有载："修捕河厅七级下闸，从河道总督钟祥请也。"

通过发掘基本了解了七级下闸的形制、结构、尺寸、以及改建状况，为南水北调工程的文物保护提供了重要资料；发现的遗物对研究明清时期社会生活、船闸运行方式有重要意义。

二　大运河阳谷七级码头

七级码头位于阳谷七级镇西北部、京杭大运河故道东岸。东北26千米抵阳谷县城，西南21千米到东阿县城，正北21千米是聊城市城区暨东昌府区政府驻地，东南15千米即黄河。中心地理坐标北纬36°14′47.67″，东经116°01′33.70″，海拔35～38米。其地今属七一村，隔运河与七三村相望。七级码头是供船舶停靠、装卸货物和上下旅客的水工建筑，与聊城市文物保护单位"七级镇运河古街区"相接。左前方有现代桥连接东西交通，沿河南下900米达七级上闸旧址，北上300米至七级下闸。

2011年3～4月，山东省文物考古研究所会同聊城市文物局、阳谷县文物管理所，对七级码头进行了全面的清理发掘。发掘按照运河岸自然方向（349°）布5米×5米探方36个，实际发掘面积850平方米。发掘深度0.5米后，道路

1.青瓷碗

2.青花碗

3.褐釉罐

4.陶模

5.石柱

6.铁锔扣

图6-20　阳谷七级下闸出土遗物

和石铺平台显现，打掉所有隔梁，继续发掘至码头形制完全揭露。

遗址地层堆积可分三大段：1 段属修筑码头之前的堆积；2 段为码头使用期间的堆积；3 段系码头停用后叠压在其上者。2 段仅见于边缘地带。3 段基本为生活垃圾与人工垫土，由东向西呈斜坡状分布。

七级码头由石铺平台、石砌慢道、夯土坡脚和石砌道路四部分组成。属于常见的顺岸重力斜坡码头，结构简单，易于维护，投资较少，对水位变化适应性强。因停用后不久即被填埋，整体形制未遭破坏。

1. 石铺平台

位于运河东岸的堤岸上，近河道一侧与石砌慢道相连，远河道一侧通过石砌道路七级镇街区相接。是用长条形块石夯筑在地面铺砌的前方堆场，即装卸、转运的临时货物堆存的场地。其东、西、南三侧外围平铺形状不一的块石。被晚期房基础打破，损毁缺失严重，残存东西长 11、南北宽 6.8 米（图 6-21）。

2. 石砌慢道

为码头的斜坡式台阶，是码头的主体，上接石铺平台，下部伸入河道，系装卸货物和上下旅客的必经之路（图 6-22）。采用扶壁式砌筑，由踏步和两侧护坡边石组成。共 17 级，坡度 28°，南北总宽度 5.4、坡长 7.8、垂直高度 3.32 米。保存良好，个别边角略有残缺。构筑工序是先依河岸坡度开挖基槽，经整理夯打，

图6-21 阳谷七级码头石铺平台

图6-22 阳谷七级码头慢道

再顺势铺砌一层由青色条石构成的踏步和侧边石。踏步所用条石长宽不等，踏步石厚度 0.13 ～ 0.20 米，各层踏步石相互叠压噬合 0.10 ～ 0.20 米。踏步台面进深在约 0.3、最窄者 0.23 米；上数第 8 级和第 13 级进深较宽，第 13 级达 0.6 米，应是为漕船停靠安放搭板的特别设置，亦可作为七级码头漕船停靠作业船舷高度的参考值。护坡边石位于踏步石阶的两侧，北侧有两块断裂，略有沉陷，用料为宽 0.25 米的长条石。护坡边石最下端有竖立深埋的条石，以稳固坡脚，支撑坡面。边石外侧河堤可见不同高度的水位线，最高者达第 15 阶，或为运河的最高水位。据慢道总宽度推测，七级码头只能满足单船停靠作业。

3. 夯土坡脚

为支撑石砌慢道而设，是石砌慢道下端呈斜坡状深入河道的沉台。南北长 9.6、东西宽 5.5、厚 0.8 米。夯土坡脚经过多次整修，土质致密，坡面可见不同高度水线痕迹。坡面上分布有大小不一的圆形桩孔，个别中间残留断木。桩孔间有打破关系，开口出现于不同夯土层位，应为行船只泊靠的桩柱遗存。

4. 石砌道路

位于石铺平台东侧，是石铺平台（前方堆场）与七级镇内的后方堆场的连接线。叠压在今街道地表以下 0.5、宽 1.5 米，两侧有近现代房基，中间铺装 0.5 米宽的条石，两侧用小石板拼砌，方向与石铺平台垂直。石板磨损程度较大，修筑时间或更早。石砌道路之下尚有三层土质道路，其下第一层和第二层路土中出土有明、清常见的青瓷、青花瓷片（图 6-23）、陶片、铜钱等。最下层路土的包含物皆属宋、元时期。

七级码头是京杭大运河使用期间的重要漕运设施，是明、清两代平阴、肥城、阳谷、莘县、东阿、朝城等县漕粮转运的集结地。清代阳谷、东阿、莘县在七级分别设有“兑漕水次仓（漕粮存放场所）”，沿石砌道路东行 200 米，至今可见一空旷的场院，即“东阿廒（即兑漕水次仓）”旧址。

明末顾祖禹《读史方舆纪要》:“《水经注》‘河水历柯泽’有七级渡。今运河经县东北六十里，有七级上下二闸，或以为古阿泽是其处。”清人高士奇《春秋地名考略·卫·阿泽》中指出“东阿县故城西有七级渡，今运河所经，古阿泽是其处，地在阳谷县东与东阿接界。”《水经注》所说河水为黄河，柯泽即阿泽，系春秋时已然存在的大泽，曾与黄河相通。《中国古今地名大词典》载，阳谷县毛镇有古渡，为航运码头，因台阶为七级，故北魏（386 ～ 557 年）时改称七级。在明清两代编纂的县志中，七级古渡均为阳谷八景之一。根据连接码头顶部平

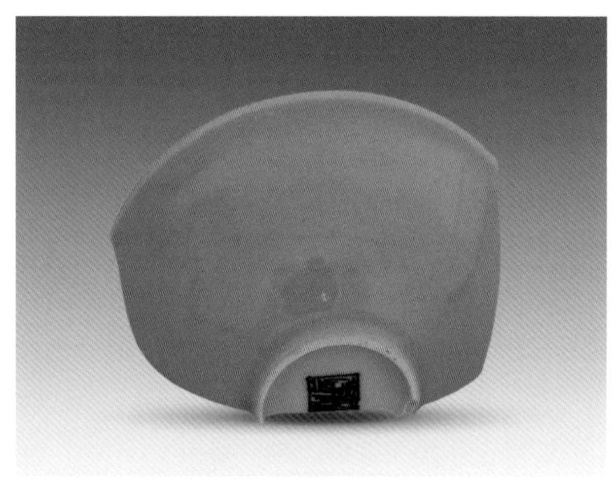

1.青瓷碗

2.青花碗

3.青花碗

4.青花碗

图6-23 阳谷七级码头出土瓷碗

台道路的演变和不同层位的包含物，此码头在元代当已存在，后经过重修，最后一次发生在清代乾隆十年。

本次发掘，清理出一座保存良好的京杭大运河航运码头，为阳谷县七级镇名的由来提供了考古实证，确定了码头的结构、尺寸、构筑方法，对运河河水与河道的变化状况以及船只停靠驳岸的方式有了深入了解，同时为南水北调工程文物保护提供了重要资料。

三　东昌府区明清白马寺遗址

白马寺遗址位于聊城市东昌府区朱老庄乡杭海村西南，据现存碑文、史料记载和历代老人们相传得知，白马寺兴建于唐代，衰落于清代末年，民国时期和“文化大革命”期间接连遭到损毁。

2012年3月下旬，南水北调施工单位在聊城市朱老庄乡杭海村西南附近河道进行施工时发现碑刻。东昌府区文物保护管理所闻讯后立即赴现场核实，确定碑刻为白马寺遗址文物，经调查走访，认为在距白马寺东北150、西北100米之间约1400平方米的区域内还有其他碑刻存在。省、市有关领导对此事极为重视，决定对白马寺遗址进行抢救性发掘。4月5～12日，在市文物事业管理局文物专家的现场指导下，东昌府区文物保护管理所组织人员对上述区域进行了详细的考古调查勘探和局部清理。发现32通碑刻残件和12件建筑构件。其中残碑身18通，碑帽5个，碑座7尊，柱础2个。碑刻大多残损，内容多为对白马寺繁华的描述、重修碑记、彰功表德以及供养捐资人碑记等。碑帽5个，保存较好，上有二龙戏珠的浮雕文饰，十分精美，镌刻有“名同登史”“慧日法云”（图6-24、25）等字，碑座7尊，都保存比较完整，其中赑屃碑座2尊（图6-26），雕刻精细。

明万历五年十二月“重修白马寺碑”是这次发现年代最早的碑刻，已残断，残长60、宽92、厚35厘米，两侧有龙纹。残存70余字。

万历四十五年“白马寺重修山门记碑”是最为完整一块（图6-27）。长方形，碑首两角斜抹，呈梯形，高140、宽59、厚19厘米。方形抹角碑首，上部有卷云纹饰。两侧雕有吉祥花卉图案（根据原碑文拓片整理共二百九十三字，现残缺三字）。

其他如清嘉庆六年六月十五日“重修大殿”断碑、清代重修残碑和“创修大王庙碑记”残碑等都是具有重要史料价值的碑刻。

“创修大王庙碑记”残长102、宽78、厚26厘米，上部有卷云龙纹。碑文残缺，文意尚可通读：

> 同治六年秋八月癸卯运河突决水势，大王出现……神明鉴之，当即水势停消，虽晚禾不无湮没而……大王神灵之默祐，即皆郑老父台诚心之感也。诸乡耆恪遵明谕乐实愿……大王庙方欲兴工，贼匪犯境，延至癸酉，东省

图6-24　聊城东昌府区白马寺“慧日法云”碑首

图6-25　聊城东昌府区白马寺“鸿胪遗迹”碑首

图6-26 聊城东昌府区白马寺赑屃

图6-27 聊城东昌府区白马寺重修山门记碑

平静杜……大王庙一座，山门垣墙，影壁火池，告厥成功。并修补白……词鲜研，岂予所敢望哉！予第即事叙明，则大王之灵祐不泯。郑老父台之美意以彰杜氏之功德亦与之并传不朽……钦加道衔即补府前任聊城县正堂王恩湛捐银十两。大清同治十三年岁次甲戌梅月　日。

碑记所谓“大王”为金龙四大王河神谢绪,《古今图书集成》《清朝文献通考》《续文献通考》《铸鼎余闻》等都有相关记载。谢绪是谢安的后裔，南宋谢太后的侄子，生于乱世，不愿做官，隐居在浙西山区。南宋度宗咸淳年间，捐粮救活过不少饥民，并在朝代更替中靖节而死，当地民众建祠纪念。元末朱元璋因徐州之战得其神灵相助，封其为金龙四大王。金龙四大王之封，始于明洪武间，永乐、景泰、隆庆、天启年间屡有敕封，清顺治三年又敕封显佑通济之神。我国的江河码头地方,多有大王庙,供奉河神“大王”。其最显著者即为金龙四大王。明清两代均重漕运，更以金龙四大王兼为运河神，所以当时无论官民，皆虔奉之。“创修大王庙碑记”的出土，表明此段运河当时仍在营运。

出土石刻表明，白马寺在一千多年的历史中，遭到多次破坏，又经过多次重修。对于白马寺、研究鲁西地区佛教文化、运河历史文化和民俗风情都具有重要意义。

四　东昌府区前八里屯东汉墓葬

2012年南水北调工程施工时，在聊城市东昌府区前八里屯村东南约200米调水干渠的底部发现大量墓砖。8～9月,山东省文物考古研究所、聊城市文物局、东昌府区文物管理所对干渠占压地段进行了勘探和发掘（图6-28）。发现汉墓4座，破坏较为严重，出土了少量的陶器、铜钱等。

斜坡墓道多室砖室墓　2座。

M1　墓道长7.1米，墓向200°。南向砖砌券顶，短甬道，长1.22米。墓室由前庭、前耳室、并列双前室、中室、后室组成。墓道与前庭，前庭与墓室、耳室、墓室与墓室之间有券顶甬道联通。两个前墓室结构与尺寸相同，均为弧边长方形，四隅券进顶（穹隆顶），顶部残。前室南北长1.7、东西宽1.42、高1.76米。中室呈东西长方形，东西长3.52、南北宽1.88、残高1.38米。后室为南北长方形，南北长3、东西宽2.3、残高1.5米。墓室早期被盗掘，北壁残存有盗洞。墓底平铺单层斜行砖。出有陶案、耳杯、盆、瓮，以及漆耳杯、漆木器铜饰件、五铢钱等。

M3　墓道长5.8米，墓向190°。中字形砖砌甬道，墓室分为前室和后室，其间有长2.1、宽0.75米的甬道联通。前室南北长6.08、东西宽5米，仅墓底周边留存断续砖墙。后室墓穴南北长3.44、东西宽2.6米，仅存西墙与部分北墙。墓底平铺单层斜行砖。出土数枚五铢钱。

图6-28　聊城东昌府区前八里屯墓地发掘现场

斜坡墓道单室砖室墓　1座。

M4　墓向195°。墓室南北长4.6、宽约3.32米。有砖砌甬道，长2.3、内宽0.7米。短甬道与墓道相连，墓顶部结构不清。

长方形竖穴砖椁墓　1座。

M2　墓穴长约4、宽约2.96、残深约0.6米。残存部分砖椁和墓底的单层席纹砖。未见骨架，出土9枚五铢钱。

3座长墓道砖室墓各有特点，M1墓室的顶部采用四隅券进式，多室复杂的结构也不同于东汉晚期的墓葬，可能为东汉末年或更晚。M4砖券长甬道，墓室近方形，其顶部可能为四隅券进顶。M3为短甬道、前后室砖室墓，前室面积大、近似方形，也可能为多室布局，与以往东汉晚期墓葬的扁长方形不同。推测这些长墓道砖室墓的时代较集中，可能为东汉末年或更晚的家族墓地。为研究鲁西北地区古代丧葬习俗提供了一批崭新的材料（图6-29），对于东汉末年墓葬的断代具有较为重要的参考价值。

图6-29 聊城东昌府区前八里屯墓地M1彩绘陶器

左.陶方盘 右.陶耳杯

五 大运河东昌府区土桥闸

土桥闸位于山东聊城东昌府区梁水镇土闸村京杭运河故道（小运河）。2010年8～12月，山东省文物考古研究所、聊城市文物局、东昌府区文物管理所为配合南水北调东线工程山东段的建设，对土桥闸一带进行了调查发掘。

土桥闸由闸体、月河、减水闸、穿运涵洞组成，附近还有大王庙、关帝庙等建筑遗址。

1. 船闸

由闸墩、迎水燕翅、闸口、分水燕尾、裹头、闸底板、木桩、弧形石墙、荒石等组成（图6-30）。

闸墩是船闸的主体建筑，是两岸伸入河道、中部留有缺口的墩式坝体。坝体用三合土夯打，外部用条石错缝包砌，石间有锔扣固定，从而形成闸口和燕翅、燕尾。石砌墙体内有二层衬里石，石内有青砖。暴露的基础部分可见密集的木桩桩基。

木桩是构筑闸体桩基、护围闸体构筑物的主要材料。所见木桩皆为尖头圆木，直径0.05～0.15米，排列紧密。闸南底板外木桩保存完好，清理部分南北达3.7米。闸北底板外暴露木桩自南至北高度渐低，清理部分东西达16.5、南北至4.5米。东侧闸墩北有一排暴露较高木桩，共18根，直径0.12～0.18、南北间距0.08～0.2米。

闸口南北长6.8、宽6.2、高7.5米，闸门已失，东、西闸墩内端石砌外墙中间有闸门导槽和槽下门槛石，闸门导槽宽0.25～0.3、进深0.2～0.25米；门槛石由5块长短不等，宽0.5米的条石组成，其石面经加工斜凸0.06米，承接闸门的上凸部分宽0.27米，顶面平整。

图6-30　聊城东昌府区土桥闸南侧全景

迎水燕翅呈八字扇形张开，位于闸南，保存基本完好。主体为用条石单层错缝垒砌成的18层折弯直墙。最高7.8、东侧长21.7、西侧长18.2米。石材用料不统一，长0.4～1.05、宽0.4～0.5、高0.38～0.5米。同层条石间用锔扣相连。唯西侧迎水用少许青砖筑基，其上仍为石墙。墙内有一层混搀三合土的不规则衬里石，石内可见垒砌青砖。

分水燕尾形制与迎水燕翅相同，长度明显增加，崩塌损毁严重，东侧墙体原暴露部分外凸，残存最高6.8、东侧长31.3、西侧长28.7米。

裹头指燕翅、燕尾外端横折石墙，用条石垒砌加锔扣相连而成，其内为夯土。燕翅东、西裹头相距36.8米，分水燕尾东、西裹头相距56.3米。燕翅东侧裹头在村民院内未全部暴露，长度不明，西侧裹头长1.2米。燕尾东侧裹头长1.97、西侧长1.38米。

闸底板用条石平铺，前后左右以锔扣互连，南北总长22.8米，由闸口门槛为南、北两部分，有侧立的边石。南部长11.4、宽7.2～16.8、北部长10.0、宽7.2～17.4米。

弧形石墙为闸墩下护坡设施。用条石错缝砌筑，锯扣固定连接。墙内高度与底板基本相平，亦有木桩桩基。东侧石墙长14.2、南距燕尾分水石墙4.5～8米。西墙塌落严重。

荒石散落于闸北底板护桩外侧的河道中，能减缓流速，降低闸激流对河道的冲刷力度。其大小不一，无规则。

2．月河

是连接船闸上下游的月牙形水道，进水口高于河道，低于闸顶，汛期闸门关闭时洪水从进水口溢流入月河，船闸维修时航船亦可从月河绕行。清乾隆年间刊印的《东昌府志·卷七》载土桥闸下有月河一道。乾隆年间编印的《山东运河备览·卷七》载土桥闸月河长185丈，即592米。经调查勘探，土桥闸下的月河位于船闸东侧，呈南北长的不规则半圆形，外有月河堤，西岸借用运河东堤，月河淤塞时间远早于运河。残存故道被民国时修建的村围沟截断，东侧月河堤部分被马颊河大堤叠压。据勘探月河东堤距闸口约180、闸南月河进水口距闸口约130米。闸北月河终点在闸口北约180米处，与历史记载的基本相符。对月河试掘6米，均为黄色淤沙土，未见底部。

3．减水闸

分泻洪水的水工设施。《山东运河备览·卷七》载土桥闸东岸有一减水闸。《东昌府志·卷七》也记录土桥闸北东岸有四孔闸滚水坝减水。闸口向北约200米东侧大堤上，有一明显低洼处，在此发现一条石，其制式和闸上所用条石相同。村民证实，早年平整农田时这里曾挖出许多大石，石下有木桩，据此推测，此处应为减水坝旧址。

4．穿运涵洞

闸体以北约600米处有一与运河相交、穿过运河底部的地下涵洞。涵洞两端有石砌引水、分水燕尾，洞口用青砖垒砌、石券顶。西侧之水可通过涵洞进入运河东岸的马颊河。文献记载运河西岸原有进水闸，导引西岸之水入运，后随运河河床的抬高，西岸之水低于运河，进水闸失其作用，每逢雨季运河西即形成内涝。穿运涵洞即为解决这种问题。村中存有张鸿烈题“中华民国二十六年马颊河北支穿运涵洞”石碑一方，系村民从涵洞处取回。该涵洞应为民国二十六年（1937年）前后修建的排水设施。

5．大王庙遗址

位于东侧闸墩边缘，坐东向西，东西进深5、南北暴露部分7米，用石块垒砌基础，青砖砌筑直墙，原铺地砖仅存少许。推测该建筑南北应有3间，面阔在12米左右。在东侧墙基内发现一通“康熙二十八年抚院明文”石碑。是祭祀河神金龙四大王谢绪的庙宇，多见于京杭运河沿岸村镇。

6. 关帝庙遗址

位于运河西岸，南距船闸约 80 米。《清实录》载康熙四十六年御舟泊土桥时，遣官祭关圣帝君。此庙规模较大，应为多重建筑，惜其基址全部被民房占压。

7. 出土遗物

镇水兽　3 件，均为整石圆雕。

标本土③：3048，出土于闸北河道，其状为一蹲踞猛兽，四肢粗壮、头部饰有鬃毛，嘴部张开，可见上下两排清晰獠牙，鼻梁隆起，凤目圆瞳，头顶三只角，中间一角明显较大，似狮尾底部蓬松，长 98、宽 42、高 48 厘米（图 6-31）。

另有文物标本，包括瓷片上万件，主要为青花瓷（图 6-32），还有部分青瓷、白瓷、青白瓷、蓝釉瓷、粉彩、釉上彩瓷等。年代多属明清，有少量宋元瓷片。器形有碗、盘、壶、杯、盒、人物塑像；底款有花草、文字、年号、符号。铁器近千件，包括生活用具、船工器具，船闸相关设施附件等（图 6-33），主要有木桩铁套、铁锔扣、船篙撑杆戈状铁钩、铁箍、环、网坠、刀、锯、锚、锔钉等。出土明清铸币近千枚，以永乐通宝、康熙通宝、乾隆通宝最为常见，另有一枚日本的宽永通宝。此外还有陶质、木质、石质工具、日用器皿、建筑构件等。

据《明实录》记载，土桥闸始建于成化七年（1471 年）。《清实录》载乾隆二年、二十三年（1737、1758 年）两次拆修。通过土桥闸的发掘，对其基本结构、建

图6-31　聊城东昌府区土桥闸出土镇水兽（土③：3048）

1.青花碗

2.青花盘

3.青花碗

4.青花碗

5.青花杯

6.青花杯

图6-32　聊城东昌府区土桥闸出土瓷器

1.铁锔扣

2.戈状勾刺

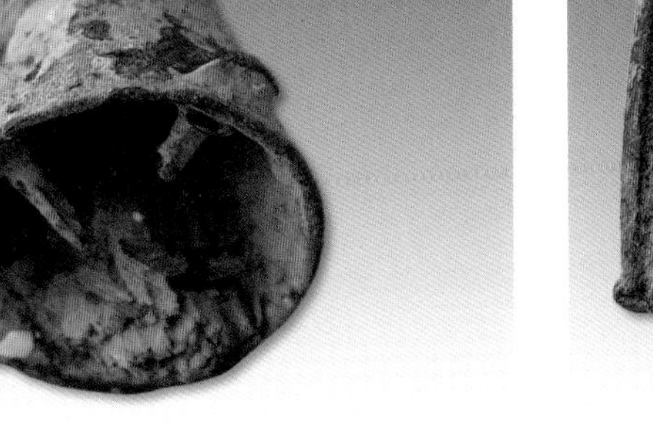

3.木桩铁套头

4.网坠

图6－33　聊城东昌府区土桥闸出土铁器

造维修、配套设施和构筑物有了比较清楚的认识，出土的大量明、清时期的遗物，对于研究明清运河的运行维护、工艺技术、文化习俗、宗教信仰都具有重要意义，为京杭大运河申报世界文化遗产提供了一批新资料。

六　临清河隈张庄明清窑厂遗址

窑厂遗址位于临清市东南约 12 千米的运河右岸，京九铁路穿越遗址西侧，属省级文物保护单位。窑炉沿河集中分布在西起河隈张庄村西，东至陈官营村西北，东西绵延约 1500 米的范围内。距河道最近者仅 50 ～ 60、远者约 700 米。绝大多数窑炉已被夷为平地，个别尚存高出周围 2 ～ 3 米的土堆。

2010 年 11 月～ 2011 年 5 月，在临清市文化局、博物馆的大力协助下，山东省文物考古研究所于河隈张庄村东南部展开大规模发掘，揭露面积 4800 平方米。清理明清时期烧砖窑炉 18 座及相关的取土坑、道路、灰坑、活动面等遗迹，并发现了运河北侧的一段大堤。

窑炉结构基本一致，均有长梯形斜坡式操作间、火门、长方形火膛、马蹄形或长方形窑室及方形烟囱构成(图 6-34)。不同时期的窑炉形制及规模大小不同，建造方式则大体相同。皆在原地面上挖相应部位形制的浅坑，周壁用青砖砌成，以砖铺底。多数仅存底部，有的窑室及工作间尚存 1 米的广度。

明代窑炉　2 座。位于发掘区北部，两窑并列。操作间朝东，长方形斜坡式坑，两侧单砖砌墙，局部仅存底部墙基，宽 2.28 ～ 2.6、长 5 ～ 6 米（图 6-35）。火膛呈横长方形深坑，东与操作间相连，内径横宽约 2.5、纵深 0.8、深约 0.9 米。火门损毁。窑室平面近“马蹄形”，内径横宽 5.6 ～ 6.5、纵深 1.9 ～ 2.6 米，单砖砌墙，局部尚存 4 ～ 5 层砖，砖的一侧多数戳印款铭，可辨者有“天啟五年上廠窯戶王甸作頭張義造”，底部以小砖铺底，平行摆成多排，每排略弧。窑室后部等距分布 3 个方形烟囱，其中两侧的对称外伸。烟囱和窑室间立两块砖，隔出三个烟道。

清代窑炉　16 座，均遭严重破坏，墙和底部砖被取走。窑室形制有两种：近方形和圆角扁长方形。方形窑室者皆位于发掘区东部，5 座南北并列成排。操作间朝西北，窑室近方形，纵深长方形火膛，窑室后部砖砌两个方形大烟囱。窑室规模相当，内径横宽 4.2 ～ 4.9、纵深 4.6 ～ 5.2 米。圆角扁长方形窑室类的

图6-34　临清河隈张庄明清窑址

1.明代窑炉

2.清代窑炉

图6-35　临清河隈张庄明清窑址

窑炉主要分布于发掘区东西两侧，东侧的一排工作间大多朝向西北，个别向东南，西侧的一排工作间均朝向东南。窑室的后部等距分布砖砌的3个方形烟囱，烟囱与窑室间立两块砖隔出3个烟道。东部一排遭严重破坏，窑室周壁、底及操作间两侧墙上的砖基本被取走。唯西部两座保存较好，窑室及工作间的局部尚存 0.5 ～ 1 米高的砖墙，铺地砖保存完好。规模大小不一，大者窑室内径横宽约 7.8、纵深约 4.3 米，工作间长 8.8 ～ 9.4、内径宽 1.5、通长 16 ～ 18 米。小者窑室内径横宽约 6.5、纵深约 2.7 米，工作间长 5.2、内径 1.4、通长 9.5 米。

道路　2 条，其中 1 条向河道内延伸，有明显的车辙痕，可能与砖的外运有关，但没有发现码头类遗迹，可能因机械清淤破坏。另外，清理了取土坑、垃圾坑、储灰坑、局部活动面及右侧的一段大堤等遗迹。

遗物主要为大量青灰砖，其中完整者且戳印款铭的约 100 多块，有款铭的残块数百块（图 6-36）。款铭格式、内容一致，长方形单线框内单行楷书，内容

图6-36　临清河隈张庄明清窑址出土青砖的款铭

有纪年、窑户及作头姓名，但不同时代款铭的位置、内容有变化。明代款铭皆戳印于砖的长侧面，阳文楷书，发现有“萬曆”纪年的残块，其余为“天啟元年、三年或五年”,窑户为“王甸”,完整款铭如:“天啟五年上廠窯戶王甸作頭張義造”。清代砖款铭均戳印于端面，绝大部分为阳文楷书，少量为阴文楷书，纪年跨顺治、康熙、雍正、乾隆、道光几代。完整且字迹清晰者有：“康熙拾伍年臨清窯戶孟守科作頭巖守才造”“乾隆九年臨清磚窯戶孟守科作頭崔振先造”“乾隆四十二年窯戶孟守科作頭崔成造”“道光十年臨磚程窯作頭崔貴造”等。还发现几块有红色印章的砖，印记位于砖的长侧面，长方形粗线红框内印单行 6 字红色楷书，字体较大，字迹清晰可辨者为“東昌府臨清磚”，相对应的侧面戳印款铭，纪年为乾隆九年。另外，还发现少量青花瓷碗、盘及黄绿釉红陶盆等生活用器残片。

从出土的款铭砖判断，窑炉大多属康熙、乾隆年间，个别应早到天启年间，最晚的属道光时期。

据明清史籍及《临清州志》记载，永乐初，工部在临清设营缮分司督理烧砖业，岁征城砖百万，顺治十八年裁营缮分司，由山东巡抚领之。至今在故宫、天坛、十三陵及清西陵等皇家建筑内，均发现有临清砖的标识。临清成为明清两朝皇家建筑用砖主要基地，临清的砖窑厂在当地也被称为“官窑”。虽然明清史籍中多有临清砖的记载，但也只言片语，内容主要涉及窑厂的管理。这次发掘，是明清烧砖“官窑”遗址的首次大规模揭露，使明清以来坊间一直充满诸多神秘色彩的贡砖“官窑”得以重新面世，填补了史籍中有关窑炉形制、结构及窑厂规模大小等记载的阙如。对国家级非物质文化遗产——明清贡砖烧造技艺的研究具有重大的推动作用，也为运河文化的深入研究及大运河申报世界文化遗产提供重要的实物资料。

七　大运河临清戴闸

戴闸横亘在临清市戴湾镇戴闸村京杭大运河故道之上，2012 年 12 月 13 日至 2013 年 1 月 31 日，山东省文物考古研究所与聊城市文物局、临清市博物馆对戴闸进行了全面发掘，揭露出一座保存较好的船闸，发现了保存较好的闸板，出土了少量的陶瓷片和铁器。实际发掘面积 4000 平方米。

该段河道为东西向，船闸南北向横亘在河道上。闸体由迎水燕翅、闸口、分水燕尾组成（图 6-37）。

迎水燕翅位于东侧，南北宽 51 米；闸口宽 6.3、东西进深 7.3 米；分水燕尾位于西侧，宽 66 米，燕尾中部出现一段南北向直墙、南北两端向东折收。闸口两侧直墙中间有闸槽，槽宽 0.3、进深 0.25 米。闸槽下有梯形石头门槛，宽 30、高约 5 厘米，与闸板相扣，密封严实。闸口底板用长方形石块平铺而成，石头四边雕凿有燕尾形槽口，内用铁锔扣连接，加固结实，底板平整如新。

图6-37　临清市戴闸船闸全景

闸槽内有木头闸板仍存，残存高度1.85、厚约0.27、宽6.8米，由上下10块木板组成，上面的八块木板分为四组，用榫卯两两相连，坚固结实。闸板的南北两端各有一条铁链从顶部搭在两侧，北侧铁链的下端东西各拴有一带双孔的圆形大石坠，对闸板起到压镇和固定的作用（图6-38）。

闸的南侧保存有弧形月河，在闸的东西两侧与运河连接。文献记载及百姓传说，南侧闸墩上原有一带院墙的大王庙，坐南向北。闸口上面原有弓形木桥，后被毁坏。

戴闸是继2010年聊城东昌府土桥闸之后，在山东段京杭大运河上发掘的又一座大型船闸，具有重要学术价值。与土桥闸相比有三个特点，一是规模大：

图6-38　临清市戴闸木闸板铁链与闸底铺石铁锔扣

土桥闸宽 40 ～ 57、戴闸宽 51 ～ 66 米；二是燕尾部分的平面形制有别于土桥闸，燕尾中部存在一段南北向直墙，南北两段向东折勾；三是在闸槽内发现了保存较好的木头闸板，高达 1.85 米。

《山东运河备览》：戴闸于“明成化元年建，国朝乾隆九年修。金门宽一丈八尺八寸，高二丈三尺”；“月河长一百十六丈”，东岸石桥三，曰赵官营、曰戴家湾、曰陈官营。通过发掘，明确了闸门的布局与尺寸，摸清了古代闸门的建造工序，为闸门的维修保护提供了科学依据，为京杭大运河申报世界文化遗产提供了新的展示景点。

八 聊城西梭堤金元遗址

西梭堤遗址位于山东省聊城市东昌府区梁水镇西梭堤村西约300米处，东距小运河约600、南距西新河约2300米。遗址南北长750、东西宽650米，面积约48.75万平方米。鲁北输水线K55+250 ~ K56+150穿过遗址中部，工程占压面积为80500平方米。

2010年9 ~ 12月，山东大学博物馆与东方考古研究中心对西梭堤遗址进行了抢救性考古发掘（图6-39）。发掘面积3000平方米，分东西两个发掘区，发现了金元时期的房址、灶址、沟渠和墓葬等遗迹（图6-40）。

房址5座，以规整的长方形为主，集中分布在发掘区东部。灰坑有35个以上，多分布在房址周围，平面形状以椭圆形和圆形为主，多数灰坑为斜直壁平底，少量灰坑呈浅圜底。沟渠共有5条。分析可能与排水有关，另一部分可能和农业生产的灌溉有关。灶址是本次发掘的又一重要发现。灶址12座，部分集中分布在发掘区西北部，形制多样，保存较为完整。灶坑中出土了时代特征明确的陶瓷片。在灶址的西邻发现残存的踩踏硬面。西部发现道路1条，有明显的车辙痕迹，墓葬2座。

发掘资料表明，当时居住区选择在地势相对较高的地方，聚落规划较为整齐。房屋皆地面式砖房，墙体为双层青砖垒砌，内填碎砖瓦。房外挖沟以保证雨水以及生活用水能顺利排到居住区之外。垃圾选择在附近地表低洼处堆填和挖坑堆填。房址附近的灰坑中出土了数件建房压瓦时用的亚腰形砖坠（当地称作bu），应与房屋的建造和修缮有关。

通过大面积的发掘揭露，获得了金元时期丰富的遗迹与遗物资料，特别是

图6-39 聊城西梭堤金元遗址发掘现场

1.车辙痕迹

2.灶2

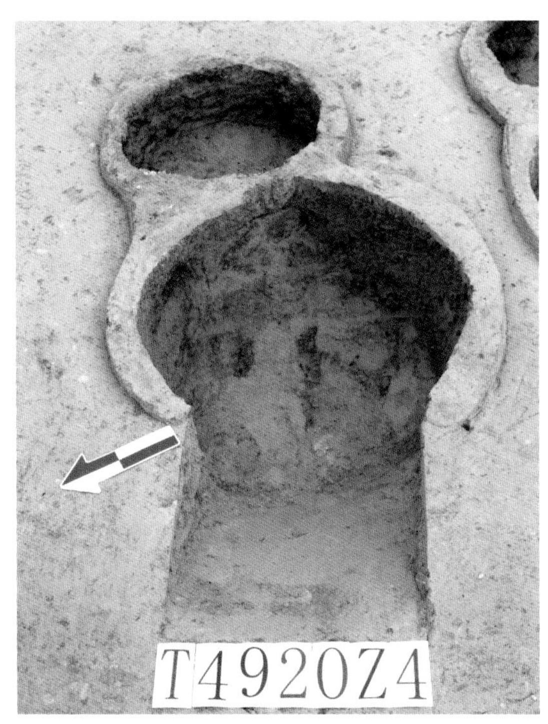

3.灶4

图6-40 聊城西梭堤金元遗址车辙痕、灶坑

从遗址中发掘获取的房址、灰坑、灶址、道路、墓葬等丰富的遗迹现象以及采集、复原的器物和标本，使人们对金元时期民众的日常生活以及生业结构等都有了进一步的了解。

（元朝）至元二十六年，开建会通河，发掘出土的丰富资料有利于进一步丰富和补充对运河沿岸聚落的形态以及兴衰演变的认识。此次考古发掘对于了解运河，更深入地研究运河文化，沿运河城镇的兴起繁荣与发展等问题都有重要意义。

九　武城大屯水库唐代墓地

大屯水库墓地位于武城县大屯水库的西北部，东西长200、南北宽200米，发掘面积约40000平方米。

2010年10月20日～12月2日，山东省文物考古研究所与德州市文物局、武城县文化局组成考古队，对水库内发现的古墓群进行了考古发掘。

该墓地地势较低洼，地下水位较高，墓葬上层淤积较厚，大多数墓葬的深度都在3～4米，而下挖不到1米就开始渗水，必须采取了边抽水边清理的方法。经过艰辛工作，较好地完成了发掘任务，清理唐代墓葬20余座。

墓葬大都保存完好（图6-41），只有五六座墓葬曾在早年修路挖沟时遭到不同程度的破坏。出土陶罐、陶壶、三彩炉、青瓷碗、瓷壶、瓷灯盏、瑞兽葡萄铜镜、开元通宝铜钱、铜带扣、铁釜、铁炉、铁鼎等各类文物30余件（图6-42、43）；

1.大屯墓地发掘现场

2.大屯M10墓室

3.大屯M11墓室

4.大屯M12穹隆结构

图6-41　武城大屯墓葬举例

1.M10出土唐三彩炉

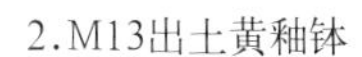

2.M13出土黄釉钵

3.M17出土酱釉炉

4.M11出土青瓷碗

图6-42　武城大屯墓地出土遗物

其中有几件保存较好的精美瓷器。

墓葬形制可分为穹隆顶马蹄形砖室墓、长方形券顶砖室墓和长方梯形砖椁墓三种类型。

第一种，穹隆顶马蹄形砖室墓，墓室用平砖垒砌成呈马蹄状，墓室面积直径一般在 2 米左右，墓室南侧置有一券顶墓门，其外有一条长 2 ～ 3、宽 1 米左右连接墓门的斜坡墓道。墓室之上置有用平砖和楔砖垒砌的穹隆状墓顶。

第二种，是较为常见的长方形券顶砖室墓，墓室面积一般在 2.2 米 ×1.5 米左右。

第三种，长方梯形砖椁墓，墓室面积一般在 2.4 米 ×1.6 米左右。其形制特点与西汉时期的砖椁墓的墓室基本相同，不同之处在于，砖椁墓室的上面，又用平砖自上而下的垒砌成梯形状。根据墓葬的形制特点及出土文物初步判断，

1.M10出土陶壶

2.M14出土青釉双耳壶

3.M18出土青釉罐

4.M12出土陶双耳罐

图6-43 武城大屯墓地出土遗物

墓葬的时代应为唐代中晚期。

武城大屯水库唐代墓葬的发掘，极大丰富了德州武城一带的历史文化内涵，为研究鲁西北一带唐代中晚期的政治、经济、文化、艺术，以及当时的葬制葬俗等均提供了珍贵的实物资料，具有重要的意义和研究价值。

第四节　济平干渠段

济平干渠段经过发掘的文物点集中在济南市长清区域内，长清包括大街遗址、大街南汉画像石墓、四街墓地遗址、卢故城汉代墓地、小王庄汉代墓地、归南墓地。另有济南平阴县“牛头”石桥需要搬迁。

一　长清大街东周唐宋遗址

大街遗址位于济南市长清区孝里镇大街和四街村西100米，东北距长清区政府驻地约27、西去黄河约4千米，东距齐长城西部端点约400米。遗址所在地属山前冲积平原，地势低洼，东部为矮山丘陵，向东地势渐高。由调查、钻探知，整个遗址呈条带状南北延伸，长约2100、宽约300米，面积约54万平方米。由南向北文化遗存分布有渐晚的趋势，其中，大街村西南以商、周时期的堆积为主，大街村西北主要是东周时期的遗存，还有较多的宋元及隋唐时期的遗迹，而最北部即四街村西北主要为战国、汉、唐宋时期的墓地。

2005年1～3月，山东省文物考古研究所、长清区文物管理所联合组队发掘。发掘区位于大街村西北、四街村西，属遗址的中段东边缘。在工程占压范围内布5米×10米探方27个，实际揭露面积达1200多平方米，发现战国、唐、宋元时期的灰坑、沟、陶窑（图6-44）、井等遗迹190多个，获取陶器、瓷器等遗物数百件。

战国遗迹有陶窑1座，灰坑20余座、多分布于发掘区的西部。陶窑为横穴式，仅存窑室、火膛的底部。窑室呈圆角方形，窑壁残存不足10厘米，底部有烧结的光滑红烧土平面。火膛位于窑室的西下方，瓢形，近直壁、平底，壁面烧成青黑色，其内堆满残陶器，主要器形为圈足器和直口折腹盆形器，还有豆等。灰坑形制以圆形、直壁、平底者居多，口径一般1.2～1.6、深0.8～1.5米，少量椭圆形和不规则形。不规则形坑面积较大，约10平方米，深1.5～1.8米，坑内有多层堆积，包含物较丰富，出土大量陶片，有的还含较多红烧土块、草木灰、木炭等。灰坑中所出陶器有豆、盆、罐、盂等。

唐代遗迹均为灰坑，仅有几座，形制多为圆形、直壁。所出遗物较少，仅发现少量的瓷器残片，器形有青瓷、白瓷的假圈足碗等。

宋元时期的遗迹最多，有灰坑100多个、沟几条、陶窑2座、井1口。

灰坑　平面多呈圆形，其次为长方形，少量为椭圆形和不规则形。圆形、椭圆形坑的口径多在1.2～2.0、深一般1米多；长方形坑有的为长条状，长2～4、宽0.3～0.6、深0.3～0.5米，还有圆角长方形者，形制较规则，一般为直壁、平底，底部多较平整、光滑，口部长1.2～1.6、宽0.6～0.9、深不足0.5米。不规则形坑多较大，口径2.5～3.5、深2～3米。沟一般宽0.2～0.4米，长约

1.战国陶窑

2.宋代窑炉

图6-44　长清大街遗址窑址

数米，深0.5米左右。

陶窑　2座，分别位于发掘区的西部和西北部，均为竖穴式馒头窑，保存较好，形制结构相近，皆有操作间、窑门、火膛、窑室、烟道、烟囱几部分组成。操作间为椭圆形，底部向窑室倾斜；在操作间和窑室间掏挖出券顶小门；火膛位于窑室的前下方，约占窑室面积的1/3；窑室为圆袋形，口径约3.5米左右，底部用青砖砌成窑床；烟道和烟囱位于窑室的后方，两窑的形制不同，Y1用青砖砌成长方形烟囱，在隔墙下留出7个长方形烟道（见图6-44，2），Y2是在窑壁外掏挖3个长方形竖穴小孔，底部用青砖砌出长方形烟道与窑室相通。井位于Y1的东北部，圆形，口部用石块垒砌，由于水位较浅，未清理到底。该时期的遗物有瓷器和陶器，主要器形有黑、白、青或青花瓷碗、碟及灰、红陶罐、缸、青砖、瓦等。

陶窑及周围相关遗迹的揭露是这次发掘的重要收获。战国遗迹集中于发掘区西部的陶窑附近，由层位关系分析，这些遗迹应同时，灰坑内的堆积包含有大量的红烧土块、木炭灰、残陶器及制陶工具等，有的坑较大且不规则，推测这些坑与陶窑有关，或许是烧陶器时的取土、垃圾坑。另外，陶窑火膛内残存的烧陶器具及灰坑内同类器物的存在，为寻求这些遗迹间的相互关系提供了更直接的物证。同样，在宋元时期的两座陶窑周围，也发现了许多大型坑、长条形的浅坑或沟及水井等遗迹。由窑室内遗物推测，Y1用于烧瓦，Y2烧青砖，它们与同期的周围遗迹可能反映了从取土到烧造的生产场景。由此推测，该发掘区当为战国日用陶器及宋元时期建筑材料的烧造区。它们均布局于聚落的边缘，规模似不大，可能反映了当时社会手工业的组织形式，对推断发掘区的功能及其该遗址的整体布局提供了重要参考信息，对探讨当时制陶手工业的发展亦具有较大价值。

大街遗址紧邻齐长城源头，所获东周遗物与齐长城时代相当，故其东周遗存应与齐长城关系密切，若将二者结合起来做进一步的探索，对深化齐长城的保护和研究无疑具有重要学术价值。

二　长清大街南汉画像石墓

大街南墓地位于济南市长清区孝里镇大街村西北约 100 米，东依黄米山，西距黄河约 0.6、南距齐长城起点遗址约 1000 米。墓地所处地势较低洼，水位较高，当地人称为“孝里洼”东部为低山丘陵，山峦起伏。

2005 年 6 ～ 8 月，山东省文物考古研究所、长清区文物管理所对墓地进行了抢救性发掘。由于墓地墓葬所处地势低洼，水位较高，墓葬又位于济平干渠内，墓室基本上淹没于水中，为墓葬的发掘工作带来了极大的难度。在后期发掘墓室的工作中，只有整夜抽水，第二天才能进行发掘。经过两个多月的艰苦努力，较圆满地完成了发掘任务，清理汉代大型墓葬 2 座（M1、M2），出土一批随葬品和画像石。

1. 墓葬形制

M1　位于墓地东部，由砖石混筑，平面呈方形（图 6-45 ～ 47）。其建造过程是先挖出东西 10.12、南北 10.68、深约 3.20 米长方形土圹，至基岩后再向下

图6-45　长清大街南M1墓室结构

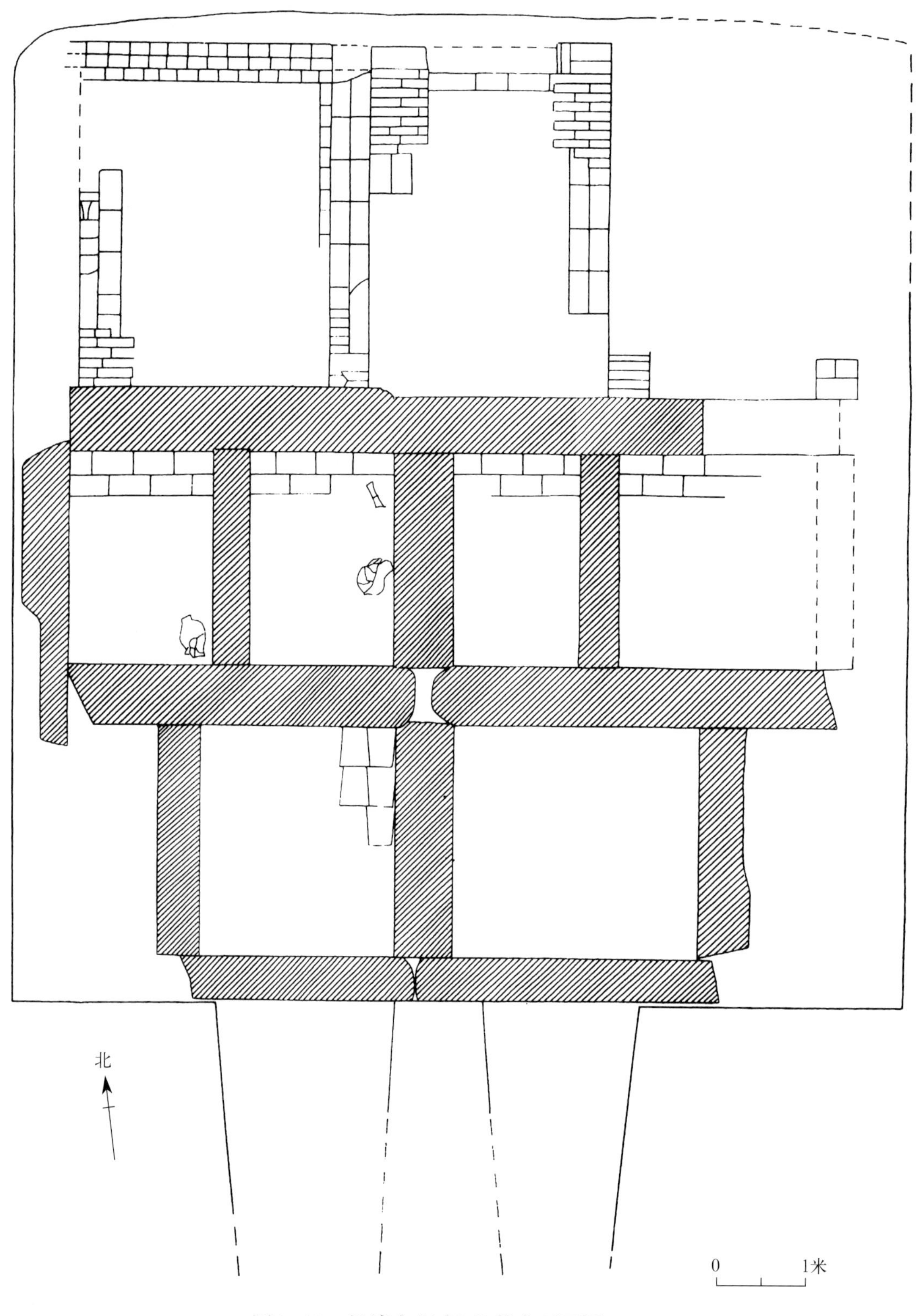

图6-46 长清大街南M1墓室平面图

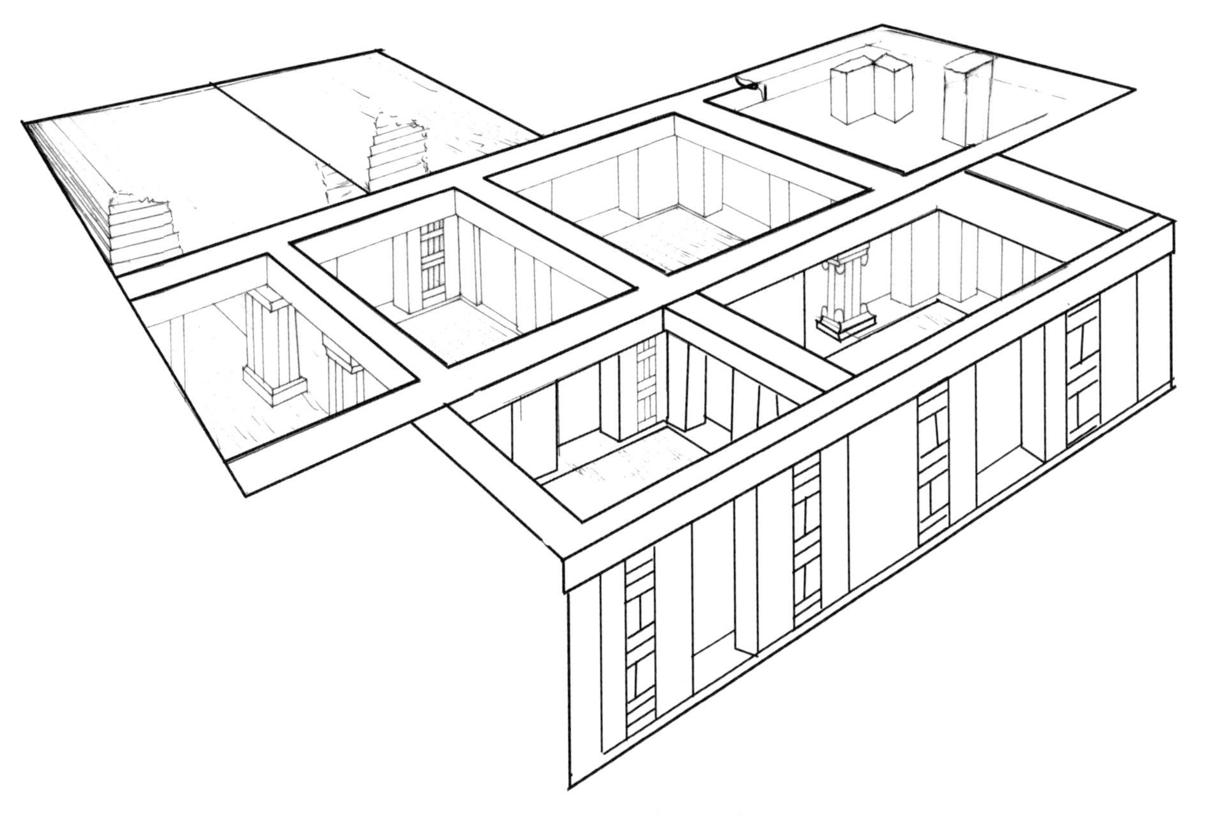

图6-47　长清大街南M1透视图

凿出的浅石圹。因东部依山，地势较高，下部墓壁为陡直的基岩，上有清晰的凿痕。石圹开凿完成后，于圹内基岩上构筑墓室。墓室上部填土内有大量碎砖，四周填有青黑色碎石。

墓室南北向，墓门南向，方向187°，平面略呈“凸”字形，东西9.40、南北10.30米，由双墓道、双墓门、双前室、四中室、三后室组成。两个前室和四个中室均为石筑，由过梁和立柱构成主体框架结构，各室之间相通。前、中室的部分过梁在营建墓室时就已残断，并在残断缺失的地方以石灰填补。各室平面呈长形，叠涩顶，由21块石板构成，分5层，用长方形石板封顶（参见图版一六）。石板间以白石灰抹缝。中墓室西侧两个墓室顶部损毁。

后室以长方形和楔形青砖砌筑。三个后室均遭严重破坏，仅余底部部分墙，平面形状不清。室内出土陶盘等陶器残片和漆皮，推测可能有棺或漆器，砖墙下部以长方形砖砌一层墙基，其上部砌筑墙，券顶由楔形砖砌筑。

墓道有东、西两条，均南向。两条墓道各对一座墓门，有两扇门扉，向外开，楣石上有枢窝。门口有一块残封门石。墓门门楣上部有一道砖墙，两排砖，以二顺一丁法砌筑。墓葬填土内发现有大量碎砖块，西侧门扉也已被向外打开；前、中室墓室内壁均附着一层黑灰，墓底也发现有一层淤泥和黑色灰烬，残存有陶器及少量人骨、兽骨。表明墓葬早年被盗，墓室被火焚烧过。墓内大量积水的漂移，残存的1具骨架零乱地散布于第1中室及西后室内，葬具、葬式和下葬人数均无从得知。

M2　位于M1西部约3米，被破坏严重，采集到3块长条形石板。其中一个是门楣，另两个是过梁，门楣一侧有门枢窝。门楣两侧、过梁均有画像。据采集的这些块石板形状分析，形制应与M1相似。

2. 画像石

画像石是本次发掘的最重要收获（图6-48；图版一九）。M1除中室过梁外，在前、中室各室过梁及墓门门楣石上，均有画像，共计15块，画像30余幅。刻有画像的部分均经过磨光。雕刻技法均为剔地平面线刻。部分画像仅刻出画像细线，未剔地。M2采集的3块长条形石板均有画像，其中一个是门楣，另两个是过梁，分为4幅画像。画像内容丰富，有胡汉战争图，车骑出行图，狩猎图、庖厨图、收租图，历史人物事，以及青龙、白虎、朱雀、玄武四神图，并有"左青龙右白虎"的题刻，另外还有几何形装饰图案等。这些画像雕刻精美，技法娴熟，与嘉祥武氏祠画像石雕刻技法相似，但较粗糙。

3. 随葬品

墓葬内随葬的器物散乱地分布于西部两个中室和两个后室，且多已残碎，有陶器、铜器、铁器等，共约57件，以陶器数量最多，有56件，除17件为釉陶外，余均为泥质红（褐）、灰陶。器形有陶鼎、壶、罐、樽、仓、熏炉、案、盘、甑、魁、钵、耳杯、灯、井等（图6-49）。其中鼎皆泥质红胎绿釉陶。壶分泥质红陶壶、釉陶壶和扁壶三类。釉陶壶皆泥质红胎绿釉陶。扁壶皆泥质红陶。其余罐、樽、奁盖、楼（图版一七、一八）、钵、盘、圆案、甑、耳杯、魁、高柄灯、井等为泥质红（褐）、灰陶。熏炉均为绿釉陶。铜器仅见1件残片，器形不明。另有1枚剪轮"五铢"铜钱。出土陶器均为冥器，多泥质红陶，有的上绿釉，形制与山东地区部分东汉晚期墓葬中出土的陶器相似，如济南市闵子骞东汉墓、济南市长清区大觉寺村M1和M2，故两座墓葬的时代应为东汉晚期。

大街南墓葬规模较大，形制特殊，在山东地区发现较少，罕有相似者。较为丰厚的随葬品和内容丰富的画像石，表明墓主具有一定的社会地位。为山东地区增添了丰富的画像石资料，对山东地区东汉时期墓葬研究，尤其是画像石等方面研究具有重要的意义。

三　长清四街周汉宋元遗址及墓地

四街墓地位于济南市长清区孝里镇四街村西北约100米处。其南邻大街周代遗址的部分遗迹，如窑址、灰坑等延伸至四街墓地的南部。南距齐长城遗址西端约2千米。济平干渠穿过该遗址墓地的中部，在配合南水北调山东段济平干渠水利工程考古调查时发现，面积约5万平方米。墓地为一个隆起的土丘，东

图6-48　长清大街南M1画像石拓片

1.陶灯　2.釉陶壶　3.釉陶壶　4.陶扁壶　5.陶扁壶　6.釉陶鼎　7.陶盆　8.陶甑

图6-49　长清大街南M1出土陶器

侧与山坡相连，土丘西侧部分墓葬早年被鱼塘破坏，地表散布有大量的石板及砖石、陶器残片等。

2004年5月1～22日，山东省文物考古研究所及长清区文管所联合对该墓地进行了发掘。发掘墓葬44座，其中战国墓葬3座，汉代墓葬35座，宋元时期墓葬6座。出土文物多达150多件，包括陶器、铜器、玉器、骨器、石器以及泥塑冥器等。

1. 战国墓葬

3座。

M18　平面呈“甲”字形，斜坡式墓道，偏西南向（图6-50）。墓葬开口近方形，四壁斜直，壁面抹一层厚约0.2～0.5厘米的细泥，外表再施一薄层白灰；墓口北壁长12.6、东壁长12.36、西壁长13、南壁长12.4米；墓底北壁长11.82、东壁长11.4、西壁长12.75、南壁长11.6米。二层台较宽约4、残高1.7米，台面上撒有白灰面及大量的石圭残片，在北侧二层台面中间有一只殉狗，狗颈部套有一串骨铢，其形态看似捆绑殉葬；东侧二层台的南端有一陪葬坑K1，约一米见方，深约1米左右，直壁平底，内有残存的宽约90厘米的木箱板痕，残高15厘米，其内放置有21件泥质的狗、猪、马、虎、人俑及小冥器等，大多已经残碎。椁室呈长方形，南北长4.1、东西宽3.6、深约2.7米。内早年盗掘破坏，椁室的形制结构不清。木椁下部有一个腰坑，出土一件陶匜及部分碎骨。出土遗

图6-50　长清四街M18

物有陶器、石器、骨器、贝器以及少量的玉器、铜器等（图 6–51）。铜器仅发现 2 件，为残铜戈、残铜剑。陶器有鼎、豆、壶、簋等，大多施有红色彩绘（图 6–52）。对椁室内所有的淤泥土进行水洗筛选发现大量骨质管件、铜泡及少量玛瑙珠、环等。陪葬坑只有一个，陪葬有泥塑的动物冥器等。

另 2 座为土坑竖穴单棺墓，墓室长约 2.55 ～ 3、宽 1.5 ～ 1.7、深 1.2 ～ 3 米。出土遗物极少，其中 M41 出土铜剑 1 柄。

2. 汉代墓葬

35 座。墓葬形制包括石椁墓、砖椁墓、土坑竖穴墓等（图 6–53）。石椁墓大部分带有壁龛，壁龛内一般随葬有鼎、壶等，棺内有铜钱、铜带钩等，其中 M31 出土有数件铜铃。砖椁墓及单棺墓基本上随葬品极少，有零星的铜钱及个别陶罐、铜桥形器等。

石椁墓　24 座。典型墓例为 M10、M14、M15、M22、M25、M28 等。

M10　位于墓地中南部，为长方形土坑竖穴石椁墓。南北长 2.60、东西宽 1.45、残深 1.8 米。用大小不等、厚薄不均的石板构筑而成。墓内人骨架两具，西侧仰

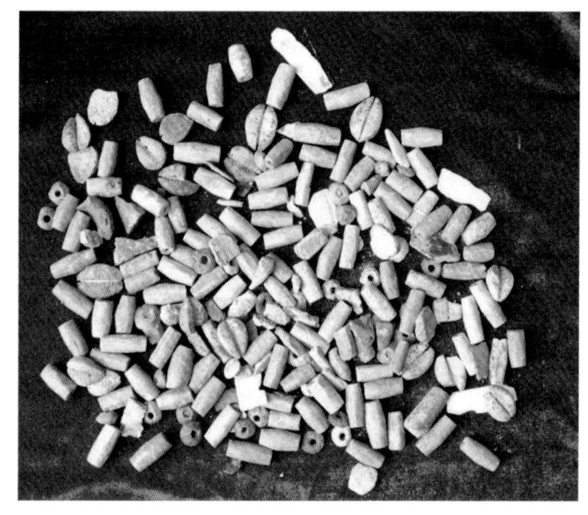

图6–51　长清M18出土饰件

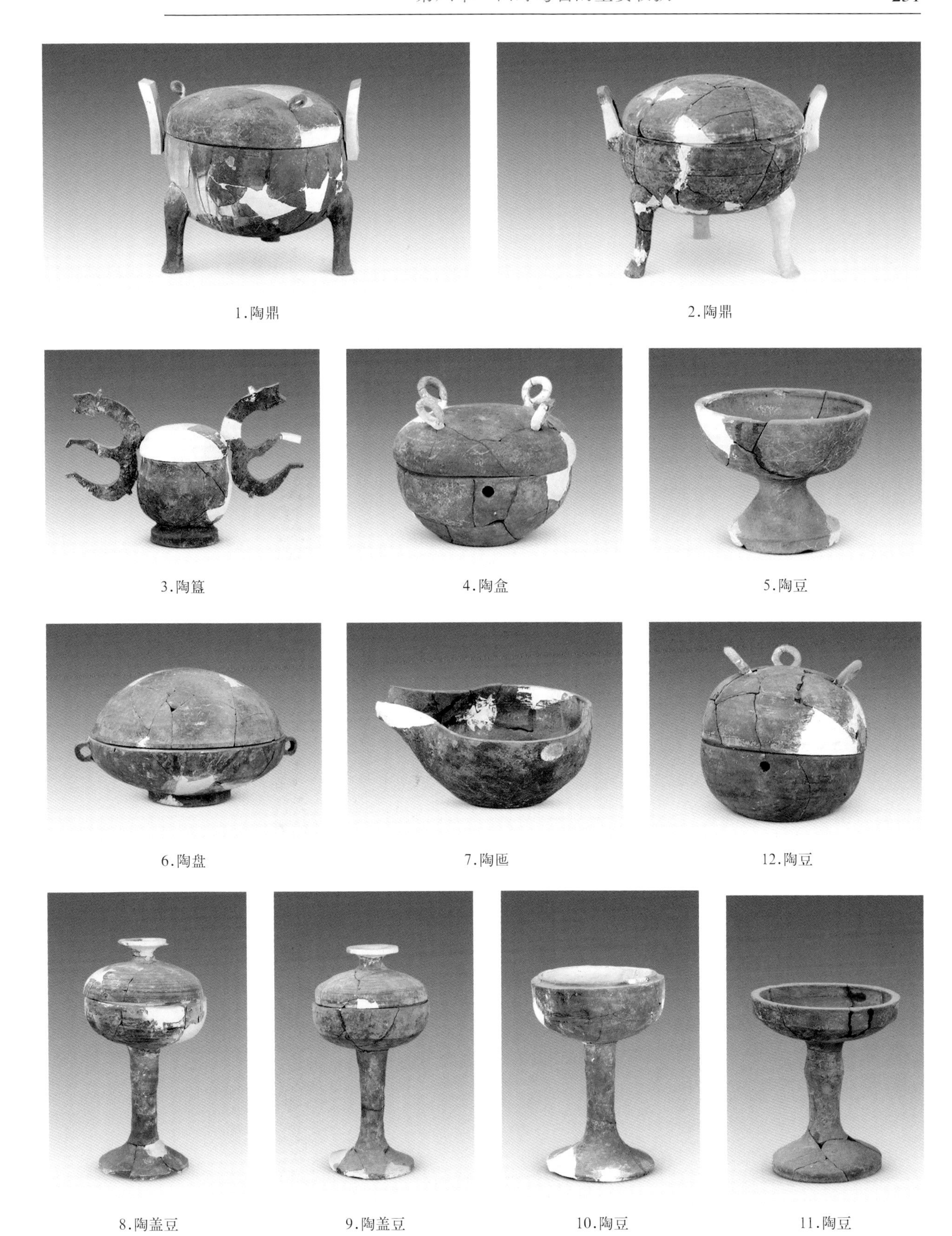

图6-52　长清M18出土陶器

1.M10椁室

2.M14石椁及壁龛挡板

3.M22椁室及壁龛挡板

4.M22、M23

图6-53 长清四街汉代墓葬举例

1.彩绘陶鼎　2.彩绘陶壶　3.陶壶

4.灰陶罐　5.陶耳杯　6.陶耳杯

7.陶勺　8.陶樽

图6-54　长清四街汉墓出土陶器

身直肢葬，东侧为二次葬。出土遗物有陶罐、盘、耳杯、勺、尊、案、铅器等（图6-54）。

M14 墓室东壁有一壁龛，出土遗物有铜带钩、铜钱、铜印章、铜镜（图6-55），铁环手刀、铁釜，彩陶罐、鼎等。

M15 东壁下有一壁龛，棺椁之间2个陶罐，棺内有铜钱，壁龛内有2件漆木器皆朽烂。

M22 墓室长2.62、宽1.25、残深1.55米。人骨一具，头向北，面向西，仰身直肢葬。壁龛内有陶壶、彩陶壶、鼎3件，棺内有铜带钩。该墓东侧为

1.M31出土铜铃

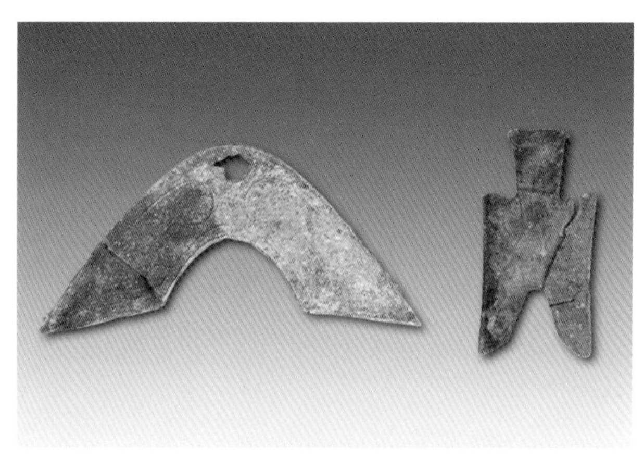

2.M29出土铜璜形器、铜布币

3.M14出土草叶纹铜镜

4.M41出土铜剑

图6-55 长清四街汉墓出土铜器

M23，可能两墓并穴合葬。

M28　墓室长 3.00、宽 1.50、残深 2.00 米。人骨一具，随葬彩陶壶、鼎、罐各 1 件，棺内铜钱数枚。

砖椁墓　4 座。皆长方形土坑竖穴砖椁墓，可能有木质单棺葬具。砖椁四壁有单砖竖向垒砌、双砖竖向垒砌之分。皆砖铺底。砖椁顶部皆遭破坏，结构不清。出土遗物极少。

M29　砖椁长 2.50、宽 1.20、残深 0.58 米。砖椁四周由灰砖平行错缝平砌而成。灰砖长 27.5、宽 13.5、厚 5 厘米，砖的一宽面饰绳纹。砖椁内人骨一具，头向北，面向东，屈肢葬。出土遗物有铜璜形器、铜布币（图 6-55，2）。

土坑竖穴墓　7 座。长方形，木质单棺。个别有生土二层台，木棺台上由石板盖顶。随葬遗物极少。

M43　墓向 20°，墓室长 2.30、宽 0.70、深约 1.45 米。木质单棺，生土二层台上盖有三块石板。人骨一具，头向北，面向西，仰身直肢葬。随葬有陶罐 1 件。

3. 宋元墓葬

6 座。大部分位于墓地南部，其中 5 座为圆形券顶砖室墓，1 座为圆形券顶石室墓，都带有南向墓道，都有棺床（图 6-56）。大部分人骨多具，迁葬多次。墓室顶部早年基本都遭破坏，出土遗物极少。

M3　砖室，墓门南向，191°。墓室上部已遭破坏，东西直径 1.60、南北直径 1.40、残深 0.80 米。底部有砖铺底的棺床，人骨两具，头向西。斜坡式墓道，无遗物。

M35　石室，位于发掘区的中北部偏西。墓门南向，190°，斜坡式墓道。墓室直径约 3.50、残深 2.50 米。棺床上四具人骨，头向均朝西，骨架较凌乱，可能为迁葬或早年经盗扰所致。发现有木质棺灰、棺钉，但结构不清。遗物只有 1 枚铜镜（图 6-57）。

M4　随葬品稍多，有瓷碗、瓷罐等（图 6-58）。

4. 其他遗迹

四街遗址位于四街墓地的南部，可能为大街周代遗址北向的延伸。文化堆积极薄，皆被工程机械施工破坏，只残留有部分遗迹的底部。发现的遗迹有窑炉、灰坑等。

窑炉　共清理 3 座，其中 Y1、Y2 为战国时期，Y3 可能为汉代。

Y1　位于发掘区的南部，是在自然土层中掏挖而成，窑室早年遭破坏，现存由工作间、火道、火膛、窑箅、火眼等部分组成，火道位于炉膛南部，火膛底呈长方形，长约 1.16、宽 0.40 米。窑箅厚约 0.12 米，大部分已被破坏，只残存东部小部分的 5 个火眼，直径在 8 ～ 10 厘米。

四街墓地南距齐长城西端约 2 千米，其南侧为大街周代遗址以及大街南商

1.M3圆形砖室及棺床墓道口等

2.M35圆形石室及人骨等

图6-56　长清四街宋元墓葬举例

周遗址，北侧高地上的战国墓M18与墓地南侧的大街周代遗址时代基本一致，或许同齐长城有某种内在联系，对于该地区的战国及汉代乃至唐宋时期的考古学研究具有重要意义。

图6－57　长清四街M35出土铜镜

1.白瓷碗　2.白瓷碗

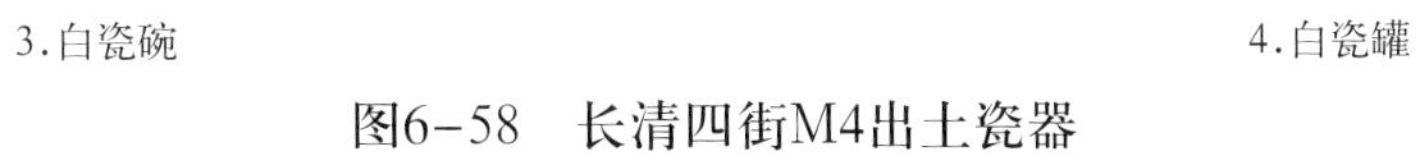

3.白瓷碗　4.白瓷罐

图6－58　长清四街M4出土瓷器

四 长清卢故城国街汉代墓地

长清卢故城位于长清区归德镇国街村西，东至国街北首，南至前刘庄南首，西至周庄、董岗西首，北至褚家集北首。城址平面呈方形，边长约2千米。现为县级文物保护单位。在卢故城周围居住着大批卢姓村民，20世纪90年代末，韩国总统卢武铉访华时，曾来卢故城附近的卢氏家族进行过寻根问祖。

卢故城春秋时为卢邑，西汉初置卢县，属泰山郡管辖。汉文帝、武帝时置济北国，为济北王都城；汉武帝后元二年，国除为县，至东汉和帝永元二年，分泰山郡置济北国，又为济北王都城。地表城垣已破坏殆尽，散见豆、鬲、罐等器物的残片及较多的素面或绳纹青砖、板瓦、筒瓦等。从附近村民取土的断崖上，可看出暴露有1米多厚的文化层，以及许多汉代—宋、元、明、清历代墓葬；尤以汉代墓葬最多（图6-59、60）。济平干渠K6～K66+200段，南北向穿过城址的东部，即国街村西150米处的汉代墓地。

图6-59 长清卢故城国街M31墓室

图6-60　长清卢故城国街M64墓室

2004年5～7月，山东省文物考古研究所会同济南市考古研究所及长清区文物管理所，对该墓地进行了考古发掘。共发现各类墓葬70余座，出土陶鼎、陶罐、陶灶、陶釜、陶盖壶、刻纹陶壶、铜镜、铜钱、铜钵等200余件（图6-61、

1.M11出土陶灶、陶釜　2.M76出土陶灶、陶釜　3.M38出土陶釜形鼎

4.M48出土彩绘陶鼎　5.M31出土陶鼎　6.M2出土铜洗

图6-61　长清卢故城国街墓地出土遗物

1.M59出土彩绘陶壶

2.M55出土彩绘陶壶

3.M4出土陶壶

4.M32出土刻划纹陶壶

5.M4出土陶鼎

6.M9出土兽首釉陶勺

图6-62 长清卢故城国街墓地出土陶器

62)，获得了一批极其重要的实物资料。

墓葬形制可分为长方形竖穴土坑砖椁墓、长条形斜坡墓道砖室墓、前后室砖室墓等。单室砖椁墓一般为 2.5×1.2 平方米；有的墓在木棺的后侧，置有砖砌的器物箱。前后室砖室墓一般在 3×7.5 平方米左右，墓深一般在 2 ～ 4 米。根据其墓葬的形制特点及出土器物判断，长清国街这批墓葬的时代，应为西汉中、晚期到东汉时期。

长清国街汉代墓地发现的 70 余座中、小型墓葬，可能是济北国一般平民的墓地，对探讨山东省济南西部地区汉代的政治、经济、以及葬制葬俗，均具有较为重要的意义和研究价值。

五　长清小王庄汉代墓地

小王庄墓地位于济南市长清区平安店镇小王庄村东北方向 180 米处，东西约 300、南北约 150 米，墓区东半部因村民取土形成一个较大的圆坑。坑底和地表散见较多的砖块、瓦片、盆口沿等，断崖上暴露有许多残破陶器及墓砖。采集有砖块、盆口沿等。济平干渠 K77+250 ～ K77+550 东北西南向穿过墓地中部。

2004 年 6 月 27 日～ 7 月 30 日，山东省文物考古研究所、济南市考古研究所与长清区文管所组成考古队，对该墓地进行了重点考古勘探与发掘，发现墓葬 70 余座。由于是雨季，有 7、8 座墓葬积水较深，并且大都为以前当地村民取土所破坏，因此，这次发掘只清理了 50 余座墓（图 6-63、64）。

墓葬形制分为长方形竖穴土坑单室墓、券顶砖椁单室墓、长条形斜坡墓道前后室砖室墓、长方形小前室后室带壁柱的砖室墓，以及极少数洞室墓等。单室砖椁墓 10 余座，较小，保存较好，墓室一般为 2 × 1.2 平方米；有的砖椁墓在木棺后侧，置有砖砌器物箱。前后室砖室墓 20 余座，破坏较为严重，墓室一般在 3.5 × 12.5 平方米左右，在前室一侧置有较长的斜坡墓道；墓深一般在 2 ～ 5 米左右。

随葬品有陶盖鼎、陶壶、陶罐、陶灶、陶釜、陶井、陶樽、陶盖壶、铜镜、铜钱、铁剑、铁刀等 200 余件（图 6-65）。获得了一批极其重要的实物资料。

图6-63　长清小王庄M15墓室

1.M41砖椁券顶

2.M41椁室

图6-64 长清小王庄砖椁墓M41

1.M76出土陶灶、陶釜

2.M46出土彩绘陶壶

3.M52出土陶罐

4.M35出土陶鼎

5.M46出土陶鼎

6.M20出土铜镜

图6-65 长清小王庄墓地出土遗物

根据墓葬的形制特点及出土器物判断，年代应为西汉中、晚期至东汉晚期；洞室墓和个别的墓室带有壁柱，时代可晚到魏晋时期。长清小王庄汉代中小型墓葬，对探讨济南西部地区汉魏时期的政治、经济、埋葬制度及埋葬习俗等具有较为重要的意义和研究价值。

六　长清归南东汉清代墓地

遗址（墓地）位于济南市长清区归德镇归北村西约700米，北濒南大沙河，与河北岸的大觉寺村隔河相望，遗址西部约100米处为县级文物保护单位——归南墓地，济平干渠段穿过遗址中部，南大沙河提水闸矗立于遗址的北部。

2004年11月下旬至12月，山东省文物考古研究所与长清区文物管理所联合组队发掘。发掘领队孙波，参加的主要业务人员有高明奎、李勇、付欣及10名技工。由于施工部门在河道两侧已堆筑数米高大堤，且已挖出10余米宽的排水渠，仅在提水闸南施工间隙选定发掘区域，面积约500平方米。

为了解遗址的文化内涵及堆积状况，在遗址中部布3米×25米的探沟一条，编号为TG1，同时清理了工程排水沟东断崖剖面及横切干渠的东西向剖面，编号分别为PM1、PM2，两者共长约90米，发现的遗迹有活动面、路基、垫土、灰坑、灰沟等，遗物有大量的板瓦及少量的陶器、瓷器、骨器等。根据TG1及PM1、PM2的剖面，可以将发掘区的地层堆积分为8层。清理墓葬共8座，保存完整者仅有3座，其余遭严重破坏，仅存墓穴的底部或部分砖椁。年代分属东汉、清代，出土陶器、瓷器10余件。

M7　位于发掘区的北部，上部被挖掘机破坏，开口层位不清（图6-66）。长方形土坑竖穴砖椁墓。墓圹长2.5、宽1.4、残深1.3米。砖椁长2.0、宽0.42、高0.75米，有铺底砖，上部用条砖封口。有铁棺钉，木棺已朽。棺外东南角砌一器物龛，宽0.3、进深0.19、高0.37米。葬一具骨架，为二次葬，仰身直肢。随葬品有铜钱及陶器6件，器形有陶魁、耳杯、盘、罐，时代为东汉（图6-67）。

M3　位于发掘区的西南部，开口于①层下。为长方形土坑竖穴砖椁墓（图6-68）。墓圹长3.85、宽3.0～3.2、深0.9米。墓圹内并置两砖椁，皆为梯形，头端宽，脚端窄，由青砖叠砌而成。左椁长2.6、宽0.62～1.02、高0.2米，随葬瓷罐1件，放于头部，脚端有铜钱。右椁，长2.68、宽0.66～0.95、高0.2米，亦随葬瓷罐1件和铜钱。木棺皆朽，仅见铁棺钉。人骨皆仰身直肢，头向北。时代为清代。

这次发掘规模虽小，但摸清了该遗址文化内涵及总体概况，为今后该遗址的保护奠定了基础。文化堆积第5～8层主要属隋唐时期，发现有活动面及人工垫土和路土，推测发掘区的周围可能有建筑。东汉、清代墓葬的发掘也为该地区同时期葬制、葬俗研究提供了宝贵的实物资料。

图6-66　长清归南墓地M7顶部及内部

1.M7出土陶罐

2.M1出土黑釉罐

3.M3出土酱釉罐

4.M7出土陶魁

5.M7出土陶盘

6.M7出土陶耳杯

图6-67　长清归南墓地出土遗物

1.M3顶部

2.M3椁室

图6-68 长清归南墓地M3顶部、内部

第五节 济南至引黄济青段

济南至引黄济青段是胶东输水工程的西段，西接济平干渠的睦里庄闸，沿小清河北侧，经济南章丘、淄博高青、滨州邹平、博兴，东营广饶、潍坊寿光，东至昌邑宋庄分水闸，与南水北调胶东输水段，即胶东引黄调水工程（胶东输水工程的东段）连接。整个工程段的文物保护项目，是以南水北调一期工程山东段第二批控制性文物保护项目的名义实施的，包括寿光双王城水库盐业遗址、高青县陈庄遗址、胥家庙遗址、南县合遗址、博兴县寨下遗址、东关遗址、博兴县疃子遗址等 7 个项目。其中寿光双王城水库盐业遗址、高青陈庄遗址荣获 2008、2009 年度“全国十大考古新发现”。其中寿光双王城盐业遗址群又分为 4 个具体发掘项目，现分述如下。

一　寿光双王城 07 商周宋元盐业遗址

双王城水库盐业遗址群地处寿光市羊口镇双王城调蓄水库库区及其周边地段，由 80 余处与古代制盐有关的遗址组成，分布在南至寇家坞村，北至六股路村 30 平方千米的范围内。这里是古巨淀湖（清水泊）的东北边缘，地势平坦，海拔高度 3 ～ 4 米，东北距今海岸线 25 千米。07 遗址位于双王城遗址群东北部，经勘探，遗址面积约 2 万平方米（图 6-69）。遗址地势中部略隆起。南部被排水沟和生产路破坏和占压，其余部分为农田。东、西各有数条南北向排水沟穿过遗址。南水北调东线双王城水库工程占压全部遗址，占压面积约 2 万平方米。遗址周围普遍覆盖着淤土堆积，文化堆积厚 0.2 ～ 0.5 米，耕土层下即为文化层堆积，周缘文化堆积薄、埋藏稍深，排水沟两侧暴露出较薄的灰土，地表散见大量绳纹陶片等。

2008 年 4 月～ 2010 年 11 月，山东省文物考古研究所、北京大学考古文博学院、寿光市博物馆联合进行了发掘，共开 5 米 ×5 米探方 400 个，发掘面积 10000 余平方米，发现了商周和宋元两个时期的文化遗存。

1. 商周遗存

主要集中在遗址中部的隆起位置，保存有完整的制盐作坊，卤水井、盐灶、储卤坑等位于地势最高的中部;制盐过程产生的垃圾如盔形器（煮盐坩埚）碎片、烧土和草木灰则倾倒在盐灶周围空地。

卤水井　上口大体呈圆形，井坑上部为敞口、斜壁，下变为直口、直壁，口径变小，坑井下部周壁围以用木棍和芦苇编制的井圈。

盐灶　由工作间、火门、圆形灶室、一条烟道和圆形烟筒以及左右两个储卤坑组成。盐灶大型灶室的南北两侧各有一个圆角长方形坑，坑周壁、底部都涂抹一层薄薄的深褐色黏土和灰绿色沙黏土，并经加工，应是储卤坑。出土遗物多为制盐的主要工具——盔形器残片，可复原的较少，生活用具极少，且均为残片，可辨器形有鬲、罐等。

2. 宋元遗存

遗迹有卤水井、灶、沟、灰坑等，还发现了纵横交错的数条车辙（图 6-70、71）。

卤水井　4 口，位于 07 遗址南部的现代水沟内。井口上部已被破坏，暴露部分的口径在 4 米以上，井周壁围以木棍和芦苇加固，内淤积着黑色淤泥。由

图6-69 寿光双王城07遗址及商代盐灶

于地下水位较高，没有进行清理。

盐灶　30余座，单个灶址的规模小于商周时期的同类遗存，其形状结构基本相同，均由工作间、火道、灶室与烟道组成。

宋代卤水沟　2条，呈直条状，直壁，平底，宽在0.50～1.0、深0.40～0.80米，沟内堆积着灰白色淤沙和淤泥层，清理部分长约10米。还有一种造型别致的过滤沟，如G22底部有等距离的小方坑。

该遗址的发掘，对古代尤其是商周、宋元时期的盐业工艺流程比如制盐所需原料、取卤、制卤、成盐等过程，古代煮盐活动与环境的关系等研究具有重要的意义。

1.宋元时期的盐灶及过滤沟

2.宋元时期盐灶群

图6-70　寿光双王城宋元时期的盐灶及过滤沟

图6-71 寿光双王城07遗址宋元车辙

二 寿光双王城014商周宋元盐业遗址

014遗址位于双王城盐业遗址群西部，经钻探，发现遗址中部有一条25米宽的生土带，把遗址分为北、南两部分，分别编号为014A、014B遗址。014A位于北部，主要为商代晚期的制盐作坊遗址，南北长60、东西宽70米，面积约4000平方米（图6-72）。014B遗址位于南部，主要为西周早期的制盐作坊遗址，东西长80、南北宽70米，面积近6000平方米。

图6-72 寿光双王城014A遗址远景

2008 年 4 月～ 2009 年 12 月，山东省文物考古研究所、北京大学考古文博学院和寿光市博物馆联合进行了发掘，发掘面积 2400 平方米。发现了商代晚期、西周早期和宋元时期的制盐作坊。

1. 商代晚期作坊

主要见于 014A 遗址。该遗址南北长 60、东西宽 70 米，面积约 4000 平方米。在堆积最为丰富的西半部进行了清理，揭露一处比较完整的制盐作坊。整体布局以卤水井、盐灶、储卤坑等构成东西向中轴线，安排在地势最高的中部；卤水沟和成组的坑池对称分布在南北两侧（图 6-73，参见图版八）。制盐过程产生的垃圾，如盔形器（煮盐坩埚）碎片、烧土和草木灰则倾倒在盐灶周围空地和废弃的坑池、灰坑内（图 6-74）。

图6-73 寿光双王城014A商代盐灶

卤水井 位于中轴线西端，共发现不同时期坑井（盐井）3 口（图 6-75）。由于不断清淤和掏挖，早期坑井被晚期坑井破坏。保存较好的一口为晚期坑井，编号 KJ1，口大体呈圆形，直径在 4.2 ～ 4.5、深 3.5 米。井坑上部为敞口、斜壁，1 米以下变为直口、直壁，口径变小，3 米左右。坑井下部周壁围以保存完好的，用木棍和芦苇编制的井圈，坑井底部还铺垫芦苇。井圈保存高度约 1 米，以（至少八组）木棍为筋骨（为经），以拧成束状的芦苇为纬编制而成。木棍长 1.2 米，直径约 10 厘米，一端插入井底。

盐灶 由工作间、烧火坑、火门、椭圆形大型灶室、长条状灶室、三条烟

图6-74　寿光双王城014A盐灶出土商代盔形器

道和圆形烟筒以及左右两个储卤坑组成。总长在17.2、宽8.3米。东部和中部被晚期堆积破坏，保存较差，西部地势较高，烟道和烟筒保存较好。

盐灶大型灶室的南北两侧各有一个圆角长方形坑（编号H37、H38）。南部坑（H38），长1.9、宽1.2、存深0.25米；北部坑（H37），长1.4、宽0.9、深0.30米。坑周壁、底部都涂抹一薄层深褐色黏土和5厘米厚灰绿色沙黏土，应是储卤坑。

2．西周早期作坊

主要见于014B遗址，该遗址位于014A遗址的南部，两者相距25米。遗址东西长80、南北宽70米，面积近6000平方米。这次发掘主要是对作坊中部的西周早期盐灶、储卤坑及相关遗迹进行了清理（图6-76）。

014B遗址盐灶除了工作间被现在的排水沟破坏外，其余保存较好。

盐灶　由火门、椭圆形大型灶室、长方形灶室、长条形烟道和圆形烟筒及左右两个储卤坑组成（编号H2、H3），存长13、宽9米（图6-77，1、2）。外围两侧各有一排12个粗大的类似柱洞遗迹（右侧的洞未清理，以黄色圆圈示意），构成了完整的制盐作坊。这种类似“柱洞”遗迹的性质尚无定论，可能与过滤卤水有关（图6-77，3）。

在盐灶西部废弃的坑池内，集中堆积着盔形器碎片和烧土块，可分为六层。出土的盔形器（煮盐坩埚）为商代末期至西周早期的遗物，与盐灶内出土的盔形器一致，说明这里是煮盐后倾倒的生产垃圾。

灶室南部废弃的坑池堆积着厚达半米的草木灰层，夹杂着坚硬的灰白色钙化块，出土的盔形器也与盐灶出土的形态一致。也是盐灶制盐时产生的垃圾。

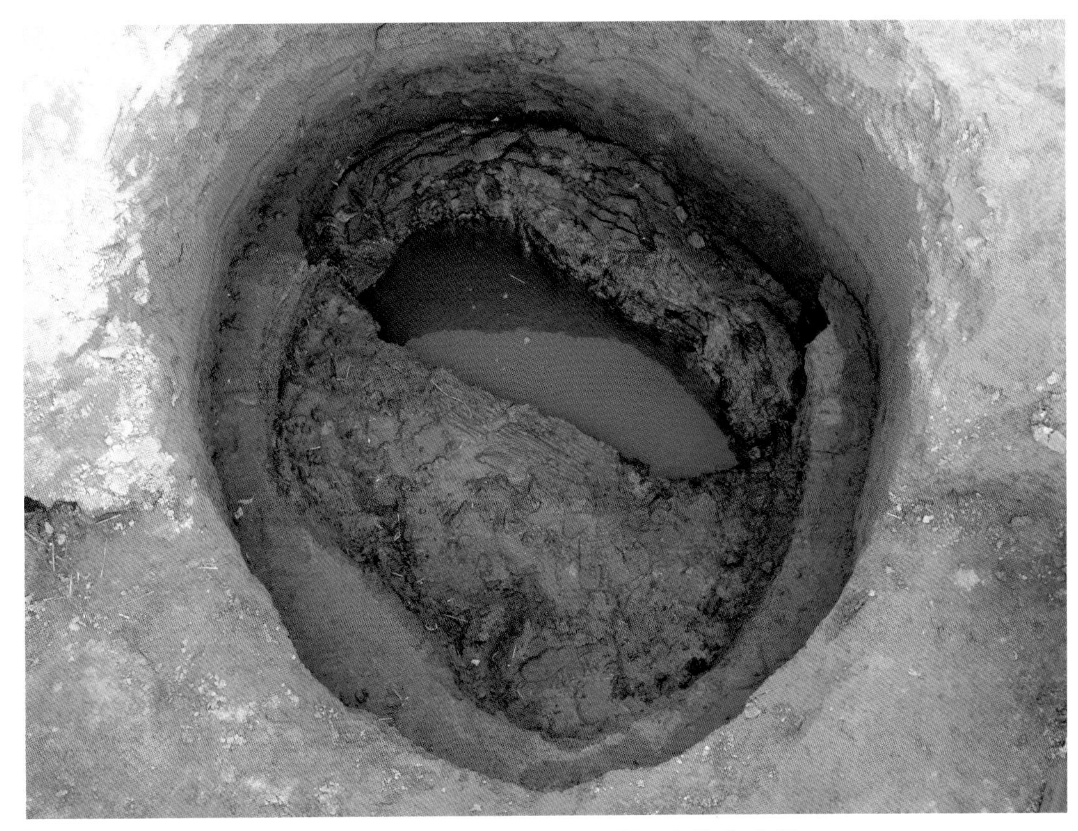

图6-75　寿光双王城014A遗址商代卤水井

图6-76　寿光双王城014B遗址西周盐灶

1.014B西周盐灶主灶两侧储藏穴

2.014B西周盐灶主灶两侧储藏穴

3.014B西周盐灶外侧柱洞解剖

4.014B西周盐灶出土盔形器

图6-77 寿光双王城014B西周盐灶遗迹细部

出土遗物主要是制盐的主要用具——盔形器（煮盐坩埚），多为残片。另有极少量的生活用器具，主要为鬲、甗、罐等。

以现有发掘资料观察，商代晚期与西周早期的制盐作坊结构基本一致。一个作坊由卤水井、盐池、盐灶等组成。人们从卤水井中提取卤水，在盐池内浓缩卤水，在盐灶上煮盐；煮盐使用的盔形器的底部一般都涂有较厚的草拌泥。

3. 宋元时期的相关遗迹

主要是宋元时期与制盐有关的卤水沟、过滤沟、灶、房屋等（图6-78），主要见于014A遗址。014B较少，只有几条沟，分布较凌乱，还看不出作坊的整体布局。

卤水沟　1条，见于014A。直壁，平底，宽在0.50～1.0、深0.40～0.80、揭露长度约30米。沟内堆积着灰白色淤沙和淤泥层。

图6-78　寿光双王城014A宋元盐灶

过滤沟　2条，见于014A遗址，在发掘区内的长度约25、沟宽约1、深0.5米以上。沟平面呈长条弧形，底部一端向另一端倾斜。沟底等距离分布着十几个长方形小坑，坑长0.80、宽0.50、深0.60米，坑与坑之间距离在1.5米。小坑内堆满淤土淤沙。

盐灶　20余座，见于014A遗址，多位于过滤沟的两侧，一般2座并列为一组。盐灶一般由工作间、储灰坑、灶室、烟道组成。盐灶平面形状分长方形和圆形两类，前者规模很大，总长超过10米；圆形盐灶规模小，灶室直径不足1米。工作间比灶室、烟道略深，烟道由灶室一端向外倾斜，便于烧火和火焰流动。

图6-79　寿光双王城014A遗址宋元房址

半地穴式房屋　3座，2座为窝棚式。其中一座面积较大，在20平方米以上，平面呈长方形，坑穴深半米，门道位于南部，室内还保存活动面、灶以及与灶相连接的火炕（图6-79）。出土的遗物主要有瓷碗、盘、罐及陶瓮、盆、板瓦、青砖等。

寿光双王城盐业遗址调查发现80余处不同时期与制盐有关的遗址，是目前发现规模最大的盐业遗址群。此次发掘揭露了比较完整的商周时期盐业作坊遗迹，对了解古代尤其是商周时期的盐业工艺流程比如制盐所需原料、取卤、制卤、成盐等过程，以及古代煮盐活动与环境的关系等问题都具有重要的意义。如此完整的揭露整个制盐作坊，在全国乃至世界都是首次。双王城水库的考古发掘工作，为研究中国古代制盐业提供了非常重要的资料，同时也提出更深层次的问题。今后还需要加强多学科协作，探索一些尚待解决的问题。

三　寿光双王城SS8商代宋元盐业遗址

SS8遗址位于双王城盐业遗址群西南部，014遗址南部。经勘探遗址东西110、南北150米，总面积1.5万平方米。

2009～2010年，山东省文物考古研究所与北京大学考古文博学院联合对SS8遗址进行了发掘，共开5米×5米探方80余个，发掘面积2000余平方米。

发现了卤水井、盐池、蓄卤坑、大型盐灶等大量商代晚期、宋元时期与制盐有关的重要遗迹，比较完整地展现了商代晚期制盐作坊的全貌。

1. 商代晚期作坊

其基本布局为：以盐灶为中轴线，南北两侧对称分布有储卤坑，盐池围于四周。生产垃圾如盔形器碎片、烧土和草木灰倾倒在盐灶南北两侧。

盐井　与014A遗址布局不同，SS8遗址盐井位于盐灶北侧，上口大且内收，直径近3米，下口竖直，直径1米余，下部有厚近1米的草木灰（图6-80）。

盐灶　由工作间、火门、椭圆形大型灶室、长条状灶室、两条烟道和圆形烟筒组成。灶室的南北两侧各有一个圆角长方形坑，坑周壁均涂抹一层薄薄的深褐色黏土，并经加工，应是储卤坑。5个坑池分布于盐灶四周，其间有沟渠相连通，底部多加工有一层防渗水的黏土。出土遗物多为制盐用具——盔形器，多为残片，极少生活用器具，主要为鬲、甗、罐等。

2. 宋元制盐遗迹

有卤水井、盐灶、沟、灰坑等。沟很长，揭露部分约30米，底部有等距离的方坑（图6-81）。出土的器物如陶盆、瓮，体型较大。

图6-80　寿光双王城SS8遗址发掘区全景（东—西）

1.商代卤水井

2.宋元盐灶1

3.宋元盐灶2

4.宋元过滤沟

图6-81　寿光双王城SS8遗址

SS8遗址的发掘，对商代及宋元时期的盐业工艺研究具有重要的意义。商代制盐作坊盐井与坑池的布局与014遗址的不同，宋元时期的盐井、盐灶、沟等遗迹以及体型较大的盆、瓮等制盐器具的发现，为研究当时的制盐工艺、生产方式提供了新的重要实物资料。

四　寿光双王城09宋元盐业遗址

09遗址位于双王城盐业遗址群西部，SS8遗址南部，遗址北部被一条东西向深沟破坏，中部被一条南北向，宽5、深2.5米的现代沟打破。经勘探，遗址东西110、南北100米，总面积1万平方米。地表散布有少量残碎瓷片。

2010年6～10月，山东省文物考古研究所、北京大学考古文博学院对09遗址进行了发掘。此次发掘分两个发掘区，东发掘区位于遗址东部，南北向现代沟东，开5米×5米探方24个，发掘面积600平方米。西发掘区位于遗址西部，南北向现代沟西，开5米×5米探方40个，发掘面积1000平方米。清理了一批宋元时期与制盐有关的遗迹，如沟、灰坑等。

G1　位于西发掘区西北角，东北—西南向斜跨 12 个探方内，并向西南延伸至发掘区以外。清理长度 22.5、宽 1.75、深 0.8 米。沟内填土均为浅灰褐色淤积土，内夹杂少量红烧土颗粒和草木灰，包含有少量碗等残碎瓷片。

H1　位于西发掘区中部，平面呈椭圆形，长径 4、短径 3.5 米，斜直壁，圜底，深 1 米。坑内堆积可分两层：第①层为深灰褐色粉砂土，夹少许烧土颗粒和草木灰，较紧密，厚 0.5 ~ 0.6 米。第②层为浅灰褐色粉砂淤积土，较疏松，纯净，厚 0.4 ~ 0.5 米。出土器物有碗等瓷器残片。该遗址的发掘对宋元时期的盐业研究具有一定的意义。

五　高青县陈庄西周唐宋遗址

陈庄遗址位于淄博市高青县花沟镇陈庄村东，坐落于陈庄和唐口村之间的小清河北岸，东北距县城约 12、北距黄河约 18 千米，为地势平坦的黄河冲积平原。遗址中部被一条南北向的水渠破坏，将遗址分成东、西两部分，南部压于小清河北大堤下。经钻探知，遗址总面积约 9 万平方米，文化堆积普遍被淤积层叠压，大部分距地表 0.5 ~ 1.5、厚 2 ~ 3 米。周缘文化堆积薄、埋藏深，被水冲积破坏严重，距地表 1.8 ~ 2.8 米。文化内涵以周代遗存为主，西周时期的最丰富，还有唐、宋、金时期的文化遗存，但周代后的遗迹仅有零星发现。

为配合南水北调东线工程山东段的建设，2008 年 10 月 ~ 2010 年 1 月，山东省文物考古研究所对高青陈庄—唐口遗址进行了大规模勘探和发掘工作。在工程占压范围内，揭露面积近 9000 平方米。确认该遗址为西周时期的城址及东周的环壕，并在城内清理了房基、灰坑、窖穴、道路、水井、陶窑等生活遗迹（图 6-82），尤其重要的是清理了多座贵族墓葬、车马坑以及可能与祭祀有关的夯土台基。获取大量的陶器及较多的蚌器、骨器等遗物，令人振奋的是墓葬出土了几十件青铜器，其中多件有铭文，另有少量的精美玉器及蚌、贝串饰，取得重要成果（图 6-83）。

1. 西周城址

是这次发掘的重要收获。经勘探及东墙的解剖，城址近方形，城内东西、南北各约 180 多米，城内面积不足 4 万平方米。东、北两面城墙保存略好，尚存高 0.4 ~ 1.2、顶部宽 6 ~ 7、底部宽 9 ~ 10 米。西墙大部分尚存，残高不足 0.4 米。南墙基本被大水冲掉，局部残存墙体的底部。墙体皆用花土分层夯筑而成，夯层厚 5 ~ 8 厘米，可见圜底的单棍夯窝。东南、西北及西南拐角也遭破坏。南墙中部应有一个城门，城内有宽 20 ~ 25 米的道路通往南墙中部，但揭露后发现城门已被唐代的砖窑完全破坏。其余三面城墙经密探后没有发现缺口。四周壕沟环绕，与城墙间距 2 ~ 4 米，西北角有小块低洼地，可能为积水区，东北角壕沟向东北延伸，应为城外排水沟。从探沟剖面堆积判断，壕沟经多次开挖、

1.清理前祭坛

2.马坑

3.M27椁顶

4.唐代砖窑

图6-82　高青陈庄遗址遗迹

清淤、拓宽，从西向东可分为4条沟。西周时壕沟绝大部分被春秋时的沟打破，仅存沟内侧的少量堆积。其余三条沟分属春秋与战国时期。

2. 夯土祭坛

另一重要发现是位于城内中部偏南的夯土基台。其中心部位近圆台形，北部略凸，直径5.5～6米，面积近20平方米，残存高0.7～0.8米。平面从内向外依次为圆圈、方形、长方形及圆圈、椭圆形圈相套叠的夯筑花土堆积，土色深浅有别。据解剖分析，中心的小圆圈及外套的方形皆是在长方形的夯筑土台上挖浅坑，再填土夯筑而成。中心小圆圈正下方又挖一个方形坑，打破了台基起建的黄沙土地面，内埋置一具小动物骨架。中心圆台的外围仍有多层水平状的堆积向外延伸，每层堆积厚5～12厘米，有的两层间夹杂薄层白色沙土或灰烬，也有活动面，推测为中心圆形台基使用期形成的堆积。外围堆积平面大致为长方形，周缘被大量的灰坑破坏，从形成过程分析，可分两期。由于周缘多被东周遗迹打破，唯北边界尚存，呈斜坡状，其余三面外围原始边界不清。东西残存宽度约19、南北长约34.5米。根据台基形制和所处位置判断，应为一处大型祭坛。

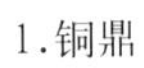

1.铜鼎

2.铜盉

3.铜盘

4.陶鬲

5.陶鬲

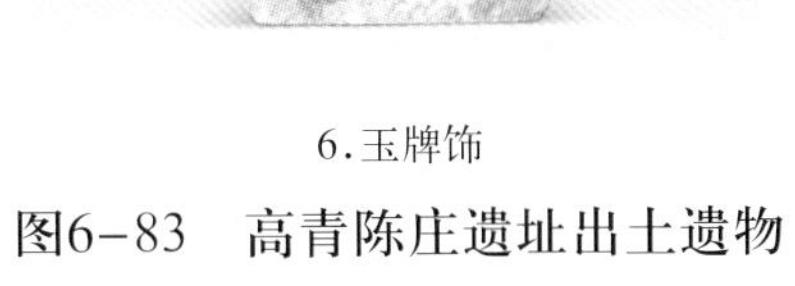

6.玉牌饰

7.凤纹玉饰

图6-83　高青陈庄遗址出土遗物

3．西周贵族墓葬和车马坑

城内东南部发现了6座出青铜器的西周贵族墓葬。大多一椁一棺，有随葬陶器、铜器的头箱，个别棺内有少量玉器或海贝串饰。有2座为甲字形大墓。

2座“甲”字形大墓与圆形夯土台基之间，集中发现了5座马坑与1座车马坑。马坑皆为竖穴长方形土坑，仅有马骨架，无马具或马饰。两座坑内葬8匹马，头向南，面朝南或东南，后腿弯曲伸向西北，骨架分南北两排依序并列摆放，每排4匹；另2座坑葬6匹马，头亦向南，其中一座坑内骨架分南北两排摆放整齐，前排2匹，后排4匹，由西向东依序摆放。还有一座坑内马骨架摆放方式较特殊，六批马两两成对放置，呈轴线对称，但头向不一。在马坑的中间竖立一牛角。仅有一座坑内埋2匹马，头向北，嘴朝西南，其中东侧马的臀部斜压于西侧马上，四肢伸直。

车马坑呈长方形，南北长14、东西宽3.4米。内置3辆车，腐朽严重，仅存0.2～0.3厘米宽的浅灰痕。3辆车从南向北依次前后相连。前两辆车前各驾4匹马，头部均佩戴精美的马饰。后车驾马2匹，仅有颈带饰。

出土青铜器几十余件，器形有鼎、簋、觚、爵、甗、尊、卣、盉、觥、壶、盘等礼器，另有少量的戈、矛等武器与銮铃、车軎、车辖等车马器。多件青铜容器有铭文，且铭文大部分字迹清晰。铭文内容有“豐啟作厥文祖甲齊公尊彝”等。有2件方座簋的盖和器内底部分别有70多字的长篇铭文。还有少量雕刻精美的玉器及贝、蚌串饰。此外，该遗址还出土周代卜甲、卜骨，其中一残片上残存有刻辞，这是山东地区发现的首例西周刻辞卜甲。

4．唐代排灶砖窑

高青陈庄遗址还有少量唐宋时期的遗存，比较重要的遗存唐代大型排灶砖窑。长方形窑室，长达10余米，呈西北东南向。南侧有一字排开的10个火膛灶坑和工作间。东端窑室保存较好，窑床上还有少量未出窑的青砖，火膛、工作间仅存底部；西部窑室破坏严重。火膛、操作间保存较好。

陈庄遗址是目前山东地区所确认最早的西周城址。从层位关系推测，始建年代不会早于西周早期晚段，废弃于西周中期晚段。结合城内所出高规格的墓葬及祭台等重要遗迹，该城应为西周早、中期的一个区域性中心。夯土台基可能为祭坛，为山东周代考古的首次发现，在全国范围内来说也比较罕见，为研究周代的祭祀礼仪制度提供了宝贵的实物资料。“甲”字形大墓当为西周时期高规格的贵族墓葬，这对解读该城址的地位与属性可能具有重大意义。铜器铭文中的“齐公”字样为金文资料中首次发现，且该城址又位于齐国的腹心区域，当与早期齐国有重大关系。上述成果是半个世纪以来齐文化考古研究的突破性进展，有可能修正或补充汉代以来几千年典籍有关早期齐国的若干认识。总之，陈庄的考古发掘成果填补了山东周代考古多项空白，意义非凡，价值重大。

六 高青县南县合宋金明清遗址

遗址位于高青县高城镇南县合村南500米小清河与支脉河之间，东西长650、南北宽300米，面积19万平方米。济南至引黄济青段干渠K8+700～K9+350穿过遗址北部，占压面积6.5万平方米。遗址核心区域文化层深达1～1.5米，周边地段逐渐变薄。

2008年9月至年底，山西省考古研究所对该遗址展开了大规模的考古勘探和发掘工作。选定了两个发掘区，一区位于西关桥西南一侧，二区位于一区以东200米遗址核心区域偏东区域。

1. 墓葬

清理墓葬5座，均为小型墓葬。分为砖室墓和竖穴土坑墓两种。

砖室墓 1座，宋金时期，编号M1，位于一区GNT1408中部略偏北，开口在第⑤层下，方向200°（图6-84）。由长方形素面和单面绳纹青砖砌筑而成，北部较南部窄，上宽0.85、下宽1.3、长2.75米。墓顶距地表1.1、墓底距地表1.98米。人骨架一具，女性，头向南，面向上，仰身直肢。身高1.45～1.5米。墓主头部东侧随葬有红陶罐和白瓷碗各一件。

竖穴土坑墓 4座，开口均在第④层下，都没有发现随葬品。从开口层位和填土包含物观察，墓葬年代均应为明清时期。

2. 灰坑、灰沟

是本次发掘发现的主要遗迹。现举例介绍如下。

H2 位于一区GNT1104中部，开口在第④层下，距地表1.05米。呈不规则形，最宽处2.04、最长处4.2、深0.65米（图6-85）。坑内填土为黄褐色，质地较硬，包含有少量泥质红陶片和白釉瓷片。

H5 位于一区GNT1207中部，开口在第④层下，距地表1.16米。呈不规则形，南北宽1.35、东西长2.5、深0.34米。坑内填土为深灰褐色，土质较软，包含有泥质红陶、白釉瓷片等。

H6 位于二区GNT2203东北部和GNT2204西北部，开口在第④层下，打破第⑤层，距地表1.25米。平面呈不规则状，底部高低不平，南北7.6、东西6.7、最深0.55米。坑内填土为灰褐花土，土质较软，包含有泥质红陶片、白釉和黑釉瓷片、青花瓷片等。

H8 位于二区GNT2209西北角，开口在第⑤层下，距地表1.15米。平面呈圆形，直径1.5、深1米。坑内填土为灰褐色，土质较软，包含有少量白瓷碗残片。

灰沟G1 东北西南走向，位于GNT1101、GNT1202、GNT1303、GNT1403、GNT1404内，开口在第④层下，距地表1.05～1.15米。发掘总长23.5、宽0.8～1、深0.30～0.45米。沟内填土为浅灰色，土质较软，不见任何遗物。

图6-84　高青南县合M1墓内全景

1.H2

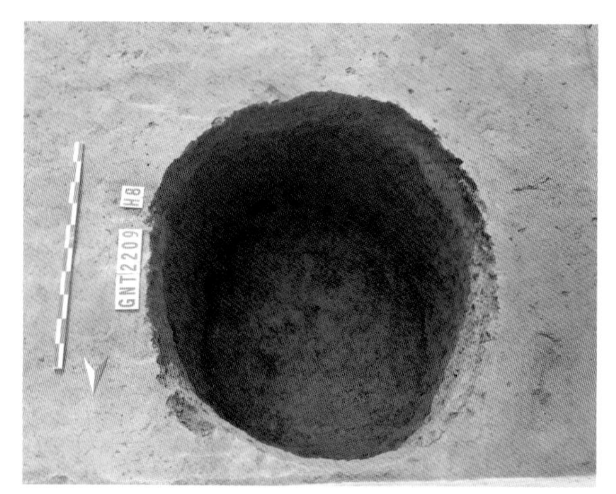

2.H8

图6-85　高青南县合灰坑

3. 出土遗物

包括砖瓦建筑材料、陶俑、日用陶瓷器皿、钱币等（图 6-86）。

标本 GNT1303 ④：1，陶俑头。泥质红陶，仅存面部，残高 4.2 厘米。

标本 M1 ：1，红陶罐。泥质红陶，出土时已碎裂，圆唇、鼓肩、斜直腹、小平底，肩部有相对的两个圆环形系。通高 21.5、口径 14.5、底径 8.8 厘米。

1.陶俑头

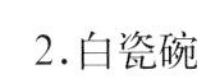

2.白瓷碗

3.白瓷穿带瓶

4.白瓷炉

5.红陶罐

图6-86　高青南县合遗址出土遗物

标本 M1 ：2，白瓷碗。外部饰釉不到底，内面底部有支钉三个，敞口、圆唇、玉璧形圈足。口径 20.5、底径 9.2、高 7.3 厘米。

标本 H1 ：1，穿带瓷瓶。仅存下半部，白釉，胎体较厚，胎质细腻、发白，腹部有对称的两个桥形系，圈足。底径 8.9、残高 14.5 厘米。

标本 GNT1208 ④：1，白瓷盏托。胎质细腻、发白。高 6.5、捉手径 4.8、底径 9.5 厘米。

另出土有大量白釉、黑釉和青花瓷片。

铜钱　共出土 11 枚，均为圆形方孔，大部分锈蚀严重，字迹无法辨认。

标本 GNT1203 ④：1，“道光通宝”。直径 2.2、孔径 0.6 厘米。

南县合遗址一区的第③、④层除出土有数量较多的泥质红陶片外，还包含有大量的青花瓷片和黑、白釉瓷片，其时代应属于明清时期；第⑤层内出土有少量的白釉瓷片，时代可以判定为宋元时期；一区的 M1 属于宋金时期；由此可以推断，一区的文化层为宋到明清时期的地层。二区的文化堆积均属于明清时期。综上分析，南县合遗址的时代应为宋至明清时期。根据史书记载，从宋至明清时期此地一直是高苑县城所在。本次所发掘的南县合遗址为认识古代高苑县城变迁及其周边环境、宋至明清时期当地的民俗提供了宝贵的资料。

七　高青胥家庙北朝唐宋遗址

遗址位于山东省高青县黑里寨镇胥家村东南约 200、南距小清河约 100 米，连贯黄河与小清河的青胥沟由北而南打破遗址的中心区域，小清河北侧外堤压在遗址中南部。遗址长、宽均约 400 米，面积约 16 万平方米。平均海拔 14 米左右。济南至引黄济青段干渠 K70+200 ～ K70+600 穿过遗址中心，占压面积 3.5 万平方米。

20 世纪 60 年代，村民开挖青胥沟时发现有北魏纪年铭文的刻石。1976 年，青胥沟拓宽时，出土了 8 件北朝佛教造像。2000 年左右，村民在青胥沟侧挖土又出土了一批佛教造像残件。2008 年 9 月～ 2009 年 4 月，山东省博物馆组建考古队对该遗址进行了为期 7 个月的大规模勘探和发掘，勘探面积约 16000 余万平方米，发掘面积 5125 平方米，发现一处大型建筑群遗迹和少量灰坑，出土北朝至宋金文物 80 余件。

此次发掘地层可分为七大层：第①层为耕土层，第②～⑤层为淤土层，各层均有明显的黄土淤积痕迹。第⑥、⑦层为文化层，出土大量的砖瓦残块，少量的陶瓷片、造像残件及铜钱等。初步判段第⑥层为建筑坍塌后形成的废墟层，第⑦层为唐代文化层，建筑基址主要叠压在第⑦层层面上。

发掘时发现，遗址在现代遭到严重盗掘，在发掘区内，发现近 30 个盗坑，有的挖掘机盗掘，有炸药炸开的，还有用铁锨等工具挖掘的。所有盗坑均在地表层开口，坑内残留装炸药的塑料管残片、青色的树枝条，有的还见印有“华龙”字样的方便面包装袋，甚至有“2002年”的标识，说明是现代人所为。

此次发掘发现的主要遗迹为一处大型建筑群基址（图6-87），包括4组建筑基址群。按照揭露时间的先后，依次编号为Ⅰ、Ⅱ、Ⅲ、Ⅳ、Ⅴ组建筑。第Ⅰ、Ⅱ组建筑分布在发掘区的西北部，第Ⅲ组建筑在发掘区中部，第Ⅳ组建筑在发掘区西南部，第Ⅴ组建筑基址在发掘区的东部。第Ⅰ组建筑为横长方形，整体东西排列，东西长约22、南北宽约6米，墙体厚0.60～0.75米，夹心砖墙内筑土。共揭露4间，方向呈南向。第Ⅱ组建筑为长方形，整体东西排列，东西长约20、南北宽约20米，墙体厚约0.70米，夹心砖墙内填碎砖块等物。由东向西有房屋3间，方向呈南向，约184°。第Ⅲ组建筑位于第Ⅱ组建筑的东南侧，位于发掘区的中心，部分被青胥沟破坏，整体建筑分为两间。第Ⅳ组建筑方向大体同第Ⅲ组建筑，南北向，为廊庑式建筑，前侧为走廊，后侧为房间。这些建筑仅存墙基，多为夹心砖墙结构，即两侧为砖，中间夹土或残砖块。建筑多呈东西向横长方形，残留墙基，房屋结构和门道清晰可见。

出土遗物以砖瓦残块为主，约占总数的95%以上，另有陶器、瓷器、铁器、铜钱和石造像等遗物80多件（图6-88），其中以造像和造像座等佛教遗物最为重要。石造像形体较小，多为残件，集中出土建筑基址之中。石造像座均为方形，可见北齐“天保”“皇建”“武平”等纪年题记，其中1件在文字的一侧还有阴线刻供养人像，非常精美。有的造像座残缺，仅存1～2个字。除此之外，佛教文物还有泥质红陶罗汉塑像2件、白陶佛像2件、白陶菩萨像1件、白陶造像残件1件、白陶造像座6件。出土铜钱中，除一枚隋五铢外，其余是开元通宝。其中，白陶菩萨立像出土于Ⅲ号基址，残高14.9、肩宽4.3、下衣摆宽6.5、厚0.8～1.5厘米。头、足残失，右手置右腿侧持莲蕾，左手贴左胸部，腹部略凸。菩萨衣饰繁缛，双肩立圆形饼饰，戴项饰、手镯，上身着右袒衣，下着长裙。披巾于腹部呈“X”形交叉，肩角和下摆略外挑。璎珞亦呈“X”形，由束联珠状和小珠状饰件串联而成。

此次发掘虽然出土了不少北朝时期的佛教文物，但除造像座外，基本出土于上层的砖瓦砾和扰土之中。建筑基址内发现利用北齐石质造像座作为柱础，由此判断这些建筑基址当为北周灭佛之后的遗存。同时建筑基址叠压在⑦层为唐代文化层层面上，基址内发现的灰坑中出土的遗物为唐代时期。根据建筑材料的形制和文化遗物的型式判断，胥家庙遗址建筑基址群应为唐代建筑，推测至宋代毁废。高青胥家庙遗址地处山东青州佛教中心区内，北距北朝时期临济城只有4千米，发现的北朝佛像和像座反映了当时佛教繁荣的历史真实，为研究唐代寺院建筑、佛教发展和传播提供新的资料。

1.一号建筑基址

2.第二组建筑基址

3.砖墙基结构

图6-87 高青胥家庙遗址建筑基址

1.白陶菩萨残件

2.瓷碗

3.白瓷碗

4.瓦当

5.瓦当

图6-88　高青胥家庙遗址出土遗物

八　博兴寨卞战国汉代至元明清遗址

寨卞遗址位于滨州市博兴县湖滨镇寨卞村北，西北距县城约 7.5、南距寨卞村约 1 千米。遗址南靠小清河，北临淄洪河。遗址四周有夯筑和堆筑的城墙墙体，传为殷商时期蒲姑城。城址平面大体呈方形，东西约 380、南北约 350 米。占压遗址北部边缘，主要为城墙外的壕沟、墙体以及城墙内侧的少部分堆积。城墙可分为早晚两大期。早期墙体仅在东墙北部和北墙东部发现，被春秋早期的墓葬和春秋早期的遗迹打破叠压，其下又叠压商代文化层，墙体内的包含物也属于晚商时期。早期墙体的相对年代上限不早于商代晚期，下限不晚于春秋早期。晚期城墙叠压春秋时期的灰坑和墓葬，年代属于战国时期。1982、1987 年山东省文物考古研究所曾对遗址进行了调查、钻探，2002 年又进行了勘探试掘。

1.汉代M201　2.黄釉执壶　3.执壶
4.白瓷瓶　5.黑釉羊　6.黑釉罐
7.黑釉碗　8.酱釉盒　9.黑釉灯盏

图6-89　博兴寨卞遗址出土遗物

2008 年 10 ～ 12 月，山东省文物考古研究所、博兴县博物馆为配合南水北调东线胶东调水工程对博兴寨卞遗址进行了考古发掘，分三个发掘区，共开 5 米 ×5 米探方 127 个，实际发掘面积约 3200 平方米。对城墙、壕沟进行解剖发掘，同时清理灰坑、墓葬、窑炉、水井等战国至明清时期的各类遗迹近百个，并出土了部分陶器、瓷器、铜器、铁器等各类器物标本（图 6-89）。

汉代有灰坑和瓮棺葬；元代遗物主要是灰坑中出土的陶瓷器和瓷羊；清代遗物主要是墓葬出土的随葬品。下面主要介绍战国秦汉城墙。

城墙形成于战国秦汉时期，分三大期（图 6-90）。第一期为墙的主体，现保存宽度为 11.8 米，夯层平整，夯具痕迹清晰，夯层厚度在 10 ～ 20 厘米，夯具痕迹 4 ～ 6 厘米，保留最高处 1.35 米。底部有深 0.20 ～ 0.30 米的基槽。第二期在主墙体内外两侧，夯层厚度不一，有的呈倾斜状，是修补主墙体形成的。第三期叠压在第一期城墙北半部和外侧第二期墙体上部，夯层质量不佳，厚薄不同，属于再次修补城墙所为。第一期、第二期城墙修筑的间隔时间短，时代相近，属于战国时期；第三期城墙大约属于秦汉时期。

城壕内的堆积大体可分为三个大的时期。上层堆积以第③、④层为主，主要属明清时期；第⑤～⑦层为宋元时期；下层堆积第⑨层以及内侧属于战国时期和秦汉时期的遗存。表明该城址在宋元时期逐渐废弃。

城门，本次发掘对 2002 年勘探发现的北城墙缺口处进行了清理，发现下部为路土，证明为北城门通道。城门宽 20 米左右，路土分上下两大层，上层属于

图6-90　博兴寨卞城墙夯层

宋元以后的道路，宽 20 米左右；下层属于战国秦汉时期，道路宽约 17 米，道路两侧与城墙相交处并有多次修补的痕迹。

城内堆积，发掘区位于城门西侧，主要的文化堆积可分为三大层。上层为耕土下的红黏土层，属于清朝至民国时期黄河淤积层，有清代晚期—民国的墓葬。第二层，主要属于宋元时期的堆积，因靠近城墙，仅发现个别的灰坑。第三层，战国末至秦汉初期形成的文化堆积，有 2 条沿着城墙内侧的排水沟 G202、G204 分别打破该层。

据文献记载，春秋战国时期这一带属于齐国的贝丘邑，是齐国都城临淄北部重要的城邑，是守卫临淄城的重要门户。这次发掘证明，寨下遗址有可能是贝丘邑的邑城，直到西汉博昌城的出现，该城才逐渐废弃。宋元时期这里仍然是一处重要的村落。这次发掘，虽然未发现早于战国时代的地层和遗迹，但在战国至宋元的遗存中出土了不少商周时期的陶器残片，证之 2002 年发掘的发现，可以确认该遗址在商周时期已存在，但是否是殷商时期蒲姑城或齐国胡公所迁薄姑之都城，目前仍难以确认。

九　博兴东关商代遗址

东关遗址地处鲁北平原，位于山东省博兴县博城镇东关村南，北据黄河，南临小清河，河道大堤压在遗址南部，博张铁路穿过遗址西边。遗址略呈东西舌形。规模在东西 150、南北 120 米，面积近 2 万平方米。遗址中部高四周低，由中心向四周呈缓坡下降，形态接近所谓堌堆遗址。南水北调大堤利用原来溢洪河北大堤，穿过东关遗址南部边缘。

2008 年 11 ～ 12 月，山东省文物考古研究所与淄博市文物局、烟台市博物馆联合对遗址进行了发掘，发掘分两个区，分别位于大堤南北两侧，面积约 2500 平方米。

遗址上覆盖很厚的淤土层，中部较薄，厚 0.7 ～ 1.0 米，边缘部分较厚，厚 1.5 ～ 2.6 米，可分五层。第②层淤土层约当明清时期，其下有宋元墓葬；第③层约当北朝隋唐，叠压汉代墓葬，第④、⑤层是同一次洪水后的不同沉积，时代当为汉代，下面叠压战国时期的地层。

淤土层下为文化堆积，可分三层。第一层（即总第⑥层）即战国时期地层，见于大堤北侧发掘区，灰褐色土层。出土盆、瓦等战国时期陶片，其下开口少量战国时期灰坑。第二层见于大堤南北两侧发掘区，时代属于商代。第三层亦属于商代（图 6-91）。由于出水没有发掘到底。

发现的遗迹可分两类：

其一，是位于遗址上部淤土层中的墓葬，主要是汉代墓葬，另有 2 座宋元墓葬。汉代墓葬均为长方形土坑竖穴墓，有的发现砖椁，均被破坏，墓向北，

1.房基基槽

2.房基、灶坑

3.灰坑

4.堆筑夯土剖面

图6-91　博兴东关遗址商代遗迹

人骨保存极差，随葬品了了，出土一灰陶壶和两片板瓦，另见一残破铜铁复合器。墓葬分布比较分散，只在大堤北侧发掘区西端可见三两座的组合，当初应为一小的墓地。宋元墓葬均为圆形土坑竖穴，墓道向南，出土少量陶瓷冥器。

其二，是淤土层下的文化层中的各类遗迹现象，有灰坑、房址、灶坑、灰沟、大型堆筑工事等。灰坑以圆形和椭圆形为主，多直壁平底，也有斜壁者。房址只发现一角，大部分压于大堤之下，均为方形，包括两种建筑形式，挖基槽的和版筑墙体的，室内地面平整坚实。灶坑为近圆形，深10多厘米，打破一座房址的东墙。最重要的发现是位于遗址边缘的大型堆筑工事，开口于商代层下，贴敷于遗址边缘，由内侧到外侧逐次逐层堆筑，土层采自遗址上的文化层和遗址下的生土层，逐层交互叠压，层层夯打加工形成，应该是当时为维护遗址所做的建筑遗迹，可能也起到一定的防御功能。

出土遗物包括陶器、石器、骨角器，陶器器形有鼎、鬲、盆、罐、豆、壶、簋、盔形器等，以鬲、盆、罐、豆为主；石器主要是镰，骨角器包括戈、锥等。由出土陶器来看，这里的商代遗存时代较早，早的相当于中原地区所谓中商时期，晚的大约相当于殷墟早期。

东关遗址的发掘为了解鲁北地区商代文化特别是商文化最初东渐拓殖时期的面貌提供了重要资料，也为了解那个时期鲁北地区聚落形态提供了第一手资料。特别是堆筑工事，为这一地区聚落考古增加了新的内容。近年来，鲁北沿海地区发现了商代大规模制盐遗址，其中最重要的制盐工具是盔形器，现在东关遗址也发现了盔形器，而且时代较早，为研究本地区商代制盐业的开始提供了新的线索。

一〇　博兴疃子唐至明清遗址

疃子遗址位于博兴县锦秋街道疃子村北，处于小清河与支脉河之间。遗址南北长约220、东西宽约150米，面积约3万平方米。海拔约为6米。溢洪河穿过遗址北部，老博安路穿过遗址东部。

2010年10～12月，山东省博物馆考古队对遗址进行了发掘。发掘面积1000平方米，分A、B两个发掘区。

A区位于遗址的南部，发掘土层分为六层。第①层为耕土层；第②层为明清文化层；第③层包含较少遗物；第④层初步判断为唐宋文化层；第⑤层包含极少遗物；第⑥层为黄沙层，较纯净。

B区位于遗址的东北角，发掘土层可分六层。第①层为耕土；第②层为淤积层；第③层亦不见人类活动遗存；第④层与A区第④层不同，为明清时期层位；第⑤层不见文化遗物，但在该层面上有遗迹现象；第⑥层为黄沙层。

本次发掘共发现32个遗迹，其中21个灰坑，6条灰沟，2座建筑址，2座墓葬，1个土埂。其中，A区28个，以H2最为重要，出土复原器物多达26件。M1破坏严重，仅存底部（图6-92）；M2保存相对较好。两座墓葬均为砖室，规模

图6-92　博兴疃子唐墓M1（东—西）

不大，初步判断为唐代中晚期墓葬。2 座建筑址破坏较严重，仅见铺地砖，疑似房址。B 区 4 个，仅 H11 为唐宋时期遗迹，其他均为明清以后遗迹。

墓葬　2 座，为唐代中晚期。

M1　圆形砖室墓，破坏较为严重，仅残存底部几层砖，墓底有铺地砖，有南北向长方形墓道，墓道朝南。墓室内未见棺椁，双人合葬，骨骼较凌乱，东西向。随葬品有陶器、瓷器、铜钱等。

M2　长方形砖室墓，单人仰身直肢葬，头向北。随葬有白瓷碗 1 件、黄釉执壶 1 件（图 6-93）。

1.M2出土黄釉执壶

2.M1出土执壶

3.M2出土白瓷碗

4.H2出土青瓷罐

图6-93　博兴疃子遗址出土瓷器

灰坑 21座。

H2 宋元时期，坑底有倒塌的青砖，出土大量陶器、瓷器及骨器、石制品等，包括部分较为精美的白瓷和青瓷器，分属耀州窑、景德镇窑等多个窑口。

此次发掘共出土遗物76件，少数完整，有陶器、瓷器、铜钱、铁器、玉石器、漆器等。其中以瓷器为主，器形中以碗为主，另有罐、钵、盆、饰件等。初步判断，大部分器物为唐至宋时期的遗物，少部分为明清以后遗物。此次发掘基本弄清了该遗址的性质及时代，遗址以唐宋遗存为主。这次出土的一批瓷器较为重要，对山东地区瓷器的研究有着重要意义。

第六节 胶东输水东段

胶东地区引黄调水工程，西起潍坊市昌邑宋庄分水闸，经平度、莱州、招远、龙口、栖霞、蓬莱、福山区、莱山区、牟平区，东达文登米山水库，新辟输水线路322千米。以龙口黄水河分水闸分为东西两段，西段长160、东段长162千米。分为明渠、暗渠、渡槽三种形式，莱州以西多经过胶莱平原，以明渠为主要形式，招远以东由于穿越胶东丘陵地区，不少区段采用暗渠的形式。明渠宽60、暗渠宽20米，个别区段宽度达到100米。

2003年以来，根据山东省文化厅的安排，山东省文物考古研究所对沿途进行了调查、勘探工作。经过详细调查和初步勘探，发现32处地下文物点，其中有25处需要进行勘探，7处需要发掘。2007年3月10日，山东省文化厅南水北调文化保护领导小组在青岛召开“胶东调水工程文物保护工作会议”。根据会议安排，山东省文化厅南水北调文物保护工作办公室分别与项目承担单位及协作单位签订了协议。胶东调水的文物保护工作正式展开。到2007年年底，基本完成了田野工作。

胶东输水段田野考古的主要收获包括：招远老店遗址发现了龙山文化时期的环壕、夯土台基和相关遗物，莱州路宿遗址发现了一批岳石文化—东周时期遗迹遗物，在莱州水南清理东周—明清时期墓葬122座，莱州碾头清理汉代墓葬20座，龙口市望马史家发现汉代墓葬29座，莱州后趴埠发掘宋金时期墓葬10座，文登崮头集清理宋金墓葬40座，出土一批宋金时期的重要遗物，平度埠口遗址出土一批宋元时期的瓷器和铁器。为研究胶东地区自龙山时代以来不同时期的社会发展状况、生产力水平和风俗民情提供了宝贵的实物资料。特别是招远老店遗址发现了龙山文化环壕及夯土台基、文登崮头集的宋金墓葬、平度埠口遗址窖穴中出土大量完整铁器等，在胶东地区均属首次发现，具有重要的历史和学术意义。

一　招远老店龙山文化遗址

老店遗址是在1988年烟台市博物馆和招远县文物管理所进行文物普查时发现的。遗址位于招远市辛庄镇老店村村东，西南距招远市区约30千米。遗址地处诸流河西岸，北距渤海海岸约800余米。是一处重要的龙山文化遗址，曾出土龙山文化的陶器、玉器，其中的1件玉钺是新石器时代的重要珍品。由于当地窑场取土烧砖，遗址遭到严重破坏，仅遗址的南部保存较好，胶东调水工程从遗址中部穿过。

2007年4月，山东省文物考古研究所在招远市文物管理所的大力支持和协助下，对工程占用范围内的遗址部分开始进行正式考古发掘。随着对遗址认识的不断深入，前后选择了三个发掘点，发掘面积近300平方米。

1. 第一发掘区

位于遗址现存部分的东北角，北面和东面是窑场取土形成的高约2米左右的断崖，西面地势略低。工程占压范围大部为窑场回填堆积，仅在西部边缘和底部还保留有原有的地层堆积，唯东北角一段高地保存较好，是本次发掘的重点。环壕和大台基就是在这里发现的（图6-94）。

夯土大台基，发掘区内的文化堆积分为三层，上层为黑褐色，土质坚硬，夹杂少量龙山文化的陶器残片和碎烧土块，厚度0.30～0.50米；中层土色略浅，呈深褐色，土质坚硬，红烧土碎块较多，厚度0.40～0.60米；下层堆积的土色略有差别，东面为黑褐色，北面、西面呈灰褐色，比较坚硬，夹杂较多大的红烧土块，多为窑壁残块，厚度0.20～0.40米。以下为生土层。

三层堆积之间不见其他遗迹现象，土质、土色具有比较一致，质地坚硬，经过一定的夯筑加工，整体性较好。现存部分南北13.8、东西36（顶部25米）、中间部位厚度2.3米，是在短期内或者是一次性形成的，属于一个比较大的遗迹单位，即夯土大台基。由于发掘区的东、西、北三面上部都遭到破坏，顶部也非原貌，其性质和社会功能还有待于进一步的工作。

大型环壕在夯土台基堆积之下的生土层中，发现了壕沟和部分灰坑。经追踪勘探，确认壕沟为一闭合的环壕（图6-95）。为进一步了解环壕的布局和结构，根据勘探情况选择了另外两个发掘点。

2. 第二发掘点

位于遗址即环壕的西北角，编号T101。由于砖场取土至生土层，文化层全部被破坏，仅存环壕遗迹。从平面看，外侧拐角115º，近似直角，内侧呈弧形。残存的环壕下部上口宽、底部窄，剖面呈倒梯形。北环壕上口宽2.55、底宽1.65、残深0.91米；西环壕的上口宽3.10、底宽2.10、残深1.25米。环壕内堆积主要为淤土层。

1.老店遗址远眺

2.台基外围

3.台基东立面、壕沟

图6-94　招远老店遗址

1.环壕西北角

2.西壕沟结构

图6-95　招远老店遗址环壕

3．第三发掘点

选择在遗址西北部，地层堆积保存尚好的地段，编号T102，主要目的是了解环壕的层位关系。该处文化堆积厚约1米，可分为四层。第①层现代表土以下即为龙山文化的堆积，环壕开口与第②层下，打破第③、④层，深入生土。是三处发掘点环壕结构最完整的地段。总体上说，环壕上半部沟壁较斜缓，呈大敞口的喇叭口状，坑壁不规整，在与下半部的接合处有一段很平缓，环壕外侧有近似台阶状的平台，或与挖掘环壕上土有关；下部剖面似倒梯形，沟壁较陡直，也比较规整，底部窄小近平。环壕上口宽7.70、中间宽2.55、沟底宽0.70

米；环壕上口距现地表0.73～0.93、沟底距地表4.30、自深3.50米。

根据以上三个发掘点和追踪勘探揭示的情况可知，环壕平面大体呈方形或略呈长方形，西壕、北壕的大部尚存，南壕大部遭到破坏，仅存西南角部分。遗址东侧为诸流河，经反复勘探，未发现环壕，推测当时是以诸流河充当环壕的东壕。经测量，西壕全长276.46、北壕现存长度219.92、南环壕现存长度不到20米。总面积61600～73600平方米。

据三处发掘点及环壕内的堆积分析，环壕从始建到废弃大约经过了三个阶段。第一阶段是环壕的始建到首次疏浚清淤前的一段时间；第二阶段是首次清淤到再次淤塞之前的时期。当环壕下部淤土接近环壕自深的约二分之一时开始清淤，但清淤并不彻底，仅清除了环壕中部以下的部分淤土；第三阶段，使用后期至废弃。第一次清淤后到再次被淤填至自深的约二分之一时，环壕处于被废弃的过程中，上部出现了非自然的人工填土，并略经加工，是环壕废弃后人们活动形成的地层堆积。

环壕内出土的陶器残片，有铲足型鼎、器盖、侈口中腹罐等器形，均属于龙山文化早期的遗物，因此，环壕应始建于龙山文化早期。在环壕废弃后的堆积中，有凿形足鼎、器盖、方唇罐等器形，具有龙山文化早期到中期偏早的特征，未见龙山文化中期以后的遗物，因此，环壕废弃的年代不迟于龙山文化中期。

本次发掘的最大收获是发现了环绕遗址的环壕，出土了一批龙山文化的遗物。对研究胶东地区龙山文化的物质文化面貌、社会发展状况提供了重要的物质资料。为加强老店遗址的保护，山东省文化厅南水北调文物保护工作办公室建议项目承担单位组织专家论证会，形成《招远市老店龙山文化遗址保护论证会纪要》，并据此以《关于加强招远市老店遗址文物保护工作的函》形式，同工程建设管理部门进行协商，增加了发掘经费，扩大了面临工程占压部分的抢救发掘面积，提取了更多面临永久消失的文化信息。

二　莱州路宿史前至汉代遗址

路宿遗址位于山东烟台莱州市城港路街道办事处路宿村南约600米，地处胶东半岛的北侧，莱州湾东岸的沿海平原地带，西距大海约6千米。原为高台地，被早年整修“大寨田”削低不少，现存遗址较周围稍稍隆起。

2003年山东省文物考古研究所和烟台市博物馆、莱州市博物馆对工程沿线进行了徒步考察。2004年春天及2007年春天对该遗址进行了详细的考古勘探，确定了遗址的分布范围和文化堆积状况。2007年4～5月，山东省文物考古研究所与莱州市博物馆对该遗址进行了联合发掘，揭露面积540平方米，发现有龙山文化、岳石文化、东周时期和汉代文化遗存（图6-96、97）。清理灰坑、窖穴80余个，房址2处，陶窑2处，灰沟3条，并发现了较为丰富的陶器、石器、

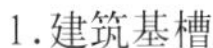

1.建筑基槽

2.灰沟

3.窖穴

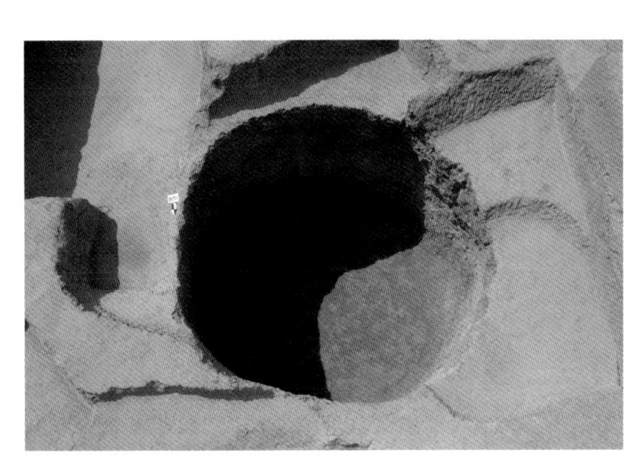

4.窖穴

图6-96　莱州路宿遗址遗迹

骨器等文化遗物。

龙山文化遗迹有灰坑、窖穴。遗物有陶罐、鼎、鬶、盆、杯等陶器以及少量残石器。岳石文化遗存有灰坑、窖穴，窖穴多为袋形平底，壁底加工规整。有的口径达3、深3～4米。出有陶罐、鼎、盆、杯、尊口、盖纽、豆盘等陶器以及少量残石器。东周时期文化遗存有灰坑、窖穴、灰沟、陶窑、墓葬以及柱洞、基槽等建筑遗存。灰坑呈长方形、圆形、不规则形等，壁、底呈直壁或斜壁平底或锅底状。灰沟为口宽底窄的长条状。陶窑仅存火膛部分,窑室部分被破坏掉。建筑遗存有柱洞和基槽，基槽长达十几米，为周代较大规模的建筑基址。墓葬皆为瓮棺葬，墓穴较小，葬具为大板瓦铺、扣或陶罐和陶盆相扣合，内埋葬幼儿。东周时期的文化遗物较为丰富，多为泥质绳纹灰陶和夹砂素面红陶，器形有鬲、盂、豆、罐、盆、甑等，并出有少量骨器（图6-98）。

路宿遗址为莱州市唯一经过大面积发掘的史前遗址，为胶东地区增添了一处新的史前文化遗址。龙山文化遗存与岳石文化遗存的发现，对研究莱州史前古代居民的生存活动具有重要的意义。

1.土坑墓M6

2.瓮棺葬M10

3.翁棺葬M14

4.瓦棺葬M11

图6-97 莱州路宿遗址墓葬

1.石刀　2.石锛　3.石璜　4.陶饼　5.陶纺轮　6.骨针

图6-98　莱州路宿遗址出土遗物

三 莱州水南战国汉代清代墓地

水南墓地位于莱州市三山岛街道办事处水南村的东部、王河的南岸。南距莱州市约 5 千米。墓地南北长约 400、东西宽约 300 米，面积约 12 万平方米。

2007 年 4 ～ 6 月，山东省文物考古研究所对工程占压地段进行了考古发掘，清理墓葬 122 座。包括战国墓 1 座，汉代墓 82 座，清代墓 39 座。由于早年因平整土地，加上盗掘，致使大部分墓葬遭到破坏，砖室墓仅残留下半部，或部分铺底砖。随葬品等遗物残留极少，仅见少量陶器、五铢铜钱、铜镜、玻璃器等。

1. 战国墓

仅 1 座。

M7　为长方形土坑竖穴墓，南北长 2.80、东西宽 1.10、深 1.20 米，墓向 9°。单棺长 1.85、宽 0.45、残高 0.10 米。仰身直肢葬。出土有铜戈 3 件、铜矛头 1 件、铜带钩 1 件、铜剑 1 把、铜镞 3 枚等（图 6–99）。其中 3 件铜戈位于头下，有编织物包裹。

1. 铜戈

2. 铜戈

3. 铜剑

4. 铜矛、箭镞

图6–99　莱州水南墓地战国墓出土青铜器

2. 汉代墓

共82座（图6-100），其中长方形土坑竖穴墓43座，包括木椁墓、单棺墓、砖椁墓、瓦椁墓。带墓道的砖室墓38座；瓮棺葬1座。

单棺墓　一般较小，南北向墓葬为多，东西向较少。墓口长2.20～2.50、宽1.20～1.50、深0.95～2.60米，棺长1.68～1.95、宽0.50～0.70、残深0.35～0.50

1.土坑墓M8

2.砖室墓M23

3.砖室墓M29

4.带墓道砖室墓M40

5.带墓道砖室墓M25

6.M40墓砖

图6-100　莱州水南墓地汉代墓葬

米。除个别有生土二层台外，其他皆为熟土二层台。少量墓葬在头龛和壁龛或者头端二层台上，只随葬 1 个陶罐。大部分墓葬没有随葬品。只有一座墓随葬 1 枚五铢铜钱和 1 枚残碎铜镜。如 M8，头向北，墓口长 2.60、宽 1.28、深 0.95 米，棺长 1.83、宽 0.55 ～ 0.70、残深 0.35 米。仰身直肢葬，尸骨腐烂。在头端二层台上有 1 件陶罐。

木椁墓 4 座，一棺一椁皆为木质，均朽烂。墓口长 2.40 ～ 2.80、宽 1.50 ～ 2.30、深 1.60 ～ 1.85 米，随葬品相对较为丰富，皆放置在棺椁之间。

M111 墓南向，墓口长 2.80、宽 2.30、深 1.85 米，椁长 2.30、宽 2.00、残高 0.40 米，棺长 2.15、宽 0.70、残高 0.15 米。在棺椁之间出土陶器 14 件，包括陶尊、匜、盆、盘、耳杯、方盘、鼎以及漆器等，棺内有铜镜、铜钱、带钩、印章等（图 6-101）。

砖椁墓 10 座，皆砖椁单棺，除其中一座为券顶之外，余者墓顶皆毁。墓口长 2.45 ～ 3.10、宽 1.10 ～ 1.70、深 0.95 ～ 1.80 米，一般有头箱或者头龛。

M23 墓口长 2.90、宽 1.62、深 1.70 米，头向北，另有头箱。砖椁长 2.35、宽 1.05、高 0.78 米，棺长 1.90、宽 0.64、残高 0.15 米。仰身直肢葬。头箱随葬有 1 件陶罐及 1 个小动物。

M50 墓口长 2.86、宽 1.10、残深 0.65 米，头向东。砖椁长 2.57、宽 0.80、高 0.60 米，棺板痕迹长 1.90、宽 0.60 米。仰身直肢葬。在东侧棺椁之间出土 2 件扁壶，棺内有 1 件玻璃饰件。

M29 墓向东，墓口长 3.10、宽 1.30、深 1.10 米。砖室券顶，椁内出土 1 件扁壶。人骨仰身直肢葬，头向东，保存较差。

带墓道砖室墓 38 座。绝大部分为单墓道“凸”字型，墓室一般为圆角弧壁长方形或者方形，斜坡式墓道大部分是南向，少部分为西向。墓葬都遭到不同程度的破坏，有的还残留有砖室的下半部，大部分基本破坏殆尽，个别残留有几块铺底砖。墓室内尸骨及随葬品都遭到破坏，只发现个别扁壶以及铜钱等。墓砖一侧都有纹饰，种类包括菱形纹、钱纹、穿璧纹、鱼纹、鸟纹、三角变体菱形纹等等，多达 10 种以上；有的墓砖带有榫卯结构。

M40 保存较好，由墓道、甬道、耳室、墓室四个部分组成。墓室为弧边圆角，近方形。墓道长 3.70、宽 1.10、深 0.36 ～ 1.10 米，甬道长 0.62、宽 0.90、深 1.06 米，墓室长 3.30、宽 2.98、深 1.00 米，耳室门为券顶门。随葬品只残留有几枚五铢铜钱，尸骨不成形状。

M17 与 M40 近似，但无耳室。

M25 为方形，有两排侧边箱。

3. 清代墓

共 36 座，大部分是近方形土坑竖穴双棺墓（图 6-102），部分为单棺，少部分为三棺，另有少量砖棺墓。出土遗物比较少，大部分出土有瓷灯盘、瓷罐以

1.陶扁壶M50：1　2.陶盒M60：2　3.陶罐M109：1

4.陶魁M120：6　5.陶樽M120：9　6.陶壶M45：2

7.陶壶M120：2　8.M16出土铜镜

图6-101　莱州水南墓地汉墓出土遗物

图6-102　莱州水南墓地清代墓葬

及铜簪子、铜鋬指、铜钱，另有个别墓葬的出土金、银戒指等。

该墓地是莱州市近几年来发现的比较大的一座墓地。时代跨度大，出土遗物具有地方特点。汉代砖室墓的墓葬形制同潍坊北部地区的汉代墓葬具有很强的相似性。对于研究胶东地区汉代墓葬习俗以及物质文化，以及胶东与潍坊地区的文化交流都具有重要意义。

四　莱州碾头汉代清代墓地

碾头墓地位于莱州市城港街道办事处碾头村西北，西临莱州啤酒厂，南距莱州市约 5 千米。墓地地势隆起，因啤酒厂占压、耕地取土破坏及修建水塘，现存面积约东西 150、南北 200 米。胶东调水干渠工程占压墓地东部。

2007 年 4 ～ 5 月，山东省文物考古研究所对该墓地进行了抢救性考古勘探和发掘，共清理墓葬 20 座（图 6-103）。汉墓 16 座，其中 15 座为长方形土坑竖穴墓和砖室墓，1 座砖椁墓。清代墓 4 座，包括 2 座洞室墓，2 座土坑墓。出土有铜镜、陶鼎、陶壶、陶耳杯、陶罐、陶樽、陶盘、茧形壶、陶盒、陶奁、陶魁、铜钱等 100 余件（图 6-104、105），获得了一批重要的实物资料。

1.汉代土坑墓M3

2.汉代土坑墓M7

3.汉代砖室墓M8

4.汉代砖室墓M20

5.清代洞室墓M6

图6-103　莱州蹑头墓地汉代与清代墓葬

1. 长方形土坑竖穴墓

多为单人仰身直肢葬，墓中填土经夯打。

M3　墓主头向东。墓室口部长 2.24、宽 1.04 米，深度东端 1.20、西 1.10 米。木棺已朽，长 1.76、宽 0.50、高 0.40 米。脚端有一壁龛，内置 1 个陶鐎斗。

M7　墓主头向北，面向上，单人仰身直肢葬。墓室口部长 2.70、宽 1.60、深约 1.20 米。一棺一椁，已朽。椁长 2.30、宽 1.25、残高 0.40 米。随葬品放于

1.陶壶M7：3　2.M1出土陶扁壶　3.陶三足奁M12：6
4.陶三足奁M4：1　5.陶奁M7：14　6.陶盆M8：5
7.陶魁M12：7　8.陶案M7：18　9.陶耳杯M7：9

图6-104　莱州踝头墓地出土汉代陶器

1.M11：1

2.M20：1

图6-105　莱州蹍头墓地出土汉代铜镜

棺外西部边箱内，放置陶器16件。其中有陶奁3件，陶壶、陶盘各2件，耳杯5件，陶樽、陶熨斗、陶案、陶盒各1件。

2. 长方形土坑砖椁墓

多单人仰身直肢葬，墓中填土经夯打。

M8　墓主头向东，墓室口部长2.54、宽1.42、深约1.35米。砖椁用大小两种砖砌筑，随葬有5件陶器，放于足端砖椁外。其中耳杯2件、陶熨斗、陶碗、陶罐各1件。

M20　墓主头向北，墓室口部长2.92、宽1.40、深约1.00米。随葬品有铜钱3枚、陶耳杯3件，铜镜、铁镜架、陶盆、陶盒、陶罐各1件，鱼骨1堆。

3. 洞室墓

M6　墓室为椭圆形弧壁穹隆顶。墓主头向西，面向南，单人仰身直肢葬。墓室底部长2.20、宽0.72～1.26、残深0.70～0.75米。墓道平面呈梯形，坑壁较光滑，底部呈东高西低状倾斜。墓门位于墓道西端，呈半圆形，高0.74、宽0.72、进深约0.16米，用土坯封堵。梯形木棺，已朽。随葬品放于墓室西壁的壁龛内，出土有铜钱4枚、铜扣2枚，陶瓦、瓷罐、灯盏各1件。其中1枚铜钱为“乾隆通宝”。

莱州碾头墓地发掘的20座墓葬中，大部分为汉代墓葬，仅有4座为清代墓葬。这批汉墓除1座被盗掘外，其他都保存完好。根据墓葬的形制特点及出土器物判断，这批墓葬的时代应为西汉晚期至东汉时期。出土100余件遗物基本保存完好。对于研究莱州地区汉代社会的葬制葬俗及政治、经济、文化等，均具有重要意义和研究价值。

五 龙口望马史家汉代明清墓地

望马史家墓地位于山东省龙口市西南约13千米的芦头镇望马史家村南，西距渤海海岸约9千米。地势较为平坦，墓地南侧威乌高速路由此经过，西侧有马南河流经。近十年间附近的砖厂一直在这里取土，形成两个长宽分别约300～330、宽100～120、深达7米以上的大坑，对墓地中心区域造成了严重破坏。胶东调水工程东北西南走向斜向穿过两个大坑。

2007年4～6月，山东省博物馆考古队选择在“南坑”西南壁外侧尚未破坏区域墓地进行了发掘，发现墓葬29座，包括东汉墓10座，明代墓12座，清代墓7座。出土陶器、瓷器、铜器、琉璃器等各种出土器物90余件。

1. 东汉墓

共10座，其中砖室墓7座、土坑墓3座，大部分为东西向。其中中型砖室墓2座，由墓道、墓门、墓室组成，墓道向西，斜坡状，墓室顶部被破坏，从残存迹象判断应为穹隆顶，墓底平面大致呈弧边方形，面积约11～12平方米，有“人”字形铺地砖，为双人合葬墓。小型砖室墓5座，均被破坏，平面大致呈长方形，大部分有铺地砖，有双人合葬墓和单人二次葬墓。墓砖一侧饰有花纹，有网纹、鱼纹、菱形纹、连环纹等。土坑竖穴墓3座，东西向，单人仰身直肢葬，有棺椁痕迹。

M14 长方形土坑竖穴砖室墓（图6-106），被盗扰。由墓道、墓门和墓室

图6-106 龙口望马史家汉墓M14

组成，墓道为长方形斜坡状，位于墓室西部。石质墓门，弧顶长方形，高 1.28、宽 0.86、厚 0.10 米。墓门下有长方形垫脚石，砖砌门框，券顶。墓室呈抹角弧边方形，长 3.40、宽 3.42 米。四壁叠涩内收，穹隆顶，已残。墓砖有 3 种，分别为菱形纹、钱纹和网纹。墓底有“人”字形铺地砖，残留双棺痕迹，有 2 具骨架，应为夫妻合葬墓，头向东，仰身直肢葬，骨架保存较差。北侧棺长 2.20、宽 0.48 米，南侧棺长 2.00、宽 0.48 米。北侧棺外东部发现 1 件白陶碗，两棺棺内发现五铢钱、货泉、榆荚钱等。南侧棺外南部发现漆碗 1 件，无法提取。在

1. M4出土铜镜

2. M28出土铜镜

图6-107　龙口望马史家汉墓出土铜镜

白陶碗周围发现已被盗走的随葬器物遗痕。

M28　为土坑竖穴砖室墓，砖室为弧边长方形，破坏严重，墓室上部已破坏无存，单人二次葬，骨架保存很差，仅残留部分头骨和肢骨。在头骨南侧发现铜镜一枚，为四乳四神镜（图 6-107）。墓底北部发现数枚五铢钱。

2. 明代墓

共 12 座，其中砖室墓 1 座，砖石混筑墓 6 座、土坑砖椁墓 3 座、土坑竖穴墓 2 座。前三种绝大多数为双室墓，多由墓道、墓门、墓室三部分组成，墓道朝南，少数没有墓道。顶部有的盖以石板，有的以单砖斜向竖立呈燕尾形交叉封盖。葬式除 1 例二次葬外，余均为仰身直肢葬，头向朝南。骨架周围发现棺板痕迹，墓壁及两室隔梁留有壁龛，内置瓷罐、瓷灯等随葬品（图 6-108）。土坑竖穴墓为单人仰身直肢葬，头向南，未见葬具，随葬品置于骨架一侧。明代墓多为夫妻同穴异室合葬墓，壁间有龛，放置瓷罐和瓷灯组成的长明灯，隔墙中的龛多数相同。发现的钱币中，除 1 枚唐代开元通宝外，全部为北宋年间的年号钱，部分置于口中或者握在手里，还有的放置在腿部，表现出明代特有的墓葬习俗。零星的墓葬中，M19 系迁葬后残余的墓穴，M23 附葬于 M22 的东侧墓道中，二者应该存在夫妻

1.M14出土陶碗

2.M20出土陶罐

3.M21出土黑釉罐

4.M26出土黑釉罐

图6-108　龙口望马史家墓地出土陶瓷器

或血缘关系。M24、M25位于M22西侧相邻处，应该同样存在夫妻或者血缘关系，这表现出明代墓葬习俗中，夫妻合葬非常流行，在M27中，东侧为二次葬，说明即使夫妻死亡时间不同，也会在建筑时预留墓穴，或者在建筑墓穴时将早亡者迁葬。出土器物中，主要是长明灯，而且发现伴出一块铁器、一片陶瓦，根据当地群众反映，当地至今还遗留着随葬长明灯和铁锅的习俗。发现的小块铁器断面呈弧形，较薄，很可能是铁锅的残块。放置铁锅、长明灯、盛装食物的瓷罐、陶瓦等，象征着生人对死者能够重生、继续人间生活的美好幻想。

M18　为砖石混筑墓，由墓道、墓门、墓室三部分组成（图6-109）。墓道位于墓室南部，平面为长方形，南高北低斜坡状，长2.78、宽1.10～1.16、近墓门处深2.94米。墓门为一不规则形石板，加工粗糙，高0.20～0.44、宽0.76、厚0.10米。墓室为长方形，墓顶以数块不规整的石板平铺封盖。其下为砖石混筑东西双室，东室长2.40、宽0.76～0.80米，西室长2.60、宽0.76米。两室中间隔墙南部有方形龛，高0.26、宽0.28米，贯通两室。骨架保存较好，葬式为仰身直肢葬，头向南。东侧男性，西侧女性，两棺棺底铺有一层较厚的青灰。东侧

图6-109　龙口望马史家明代墓M18

墓室棺外南部及西部各发现1件四系瓷罐，北壁下贴壁立有1件镇墓瓦，上面有朱书道符。西侧墓室在死者左臂肘关节处，亦发现镇墓瓦1件，有朱书道符。

3. 清代墓

共7座，其中砖室墓3座、砖石混筑1座、土坑竖穴墓3座，均为南北向。

砖室墓为双室墓，墓壁及隔梁留有壁龛，内置随葬品。葬式为仰身直肢，头向北，面向上，葬具为木棺。

土坑竖穴墓平面呈梯形，北宽南窄，单人仰身直肢葬，头向北，葬具为一棺。

砖石混筑墓顶部盖以石板，一侧墓壁以青砖垒砌，留有壁龛，内置随葬品，墓底有生土二层台，底部大致呈长方形，单人仰身直肢葬，头向北，葬具为木棺。

砖室墓系夫妻合葬墓，其中M8已经垒砌中间砖墙，但是后来因故没有合葬。M9、M17最为典型，使用青砖垒砌，以石板盖顶，以白灰填缝，垒砌工整，中间隔墙上有如意云头形顶的壁龛，其内放置瓷罐和灯，发现康熙、雍正、乾隆的年号钱。M13只残留砖砌墓底，可能系迁葬造成的。M10、M11、M12为土坑竖穴墓，大小仅可容棺，随葬品很少发现。

4. 出土遗物

共36件（组），90余件，包括罐、灯、陶饰、耳坠、耳珰、铜镜、铁削及磨石等，质地包含陶器、瓷器、铜器、铁器、石器及琉璃器多种，时代分为东汉与明清两大时期。

（1）东汉遗物

包括陶器 2 件，铜镜 3 件，铁器 1 件，另外还有琉璃耳珰、磨石、铜钱等。

标本 M4：1，四乳四虺镜。圆纽座，座外四乳间饰四虺形纹，虺的腹背两侧缀有禽鸟纹及卷云纹。素宽平缘。镜面微凸，呈弧形，保存较好。直径 12.4、镜身厚 0.4、边厚 0.8、纽径 1.5、纽高 1.1 厘米。

标本 M28：1，四乳四神镜。圆纽，四乳间饰青龙、白虎、朱雀、玄武四神。四乳外有一圈铭文带，锈蚀不清。其外有两重三角锯齿纹带。镜面微凸，呈弧形。锈蚀较为严重。直径 11.4、镜身厚 0.4、边厚 0.7、纽径 1.7、纽高 0.7 厘米。铜钱五铢为主，另有少量榆荚钱和货泉。

标本 M14：1，白陶碗。口沿下饰两道凹弦纹，腹部最大径在口沿部。口径 20、高 7.6、底径 10.6 厘米。

（2）明代遗物

有陶罐、瓷罐、瓷灯、镇墓瓦、铜钱等。镇墓瓦 7 件，灰陶板瓦，瓦面有朱书文字或镇墓道符。

标本 M18：3，瓦长 19、宽 16 ～ 17、厚 1.1 厘米。正面有红色朱砂书写的道符，瓦背有麻布纹。

标本 M18：4，瓦长 25、宽 20、厚 1.5 厘米。正面有红色朱砂书写的道符，瓦背有麻布纹。

（3）清代遗物

有瓷罐、瓷灯、镇墓瓦、铜耳坠、铜钱等（图 6-110）。镇墓瓦 3 件，灰陶板瓦，瓦面朱书镇墓文字或镇墓道符。

1.M12出土黑釉罐

2.M8出土镇墓瓦

图6-110 龙口望马史家清墓出土遗物

标本 M8：4，瓦面中间朱书镇墓道符，道符两侧上部左右分书“镇”“墓”“灵”“符”四字。长 19.5、宽 18、厚 1.2 厘米。

标本 M12：3，瓦面中间朱书镇墓道符，瓦面四角分别朱书“永”“镇”“幽”“宅”四字。长 19、宽 14.5 ～ 16.5、厚 1.2 厘米。

望马史家墓地面积较大，延续时间较长，反映汉代及明清时期的胶东地区的埋墓葬习俗，填补了胶东地区这一方面发现的空白，为胶东地区的汉代及以后的文化研究提供了新资料。

六　文登崮头集晚唐至明代墓地

崮头集墓地位于文登市界石镇米山水库西岸崮头集村南约 600 米，俗称“于家岚子”的山南坡，海拔高度 26 ～ 55 米。米山水库是胶东输水工程终端的调蓄水库，四周群山环绕。由于历年破坏，北部梯田中的墓葬毁坏殆尽，只剩下墓地东南部东西约 200、南北约 20 米的范围相对集中，岸边裸露着形状规则的石板。

2007 年 4 ～ 11 月，山东省文物考古研究所、威海市文物管理办公室对墓地进行了两次发掘工作。发现晚唐至明代墓葬 40 座，出土并采集各类文物 37 件。40 座墓葬可分为石板墓、塔墓、石室墓、石椁墓四个类型（图 6-111）。

1. 石板墓

共 4 座，分布于发掘区东侧。特点是规模小，四块石板砌墓室四壁，底部铺砖或石板，上部用石板封盖。地面没有积石。推测为火葬墓或婴幼儿墓，时代为元代到明初。

M4　明代墓，方向 56°。墓室四壁由不规则的四块石板围合而成，墓底满铺单层条砖十块。平面呈长方形，上窄下宽，墓口内长 0.66、宽 0.46 米，墓底内长 0.78、宽 0.58、深 0.40 米。上口敞开，分析顶部应盖有石板，已失。墓室扰乱严重，填满沙砾和淤土，其东侧近壁处有瓷碗 1 件。

2. 塔墓

共 4 座，分布于发掘区西部，由地下、地面两部分组成。地下墓室四壁为侧立石板，其中南侧由两块石板相对形成墓门；墓室顶部为稍经加工的厚石板，大约与地面相平。地上部分是用外缘加工规则的较大石块砌成圆形或方形塔基，内部空隙用碎石填充，向上逐层内收，形成或圆或方的地上石塔。

M23　元代塔墓，方向 148°。地面尚存经粗略加工、摆放不甚整齐的塔基石，其上残存 2 块厚 0.2 米，外缘修饰整齐的塔体石块，由残存塔体石块外缘的形状，可知塔体为边长 0.7 米的正八边形。塔体石正面向里 0.12 米有一周浅弧线，为上层建筑的砌筑确定了范围。地下分墓室和甬道两部分。甬道与墓室连为一体，两侧由石块和石板砌筑，其尽头起封堵作用的两块石块已被扰乱。甬道为生土

1.发掘区西部

2.元代塔墓M23

3.元代塔墓M31

4.晚唐五代石室墓M12

5.宋金石室墓M37

6.元代石室墓M21

7.明代石室墓M39

8.宋金墓M38

图6-111　文登崮头集墓葬举例

底，其西侧近墓门处有一瓷碗（M23：1），东部有零星的骨渣。墓室位于塔座正下方，由石板砌筑，其顶部东西向盖两块大致相同的长条形厚石板，中间缝隙有石块填充，高度与底层塔座下的塔基持平；东、北、西三面墓壁由三块上部稍窄、断面大致呈梯形的厚石板砌筑，上部稍向内里倾斜；南面两侧不规则的较小石板形成墓门。所有的墓葬构件都显得比较厚重。底部北半部为棺床，两排三行青砖纵向铺就，不见棺的痕迹。墓口长 1.06、宽 0.42 米，墓底长 1.1、宽 0.6、墓口距墓底 0.8 米。

M31　为元代塔墓，方向 160°。分地面、地下两部分。地面部分墓室北半部残存五块加工过的大小、厚薄不一的塔基石，其东北角塔基石上残存一块长的塔体石块也不完整。墓室四壁上口在同一水平线上，墓室顶盖石已失。地下部分保存完整，分墓室和甬道两部分。在墓室东北部近北壁的淤土中出土残口瓷碗 1 件（M31：1）。墓室北壁用线条雕刻饱满的莲花形象，西壁用阴线雕刻一只猛虎，虎身向北，面向东，四爪腾空站立于案几两端翘头之上。墓室上口长 1.42、宽 0.65、深 1 米。

3. 石室墓

共 30 座，一般有上下两层结构，上层结构为地面堆砌的石块，用以标明墓域范围，有盝顶、平顶和四面坡的“四阿顶”等不同形制，多已残损。下层结构即墓圹、墓室。墓圹多为圆角凸字形，其前凸部分为象征性墓道。早期墓底多为生土，晚期有砖石棺床，部分墓壁有石刻图像。时代从唐一直延续到宋金、元明。

M12　约为晚唐至五代时期墓葬，上层结构和墓室顶盖已失，仅在石室周边残留散乱的石块。下层墓壁、墓门尚完整。墓门位于南部正中，有两块石板构成，内有纵横两块顶门石。西北角出土 2 件瓷碗。墓口东西 1.10、南北宽 0.90 米，方向 352°。

M37　约为宋金时期墓葬，上层结构已失，北部西部尚存部分积石，下层结构保存较完整。从墓壁厚度以及墓壁存在高差等情况分析，应为两层盝顶石室墓。墓室西壁与墓圹之间的上部加砌石块，可能是用以加固墓室。墓室四壁均有石刻图像。北壁满饰斜线底纹，中间用横线勾勒出一四足杯状物，左侧杯沿挂一勺类物。东壁神兽头有角，西壁神兽尖喙鸟首，两兽头向墓门方向，动感十足。双层墓门，内层有门槛石。不见葬具、骨架和随葬品。墓室长 1.5、宽 1.1、深 0.82 米，方向 172°。

M21　元代石室墓，仅存下层结构。墓室东北西三面墓壁上部石板向内倾斜，形成内敛式墓口。墓室正南为墓门，墓门上横一长条石。封门石外东西两侧有立石，作为象征性墓道，其北部有一行青砖代表棺床，不见葬具和骨架。出土假圈足白瓷碗的残底和布纹瓦片，墓上口长 0.81、宽 0.66 米，下口长 1.12、宽 0.94、深 0.97 米，方向 162° 。墓道短小。

M39 明代石室墓。东西墓壁比南北墓壁略低，上部石板向内倾斜。墓门南向，东西两侧有石块砌筑的甬道，门石外还有一顶门石。墓室北壁下部刻有荷花图案，南壁墓门有门槛。墓室底部有东西向五排青砖棺床，不见葬具和骨架痕迹。随葬瓷瓶 2 件，瓷碗 1 件，铜钱 1 串。墓口长 1.70、宽 1.00、深 1.40 米。

4. 石椁墓

2 座，规模较大，有较长的墓道。

M38 约为宋金时期墓葬，早年被盗扰。由墓道、甬道、墓室组成，方向 175° 。墓道为长方形梯状土圹结构。长 5.9、上端宽 1.7 ～ 2.1 米。填土中出土用铁丝串联的两串铜钱，共 7 枚。甬道长 0.42 ～ 0.48、宽 1.38 米。墓室平面呈长方形，四壁均由三行内侧加工平整的石块砌筑，外缘东西长 4、南北宽 2.9 米。墓室顶部由五块厚 0.16 ～ 0.3 米、宽窄不一的大石板覆盖，石板朝向墓室的一侧加工平整，向上的一侧较粗糙，石板之间填充小石块加固密封。墓室、墓顶和墓壁石块接缝处可见涂抹白灰弥缝痕迹。东壁有灯龛，南壁中间有墓门，石门板上下均有圆形门轴，可启闭。石门板宽 0.54、高 1.23、厚 0.12 米。

随葬品较少，出土陶器、瓷器、青铜铸币等各类文物共 22 件，以瓷器为主。采集瓷器、石质文物 13 件。瓷器种类有碗、盘、瓶、罐等（图 6-112）。时代包括晚唐、五代、宋、金、元、明等不同时期，多为北方窑产品。如 M30 出土的白瓷碗腹壁较直，胎质细腻，釉色圆润，属五代时期邢窑产品，M23、M31 出土的绘黑花白瓷碗，不论从烧造技术还是器形都具有明显的金元时期北方磁州窑产品风格。其他一些碗、盘则属元明时期产品。瓷瓶是一种常见的生活用具，首次发现于明初墓葬之中。采集的 1 件辽三彩绿釉瓜棱罐器形端庄规整，釉色圆润，应是宋代墓葬的随葬品。

陶器种类有灯盏、碗、砖瓦等，其中泥质灰陶陶盏（M32：2）与临淄元墓 M1 出土的灯碗（《文物》2013 年第 4 期）如出一辙。钱币有“开元通宝”、宋代铜钱和“洪武通宝”，为墓葬断代提供了准确的依据。

此外还采集了石雕 5 件和石刻图像、墓顶石（塔刹）多件，图像石刻、墓顶石应为塔墓类墓葬的构件（图 6-113）。石刻图像虽然质地粗糙，但线条简洁流畅，时代风格鲜明，题材有二十四孝、妇人启门、宴饮、莲花、家具陈设、龙、虎、龟、牛等神兽动物等。四神中只有青龙、白虎，不见朱雀、玄武，或许因受北宋以来南方因素的影响。是此次发掘的另一重要收获。

本次发掘的几座塔墓地域特色明显，或许受到少数民族墓葬风格的一定影响。埋葬方式火葬应占绝大多数，M25、M27 发现了烧烤过的骨渣。金元时期胶东地区火葬的流行应与动乱的时代和少数民族习俗的影响有关。根据地方志资料和民间走访，该墓地为唐—明代当地居民的公共墓地，至少有于姓、宇姓

1.晚唐五代白瓷碗M12：1

3.晚唐五代白瓷碗M30：1

5.元代白瓷碗M27：1

2.唐五代白瓷碗M12：2

4.晚唐五代白瓷碗M30：1

6.元代白瓷碗M31：1

7.明代白瓷碗M4：1

8.明代白瓷碗M40：2

9.明代瓷瓶M39：1、2

图6-112　文登崮头集墓葬出土瓷器

1.宋代M17西壁白虎

2.宋代M17东壁青龙

3.金代M7北壁宴饮图

4.元代M37东壁走兽

5.元代M37西壁走兽

6.金元M8北壁宴饮图

7.明代M39出土铜钱

图6-113 文登崮头集墓葬画像石及铜钱

等两个宗族墓地。就发掘情况来看，M1 ～ M37 横竖成排，排列有序，方向相同，应为同一家族墓地；而位于发掘区西侧的 M38 ～ M40 与 M1 ～ M37 有自然沟壑相隔，或为另一个家族墓地。根据光绪年《文登县志》，崮头集有金代“皇金金牌武义将军管军千户于忠”墓碑以及元代元贞二年（1296 年）“河内于氏之茔”牌坊，翁仲、石兽尚存。根据墓前石雕的位置，结合地方志资料和此次发掘结果分析，崮头村于姓约于晚唐开始葬此，到金代逐渐成为于氏家族墓地，元代达到鼎盛，一直延续到明初，前后延续了四五百年的时间。总之，崮头集墓地是一个系列化、连续性的平民宗族墓群，规模大，特点明显，对于了解威海地区该时期的墓葬形制变化和丧葬习俗具有重要意义。

由于这批墓葬的形制、葬俗较为罕见，2007 年 12 月 18 ～ 19 日，山东省文化厅南水北调文物保护工作办公室等单位邀请有关专家在威海召开崮头集墓地发掘成果鉴定和论证会，对该墓地的性质、年代、族属以及墓葬特点及文化传承等进行了分析，对发掘的重要成果予以充分肯定。

七　平度埠口宋代遗址

遗址位于埠口村北 200、西距胶莱河约 1000 米，东为东西绵延的低矮土埠。

2006 年 11 ～ 12 月，为配合山东省胶东地区引黄调水工程的施工建设，山东省文物考古研究所、平度市博物馆，对原调查发现的埠口村遗址工程占压部分进行了大面积的考古发掘，共开 10 米 ×10 米探方 8 个、5 米 ×10 米探方 1 个，发掘面积 900 平方米，发现了宋代窖藏等一批重要遗迹和遗物。

发现的遗迹主要有灰坑、窖穴、水井、石砌排水沟等（图 6-114）。灰坑有圆形直壁平底灰坑，圆形或椭圆形斜壁圜底灰坑，还存在一些口部形状不太规整的灰坑。圆形口径较小的直壁平底灰坑很有特色，直径一般在 90 厘米左右，坑内埋藏大量农具，应为特意设置的窖藏。窖穴一般较小，内有铁器和陶器，多数只有 1 件铁鼎或鐎斗，或 1 件铁鼎和 1 件陶罐，个别窖穴的直径仅有 90 厘米的坑内埋葬铁器 40 余件，包括农具、木工用具、生活用具、车马用具等，摆放整齐，应为全套农家铁质工具去掉木柄后的集中掩埋。可能是居民因故临时外出，将无法带走的物件特意埋藏，以备返回家园时重新使用。

水井口部平面呈圆形，口上部外敞，井的下半部为较细的直壁桶状，加工规整，水井的底部残存有铁釜及大量的陶器残片。

石砌排水沟呈东南西北走向，用石块砌成，水沟宽 0.20、深 0.10 余、长 9 米多。西半部破坏较为严重，东部保存较好，水沟两侧保存较好的石砌活动面，部分水沟上用石头搭盖。

出土遗物较为丰富，有陶器、瓷器、石器、角器、铁器等。陶器有盆、罐、瓮等；瓷器有碗、盘、壶、虎子等（图 6-115）；石器有石碾、地界石等；铁器有鼎、鐎斗、刀、

1.排水沟

2.水井

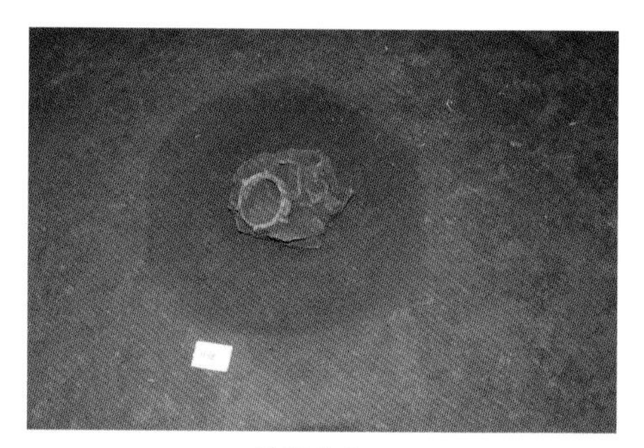

3.铁器窖穴H16

4.H15

图6-114　平度埠口遗址遗迹

剪等生活用具，锨、镢、锸、犁铧等农具，斧、凿、锛等木工用具，以及马镫、齿轮等车马用具（图6-116）。角器有角锥。素烧瓷壶、虎子、碗、罐等数量多，造型优美，富有特色。

该遗址面积较少，在发掘区外勘探也没有发现居住址其他遗迹现象，文化堆积简单，可能为较为特殊的临时居住遗址，居住人群较少，活动时间较短。铁器工具窖藏等的发现，表明可能由于特殊的原因，人们临时离去，却没有返回。可能与当时山东地区的战乱有关。较为丰富的文化遗物，特别是成组铁制工具的发现，为探讨胶东半岛地区宋代社会生产提供了一批较为重要的物质资料，也从侧面反映了当时山东地区的社会不太稳定，对于探讨宋代北方的社会具有特殊的意义。

1.青瓷虎子

2.青瓷瓶

3.青瓷碗

4.青瓷碗

5.陶纺轮

6.灰陶罐

图6-115 平度埠口遗址出土陶瓷器

1.铁鐎斗　2.铁鐎斗　3.铁锸　4.铁锄头　5.铁镢　6.铁犁　7.铁马镫　8.铁剪　9.铁箍　10.铁斧头　11.铁犁铧

图6-116　平度埠口遗址出土铁器

八　莱州市后趴埠宋金墓地

后趴埠墓地地处胶东半岛的北侧，莱州湾的东岸，位于莱州市虎头崖镇后扒埠村南150米的丘陵北坡上，西北距莱州湾1千米，岸边是虎头崖鱼港，岸边有大量人工海产养殖池塘。北侧50米有大莱龙铁路由西向东经过，西侧有人工挖成的水塘。2003年为配合山东省胶东地区引黄调水工程的施工建设，山东省文物考古研究所和烟台市博物馆、莱州市博物馆对工程沿线进行了徒步考察，2004年春天及2007年春天对该墓地进行了详细的考古勘探。

2007年4～5月，山东省文物考古研究所与莱州市博物馆对墓地进行了联合发掘，发现宋金时期墓葬10座（图6-117、118），出土较为丰富的文化遗物。

墓葬多为南向墓道砖室或石室墓，南向墓道较短，长1～2、宽0.80米左右。圆形或曲边方形墓穴，穴内用青砖或石板构筑墓室，有的墓葬门内有门庭。墓门用砖或石头封堵。皆为二次迁葬，1人或数人。少量为长方形竖穴土坑墓，内用石板砌筑长方形石椁，多为双石椁，椁内有木棺、骨架。随葬品有瓷器和石器。

1.M1　　2.M2墓室

3.M4墓室　　4.M7

图6-117　莱州后趴埠墓地墓葬举例

1.M4　　2.M8

图6-118　莱州后趴埠墓地墓葬举例

瓷器有白瓷碗，石器皆用当地产的滑石（俗称莱州玉）旋刻而成，器形有碗、盏、鐎斗等（图 6-119），制作精美。

1.白瓷碗　　2.滑石盏托　　3.滑石盏托

4.滑石碗　　5.滑石碗　　6.滑石勺

图6-119　莱州后趴埠M2出土遗物

后趴埠墓地的墓葬，在胶东地区多有发现，大莱龙铁路沿线的龙口阎家店墓地 60 平方米内发现 13 座墓葬。烟潍高速公路在莱州梁郭沟子杨墓地也曾发现这类墓葬。墓葬构筑非常讲究，形制相同，而且出土的瓷器也比较一致，应为宋金时期的家族墓地有计划的二次迁葬，为研究宋金时期的人群迁移、埋葬习俗提供了一批较为重要的实物资料。

九　招远磁口元明清墓地

墓地位于招远市辛庄镇磁口村村北，南距村舍约 100 余、北距海岸约 1000 余、西距诸流河约 200 余米。墓地东西长约 300、南北宽约 260 米，面积近 8 万平方米。据村民介绍，在这一组墓葬的上部原来有高约 2 米左右的沙丘，20 世纪 50 年代平整土地时将沙丘取平。2007 年春，为配合山东胶东引黄调水工程，山东省文物考古研究所对墓地进行了勘探，在墓地南部的工程占用范围内发现了古墓 20 余座。墓地东部的墓葬分布的比较松散，西侧的一组墓葬分布比较集中，属于一处家族墓葬。

2007 年 4 月下旬至 5 月 20 日，山东省文物考古研究所在招远市文物管理所的大力支持和协助下，对该墓地进行正式发掘。发掘对象主要为墓地西侧的家族墓葬，清理发掘墓葬 16 座（图 6－120）。依墓葬形制可分为三类，其中有两类墓葬并存在叠压和打破关系。

1. 第一类

7 座，土坑竖穴砖椁或石椁墓，位于下层，属清代墓，编号为 M101 ～ M106、M110。其中 M101、M110，M105、M106 分别属于 2 组并穴合葬墓。采用砖椁、石椁或砖、石混筑的椁室。葬具均为一棺。棺的宽窄高矮不同，墓主头部一侧较

1.M113　　2.M114、M115

图6－120　招远磁口墓地墓葬举例

为宽大，下肢处窄小。墓主均为仰身直肢葬，头向西北。随葬品有龙形金耳环、银簪、手镯、铜帽饰、扣饰、钱币和瓷罐、灯碗、陶瓦等（图 6-121 ~ 124）。陶瓦上还有辟邪内容的朱文。这 6 座墓葬时代较晚，出土铜钱有乾隆通宝、道光重宝、光绪重宝。

2. 第二类

7 座，洞室墓，位于下层，约当明至清初时期。编号为 M107 ~ M109、M112 ~ M115，其中 M112、M113，M114、M115 为 2 组并穴合葬墓。为带有墓道的洞室墓，由墓道、墓室和甬道组成。随葬品具有的特征，具体年代有待于进一步确认。墓道近似长方形，外侧略窄，近墓室处略宽，并有封门石或象征性的封门砖。墓道底部呈斜坡状，外浅内深，底部与墓室底部近平相连。墓道与墓室之间的甬道很短，与墓室相比略窄。墓室上部已经遭到破坏并塌陷，残存的上部比底部略窄，顶部应窄于底部的拱形顶。墓室一般在北部挖有小龛，内放瓷油灯碗。葬具均为一棺，棺的宽窄高矮不同，墓主头部一侧较为宽大，下肢处窄小。墓主葬式为仰身直肢和侧身直肢。

已经发掘的 7 座洞室墓的方向多不相同，由西南而东北呈半环绕状。墓主的头向及放置的方向不同，M112、M113，M114、M115 为 2 组并穴合葬墓。M112、M113 墓主均头向墓室，而 M114、M115 墓主头向相反，M114 头向墓道，M115 头向墓室内侧。其他 3 座墓葬墓主的头向及放置的方向也有所不同，M107、M109 墓主头向墓室内侧，M108 墓主的头朝墓室外侧，头向外对墓道。

随葬品有铜耳环、铜扣饰、铜钱、瓷瓶、瓷罐、小瓷罐、瓷灯碗等，随葬的铁器锈蚀的难以辨认器形，发现有朱书瓦片。在墓主头下部还发现有土坯的痕迹，应作为垫枕使用。在个别墓主头部上方发现有方砖，其上残留朱书的痕迹，有可能作为墓志或避邪用具。

3. 第三类

2 座，土坑竖穴墓，约当明至清初时期。编号为 M111、M116。位于墓葬发掘区的西南部。墓坑口大底小，葬具仅为一棺。棺的宽窄高矮不同，墓主头部一侧较为宽大，下肢处窄小，仰身直肢葬。随葬品比较少，特征大多与第二类墓葬相同，有铜钱、瓷罐、瓷灯碗以及朱书板瓦等。另外在 M116 墓主头的下部发现有 1 块土坯，墓主头位于土坯之上，作为土枕使用。

招远磁口墓地是元明清时期一处重要的家族墓地。其上部的 6 座墓葬呈东南西北向由北向南、向东排列；而下层的 8 座墓葬呈半环状分布，墓道呈放射状向外分列，墓室呈向心式聚集。结合原地貌形态分析，下层的墓葬墓室聚集的上部可能为沙丘所在，类似墓葬的封土；上层墓葬则应选择高地而利用了原来的沙丘或早期墓葬的封土。1989 年烟台市博物馆曾发掘 1 座宋代石室墓，因此墓地年代的上限应可上溯到宋代。

1.A型瓷罐M111：1

2.A型瓷罐M116：1

3.A型瓷罐M113：2

4.B型瓷罐M109：1

5.B型瓷罐M107：1

6.B型瓷罐M106：4

图6-121　招远磁口墓地出土瓷器

1.C型瓷罐M105：1

2.黑釉玉壶春瓶M115：1

3.陶罐M112：1

图6-122　招远磁口墓地出土陶瓷器

1.A型瓷灯盏M112：2

2.A型瓷灯盏M115：2

3.A型瓷灯盏M111：2

4.C型瓷灯盏M109：3

5.D型瓷灯盏M105：9

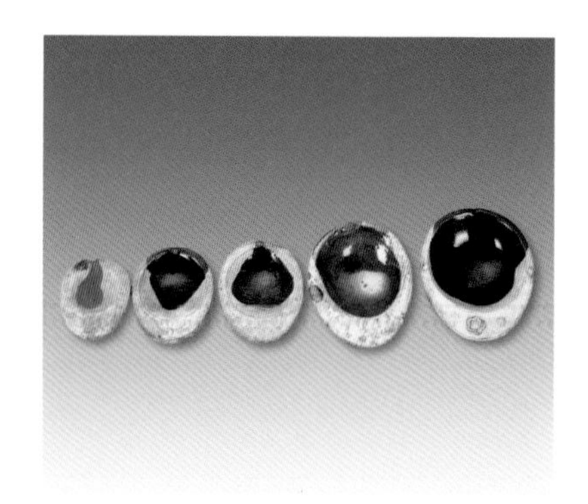

6.C、D型瓷灯盏

图6-123　招远磁口墓地出土瓷器

1.金耳环M102：4

2.银手镯M101：7、8

3.银簪M101：1

4.银簪M104：3

图6-124　招远磁口墓地出土金银器

第七章　学术研究的新成果

研究是保护工作的基础，《中国文物古迹保护准则》第六条指出“研究应当贯穿在保护工作全过程，所有保护程序都要以研究成果为依据”，体现了研究工作的极端重要性。保护是为了优秀文化遗产的永续传承，造福后世；研究则是解读诠释遗产文化内涵的唯一途径，也是保护、传承遗产的基本前提。对遗产文化信息，包括文化内涵和技术数据的解读是否充分、准确，直接影响着遗产价值评估，保存状态评估，病害分析、保护方案编制、实施等保护措施是否到位，关乎整个保护工作的成败，也是衡量学术研究深入程度的基本尺度。

《中国文物古迹保护准则》是以《中华人民共和国文物保护法》和相关法规为基础，参照 1964 年《国际古迹保护与修复宪章》（《威尼斯宪章》）为代表的国际原则，根据我国文物保护的工作实践，以国际古迹理事会中国国家委员会的名义编写的。坚持与国际古迹保护理念接轨，贯彻保护文化遗产历史真实性、完整性和“不改变文物原状”的理念和原则，是中国文物法律法规的专业性解释和延伸，也是中国文物古迹保护理念、经验的总结。经国家文物主管部门批准公布，成为中国文物古迹保护事业的行业规则和行业标准。基于研究是保护工作的基础这一理念，南水北调东线一期工程山东段的保护规划、保护方案和保护项目实施的整个过程中，始终贯穿着调查先行，课题导向的工作思路。

第一节　调查先行科学规划

南水北调东线一期工程山东段文物保护工作在初始阶段就注意了学术研究和课题设置的问题。南水北调东线工程山东段所经区域，自古以来就是人类生息繁衍的宜居地带，是山东地区古遗址、古墓葬等各类文物遗存最富集的区域。另一方面，这些区域多为黄河泛滥区域，地表淤土很厚，文物点埋藏较深，按照常规的考古调查很难发现。为了尽早摸清沿线文物分布情况，早在 2002 年下半年，山东省文物部门主动与工程建设部门联系，提前介入，组织沿线的考古调查和资料收集工作。2003 年 5 月 15 日，山东省文化厅向山东省政府呈送了《关于南水北调工程文物保护工作的报告》（鲁文物〔2003〕88 号），并于 2003 年开始着手编制山东省各渠段的保护规划和保护方案。

2003年6月，首先完成了《南水北调东线工程山东段鲁北输水段古代建筑保护方案》和《南水北调东线工程山东段文物保护工作方案》的编制。2004年8月，国家发改委、水利部、国务院南水北调工程建设委员会办公室、国家文物局共同组织召开的南水北调东、中线一期工程文物保护规划论证会，会后颁发《南水北调东线工程文物保护专题报告工作大纲》，山东省文物部门根据《大纲》的要求，于2004年11月完成了《南水北调东线一期工程山东省文物调查报告》和《南水北调东线一期工程山东省文物保护专题报告》的编制。在此基础上会同山东省水利勘测设计院，对在南水北调东线第一期工程中发现的文物点的数量、占压和影响面积进行了复核和确认。12月12日，山东省文物部门和水利部门在北京齐鲁饭店，联合邀请黄景略、严文明、徐光冀、叶学明、傅清远、乔梁、李培松等全国文物界的著名专家，对两个《报告》进行了论证。参加会议的专家对两项成果充分肯定，并提出了修改建议，形成了《南水北调东线工程山东省文物保护专题报告论证会纪要》。山东省文化厅责成山东省文物考古研究所根据评审意见，对两个《报告》进行了进一步的修改。

2005年2月28日至3月1日期间，水利部淮河水利委员会在安徽省蚌埠市主持召开了“南水北调东线一期工程文物保护专题报告评审会”，会议成立了南水北调东线第一期工程山东、江苏两省文物保护专题报告评审专家组，对两省专题报告进行了评审，形成《南水北调东线第一期工程江苏省和山东省文物保护专题报告评审意见》（简称《评审意见》）。《评审意见》对山东省南水北调工程建设管理局转报的《南水北调东线工程山东省文物调查报告》和《南水北调东线工程山东省文物保护专题报告》给予好评。并对文物受影响程度、文物点发掘面积的确定、文物点的增删、调整、概算编制、工作机制、大运河遗产保护设计等方面提出了修改意见和建议。会后山东省文化厅根据《评审意见》对两个《报告》进行了修改调整，会同山东省南水北调工程建设管理局和山东省水利勘测设计院对工程方案进行了调整，解决了京杭大运河聊城段水工设施和20余处文物点的占压问题；对双王城水库库区方案的调整，减少了对10处古代盐业遗址的占压，其成果收入中水淮河工程有限责任公司2005年11月编制的《南水北调东线第一期工程文物调查及保护专题报告》。作为南水北调东线一期工程山东段文物保护工作的基本依据，最终成为《南水北调东线第一期工程可行性研究总报告》的重要组成部分，经国家发改委批准实施。

京杭大运河是中国水利工程的杰作，凝聚着劳动人民智慧的结晶，承载着运河发展变迁的历史，是古代中国国运兴衰的历史见证。运河漕运中断后，聊城段河道逐步干枯废弃，有的河段变成了垃圾场或臭水沟，船闸、码头等水工设施受自然和人类活动的影响，损毁严重，面目全非。南水北调东线工程占用了聊城段七级码头和七级闸、土闸、戴闸等水工设施。如果采取工程绕避的消极保护方式，这些历史杰作将处于永久废弃状态，不符合“抢救第一，保护为主，合理利用，加强管理”的文物工作方针，更无助于这些运河水工设施的永久保护和展示。为此，山东省文物部门根据有关专家的建议，积极呼吁，主动协调，与工程建设部门达成了调整工程设计方案的共识，即在相关水工设施的地段，采用月河或涵洞的方式开通调水干渠，既保护了运河原有的水工设施，又使古代船闸、码头周围有一定的水量，使文物保护与工程建设达到了有机的结合。

上述两个《报告》以及后来的陆续编制的《南水北调东线工程山东段韩庄运河段文物保护工作方案》等7个保护方案都是在深入调查研究的基础上编制的。其中，《南水北调东线工程山东省文物保护专题报告》第五章，根据全线文物分布情况和特点制定了课题研究规划，设置了“运河文化的研究”“山东地区古代环境变迁的研究”“古代城址研究”“盐业考古研究”“齐长城研究”“古代建筑研究”“古代佛教建筑及佛教造像研究”“重要遗迹、遗物保护技术研究”等八个学术专题，并对相关专题涉及的文物点，研究方向和课题内容等问题提出了建议设想。要求各项目承担单位注重学术研究和课题设置，以强化参与者的课题意识，为南水北调东线一期工程山东段文物保护工作科学有序、保质保量地顺利推进奠定了良好的基础。到目前为止，相关课题，如盐业考古研究、古代城址研究、齐长城研究、运河文化的研究，特别是盐业考古和高青陈庄发掘成果的解读等，取得了较好的进展。

第二节　读取濒危文明记忆

联合国教育科学及文化组织注意到世界各国文化遗产和自然遗产越来越受到破坏的威胁，一方面因年久腐变所致，另一方面社会和经济条件使情况恶化，造成更加难以对付的损害或破坏现象，而任何文化或自然遗产的破坏或丢失都会使全世界遗产枯竭。有些国家遗产保护工作还很不完善，原因在于这项工作需要大量投入，这些国家却不具备充足的经济、科学和技术力量。联合国教育、科学及文化组织认为，有必要通过公约形式的新规定，以便为集体保护具有突出的、普遍价值的文化和自然遗产建立一个根据现代科学方法制定的永久性的有效制度，使这些全人类的世界遗产得以留存。这是1972年10月17日～11月21日，联合国教科文组织巴黎第十七届会议通过的《保护世界文化和自然遗产公约》阐述的理念。

按照《保护世界文化和自然遗产公约》确定的文物保护理念，世界各国，特别是发达国家无不将文物保护作为基本建设工程的重要组成部分，能否保质保量地做好南水北调工程的文物保护工作，不仅直接关系到工程建设的文明形象，更是检验一个团体、一个行业，乃至一个国家一个民族文化自觉程度的试金石，因而也在一定程度上对国家的软实力和国际声誉产生着正面或负面的影响。

文物古迹，特别是地下文物遗存，大多经历了上千年乃至数十万数百万年的自然与历史的沧桑，其存在状态本来就不容乐观，相当部分由于自然和人为的因素，被联合国教科文组织指为“年久腐变”“社会和经济条件使情况恶化”而处于濒危状态。工程技术和大型机械的快速发展，使人类干预自然，改变自然地貌的能力达到了空前的水平，现代化的大规模基本建设工程，又使这些已经濒危的遗产面临着瞬间永久消失的危险。客观地说，南水北调工程涉及的地下文物埋藏点都处于这样的危险之中。如何抢救、保护这些日渐减少的各类文化遗产，使之不至于从人们的视线和记忆中永久地消失，就是南水北调工程文物保护的主要任务。按惯例，可能采取的保护措施可分为三个大类：一是通过变更工程设计方案，对文物点进行绕避。问题在于，南水北调这类大型线形工程，受地形地貌和文物分布状态的限制，不可能绕避所有文物点。二是迁移保护，这类措施通常适用于地上构筑物或极个别的地下重要遗存，对于古遗址、古墓葬、古城址等文化遗址，迁移保护是无能为力的。三是资料信息的采集记录和文物标本的抢救，就是工程施工之前，选择被占压遗址的重点区域或相应墓葬区进行考古发掘，以期在相关文化遗存在永久彻底消失之前，尽可能地读取这些封尘日久的文明记忆，提取并保存相关文化信息和文物标本，为当代和后人留下相应的科学记录。

南水北调东线一期工程山东段占压文物点最终核定面积达 220 余万平方米；东中线一期工程的占压总面积估计应在 1000 万平方米以上。受客观条件和考古工作规律的制约，如果全部采用考古发掘的方式实施抢救保护，即便是调动全国的考古力量，也需要上百年的时间。基于这种情况，为达成文物保护和工程建设需求之间的相对平衡，通行的做法是对被占压的文物点进行全面的考古勘探，选择其中文化遗存丰富、堆积较厚的地段实施重点发掘、重点保护，最大限度地提高文物保护效率。为此，山东省文物部门在工程建设管理部门的大力支持下，自 2003 年开始对沿线文物点进行了多次调查、筛选、复核，以期找到最佳的实施方案。南水北调东线山东段实际发掘 9.3 万平方米，约为占压总面积的 4.2%，较好地完成了预定目标，比较成功地读取了被占压遗址的相关记忆，成果丰硕。

其中，较为重要、具有时代或地域典型代表意义的重要发现主要有：招远老店龙山文化遗址、寿光双王城盐业遗址群、高青陈庄西周早期城址、梁山薛垓汉代墓地、长清大街南汉代画像石墓、长清四街周汉宋元遗址及墓地、高青胥家庙隋唐寺院、文登嵎头集晚唐至明代墓地、汶上梁庄宋金村落遗址、大运河聊城土桥闸、阳谷七级码头、临清贡砖窑址等，其中寿光双王城盐业遗址、高青陈庄西周早期城址的发掘，分别获 2008、2009 年度全国十大考古新发现，阳谷七级码头和聊城土桥闸的发掘获2010年度全国十大考古新发现。

第三节 史前胶东文明的新线索

南水北调东线一期工程半岛输水段，即胶东地区引黄调水工程招远老店遗址的发掘，首次在中国“远东”边陲，胶东半岛腹地发现了具有安全防御设施的龙山文化中心聚落和大型夯土台基，为胶东地区文明起源研究提供了新的一手资料。

一 文明起源研究的基本情况

“文明起源研究”是20世纪中叶以来，中国乃至全球考古学、文化人类学领域长盛不衰的研究热点。“十五”至“十二五”期间国家重点科技攻关项目“中华文明探源工程”，继“九五”重点科技攻关项目“夏商周断代工程”之后，于2004年夏季正式启动，分为2004～2005年、2006～2010年、2011～2015年三个实施阶段。第一阶段主要是对国内文明起源研究的历程进行了回顾和分析；对目前国外学术界文明起源研究的理论和实践进行了分析和评述；对涉及中华文明起源与早期发展的一系列理论问题如文明与文化、文明与国家、文明形成的标志、文明形态和发展阶段等进行了探讨。第二阶段采用多学科相结合的方法，对中华文明起源地展开了多角度、多层次、全方位的基础研究，并将研究的时间范围向前延伸到公元前3500年，空间范围由中原地区扩展到文明化起步较早、资料丰富的黄河上中下游、长江中下游及西辽河流域。认为中华文明的形成是在一个相当辽阔的空间内的若干考古学文化共同演进的结果。各地文化达到最辉煌灿烂成就的时间是参差不齐的，各自的文明化内容也有所不同，这就暗示了它们在走向文明的进程上，各自的方式、机制、动因等也可能不尽相同，说明中华文明的形成是一个远为复杂而深刻的问题。各地发现“龙山时代”的古城址是研究工作的主线：如山西襄汾陶寺遗址龙山文化城址及其夯土台基建筑基址、贵族墓地；河南登封王城岗遗址龙山文化时期的城址，以及河南新密新砦遗址“后龙山时期”的围壕与城墙、河南省偃师二里头遗址夏代都城等等。

山东位于黄河下游，是远古城址分布最为密集的地区之一。早在1930年，章丘城子崖遗址就发现了夏代城址（属岳石文化，当时误为龙山文化城址）。自1984～1986年，王永波主持发掘寿光边线王遗址，发现了山东地区首座龙山文化城址以来，先后有邹平丁公、章丘城子崖、阳谷景阳冈、日照两城镇、临淄桐林田旺、五莲丹土、茌平教场铺、日照尧王城等10余处龙山文化城址面世。其中五莲丹土城址早在大汶口文化晚期已经存在，是山东地区，亦即海岱文化区国家文明形成的重要实物证据。重要的问题在于这些遗址大都分布在“大中原地区”的范围之内，与华夏文明有着千丝万缕的联系。尽管胶莱河以东的半岛地区，在大区文化分类上也属于海岱文化区，但早在北辛文化时期就形成了相对独立的文化谱系。迄今尚未发现与早期城市有关的文化遗存。招远老店遗址龙山文化大型环壕和夯土大台基的发现，为探讨胶东半岛这类当时“边远地区”的文明起源提供了最新线索。

二　老店遗址的学术意义

老店遗址发现于1988年，曾出土龙山文化的玉器，其中1件玉钺是新石器时代的重要珍品，表明这里是一处重要的龙山文化遗址。2007年4月，山东省文物考古研究所为配合胶东输水工程建设，对工程占用范围内的遗址进行了正式考古发掘，发现了夯土大台基和大型环壕遗迹（图7-1～3）。

夯土大台基，属于堆筑的大型建筑基址，堆积分为三层，上层为黑褐色，土质坚硬，夹杂少量龙山文化的陶器残片和碎烧土块，厚度在0.30～0.50米；中层土色略浅，呈深褐色，土质坚硬，红烧土碎块较多，厚度0.40～0.60米；下层堆积的土色略有差别，东面为黑褐色，北面、西面呈灰褐色，比较坚硬，夹杂较多大的红烧土块，多为窑壁残块，厚度0.20～0.40米。以下为生土层。三层堆积之间不见其他遗迹现象，土质、土色比较一致，质地坚硬，经过一定的夯筑加工，整体性较好。现存部分东西宽13.8、南北长25（基部36米）、中间部位厚2.3米。由于台基的东、西、北三面都遭到砖场取土的严重破坏，台基原有形制、规模已无从考究，其性质和功能还有待于更深入的研究。据当地民众回忆，砖场大规模取土以前，台基所在地段的范围要比现在大很多。

大型环壕，据发掘者介绍，环壕平面大体呈长方形或正方形，西壕、北壕的大部尚存。西壕全长276.46、东壕现存长度219.92米。南壕大部遭到破坏，仅西南角部分残存不足20米的长度。经反复勘探，未见东壕的迹象，但在大致相当于东壕的位置，有一条南北走向的天然河流——诸流河，北壕东端的断面直接暴露在河沟的断崖上。由此分析，老店遗址的龙山文化居民，应是直接借用诸流河作为整个环壕的东壕。据此估算，环壕占地总面积约在60000平方米以上。根据北壕东端的走向观察，在长达4000多年的时间里，诸流河河道存在着向西摆动的可能性，对遗址造成了一定程度的侵蚀。如此，以边长276.46米的正方形计算，环壕总面积应在76000平方米以上。

由于砖厂烧窑取土，遗址已被破坏殆尽，大部分地段仅在生土内保留部分遗迹，以至于今天已无法窥其全貌。据揭露部分观察，在遗址现存部分的东北角（即环壕的东北角），环壕被夯土大台基叠压，打破生土层，仅在遗址西北部，第三发掘点（T102）发现了部分早于环壕的文化堆积，为确定环壕的层位关系提供了可靠的地层证据。T102文化堆积厚约1米，分为四层。现代表土以下即为龙

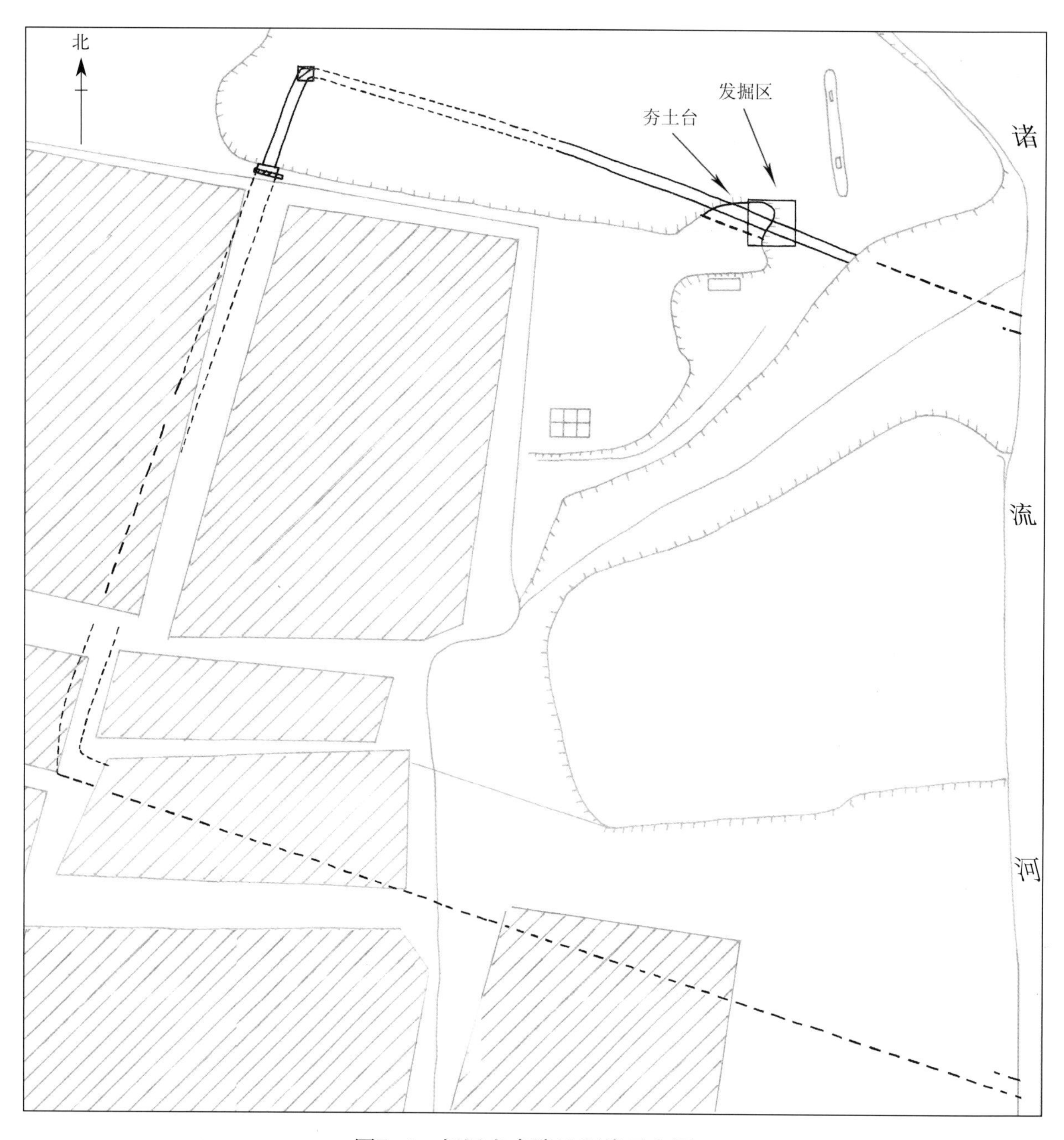

图7-1　招远老店遗址环壕示意图

说明：单虚线地段并未发现环壕遗迹，是为了解环壕的整体布局，根据发掘者的描述和环壕已知走向所作的推测标记。

山文化的堆积，环壕开口于二层下，打破第三层、第四层，深入生土，是已知环壕结构保存最完整的地段。总体上说，环壕上半部沟壁较斜缓，呈大敞口的喇叭口状，坑壁不规整，在与下半部的接合处有一段很平缓，环壕外侧有近似台阶状的平台，或与挖掘环壕上土有关；下部剖面似倒梯形，沟壁较陡直，也比较规整，底部窄小近平。环壕上口宽 7.70、中间宽 2.55、沟底宽 0.70 米；环壕上口距现地表 0.73 ～ 0.93 米，沟底距地表 4.30、自深 3.50 米。在北环壕的中

图7-2　招远老店环壕北壕沟C段（东—西）

部沟底，还发现了 4 个大型柱洞，构成长方形连线的四角。由其排列方式、柱洞规格和柱洞间距推测，可能为环壕的地面通道——木质桥梁或“吊桥”一类的设施。

根据 T102 揭示的层位关系和环壕内的堆积分析，环壕从始建到废弃大约经过了三个阶段。第一阶段是环壕的始建到首次疏浚清淤前的一段时间；第二阶段是首次清淤到再次淤塞之前的时期，当环壕下部淤土接近环壕自深的约二分之一时开始清淤，但清淤并不彻底，仅清除了环壕中部以下的部分淤土；第三阶段，使用后期至废弃。第一次清淤后到再次被淤填至自深的约二分之一时，环壕处于被废弃的过程中，上部出现了非自然的人工填土，并略经加工，是环壕废弃后，人们活动形成的地层堆积。环壕填土出土的陶器残片，有铲足型鼎、器盖、侈口中腹罐等器形，均属于龙山文化早期的遗物，表明环壕的始建年代不晚于龙山文化早期。在环壕废弃后的堆积中，有凿形足鼎、器盖、方唇罐等器形，具有龙山文化早期到中期偏早的特征，未见龙山文化中期以后的遗物，表明环壕废弃的年代约当龙山文化中期。

值得注意的是，夯土大台基叠压在环壕之上，并延伸之环壕之外，表明环壕废弃之后，老店遗址的中心聚落不仅继续存在，且进行了较大规模的拓展。或者，正是因为聚落的大规模拓展，直接导致了环壕的废弃。当然，这种推测能否成立，还需要在今后的工作中寻找更为有力的直接证据。

城市、文字、阶级、大型夯土建筑基址是国家文明形成的最重要的标志。著

1.西壕沟F段（北—南）

2.西壕沟F段南部断面（北—南）

图7-3 招远老店环壕西壕沟F段（北—南）

名考古学家严文明教授新近在“北京大学考古九十年考古专业六十年学术报告会”上，将中国文明的起源视为“一个过程”，并划分为四个阶段：(1) 大约公元前 4000 年前后是文明化起步阶段，少数主要文化区出现了中心聚落。(2) 公元前 4000 年后期是普遍文明化时期，社会明显开始分化，中心聚落和贵族坟墓出现，牛河梁、大汶口、大地湾等是很好的例子。(3) 公元前第三千年的时期，已进入初级文明或原始文明。这时农业经济有了较大的发展，部分手工业从家庭中分化出来，出现了专门制造特殊陶器、玉器、漆器、丝绸、象牙雕刻等高级产品的手工业作坊，贫富分化加剧，战争频仍，出现了许多城堡和都城遗址，很像五帝时代天下万国的情形。(4) 从夏代开始正式进入文明时代，商周则是古代文明的兴盛期[1]。

根据“环壕平面大体呈方形或略呈长方形”，“西壕全长 276.46 米”，“东部以诸流河充当环壕的东壕”等发掘资料，以及各发掘点揭示的环壕位置做一个大略的环壕平面形状复原图，显示招远老店龙山文化环壕略呈长方形，其南北壕的原有长度均应大于西壕，面积应在 90000 平方米左右，远远超过河南淮阳平粮台龙山文化城址的 34000 平方米和山东寿光边线王龙山文化城址的 57600 平方米[2]，且有大型夯土建筑基址存在；而夯土基址叠压在环壕之上，则表明该遗址在环壕废弃之后还曾大规模向外拓展过，故而应是一处拥有高等级贵族阶层的中心聚落。其外围的环壕虽然不能同于其他龙山文化遗址的夯筑城墙，但据其宽达 7.7、自深 3.5 米结构观察，仍不失为一种有效的防御工事，可视为城墙防御的一种变体。在距离远古中国中心区域的海岱文化区边缘地带，发现如此规模的大型中心聚落，对研究胶东地区龙山文化的面貌、社会发展状况，乃至中华文明的演进模式都具有十分重要的意义。

为加强老店遗址的保护，山东省文化厅南水北调文物保护工作办公室建议项目承担单位组织专家论证会，形成了《招远市老店龙山文化遗址保护论证会纪要》，并据此以《关于加强招远市老店遗址文物保护工作的函》形式，同工程建设管理部门进行协商，增加了发掘经费，扩大了面临工程占压部分的抢救发掘面积，提取了更多面临永久消失的文化信息。

第四节　盐业考古的最新突破

食盐，号称“国之大宝”，自人类走出山间林地，开始了定居农耕生活以来，食盐就成为人类生活中不可或缺的必需品，更是重要的化工原料。在漫长的历

[1] 严文明：《史前东方文明进程》，《中国文物报》2012年5月11日第5版（“北京大学考古九十年考古专业六十年学术报告会”专版）。

[2] 任式楠：《中国史前城址考察》，《考古》1998年第1期。

史发展过程中，曾经作为家国民族重要的经济支柱和战略物资，盐业考古也因此而逐步发展成为现代考古学的一个专门领域。

一 盐业考古发展概况

世界范围内的盐业考古兴起于18世纪中叶，以法国东部地区的格林（Lorraine）赛尔（Seille）发现的大量“制盐容器”为标志。在中国，盐业考古则是一个全新的领域，20世纪90年代以前，鲜有关于早期盐业生产物质遗存的调查研究文章问世。90年代中后期，北京大学考古学系在三峡水库工程的考古调查发掘时，在水库淹没区忠县中坝遗址发现了不同时期的古代制盐遗址。以此为契机，北京大学考古学联合美国加州大学洛杉矶分校考古研究所等单位，以学术课题的名义对四川成都及其周边地区与制盐有关的地点进行了田野调查，拉开了中国盐业考古的序幕。不过，在鲁北大型盐业遗址群发现之前，盐业考古所涉及的主要内容，大都局限在对内陆井盐和矿盐生产工艺的探讨。

二 山东的盐业考古历程

20世纪50年代，山东省文物工作者在鲁北地区陆续发现了一些零星的、俗称“将军盔”文化遗物。这类器物胎体厚重，器表饰粗绳纹的圜底筒形罐，仅见于渤海南岸的滨海地带，一些学者当时就提出了“将军盔”为煮盐器皿的学术见解。当时，现代考古学在全国各地的发展还很不充分，省级以下基本没有专业考古机构，承担全省文物普查、配合国家考古机构野外调查和考古工作主要由图书馆或博物馆的业务人员承担，这一重要学术课题因此而束之高阁。20世纪80年代中期，山东省文物考古研究所发掘在寿光边线王遗址，曾在一个商代窖穴中发现10余个排列整齐的“将军盔”，发掘者也意识到其中蕴含的“盐业考古”信息，因种种原因，包括受当时全国范围内考古热点聚焦于“文明起源”研究的影响，故而没有做进一步的追踪考察和研究。

随着考古事业快速发展，研究热点呈现出某种散发倾向，也因北京大学考古学系推动盐业考古的影响，2000年，山东省文物考古研究所、北京大学考古系（2002年改为考古文博学院）、山东大学考古系开始在山东东营、淄博、潍坊一带的鲁北平原滨海地区进行了一系列的盐业考古调查，发现了一批古代制盐遗址。2003年夏季，山东省文物部门在南水北调东线工程山东段文物保护的考古调查中，在寿光市羊口镇的双王城调蓄水库库区及周边，南至寇家坞村，北至六股路村30平方千米的范围内，进行了五次大规模的田野调查、钻探和试掘。发现83处与古代制盐有关的遗址。其中，龙山文化时期的遗址3处，商代至西周初期76处，东周时期4处，金元时期6处。这里是古巨淀湖（清水泊）的东北边缘，地表平坦，地势低洼，海拔3～4米，东北距今海岸线25余千米，地下蕴藏着极为丰富的高浓度卤水，至今仍是重要的现代海盐化工生产基地。

为进一步了解鲁北地区古代盐业遗址的分布情况，巩固扩展盐业考古和文物保护的已有成果，山东省文物部门根据寿光双王城水库的调查经验，组织专业力量，对莱州湾沿岸进行了大规模的区域调查，发现盐业遗址群10余处，共计700余处作坊遗址，是迄今中国乃至世界上发现规模最大的海盐制盐作坊遗址群。

三　齐地的海盐生产与管理

2008年4月～2010年11月，山东省文物考古研究所联合北京大学考古文博学院，对双王城水库工程范围内遗址群中07、014、09和SS8遗址进行了大规模考古发掘，揭露总面积达15400余平方米，发现了大量商代晚期、西周和宋元时期与制盐有关的重要遗迹（详第六章第五节）。在全国乃至世界范围内首次揭露出完整成组的制盐作坊，荣获“2008年度全国十大考古新发现”，引发了新一轮古代海盐提取工艺的研究热潮。

自鲁北史前古族“夙沙氏”发明“煮海为盐”工艺以来，盐业生产一直是备受重视的重要产业，并逐步发展成为国家控制的专营部门，如春秋时期齐国的“官山海”、战国时期秦国的“控山泽之利”、汉代的“笼盐铁”等均是。

《尚书·禹贡》:青州“海滨广斥，厥田惟上下，厥赋中上。厥贡盐絺，海物惟错。”

说明早在夏商时期，今鲁北地区已是重要的海盐产地，是当时的重要贡赋物资。《尚书·说命》还有“若作和羹，惟尔盐梅。”的说法。南北朝时期的陶弘景强调说:“五味之中，惟此（盐）不可缺”[1]。明末宋应星《天工开物·作咸》说得更为形象：“口之于味也，辛酸甘苦，经年绝无一恙。独食盐，禁戒旬日，则缚鸡胜匹，倦怠恹然，岂非天一生水，而此味为生人生气之源哉！。”就是说，酸甜苦辣各种口味，一年不吃也不会出现问题。唯独食盐，10天不吃，就会手无缚鸡之力（抓鸡比制服大牲畜还难）。

食盐不仅是百味的基础，更是人体不可或缺的重要矿物质，“为生人生气之源”。夏商两代持续不断地对东夷发动战争，在很大程度上应与对食盐掠夺和控制有关。甲骨文有“庚寅卜，在齐次”；“在齐次，佳王来征人方。”（《殷墟文字甲编》）。人方就是夷方，地处今山东域内。政治和宗族矛盾因素之外，海盐的获取是商人东伐的一个重要因素，鲁北地区发现的商代晚期大型制盐工场，或者就是帝辛伐齐的主要动因。滕州前掌大、济南大辛庄、青州苏埠屯等商代中晚期大型都邑，或者就是殷商食盐外运通道的掌控基地。《左传》昭公十一年所谓：“桀克有缗以丧其国，纣克东夷而陨其身”，从这样一个则面说明了食盐对于一

[1]　（明）李时珍：《本草纲目·金石·食盐发明》“大盐气味甘咸寒无毒。”，文澜阁《四库全书》电子版，上海人民出版社，1999年。

个族群、一个国族和政权的极端重要性。

《世本·作篇》(王谟辑本):“夙沙氏煮海为盐”。宋衷曰:“夙沙氏,炎帝之诸侯。”

《世本·作篇》(孙冯翼集本)“宿沙卫,齐灵公臣。齐滨海,故卫为鱼盐之利。”

《说文》:“古者宿沙氏初作煮海盐。”

《帝王世纪》:“诸侯夙沙氏叛,不用命。炎帝退而修德,夙沙之民自攻其君而归炎帝,营都于鲁。”

《路史·后纪四》:“质(夙)沙氏之民自攻其主以归。”注云:“宿沙氏煮盐之神,谓之盐宗,尊之也。”

《山堂肆考·煮海》:“宿沙氏始以海水煮乳,煎成盐,其色有青、红、白、黑、紫五样。盐之作自此始。”

炎帝是海岱地区新石器时代早期的代表人物。这些记载表明,距今大约万年至八千年左右,山东沿海地区宿沙氏的部族就发明了煮海为盐的制盐工艺,符合早期人类在从逐水草而迁徙的渔猎采集经济向刀耕火种的定居农耕经济转变过程中,因生活方式和食物的改变而导致的食盐摄取方式改变,及需求量激增的时代背景。制盐工艺的发明,是人类科学技术发展过程中所取得的又一重大进步。彻底改变了早期人类“像动物一样从碱土中摄取盐分”的矿物补充模式,厥功甚伟。“盐神和盐宗”的称谓,反映了先民对宿沙氏崇敬有加的朴素情感。

《左传》成公六年:“夫山、泽、林、鹽(盐),国之宝也。”

《管子·轻重甲》:“今齐有渠展之盐,请君伐菹薪,煮沸火为盐,正(征)而积之……彼(梁赵宋卫)尽馈食之也。国无盐则肿。守圉之国,用盐独甚。”

《管子·海王篇》:“桓公曰:‘然则吾将何以为国?’管子对曰:‘唯官山海可为耳。’桓公曰:‘何为官山海?’管子对曰‘海王之国,唯正盐筴。’桓公曰:‘何为正盐筴?’管子对曰:‘十口之家十人食盐;百口之家百人食盐。终月,大男食盐五升少半,大女食盐三升少半,吾子(少幼儿)食盐二升少半,此其大历也”。

春秋时期人们将食盐视为国宝,管仲更以盐铁官营作为富国强兵的国家发展战略。齐国能以鱼盐之利而雄霸天下,全赖管子将齐国的国策提升到“唯官山海可为”和“国无盐则肿”的认识高度,继承并发展了“夙沙氏煮海为盐”历史功业,制定出一整套的盐业生产销售管理制度。形成了独特的盐业经济文化模式。

四 盐业考古的突破性进展

寿光双王城发现完整的盐业作坊、大量烧灶、盐池、卤水井、卤水沟和盔形器(制盐器皿),对该地区制盐产生的时代,规模及制盐工艺(取卤、制卤提纯、成盐等过程）的研究；了解渤海南岸商周以迄宋元时期的制盐规模、生产方式、生产流程、社会分工，以及与制盐生产有关的社会和环境等问题，都具有极为重要的意义。在昌邑市进行东周时期齐国盐业遗址的调查，发现不同等级的盐业遗址，为齐国盐业管理和工艺流程研究提供了极为珍贵的考古资料，是当代重大专项考古学术课题。

为将研究工作引向深入，山东省文物考古研究所邀请北京大学环境学院、中国科技大学、中科院研究生院、中国文化遗产研究院、山东大学考古系等单位，就遗址的年代、环境、动植物种类，以及相关遗迹、遗物的化学成分等，进行多学科、多层次的综合研究。2008年，该项目被列为国家文物局“指南针计划——古代盐业的创造与发明”专项试点研究之“早期盐业资源的开发与利用”的子课题、教育部重大项目“鲁北沿海地区先秦盐业考古研究”课题和山东社科课题“山东渤海南岸盐业考古的调查与研究”。目前这些课题已经通过结项验收，相关成果正在进一步的整理之中。

2008年12月11日，山东省文物局邀请中国社会科学院考古研究所、北京大学考古文博学院、山东省文博界的有关专家和新闻媒体，在寿光召开了专家论证及新闻发布会。与会专家认为：在30平方千米范围内发现如此密集的制盐遗址，揭露完整制盐作坊，在全国乃至世界尚属首次，是中国盐业考古取得的突破性进展。

2010年4月24～26日，山东省文物局和北京大学中国考古学研究中心联合，在山东寿光主办了“黄河三角洲盐业考古国际学术研讨会”。以2002年以来，山东北部莱州湾沿岸盐业考古遗址调查和寿光双王城商周制盐遗址的发掘为契机，将鲁北～莱州湾地区发现的制盐遗址群放在全球视野下予以对比研究，以期将方兴未艾的中国盐业考古推向一个更高的水平。来自美国、加拿大、法国等国家，中国香港、台湾和各地60余位专家学者，代表国内外20多家考古研究机构和高校出席了会议。北京大学考古文博学院著名考古学家严文明、李伯谦教授、国家文物局文物保护司司长关强出席了会议。

与会代表参观考察了寿光双王城盐业遗址发掘工地和昌邑市境内新发现一批东周时期的制盐遗址，并就鲁北、山西、四川、日本、中欧、中美洲、东南亚盐业考古的成果进行了交流研讨。山东省文物局领导在开幕式上介绍了近年来山东文博事业的发展概况，对鲁北盐业考古取得的重大成就给予充分肯定，希望借助此次国际学术研讨会，将盐业考古的研究工作进一步推向深入，使之成为黄河三角洲区域发展战略的强力文化后盾。

五　相关学术观点与成果

北京大学考古文博学院李水城教授作了《微“盐”大义——盐业考古在中

国》的主题报告，简要地回顾了英法等国盐业考古的发展历程，认为中国盐业考古起步虽然较晚，起点却很高，发展也比较迅速。介绍了长江三峡、成都平原、清江盆地、珠江口地区和山西等地的盐业考古发现和线索。双王城盐业遗址发掘项目领队、山东省文物考古研究所副所长王守功作了《鲁北沿海地区古代盐业考古的收获与展望》的主题发言，概括地介绍了鲁北盐业考古调查、发掘的主要成果，提出了多学科合作，推动开展“商周盐业”和“齐国盐业”课题研究的思路。与会代表对鲁北地区近年来盐业考古取得的丰硕成果给予高度评价。同时，对研究中存在的问题，比如制盐工艺复原的证据周延性，对相关遗迹的性质和检测数据的解读等等提出了建设性指导意见。

山东省文物局副局长王永波在闭幕式上作了《关于盐业考古研究的几个重要问题》的发言，从对卤水的成分、海盐提取原理、传统海盐提取工艺流程、莱州湾地下卤水浓度（波美度 10° Be′ ～ 18° Be′）、草木灰淋卤和豆浆点卤、煮盐和晒盐效率等问题的分析入手，结合双王城 014B 遗址发现的大型硬化盐池（所谓蒸发池），对双王城盐业作坊的性质和功能提出了独到的见解，认为：上古人类发明煮盐工艺，是从经烈日暴晒的卤泉或海滩一些坑塘或水边常常留下白色的可食用盐的现象得到启发，从而掌握了使海水或卤水蒸发获取食盐晶体的基本原理。用火煎煮，不仅可以加速水分的蒸发，更可以让人们在不受天气条件制约的情况下获得急需的食盐补充，这应是早期煮盐工艺得以流行的重要原因。而内地盐泉、盐井地处山高沟窄，草木繁盛，燃料充足，则应是煮盐得以推广的外部条件。与内地盐场不同，地处山前冲积平原的黄河三角洲地区，有大片平坦且无法耕种的盐碱地，具备开辟大型盐池、采用日晒法制盐的客观条件。

双王城 014A 遗址发现的“底部经防漏处理（图 7–4），铺垫灰绿色黏土，并经夯打，底面平整、光滑、坚硬”，加工技术十分成熟，与现代海盐传统盐场“结晶池”极为接近的所谓大型硬化“蒸发池”。014B 遗址现代排水沟近盐灶一侧的断面上（图 7–5），显示出南北长达 25 米，水平状、加工考究的大型硬化盐池的底部断面，无可争议地表明，至少在商代晚期，黄河三角洲地区的人们已充分了解日晒对水分蒸发作用和功效。因此，不能仅仅根据并不详尽的文献记载，排除上古已有“盐池晒盐”制盐工艺的可能性。否则，在生产效率相对低下的商代，人们何以要耗费如此巨大的人力物力去打造原本并不需要做防漏处理的硬化蒸发池？在鲁北不生乔木，只有荒草和芦苇的盐碱滩上，如何获取大量燃料支撑这种高密度作坊区的生产规模，也是一个需要解释的问题。

据测算，在黄河三角洲地区，每消耗 7 立方 25° Be′ 的饱和卤水才能生产 1000 千克食盐。寿光等地出土盔形器的平均容积仅为 0.002 立方左右，以每组 100 个，熬干再加卤计算，至少需要反复 13 次（要考虑容器不可完全加满和结晶体的积累）才能消耗 2 立方的饱和卤水，产出成盐约计 280 千克左右，何况

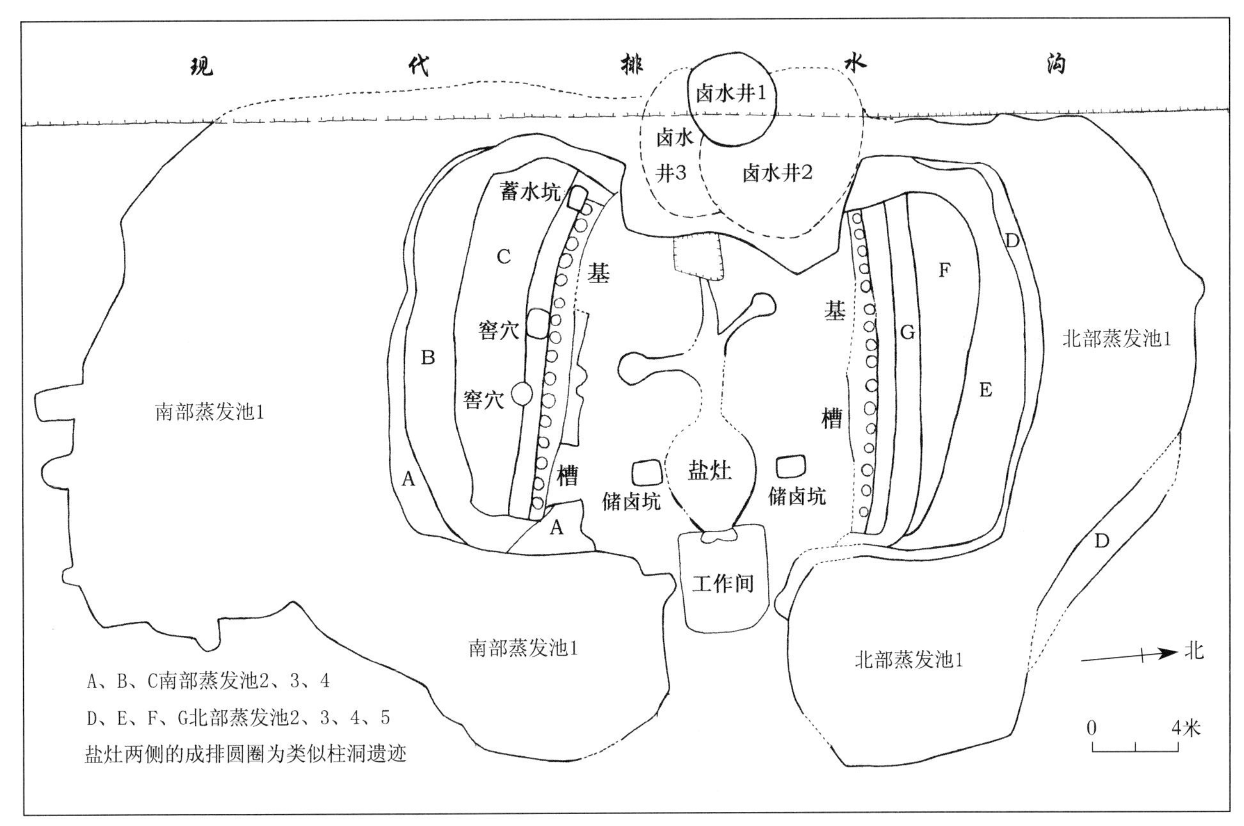

图7-4　寿光双王城014A商代盐灶平面图

在草木灰淋滤制卤的工艺条件下，所制之卤远没达到饱和程度，其效率之低是可以想见的。而大型硬化的所谓“蒸发池”的存在，也不支持“草木灰淋滤制卤”的说法。

大量证据表明，上古人类的智商并不逊于现代人，所异者，仅仅表现为科学知识积累程度的不同，以及由此反映出来的世界观差异。既然古人知道日晒能使卤水析出食盐晶体，而“蒸发池”的存在，则不可避免地会因种种偶然情况，如长时间的无雨天气，或卤水添加不及时等原因，造成卤水达到过饱和状态而析出结晶的现象，其效率决非盔形器煮盐可比。古人完全可以据此发明“盐池晒盐”的海盐提取工艺。根据以上分析，提出了“更倾向于把寿光双王城发现的制盐作坊看作早期日晒法制盐的一个实证。那么，大型的烧灶和大量的盔形器或与古代的盐化工有关”[1]的“一家之说”。

会后，北京大学考古文博学院专题刊发了《黄河三角洲盐业考古国际研讨会纪要》[2]。据不完全统计，已发表的相关成果还有燕生东、兰玉富《2007年鲁北沿海地区先秦盐业考古工作的主要收获》，山东省文物考古研究所、北京大学

[1] 王永波：《关于盐业考古研究的几个重要问题》，《古代文明研究通讯》总第45期2010年6月。

[2] 温成浩：《古代文明研究通讯》总第45期，2010年6月。

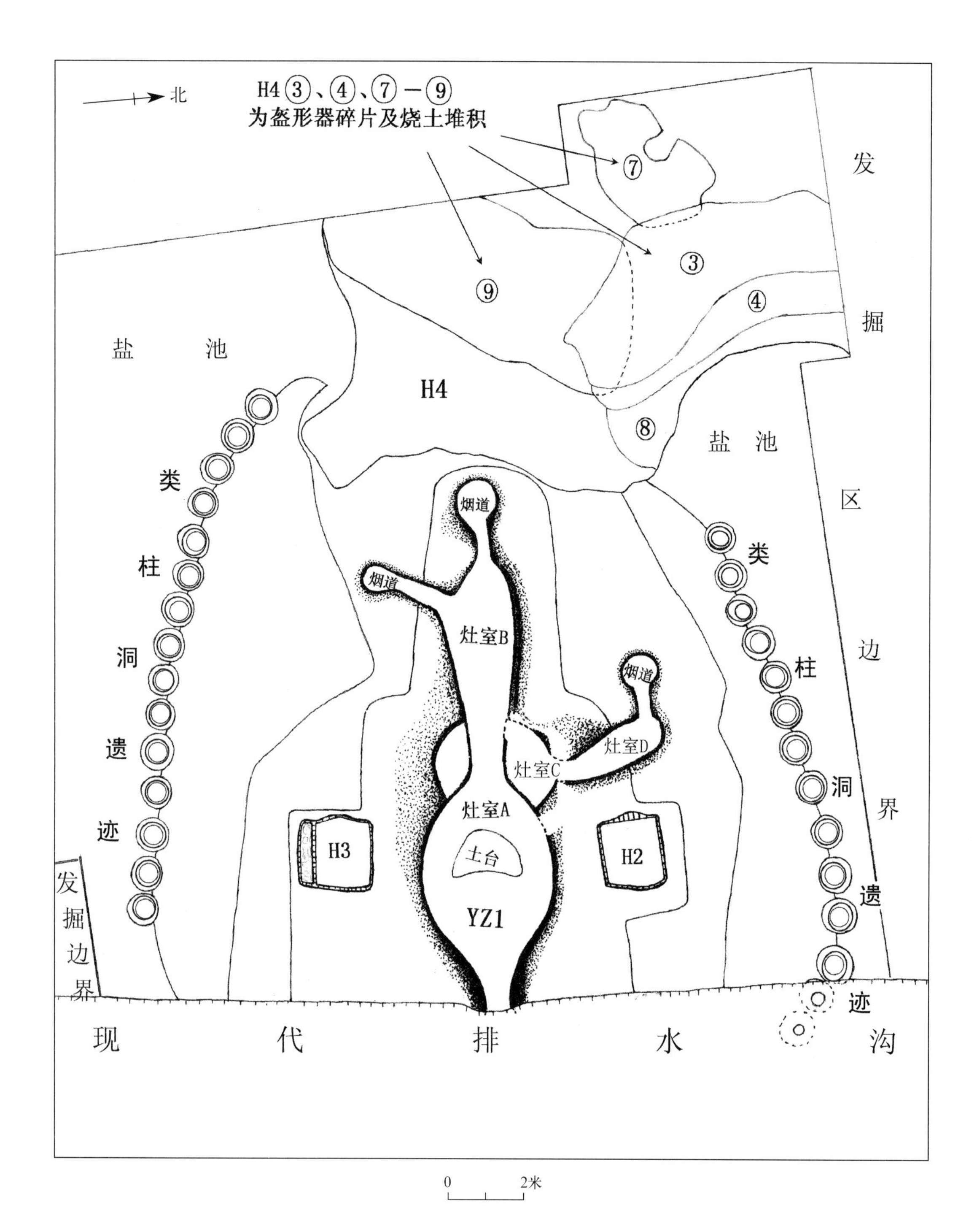

图7-5 寿光双王城014B西周盐灶平面图

（排水沟近盐灶一侧沟壁断崖暴露有南北长25米，加工考究呈水平状态的大型硬化盐池底部断面）

中国考古学研究中心等联合发表的《山东寿光市双王城盐业遗址2008年的发掘》，燕生东《山东寿光双王城发现大型商周盐业遗址群》，崔剑锋《山东寿光双王城制盐遗址的科技考古研究》和王云鹏《古代煮盐“豆浆提纯工艺”解析》等[1]。

第五节　齐国都邑考古的重大发现

齐国自周初分封到公元前221年被秦国灭亡，雄踞中国东方800余年，延续时间比中国历史上包括后世王朝在内的任何一个国度都长远许多，是名副其实的东方大国。因此，齐国历史考古一直是山东地区考古研究的重点，也取得了许多重要成果。但是，从20世纪30年代算起，山东地区的考古工作已有80多年的历史，在齐国腹地的“京畿”地区始终没有发现西周早期城址的有关线索，西周初年的齐国物质文化，除临淄后李遗址发现的西周早期、临淄齐故城河崖头发现的西周中期早段平民墓葬之外，尚处于空白地带。齐国早期都城更是考古学界始终追寻的热点。

一　齐国早期简况及其都城

周武王剪商后，封主要功臣姜尚于齐，都营丘（今临淄一带）。

> 《史记·齐太公世家》：“武王已平商而王天下，封师尚父于齐营丘，东就国道宿行迟，逆旅之人曰：吾闻时难得而易失，客寝甚安，殆非就国者也！太公闻之，夜衣而行，黎明至国。莱侯来伐，与之争营丘。营丘边莱，莱人，夷也。会纣之乱而周初定，未能集远方，是以与太公争国。”

齐国是鲁北地区的古老国度，其公族为炎帝族系的后裔，早在夏商时期即已立国。甲骨文也有“齐”的记录，如“庚寅卜，在齐次”；“在齐次，佳王来征人方。”（《殷墟文字甲编》）。人方就是夷方，地处今山东域内。《山海经·大荒北经》“大荒之中……有北齐之国，姜姓。”可以确信商代鲁北已有以“齐”为称的方国。晚商时期，周代齐国之域为“蒲姑氏”的领地。周武克商之役，“蒲姑氏”等五十余国被周公东征的大军扫荡殆尽，该地遂成为周代齐国的领地。

太公吕尚封齐之时，仅有方百里之地。“太公至国修政，因其俗简其礼，通商工之业，便鱼盐之利，而人民多归齐，齐为大国。”姜太公制定的符合齐地社会基本情况和风土人情的国策，使齐国得到了快速发展。管蔡武庚之乱，淮夷畔周，周公率师东征“凡所征熊盈族十有七国”[2]，“伐奄三年，讨其君，驱飞廉

[1] 分别见《古代文明研究通讯》总第36期2008年3月；《考古》2010年第3期；《中国文物报》2005年2月2日第1版；《南方文物》2011年第1期；《海岱考古（第五辑）》，科学出版社，2012年。

[2] 《逸周书·作洛》，辽宁教育出版社，1997年。

于海隅而戮之，灭国者五十”[1]；周天子“乃使召康公命太公曰：东至海，西至河，南至穆陵，北至无棣，五侯九伯实得征之，齐由此得征伐为大国，都营丘”[2]。以其强大的政治、经济、军事实力，称霸一方，成为“春秋五霸”之首、“战国七雄”之一。

就文献记载而言，齐国的早期历史除了太公就国“夜行就国”，与莱人争营丘；制定治国大政方针，以及太公之子吕伋的零星资料外，有大段的史料空白。

> 《史记·齐太公世家》：“盖太公之卒百有馀年，子丁公吕伋立。丁公卒，子乙公得立。乙公卒，子癸公慈母立。癸公卒，子哀公不辰立。哀公时纪侯谮之周，周烹哀公而立其弟静，是为胡公。胡公徙都薄姑，而当周夷王之时。哀公之同母少弟山怨胡公，乃与其党率营丘人袭攻杀胡公而自立，是为献公。献公元年，尽逐胡公子，因徙薄姑都，治临淄。”

丁公吕伋之后至周夷王（西周晚期早段）百余年间仅有乙公得、癸公慈母、哀公不辰父子相继的世系记录。然而，就是这短短的几句话，给古往今来的治古史者提出了一个可兹争讼的学术难题。上述记载显示，姜太公吕尚之后，齐国先后曾两迁其都：始都营丘，次徙薄姑，再迁临淄。临淄就今淄博市临淄区齐都镇的齐国故城，营丘、薄姑位置未详。由于太公初封仅有方百里之地，汉代以来的学者多从以临淄为中心“方百里”的周边地区推考“营丘”的具体位置，主要有临淄和昌乐两说。20世纪中叶以来，先后出现了临淄韩信岭、临淄桐林、张店昌城、寿光呙宋台、益都（今青州）臧台、昌乐西河、桓台唐山等各种说法。

问题在于，就目前的考古资料而言，临淄齐国故城的年代上限，不早于西周中期早段，因而不可能是齐国早期都城。大量为追寻齐国早期都城的调查勘探和考古发掘亦未发现西周早期城址的踪迹，上述种种考究和推测也因缺乏考古资料实证而难以定谳。

二　陈庄遗址考古发现的学术意义

南水北调东线一期工程山东段之济南至引黄济青段干渠穿越齐国腹地北部，在临淄齐国故城西北直线距离约54千米的高青县花沟镇小清河北岸的陈庄和唐口村之间发现了一座平面呈方形，东西、南北分别长约180余米的西周早中期城址。城内发现了夯土祭坛、“甲”字形贵族大墓、马坑、车马坑等重要遗迹，出土大量陶器及较多的骨器、铜器和少量的精美玉器及蚌、贝串饰等珍贵文物。显示出某种程度的“国都等级”。尤为重要的是，铜器有“丰般作文祖甲齐公尊彝”的铭刻。给人以广阔的想象空间。

夯土祭坛位于城内中部偏南位置。南北残存34.5、东西残宽19米。中心部

[1]　《孟子·滕文公下》，《十三经注疏》，中华书局，1979年。

[2]　（汉）司马迁：《史记·齐太公世家》，中华书局，1959年。

位近圆台形，直径 5.5 ～ 6、残存高度 0.7 ～ 0.8 米。由内向外依次为圆形、方形、长方形及圆形、椭圆形相套叠的夯筑土坛，土色深浅有别。圆台的中心点距东墙 96.7、距西墙 90.1、距南墙 21.5 米。中心圆台的外围仍有多层水平状的夯土堆积向外延伸，每层堆积厚 5 ～ 12 厘米，两层堆积之间常常夹杂薄层白色沙土或灰烬，应是长期使用形成的。

祭坛中心部位保存完好，外部边缘大部分被晚期遗迹破坏，唯其北部尚保留斜坡状的原始状态，春秋、战国时期的南北主干道绕行于祭坛的西侧，表明城内居民直到战国时期仍对祭坛怀有特殊情感，才使得祭坛主体部位得以保留。

西周贵族墓葬是另一重要发现，已发掘西周墓葬 9 座，均位于城内东南部，其中 6 座墓葬随葬有青铜器。2 座“甲”字型大墓位于夯土台基的北侧，编号分别为 M35、M36。

M35　墓道南端距夯土台基的东北边缘约 6 米，墓道内随葬 2 辆马车，车衡处有殉狗 1 条，狗颈上系挂铜铃。葬具为一棺一椁，系用长方形木板以榫卯结构叠砌而成，人骨架已散乱。棺板上残存所髹红漆、有绘黑彩的痕迹。器物箱位于棺的北端，随葬鼎、簋、壶、盘、匜、戈、矛等青铜器及銮铃、车軎等车马构件。棺内出土玉佩及串饰、贝壳等随葬品。

M36　位于 M35 东侧偏南，两墓间距 10 米，两者方向一致，结构基本相同。墓道内也随葬 2 辆马车，车旁随葬狗 1 条。棺椁结构与 M35 基本相同。随葬有盨、方壶、圈足盘、戈等铜器和陶鬲 1 件。棺内人骨架已散乱。在 M35 随葬的 2 件铜簋上均有长达 70 余字的铭文，内容为周王“格于龏大室”，册命征伐的记录。

M18　出土铜器有鼎、簋、觥、甗、卣、觚、爵等，其中簋、觥、甗、卣等有“丰启作氒祖甲齐公尊彝”的铭文。

夯土祭坛周边还发现了 5 座马坑和 1 座长方形的车马坑。马坑中殉马 8 匹、6 匹者各 2 座，另一座殉马 2 匹。其中 1 座马坑的摆放方式较为特别：6 匹马两两成对放置，头向不一，中间还放置牛角一个。车马坑内有 3 辆马车，南部 2 辆驾 4 马，北部 1 辆驾 2 马。此外，该遗址还出土 1 片山东地区唯一一见的西周甲骨刻辞（详第六章第五节）。这些迹象，比较清楚地说明了“夯筑土坛”的祭坛属性。

陈庄遗址的西周早中期城址、贵族大墓、夯土祭坛、甲骨刻辞，以及相关青铜铸铭，填补了山东周代考古的多项空白，对于研究早期齐国的历史具有十分重要的意义，引起了学术界的广泛关注。其中，西周早中期城址是山东地区迄今能够确认的最早周代城址；西周早中期夯土祭坛、贵族墓葬、铭文中的“齐公”和西周甲骨刻辞均为山东周代考古的首次发现，在全国也十分罕见，特别是“齐公”在已知金文资料亦属首见，对于解读该城址属性、寻找齐国早期都城和齐国早期历史的研究都具有不可替代的资料价值，是山东周代考古的重大突破。

三　出土铜器铭文的解读

高青陈庄遗址出土的青铜器50余件，有10件带铭青铜器。其中M18出土的“丰”组铜器铭文、M35出土的“引”组铜器铭文已经发表并经过初步释读。

1．“丰”组铜器铭文

“丰”组铜器铭文见于M18出土的簋、觥、甗、卣内壁，内容大致相同，分别作：

丰（豊）启乍氒祖甲齐公尊彝。

丰启乍文祖甲齐公尊彝。

丰乍氒祖甲齐公尊彝。

丰启为人名，氒即厥，释为“其”，全文的意思是丰启为其先人“祖甲齐公”或“文祖甲齐公”作器。“祖”为祖父的略称，“甲”为日名庙号，是夏商两代使用“甲乙丙丁”等“日干”作为庙号习俗在西周早期的遗留，如齐国早期丁公吕伋、乙公得、癸公慈母中的“丁、乙、癸”均是。

如前所述，齐国始封至三迁都城至临淄之时的世系为：太公吕尚、丁公吕伋、乙公得、癸公慈母、哀公不辰、胡公静、献公山。本组铜器的形制、组合及铭文字体特征均属西周早期风格，而吕伋、吕得、吕慈母三世的庙号均不合于“祖甲”的称谓，哀公以后则不使用日称。故此“祖甲齐公”或“文祖甲齐公”只能是姜太公吕尚。丰启称吕尚为“祖甲齐公”或“文祖甲齐公”，表明此人是太公姜尚的孙辈。

“丰启”之丰与通常的写法略有不同，而与美国旧金山艺术博物馆所藏周初青铜器《塱方鼎》的丰字一样。《塱方鼎》或称《周公征东方鼎》，其铭曰“惟周公于征东夷，丰伯、尃古咸𢦏”[1]。“𢦏”或释作“戡”，是说周公在征东夷的过程中，征服或灭亡了丰伯和薄姑两国。谭戒甫认为此“丰伯”即为“逄伯”[2]，亦即《左传》昭公二十年“昔爽鸠氏居此地，季萴因之，有逄伯陵氏因之，薄姑氏因之，而后太公因之”中的“有逄伯陵氏”，其说很是。山东济阳刘台子西周早期贵族墓葬出土的7件有铭逄氏铜器[3]，表明夏商丰氏族群一直活动在鲁北地区，周公东征时虽然遭受严重打击，却没有被完全消灭。作为姜姓齐国的同宗，在太公封齐后得以重新崛起，并成为齐国公室的辅佐。

2．“引”组铜器铭文

“引”组铜器铭文见于M35出土的2件铜簋内底，长达70余字，内容相同，为西周齐国历史增添了一条全新的史料。现将铭文按原有行次抄录如下：

唯正月壬申，王格于

[1]　吴其昌：《金文历朔疏证》卷一，商务印书馆，1936年，第10页。

[2]　谭戒甫：《西周〈塱鼎铭〉研究》，《考古》1963年第12期。

[3]　山东省文物考古所：《山东济阳刘台子西周六号墓清理报告》，《文物》1996年第12期。

龏大室。王若曰：引，余

既命汝更乃祖，司齐

师，余唯中命汝，赐汝彤弓

一，彤矢百，马四匹，敬乃御，毋

败绩。引拜稽首，对扬

王休。同陲追俘吕兵，用乍

幽公宝簋，子子孙孙永宝用。

“龏”为恭（共）的金文结体。根据唐兰的考证，“龏大室”应为周恭（共）王的太室，亦即太庙。全文的大意是：某年正月壬申日，当时的周天子在周共王的太庙内召见“引”，周天子说：引，我曾任命你继承先祖的爵位，管理齐国的军队。今天我重申（那个）任命，赐你红色的弓一张，红色的箭百枚，马四匹。望你恪尽职守，不要打败仗。引叩拜谢恩，在陲大败追击敌方，俘获了一些吕（铜块）和兵器，为幽公铸造了宝簋，愿子子孙孙永宝用之。

西周早中期周王室世系为武王、成王、康王、昭王、穆王、共王、懿王、孝王，至周夷王时进入西周晚期。第六代齐侯胡公静徙都薄姑的事件即发生在周夷王之世。高青陈庄 M35 出土的青铜簋为附耳带盖方座簋，器盖饰直棱纹和窃曲纹，方座饰变形大鸟形纹，无云雷纹底衬，具有西周中期后段的风格，据此看来，M35 的年代当在周共王死后至胡公徙都薄姑之前。西周早中期，周天子具有至高无上的权威，前引《史记·齐太公世家》“纪侯谮之周，周烹哀公而立其弟静，是为胡公”即是明证。为防止诸侯国恃强坐大，西周王室对各诸侯国的控制极为严密，如西周金文所见的屯守西土的“西六师”、卫戍东土的“殷八师”，其他还有周师、京师、成师、卫师等等。为加强对各诸侯国武装力量的控制，周天子在诸侯国国君之下另设军事统领，如齐国的国氏、高氏世袭上卿，是“天子之二守”（《左传·僖公十二年》），“引”可能就是这样的一位齐国军事统帅。《论语·季氏》“天下有道，则礼乐征伐自天子出，天下无道，则礼乐征伐自诸侯出”，说的就是这个道理。《史记·齐太公世家》所谓周王“乃使召康公命太公曰：东至海，西至河，南至穆陵，北至无棣，五侯九伯实得征之”，乃是授与齐国监视周边其他国家的权力，如果要兴兵讨伐，还必须得到周天子首肯，所谓“礼乐征伐自天子出”是也。周平王东迁，王室衰落，丧失了对诸侯国的控制能力，才逐步形成了“礼乐征伐自诸侯出”的“天下无道”局面。

四　基本结论和相关成果

由 M18 及其他相关遗存证之，陈庄西周城址的始筑年代不应晚于西周早期；M35 的年代则在齐胡公徙都薄姑之前，表明高青陈庄遗址不可能是胡公所徙之薄姑都。另一方面，陈庄西周城址边长只有 180 余米，总面积不足 33000 平方米，规模太小；相关墓葬规格和铭文显示的青铜器作器者的身份，亦不符合齐国国君的身份，故而也难以构成“营丘”说的强力支撑。综合这些现象推测，陈庄西周城址很可能是拱卫齐都营丘的一座军事重镇[1]。

高青陈庄西周城址的重大考古发现，引起了有关部门的高度重视。山东省文物局与山东省南水北调工程建设管理局根据专家意见，积极协商，决定采取改线的方式绕避遗址，将原定调水干渠线位作了13千米的调整，直接增加工程投资，最大限度地保证了遗址的完整性和原真性。

为了将高青陈庄的重大考古发现的研究引向深入，山东省文物考古研究所以“齐国早期都城课题研究”为目的，组织专业人员先后对临淄、昌乐、桓台、寿光等同期的遗址进行了考古勘探。2012年冬，在临淄（辛店）城郊发现了商末周初的城址遗迹，为西周早期都城的探索，提供了极为重要的新线索。

高青陈庄遗址发掘期间，山东省文物考古研究所多次邀请全国知名考古专家到现场考察指导工作。发掘结束后，又于2010年4月12日邀请考古学、古文字学、植物考古学等方面的专家学者，就发掘成果进行专题座谈，并约请相关专家学者以笔谈的形式发表各自的见解（详见《山东高青县陈庄西周遗址笔谈》[2]。迄今见于公开发表的学术成果有郑同修《山东高青西周遗址首次发现“齐公”铭文，与姜太公直接相关》（《光明日报》2010年1月18日）、郑同修、高明奎、魏成敏《山东高青陈庄西周遗址考古发掘获重大成果》（《中国文物报》2010年2月5日）、方辉《对陈庄西周遗址的几点认识》（《中国文物报》2010年3月5日）、山东省文物考古研究所《山东高青县陈庄西周遗址》（《考古》2010年第8期）、《山东高青县陈庄西周遗址发掘简报》（《考古》2011年第2期），李新《高青陈庄西周遗址勘探报告》（《考古》2011年第2期）等。此外山东省文物考古所编辑出版的《海岱考古（第四辑）》，集中刊载了李学勤、李零、张学海、王恩田、王树明、孙敬明、方辉、郑同修、魏成敏、刘海宇、武健等专家学者对高青陈庄遗址相关问题的研究文章。

第六节　齐长城研究的最新进展

“筑城以卫君，造郭以守民”，是中国古代部族、邦国、国家等权力机关，用以维护自身安全的重要措施。长城则是“闭合式城郭”概念的进一步延伸。齐国是中国历史上最早修筑长城的国家。随着国家重点项目“长城资源调查”在全国范围内的启动，“齐长城资源调查”被纳入山东省文物局“十一五”重点项目，并于2011年结项。南水北调东线一期工程济平干渠段涉及的齐长城西端起点附

[1]　参见山东省文物考古研究所：《海岱考古（第四辑）》的相关文章，科学出版社，2011年。

[2]　李学勤、刘庆柱、李伯谦等：《山东高青县陈庄西周遗址笔谈》，《考古》2011年第2期。

近的周代遗址，为齐长城端点附近的重要要塞——春秋平阴古城的位置提供了重要的线索。王永波、王云鹏对此进行了比较深入的探讨，发表了《齐长城的人字形布局与建制年代》的研究成果[1]。

一　齐长城的总体布局

现存齐长城是中国古代长城中遗迹保存状况较好、使用年代最长的古代长城。西起济南市长清区孝里镇广里村北的古济水东岸，向东进入泰山西麓，沿泰沂山系分水脊岭，蜿蜒迂回，横穿鲁东南低山丘陵，途经长清、肥城、岱岳、泰安、历城、章丘、莱芜、博山、淄川、沂源、临朐、沂水、安丘、莒县、诸城、五莲、胶南、黄岛十八个县（市、区），至青岛市黄岛区东于家河庄入海。全长641.32千米，跨越1500余座大小山峦，宛如一条飞舞的巨龙，盘旋腾挪于崇山峻岭之中。可称之为“齐国山地长城”。

据新近整理出版的《清华简》记载，齐宣公十五年（公元前441年）又在济水岸边修筑了一道“济水岸防长城”。

> 《清华简·系年》第二十章：“晋敬公立十又一年，赵桓子会（诸）侯之大夫，以与戉（越）令尹宋盟于邧（巩），遂以伐齐。齐人女（焉）刣（始）为长城于济，自南山属之北海。晋幽公立四年，赵狗率师与戉公株句伐齐，晋师閲长城句俞之门。戉公、宋公败齐师于襄坪。至今晋、戉以为好。”[2]

晋敬公十一年为周定王二十八年、齐宣公十五年（公元前441年）。晋幽公为晋敬公之子。《清华简·系年》的整理编纂者据《竹书纪年》推算，晋幽公四年，为周考王十一年（公元前430年）。赵狗为晋将；株句即朱句，为越国之君。简文的大意是：晋敬公十一年，晋与越国联合伐齐，“齐人始为长城于济，自南山属之北海”；时隔11年，至齐宣公二十六年（公元前430年），晋国再次派赵狗联合越国再次伐齐“长城句俞之门”。“自南山属之北海”，表明“济水岸防长城”的南部起点大致与山地长城相同，沿济水东岸直至“北海”，与“山地长城”以“人字形”布局，连接三面环海的岸线，共同构成了中国，乃至世界上独一无二的、完整闭合的军事防御体系。

春秋末期，齐国田氏擅权，内乱频发。公元前453年，取得强势地位的晋国韩、赵、魏三豪族，对处于弱势的齐国虎视眈眈。田成子为扭转危局，采取了“尽归鲁、卫侵地”与晋、吴、越通好，修功行赏，亲于百姓等措施[3]，政局逐渐稳定。齐

[1]　《管子学刊》2013年第2期。

[2]　李学勤主编：《清华大学藏战国竹简》（贰）下册，《释文注释·系年》第二十章（李守奎编），中西书局，2011年，第186～188页。

[3]　（汉）司马迁：《史记·田敬仲完世家》，中华书局，1959年。

宣公十五年（公元前441年），田悼子执政[1]，国力稍有恢复，便开始修筑“御晋鄣济岸防”长城。

显而易见，齐宣公十五年在济水东岸所筑长城，与现存“山地长城”的地理位置有别、始筑时间有差、防御对象不同，线形走向迥异。尽管两者都始于齐国西南境的济水东岸，但山地长城一路向东，进入崇山峻岭，以鲁国为主要防御目标。齐宣公十五年所筑济水长城，则是一路向北，沿济水东岸至于渤海，具有“御晋障济”的双重功能。姑且不论其“句俞之门”设于何地，该段长城“御晋障济”之防的性质，都可缘此而定。

二 春秋齐晋平阴之战

春秋战国，两汉和魏晋时期的相关文献都有关于齐长城零星的记载。最早见于《左传》和《国语》分别称之为“防”或“牢”，战国时期改称“长城”，《竹书纪年》所谓“齐筑防以为长城”就是明证。不过，除《竹书纪年》和《齐记》外，其他文献仅记录了齐长城的“使用”情况，以至于齐长城的建置年代，众说纷纭，莫衷一是。明末清初以来，学界开始关注长城的有关情况，对齐长城的始筑年代提出了各种不同的看法，归结起来大致有春秋中晚期说、春秋战国之际说和战国早中期说几种，而以张维华、王献唐所倡分期续修的说法最为流行[2]。

> 《左传》襄公十八年：“冬十月，（晋鲁之师）会于鲁济，寻溴梁之言同伐齐。齐侯御诸平阴，堑防门而守之广里……诸侯之士门焉，齐人多死……齐侯登巫山以望晋师。晋人使司马斥山泽之险，虽所不至，必旗而疏陈之；使乘车者左实右伪，以旗先，舆曳柴而从之。齐侯见之，畏其众也，乃脱归。丙寅晦，齐师夜遁……十一月丁卯朔，入平阴，遂从齐师。夙沙卫连大车以塞隧而殿……杀马于隘以塞道……己卯，荀偃、士匄以中军克京兹。乙酉，魏绛、栾盈以下军克邿。赵武、韩起以上军围卢，弗克。十二月戊戌，及秦周伐雍门之萩。范鞅门于雍门……己亥，焚雍门及西郭、南郭……壬寅，焚东郭、北郭……甲辰，东侵及潍，南及沂。”

通常认为，御诸平阴的广里“堑防门”，夙沙卫“连大车以塞隧”“杀马于隘以塞道”中的堑、防门、隧、隘等，就是长城的组成部分。鲁襄公十八年为公元前555年，是役正是围绕齐长城西端的平阴（今长清）要塞展开的。由于齐灵公指挥失当，齐师一败涂地。晋鲁联军接连攻克平阴，克邿、克京兹、围卢，乘胜追击，一路攻至临淄城下，焚其四门四郭，齐灵公被迫仓皇出逃。

[1] 《史记·田敬仲完世家》：“庄子卒，子太公和立”。《史记索隐》引《纪年》：“齐宣公十五年，田庄子卒，明年立田悼子，悼子卒乃次立田和，是庄子后有悼子，盖立年无几，所以作《系本》及《史记》者不得录也。”

[2] 张维华：《长城建制考》上编，中华书局，1979年。王献唐：《山东周代的齐国长城》，《社会科学战线》1979年第4期。

齐晋平阴之战还见于金文“𠩵羌编钟”铭，1928年，洛阳金村东周墓出土两套编钟，共计14枚。其中，个体较小者9件，均铭“𠩵氏编钟”4字，个体较大者5件，即“𠩵羌编钟”，铭文亦同[1]，内容涉及《左传》襄公十八年所记齐晋平阴之战，其辞曰：

“唯廿又再祀，𠩵羌乍戎，𠦅（厥）辟韩宗，𢽾率征秦、迮（迫）齐，入长城，先会于平阴，武侄（至）寺（邿）力，䛭敓楚京。赏于韩宗，令于晋公，昭于天子，用明则之于铭。武文□剌，永枼毋忘。”

铭文中的韩宗是晋国的将领，𠩵羌应为韩宗的家臣。“武侄寺力”或释为“盖三晋会师平阴之后，𠩵以偏师力捣邿山也”[2]；“䛭敓”为强取或袭夺，楚京为地名。可与《左传》襄公十八年，克邿、克京兹相对应。铭文所述内容是借“唯廿又再祀”，也就是二十二年举行祭祀时，追述前人的功绩。其时，𠩵羌整顿军旅，随韩宗征战，先后立过“征秦”“迫齐”的战功。特别是“迫齐”之役，取得了入长城，先会于平阴，武力至邿，袭夺楚京，即京兹的战功[3]。周天子因此而“赏于韩宗，令于晋公”，故而记之于铭。

刘节、唐兰[4]、吴其昌、徐中舒以及瑞典高本汉等认为，“唯廿又再祀”为周灵王二十二年（公元前550年）[5]。如此，唯有《左传》襄公十八年（公元前555年，周灵王十七年）晋鲁联军伐齐，入平阴、克京兹、克邿、攻至临淄的战事可以与之相对应。

还有学者认为“𠩵羌编钟”所记战事，当为《今本竹书纪年》“威烈王十八年（公元前408年），王命韩景子、赵烈子及我师伐齐，入长垣”（《古本竹书纪年》记为晋烈公十二年，即公元前404年）之战[6]。问题在于“𠩵羌编钟”所记是晋国将领韩宗率𠩵羌伐齐；《竹书纪年》所记乃是韩、赵、魏“三晋之国”联合伐齐，其时，晋国已成为历史。公元前453年，晋国贵族韩、赵、魏三家合力灭掉专

[1] 刘节《𠩵氏编钟考》：“𠩵氏编钟凡十二，曰，尚有二器现在美国。”（初刊《国立北平图书馆馆刊》第五卷第六号，1931年），《古史考存》，人民出版社，1958年，第86页。唐兰《𠩵羌编钟考释》：“在美国之二器，仅马叔平先生曾借得拓本。”（初刊《国立北平图书馆馆刊》第六卷第一号，1932年），《唐兰先生金文论集》上编，紫禁城出版社，1995年，第1页。郭沫若《𠩵芎钟铭考释》：“小者8具，铭凡4字……大者4具，文凡六十有一。”（初刊《金文从考》，日本文求堂书店，1932年），《金文从考》，人民出版社，1954年，第350页。郭沫若《释𠦅氏》：“近出𠩵氏编钟十四具，铭六十一字者五具，一具入美国。铭四字者九具，一具入美国。”（初刊《金文从考》，日本文求堂书店，1932年），《金文从考》，人民出版社，1954年，第233页。

[2] 郭沫若：《𠩵芎钟铭考释》（初刊《金文从考》，日本文求堂书店，1932年），《郭沫若全集·考古编》第五卷《金文从考》，人民出版社，1954年，第360、361页。

[3] 郭沫若释为“夺取（齐国的）楚丘与京山也”（初刊《金文从考》，日本文求堂书店，1932年），《郭沫若全集·考古编》第五卷《金文从考》，人民出版社，1954年，第360、361页。

[4] 刘节、唐兰的文章见前注。

[5] 吴其昌：《𠩵羌钟補考》，《国立北平图书馆馆刊》第五卷第六号，1931年。徐中舒：《𠩵氏编钟考释》（初刊《𠩵氏编钟图释》，中央研究院历史语言研究所，1932年），《徐中舒历史论文选辑》上册，中华书局，1998年，第205～224页。高本汉著，刘叔扬译：《𠩵羌钟之年代》，《考古社刊》第四期，1936年。

[6] 温廷敬：《𠩵羌钟铭释》，中山大学研究院文科研究所历史学部《史学专刊》第一卷第一期，1935年。

擅国政的知氏，尽并其地[1]。公元前433年，晋幽公即位，韩、赵、魏瓜分公室土地，史称“三家分晋”。公元前403年，周威烈王正式承认“三晋”，即韩、赵、魏三国为独立的诸侯国，“三晋”之君始得称子、称侯。如《竹书纪年》的“韩景子”、赵烈子，《史记》相关世家的“××侯”即是。钟铭称“韩宗”不称子、侯，表明其时三家尚未分晋；《竹书纪年》所记战事明言韩、赵、魏“三晋”是以“子”，即诸侯身份接受王命的，《清华简》在记述这一战事时，亦以“晋三子”为“三晋”之君的代称[2]，其时距离三家分晋已有30年，与钟铭所述显然不符。

总之，不论持何种观点，都难以回避驫羌钟“晋伐齐”，入长城、会平阴、“武侄寺力，䜌敓楚京”，与《左传》襄十八年“晋伐齐”，入平阴、克京兹、克邿的内在关联。这些记载使人们相信，齐灵公时期已有长城。《史记》相关《世家》所记春秋末期至战国早期，围绕齐长城的战事又告诉世人，春秋战国之际，山地长城已成为齐国抵御外敌的重要屏障。

三　大街遗址的考古实证

齐国山地长城西端起于济南市长清区孝里镇广里村北的古济水东岸，而《左传》襄公十八年所记“晋齐平阴之战”则是围绕齐长城西端的平阴要塞展开的。可知春秋时期的“平阴要塞”在今济南市长清区境内。

嘉庆《平阴县志·疆域志》：“孝里铺南有村，曰东长。其西南三里有村，曰广里，曰防头……古平阴城，古老相传谓今东长村即其地，遗址犹存。”

孝里，为长清所辖乡镇，广里则为长清区孝里镇南部与今平阴县交界处的一个自然村。南水北调东线一期工程济平干渠段从平阴县境进入长清境内，经过广里、大街、四街村西，亦即古济水、今黄河东畔向北延伸。济平干渠长清段的重要文物点大街遗址，位于孝里镇大街和四街村西100、齐山地长城现存西部端点西北约400、西去黄河约4000米（见长清、槐荫区济平干渠文物分布图），地势低洼，东部为泰山余脉的低山丘陵，地势渐高。

由于是配合工程建设，考古发掘区被限定在大街村西北、四街村西，位于遗址中段东部边缘调水干渠占压的东西宽度100余米的范围之内（南北不限）。为了解大街遗址与齐长城的关系，项目承担单位根据课题研究的需要，特意将勘探范围扩展到整个遗址。

调查勘探显示，整个遗址呈条带状南北延伸，长约2100、宽约300米，面积约54万平方米，是一处大型手工作坊遗址和墓地的综合体。文化遗存由南向

[1]　《史记·晋世家》：“哀公四年，赵襄子韩康子魏桓子共杀知伯，尽并其地。”司马贞《索隐》：“如《纪年》之说，此乃出公二十二年事”；依《中国历史纪年表》晋出公二十二年为公元前453年。

[2]　李学勤主编：《清华大学藏战国竹简》（贰）下册，《释文注释·系年》第二十二章（李守奎编），中西书局，2011年，第192～195页。其辞曰：“晋公止会（诸）侯于邳……韩虔、犳蘆、咢繫率师与戉（越）公翳伐齐，晋三子之大夫入齐……”云云。

北年代渐次晚近：大街村西南靠近齐长城端点的部位，以商周时期的堆积为主；大街村西北主要是东周时期的遗存，还有较多的宋元及隋唐时期的遗迹，最北部即四街村西北，主要为战国、汉、唐及宋时期的墓地。遗憾的是，因发掘区位的限制，本次发掘揭露面积虽然广达1200多平方米，却未能揭露该遗址较早的遗存，仅发现了战国、唐宋时期和元代的灰坑、沟、陶窑、井等遗迹。

战国遗迹有陶窑1座，灰坑20余个，主要集中于发掘区西部的陶窑附近。由层位关系分析，这些遗迹大致属于同一时期，灰坑内的堆积包含大量的红烧土块、木炭灰、残陶器及制陶工具等，有的坑较大且不规则，估计应与陶窑有关，或者是烧窑时的取土坑和垃圾坑。陶窑火膛内残存的烧陶器具及灰坑内同类器物为此提供了直接的物证。在北部紧邻大街的四街遗址南部也发现了2座战国时期的窑址和一批灰坑。发掘者认为四街遗址应是大街遗址的北向延伸。这些现象表明，大街遗址是当时一处重要手工作坊。

由大街遗址与齐长城端点的地理位置，大街遗址的工作坊属性及其南部的商周遗址、四街的战国墓地，特别是规格较高的战国“甲”字形大型木椁墓M18，及其随葬的铜戈、箭镞兵器等（详第六章第三节）情况分析，这类大型手工作坊和大片墓地，必定与人口相对集中的都邑有关。换言之，大街手工作坊和四街墓地应与齐长城西部端点的唯一重镇——平阴要塞及长城修筑和卫戍有关。

四　长城西端相关问题的探究

前引《左传》襄公十八年晋齐平阴之战杜预注：“平阴城在济北卢县东北，其城南有防，防有门，于门外作堑，横行，广一里。”

《水经注·济水》：“长城，东至海，西至济，河道所由曰防门，去平阴三里，齐侯堑防门即此也……昔齐侯登（巫山以）望晋军……今巫山之上有石室，世谓之孝子堂。”

今长清段黄河河道原为济水故道，“孝子堂”即今长清孝堂山。郦道元以“孝子堂”即为巫山，或有失察。如图（图7-6）所示，长城以北最近的山头，依次是山头C、山头D和一道南北低岭，然后才是孝堂山。山头C、山头D距长城分别500～1000米；孝堂山距长城约4千米，且为一处微隆的低丘，高度比山头C、山头D低一个等高线层级。如果巫山就是孝堂山，中间隔有山头C和山头D，又如何远眺？因此，齐侯所登巫山，实应为山头C或山头D。

齐国山地长城端点始于孝里镇广里村北、今黄河东岸的“领子头”。西部端点至220国道可见一段高出地面，长约171、底宽25～28、残高2～3.5米的墙体。西部为大片洼地，俗称孝里洼、董家洼、徐家洼等，应是《水经注·济水》所称“济水右迤，遏为湄湖，方四十余里”干涸之后形成的。220国道以东，平地部分已不见墙体，缓坡一带的墙体也被改造为农田，山脚以上始见隆起的墙体。

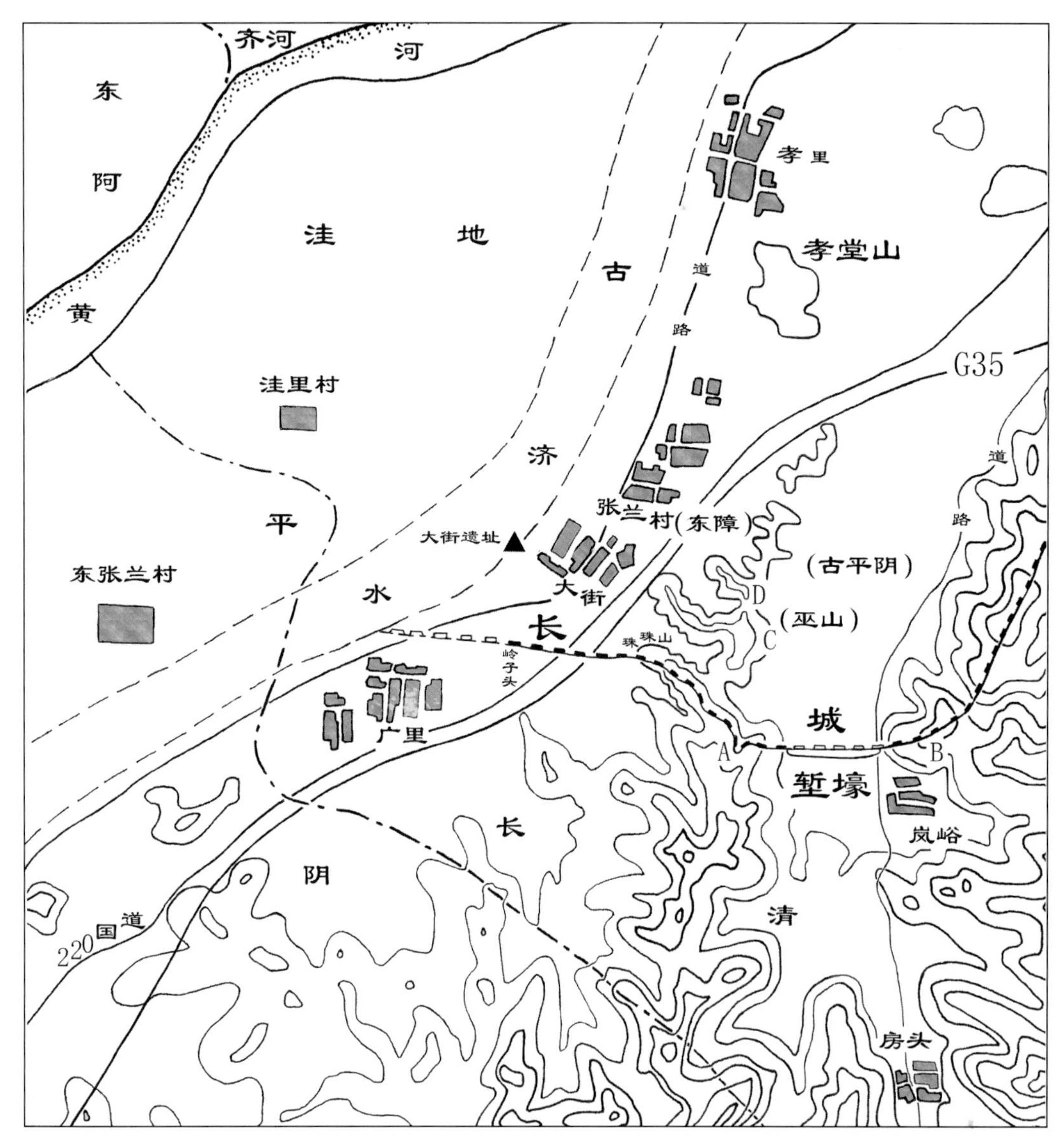

图7-6　齐长城西端形势图

据部分断崖剖面观察，缓坡地带地表以下的长城墙体尚存 2 ～ 3.5 米的高度。向东延伸 600 米，攀缘珠珠山而上，至陡岭子（A 点）作 180° 大转弯，横跨山谷，至岚峪北山（B 点）折向东北。长城源头墙体为黄土夯筑，夯层大致呈水平状分布，结构致密，每层厚 12 厘米左右，夯具为木棍，夯窝密集，呈口圆底圜的锅底状，直径 5、深 1.1 厘米左右。夯层厚度、夯窝直径，比鲁故城城垣春秋早期城墙的略厚略大，夯层较春秋晚期的齐景公墓略薄，正是春秋中期“集束棍夯”的典型特征。

在陡岭子 A 点至岚峪北山 B 点之间较为开阔的山谷中，新发现一条东西向的人工堑壕（图 7-7、8），截断了谷地中的三条南北向的自然冲沟。20 世纪六七十年代堑壕的北侧还保存有较高的土墙。堑壕宽 20 余、深 10 余、东西长

图7-7　齐长城人工堑壕现状

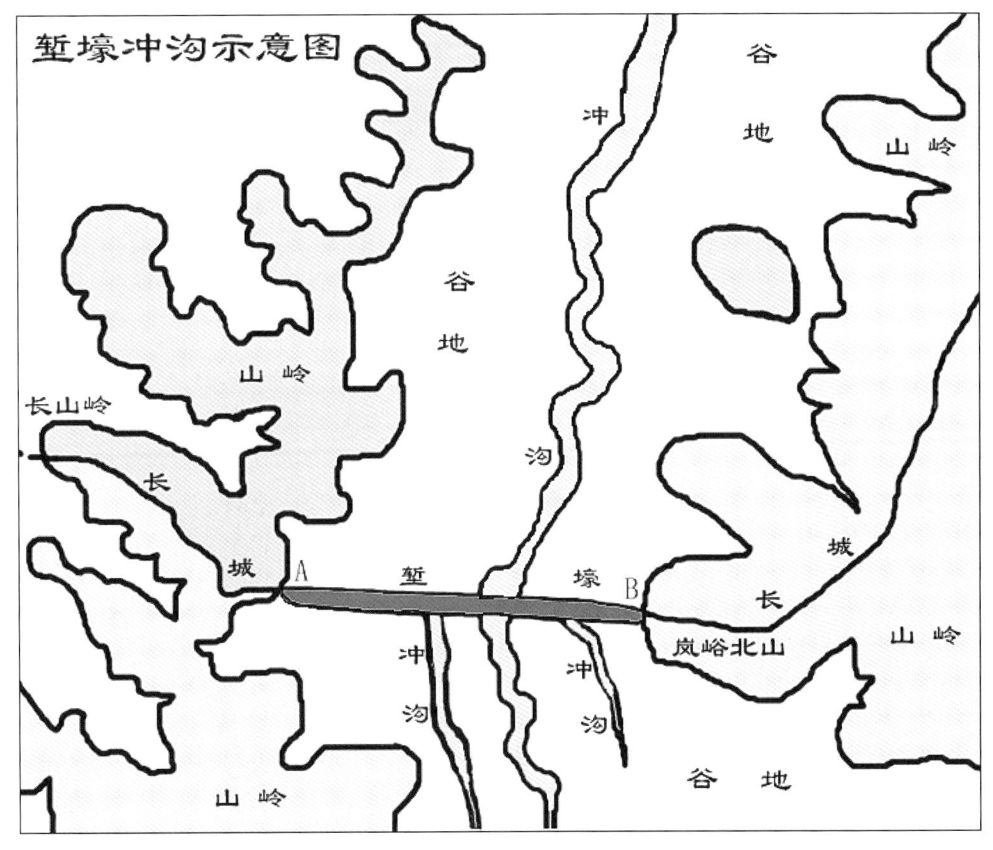

图7-8　堑壕冲沟示意图

1321 米,东西两端与山脊上的长城正相对应。其正南约 2 千米就是“房(防)头”村。据此观察,该堑壕才是齐军所守之“堑防门”。

前引嘉庆《平阴县志》所载“东长”,后衍为“东障”或“东张”。大街遗址的存在及其内涵,表明这一带确与古平阴有关。大街村北的“张兰村”,或即为原“东张(东障兰村)”。“防头”,今称“房头”,位于新发现的堑壕正南方的山谷中,恰与县志所载“堑防门”(堑壕)和“防头”的位置相吻合。与“广里”的直线距离约在 5 千米以上。就地理形势观察,堑壕以北是开阔且较为平坦的山谷,两侧山岭绵延,正好构成一个相对密闭的空间,具有很好的军事防护作用。以理度之,应该就是齐灵公当年所守的“边关要塞”。

五 齐长城始筑年代的推考

有的研究者根据大街遗址和邿国墓地 M5 为春秋晚期遗存推定:鲁襄公十三年(公元前 560 年),齐国的势力尚未抵达平阴一带,“齐长城源头建置年代上限不超过鲁襄公十三年”[1]。

《左传》襄公十三年:夏,邿乱,分为三,师救邿,遂取之。

乍看起来,“鲁取邿”似乎可以作为一个有效的时间节点。但是,与战国时期的“兼并”战争不同,春秋各国之间的攻伐,是以“尊王攘夷”“兴灭国、举逸民”为指导原则的。征伐的目的在于称霸,掠夺财富和土地、人口,通常会保留战败国君主的名义地位,使其宗祀不绝。另一方面,列强博弈,“取而复还”的实例不胜枚举。是故,邿国虽然在襄公十三年被鲁所取,却无法排除其此前不曾归属齐国。

《荀子·仲尼》:“齐桓,五伯之盛者也……诈邾袭莒,并国三十五。”

《春秋集解·庄公》:“荀子曰:桓诈邾袭莒,并国三十五。如卿之言,则所灭盖不尽书,书灭谭、灭遂,上下一见之也。”

“所灭盖不尽书”,焉知齐桓公所并三十五国之中不曾有过邿国?据《左传》记载,鲁庄公十三年(公元前 681 年,齐桓公五年),“齐人灭遂”,出兵伐鲁。鲁庄公“献遂”求和,与齐国会盟于柯,鲁臣曹沫(刿)趁登坛之机,劫持齐桓公,要求齐国返还三次战争所占鲁地[2],齐桓公从之,“诸侯由是归齐”[3]。

遂国地望,《左传》杜注:“在济北蛇丘县东北”,即今肥城一带。邿国的方位,《左传》襄公十八年,晋鲁联军突破平阴的钜防屏障,克京兹、克邿、围卢,杜预注:“平阴西有邿山。”《春秋左传属事》:“京兹,在平阴东南;邿,今山东济

[1] 任相宏:《齐长城源头建制考》,《东方考古(第1集)》,科学出版社,2004年。

[2] 《公羊传》庄公十三年:“盟于柯……曹子手剑而从之……曰:愿请汶阳之田”,文渊阁《四库全书》本。

[3] (汉)司马迁:《史记·管晏列传》,中华书局,1959年。

阴县有邿城……皆齐邑”[1]。仙人台邿国墓地远在古平阴城以北、今长清孝里东北的五峰镇北黄崖。而齐国的势力，早在桓公初年已越过长城源头地区，达到平阴之南的今肥城一线，“京兹”和“邿”自然应在齐国的疆域之内。

至于仙人台邿国墓地的年代，更不能作为长城始建年代的确证。邿国墓地共发现6座周代墓葬，其中5座为西周晚期至春秋早期墓，仅M5略晚。而唯一可能是国君墓的6号大型墓，年代恰恰处在春秋早期偏晚阶段，正可作为邿国历史终结年代的考古学实证[2]。大街遗址的年代可早到商代西周，故而更不成为问题。

《管子·轻重丁》："管子问于桓公：敢问齐方于几何里？桓公曰：方五百里。管子曰：阴雍长城之地，其于齐国三分之一，非穀之所生也"；"长城之阳，鲁也；长城之阴，齐也。"

清楚地表明，齐桓公时期已有长城，然而不少研究者却以《竹书纪年》的有关记载，如“梁惠王二十年，齐筑防以为长城”(《水经注·汶水》引)；“梁惠王二十年，齐湣王筑防以为长城”(《史记正义·苏秦列传》引）等的自相矛盾的记载，斥《管子》的相关记载为“后世好事者”的伪作。如本节“二”所引，也是出自《竹书纪年》的三晋伐齐之战，表明至少在公元前400年前齐长城已经存在，何以到了公元前350年（梁惠王二十年），甚至是齐湣王（公元前301～前284年）才“筑防以为长城”，其可信度不言而喻。

较之闭合式的都邑城郭，长城是更为艰难浩繁的巨大工程，需要更为雄厚的综合国力和完善的组织协调能力。东周时期筑有长城的诸侯国均为当时的强国就是明证。齐国能够在列强中率先修筑长城，既受惠于姜太公确立的富国强兵之策，更得益于春秋早期的庄僖“小霸”和齐桓公所建立的霸业。可以说，只有强国才有修筑长城的实力，只有强国才有修筑长城的主观冲动。

春秋战国时期，列强修筑长城的主要目的，在于保护本国的大本营不受侵扰，以免除其常备军主力出国远征的后顾之忧。齐桓公作为春秋时期最早称雄的“霸主”，肩负着“尊王攘夷”“兴灭国、举逸民”的历史重任，频繁率军远征，本土的安全必然是最优先考虑的问题。况且，其南部近邻是一个相对强大，且常常联晋、联宋莒以抗齐的鲁国，迫使齐国不得不作万全的安排。是以选择了相对易于用“城防构筑物”连接的南部山地分水岭，作为主要的防御屏障。这应是齐桓公修筑山地长城，以及山地长城没有完全沿齐国当时的边界修筑的主要原因。

齐桓公时期，齐国在管仲“官山海”和“相地衰征”等一系列富国强兵措

---

[1] （明）傅逊：(《春秋左传属事》）卷五《伯·晋平公楚康王争伯》，文渊阁《四库全书》电子版，上海人民出版社，1999年。

[2] 山东大学考古系：《山东长清县仙人台周代墓地》，《考古》1998年第9期。

施的引导激励下，社会经济有了长足的发展。综合国力冠盖天下。齐桓公又是一位具有雄才大略、远见卓识的君主，内政清明，贤人辈出。《管子》之《地图》《水地》《度地》《地员》诸篇则表明，当时的齐国，不仅在综合国力、经济基础和组织协调，而且在自然地理知识和人才储备方面，都具备了修筑长城的能力。

总之，齐长城始建于齐桓公时期，符合春秋中早期的列国形势和齐国的实际情况。至少可以确认，尽管齐桓公时期的山地长城可能还没有连接成完全闭合的防御工事，但在战车易于通过的平坦地带和交通要道，必定均有相应关隘和防御工事。齐桓公之后的历代齐国君主，应有增筑和修补长城的行为，这恐怕也是相关文献关于齐威王、齐宣王、齐湣王修筑长城等说法的缘由之一。春秋末年至战国初期的齐国，因田氏代姜，内扰不断，“三晋”频频入侵，齐国于此时加筑“济水岸防”长城，也是出于形势所迫。

第七节　宋元时期的特色民风

南水北调东线一期工程所涉文物点有两个突出的特点，其一是调水干渠所经地段为古往今来的宜居地段，文化遗存富集；其二是受调水工程规律的制约，调水干渠的选址大多是当地地势较为低洼的地段，以减轻泵站提水的压力。由此导致了一个个直接后果，就是所涉早期遗址，特别是史前遗址极少，汉代以迄明清，特别是唐宋以后的遗址较多。这是因为相对于汉代及其以后，史前居民抵御水患的能力较弱，故而多选择近水台地为居住区；汉代以来，人口密度增加，可供选择的宜居地段不足，加之治水能力的不断提高，史前人类不宜居住的低洼地带也成为可供人类营生的“好地方”。因此南水北调工程山东段发掘的文物埋藏点中，有大量的晚期遗址和墓葬，如汶上梁庄宋金遗址、任城程子崖东周汉唐遗址、梁山薛垓汉宋墓地、马垓宋元墓地、聊城西梭堤金元遗址、武城大屯水库唐代墓地、长清大街遗址的唐宋遗存、四街遗址的宋元遗存、高青陈庄的唐宋遗址、高青南县合宋金明清遗址、文登崮头集晚唐至明代墓地、平度埠口宋代遗址、莱州后趴埠宋金墓地等等。本卷第六章已有全面介绍，这里仅就鲁南地区的宋金村落和胶东中古民俗作大略的分析探讨。

一　鲁南地区的宋金村落

汶上县梁庄遗址为宋金时期的聚落址，20世纪50年代开挖梁济运河新河道时将遗址分割为两部分，河道占压部分的遗址被完全毁坏。

1855年（清咸丰五年），黄河自铜瓦厢决口改道，京杭大运河被黄河截断。黄河以南至南四湖段大运河因年久失修，河道弯曲，水源不足，河床淤积，失去了航运的功能。1958年，交通部报请国务院批准，在黄河以南，北起梁山县黄河附近的国那里村，沿东平湖滞洪区西堤至邓楼，然后直下东南，南至济宁市李集西的南阳湖北端，开挖新河道。至1960年春，全线贯通，全长90千米。此后又经过几次疏浚调整，于1967年形成了现在的规模。因此段河道不能贯通京杭大运河，故取名为梁（山）济（宁）运河。南水北调东线一期工程南四湖至东平湖段调水干渠经由此段运河，需要拓宽挖深。规划设计时，计划发掘面积不足1000平方米，实施过程中发现该遗址面积大，规格较高，为了解更多的历史信息，文物部门邀请水利与文物的专家到现场进行论证，将发掘面积调整到3000平方米，以确保重要遗存不被遗漏。这次发掘在河道的两侧布置了南、北、西三个发掘区，分别位于遗址的东南、北及西南部。发现房址20余座，还有陶窑、沟、灰坑、灶等遗迹数百座，获取大量陶器、瓷器、铁器、石器和炭化植物颗粒等遗物。

南发掘区发现房基12座、陶窑1座及零散的灶坑。房基均为长方形，地面式建筑，门多向南或西。一般2开间或3开间，个别房内残存砖砌隔墙墙基。跨度约10、进深4～5米。残墙体保存较高的约0.4米，有的仅存砖或石砌底部墙基，还有的墙基均遭破坏。墙体一般地面起建，底部以碎石块或砖块垒砌，上部用黄花土堆筑，个别在土墙体外侧用单砖包边，还有的在地面上直接用黄花土版筑起墙，仅在房子四角垫一块方形石板。墙体宽约0.6～0.8米。房内的活动面保存较好，多用黄花土或灰土铺垫，个别以青砖铺地，一般存多层活动面，两层活动面间夹杂垫土或淤土。活动面上多有1或2个灶，呈圆或瓢形，有土坑或地面上青砖垒砌的两种灶坑形式。

由残存房基布局分析，至少有3座房子南北成列，中间的一排房子的东侧还有一座长方形房基，与中间的房基形成拐尺状。房基前为多层垫土和活动面，为房前的活动场所。如此构成了由正房和厢房组成的院落。

西发掘区位于河道的西岸，发现10多座房基及其相关的路、院墙、灶、坑等。房基均为长方形，门向南或东或西，一般面阔2或3间，进深5～7米。其中2座正房面积较大，长约20、宽约7米，墙基用石块垒砌，室内砖铺地面。还有的房址可能为木结构建筑，房角铺石板，石板上透挖圆形洞，可能用以套立木柱，前墙上等距放置两块大石板，后墙遭破坏，前墙对应处有2个椭圆形坑，室内还有小圆形坑，这些坑与石板应为立柱所在。残村墙基以砖或石混合砌筑，当属院墙，其中一条墙基上还放置2具凌乱人骨，属二次迁葬，其寓意耐人寻味。此外，发现一条宽约2、长20多米的小路，紧靠一道长墙与之并行，延伸到发掘区外。还有石质的门枢、门槛垫石和少量的磙、杵、臼等工具及佛像的底座、莲花座刻石等佛教遗物（详第六章第二节）。

宋金时期聚落的大规模揭露，在山东地区尚属首次。遗址中发现大量的房址，有的存在明显的组合关系，主要为宋金时期的村落遗址，比较清楚地反映了宋金时期鲁南地区的民风特色，为研究该时期基层社会组织状况提供了可靠的实证。是宋元考古研究的宝贵资料。据调查勘探，该遗址宋金文化堆积之下还有商周和唐代遗存，由于地下水位较高，无法进一步揭露。

二　宋元胶东民俗的最新资料

胶东地区地处中国“远东”边陲，是凸入渤海、黄海的犄角状半岛，由于古代水上交通尚不发达，陆地交通又不够便利，故而形成了相对独立的小区地理文化单元，就目前所知，早在7000年前后的白石村文化时期，就形成了独特的地域文化。中古时期的胶东民俗在南水北调文物保护中发掘的文登凿头集晚唐至明代墓地、平度埠口宋代遗址、莱州后趴埠宋金墓地都有很好的体现。

文登凿头集墓地发现晚唐至明代墓葬40座，分为石板墓、塔墓、石室墓、石椁墓四种类型（图7–9）。其形式结构与内地的同期墓葬明显不同，具有浓郁的地域特色。如小型的火葬墓或婴幼儿石板墓。由四块石板砌成，底部铺砖或石板，上部用石板封盖。

塔墓更具特色，由地下、地面两部分组成。地下墓室四壁为侧立石板，其中南侧由两块石板相对形成墓门；墓室顶部为稍经加工的厚石板，大约与地面相平。地上部分是用外缘加工规则的较大石块砌成圆形或方形塔基，内部空隙用碎石填充，向上逐层内收，形成或圆或方的地上石塔。如元代的M23，地面尚存经粗略加工、摆放不甚整齐的塔基石和2块厚0.2米，外缘修饰整齐的塔体石。

图7–9　文登凿头集M23残存的墓塔基座

图7-10　荣成石塔墓

塔体石块外缘有边长 0.7 米的折棱，上面外缘向里 0.12 米有一周浅弧线，应是上层塔体石砌筑的标记，表明墓塔应是逐层收分的正八边形结构。荣成留村还保存有相对完整、结构类似、上部略呈蒙古包形的石塔墓（图 7-10），可为崮头集塔墓结构提供参考。

石室墓同塔墓一样，也具有明显的地域特色，也有上下两层结构，上层结构为地面堆砌的石块，用以标明墓域范围，有盝顶、平顶和四面坡的“四阿顶”（如 M40）等不同形制（图 7-11），多已残损。下层结构即墓圹、墓室。墓圹多为圆角凸字形，其前凸部分为象征性墓道。早期墓底多为生土，晚期有砖石棺床，部分墓壁有线刻图像。由于构筑墓室的石板，大多为花岗岩材质，风化后的大颗粒晶体使画面显得有些粗糙，但线条简洁流畅，时代风格鲜明，说明当时的雕工还是很精细的。题材有二十四孝、妇人启门、宴饮、莲花、家具陈设、龙、虎、龟、牛等瑞兽。四神中只有青龙、白虎，不见朱雀、玄武，其构图造型也不同于常见的石刻画像。家居宴饮（详第六章第六节）和一些动物造型则具有浓郁的生活气息。如 M31 墓壁，下部为条几，其上为一只腾跃捕鼠的虎猫，前肢和嘴下有一只奄奄一息的硕鼠，后足则按住一只急于逃窜的小鼠（图 7-12），造型生动，趣意盎然，具有浓郁的生活气息；另外一些动物造型则给人以质朴或怪异的感觉，既有明显的自身特征，或者还有北宋以来南方因素的影响。反映出当地独特的风俗习惯。

崮头集墓地从晚唐、五代、宋、金、元、明等不同时期，在 M25、M27 发

图7-11　文登崮头集M40结构

图7-12　文登崮头集M31内壁刻画图像

现了烧烤过的骨渣，表明埋葬方式应以火葬为主，随葬的瓷器多为北方窑系的产品。如M30出土的白瓷碗腹壁较直，胎质细腻，釉色圆润，属五代时期邢窑产品，M23、M31出土的绘黑花白釉碗，不论从烧造技术还是器形都具有明显的金元时期北方磁州窑产品风格（详第六章第六节）。

这批墓葬地域特色明显，葬俗较为罕见，应与金元时期北方少数民族入主中原有关，蒙古包式的塔墓就是明显的证据。根据地方志资料和民间走访，该墓地为唐—明代居民的公共墓地，至少有于姓、宇姓等两个宗族墓地。就发掘揭示的情况而言，M1 ～ M37 横竖成排，排列有序，方向相同，应为同一家族墓地；位于发掘区西侧的 M38 ～ M40 与 M1 ～ M37 有自然沟壑相隔，或为另一个家族墓地。光绪《文登县志》记载，崮头集墓地有金代“皇金金牌武义将军管军千户于忠”墓碑，以及元代元贞二年（1296 年）“河内于氏之茔”牌坊、翁仲、石兽等。综合以上情况，崮头村于姓墓葬大约始于晚唐，到金代逐渐成为于氏家族墓地，一直延续到明初。总之，崮头集墓地是一个系列化、连续性宗族墓群，规模大，特点明显，对于了解威海地区该时期的墓葬形制变化和丧葬习俗具有重要意义。

2007 年 12 月 18 ～ 19 日，山东省文化厅南水北调文物保护工作办公室等单位邀请有关专家在威海召开崮头集墓地发掘成果鉴定和论证会，对该墓地的性质、年代、族属以及墓葬特点及文化传承等进行了分析，对发掘的重要成果予以充分肯定。

此外，平度埠口宋代遗址窖穴埋藏铁制生活用具、木工工具和农具表明，可能因为战乱等特殊原因，人们临时离去，却没有返回。可能与当时山东地区的战乱有关。莱州市后趴埠宋金墓地发现的 10 座宋金墓葬，与崮头集墓葬虽然有很大区别，但其砖室或石室墓的基本结构及单人或多人二次迁葬，也体现了胶东地区民俗文化的特殊性为研究宋金时期的人群迁移、埋葬习俗提供了一批较为重要的实物资料（详第六章第六节）。

第八节　运河遗产的科学保护

京杭大运河是与万里长城同为举世闻名的中国古代两大工程奇迹，但两者的文化属性却有着根本的区别：长城是纯粹的军事防御工程，其目的是阻断或限制长城内外的交通和联系，具有封闭、可控的文化属性。运河纵贯南北，连通五大自然水系，是当时条件下的独一无二的交通大动脉，集漕运、商贸、手工业、农产品加工、农业商品化于一体，有力地推动了东西南北的物资交流，促进了手工业、加工工业、服务业和农业商品经济的发展，是具有多元兼容性和广泛开放性的历史文化载体。

便捷的交通，繁荣的经济，使运河沿线成为人们向往的聚居地，带动了一大批运河沿线城镇的崛起，原来处于散居状态的村落或荒芜原野，迅速发展成为全国闻名的商业都市或政治、经济、文化中心，与沿线官衙、集市、会馆、庙宇、民居，以及沿运河水工设施、漕运管理共同构成了内涵丰富的运河文化，是维系中华大一统局面的文化和政治经济纽带。直至今日，运河的大部分线段还在运输、水源调节方面起重要的作用。在本卷第一章第三节中，对京杭大运河的修筑、工程技术成果，及其对社会的综合影响已做了较多的阐述，这里简要介绍运河资源调查、规划编制、保护方案比选和发掘、维修方面的成果。

一 课题先导统筹兼顾

京杭大运河全长1780余千米，在山东境内约400千米。由于航运中断，山东济宁以北的大部分河段长时间处于废弃状态，河道逐渐淤塞，加之人类的生活生产活动，对这些设施造成了极大的破坏，或填埋或拆毁改造，亟需保护。随着改革开放的深入，社会各阶层文物保护意识的全面提高，保护京杭大运河的呼声日益高涨。2006年5月，国务院将京杭大运河公布为全国重点文物保护单位。同年，被国家文物局列入《中国世界文化遗产预备名单》。南水北调东中线一期工程的启动，进一步推动了大运河保护工作的步伐。鲁北输水段干渠与运河故道有很多重叠部分，调水干渠本身又是比运河更宽更深的大型沟渠开凿工程，势必对运河河道及相应的水工设施，如桥梁、码头、闸坝工程，以及运河运营期间的各种遗存，如沉船和各种人工制品等构成严重威胁。如何协调、平衡调水工程与运河保护之间的矛盾，在确保运河沿线重要文化遗存安全的前提下保证调水工程的顺利实施，本身就是一项重大学术课题。

2007年6月，国家文物局与全国政协文史与学习委员会、交通部、水利部等相关部门共同召集沿线有关城市领导和文物部门负责人，召开大运河保护与申报世界文化遗产工作协调会议，研究大运河保护问题和“申遗”工作协调机制，全面启动大运河保护工作。9月底，大运河联合申遗办公室在扬州挂牌成立。大运河保护和申报世界文化遗产工作大致分为三个阶段：2009～2010年为启动阶段，2011～2012年为保护、整治阶段，2013～2014年为申报阶段。

为做好大运河文化遗产保护及“申遗”基础工作，2006年12月，国家文物局会同财政部安排专项经费，启动了国家“十一五”科技支撑计划课题“空间信息技术在大遗址保护中的应用研究（以京杭大运河为例）”。课题由清华大学、中国文化遗产研究院、中国科学院遥感应用研究所、中国水利水电科学研究院四家单位共同承担，北京市文物研究所、天津市文化遗产保护中心、河北省文物保护中心、山东省文物考古所、南京博物院、浙江省文物考古研究所、东南大学等多家单位参与。课题组以空间信息技术为主，结合文物考古、水利工程研究，大跨度地对京杭大运河开展了现状调查、基础数据库建设、地理信息系统开发、大遗址保护规划辅助支持系统开发、虚拟现实模拟、GPS定位测量、现场发掘、遥感探测古遗址机理等综合研究，取得了多项研究成果。尤其是对京杭大运河沿线不同时空尺度的遗址现状、运河变迁、沿线文物分布与案例城镇进行了系统、详细、科学、高效的调研与分析，建立并初步验证空间信息技术在大遗址保护中的应用领域与实用技术体系，取得了技术创新，研发了系列的标准规范、关键技术和软件系统。

2007年8月，山东省文化厅在南水北调山东运河段先期调查的基础上，配合国家“十一五”科技支撑计划课题“空间信息技术在大遗址保护中的应用研究（以京杭大运河为例）”，启动了“山东京杭运河资源调查项目”，在济南召开了由德州、聊城、泰安、济宁、枣庄沿线五市参加的工作会议。在充分发挥沿线各市县主观能动性的前提下，组织省属文物科研保护等专业机构，从课题研究的角度，对京杭大运河山东段沿线河道、水工设施和相关遗存进行了全面调查。据不完全统计，发现与运河功能相关的各类文物点200余处。在此基础上，根据国家文物局的统一部署，委托中国文化遗产研究院、山东省文物考古研究所、山东省文物保护科技中心共同编制大运河（山东段）遗产保护规划。并于2009年1、8、9月分别召开了大运河遗产保护和申遗规划协调会、评审会和征求意见会。专家组经评审认为，《大运河遗产山东段保护规划》结构基本完整，内容丰富，重点突出，特色鲜明，保护区域划定较为合理，保护策略及保护管理措施可行，基本符合《大运河遗产保护规划第一阶段编制要求》，为山东段大运河遗产保护及申遗工作奠定了基础。

在此基础上，山东省文物部门以南水北调文物保护和运河申遗工作为主线，以课题研究为先导，对运河，特别是南水北调涉及地段水工设施和相关文物点的保护方案进行了反复论证比选，开展了一系列的抢救发掘和维修保护。如南水北调鲁北输水干渠工程涉及4个运河水工设施，包括3个船闸、1个码头和1处贡砖窑场。工程设计部门依据对调水干渠线形设计规范和文物保护的综合评估，提出了船闸和码头进行拆迁异地保护的方案。在方案论证过程中，大多数专家，包括水利和文物方面的专家对这一方案提出了不同意见，认为“异地保护”工作量大，需要资金多；而船闸和码头一旦脱离了运河的故有生态环境，其原真性和完整性都会受到很大影响，对大运河申遗和运河文化的展示造成负面影响。因此在随后的设计修编过程中，建设部门和工程设计单位又提出了改线绕避相关水工设施的设想。这种方案虽然能够满足“原址原真性保护”的要求，却使得大运河相关河段处于永久的废弃状态，同样不利于相关水工设施等运河遗产的保护和展示利用。经反复协商，最终达成了一致意见：调水干渠保持原设计线位，运河船闸、码头等相关水工设施经发掘清理和维修加固后，作为调水干渠的组成部分正常通水，同时在不影响文物安全的前提下，在其侧旁增设月河或涵洞暗渠，以满足原设计的输水流量。这一方案较好地满足了调水工程通水和文物保护两方面的需求，相应地减少了工作量和资金投入，在一定程度上“恢复”了船闸、码头运营时期的“原始风貌”，体现了“统筹兼顾，两重两利”的协调发展原则，是南水北调工程和运河遗产保护所取得的双重工程学术成果。

二　大运河申遗的最新亮点

南水北调东线一期工程，不仅是利国利民、可持续发展的重大战略工程，也是基本建设文物保护的成功范例，对大运河保护和申遗工作起到明显地推动作用。山东省文物部门在工程建设部门的大力支持下，对鲁北输水段干渠涉及的河段进行了大规模详细的调查勘探，如临清河隈张庄明清贡砖窑址，原设计方案没有发掘任务，经过详细勘探，确认为明清贡砖窑址而列入发掘保护项目。与此同时，加大对已知文物点的发掘力度，完成发掘面积为设计面积的2.8倍，比较完整地揭露了包括阳谷七级下闸、七级码头、东昌府土桥闸、临清戴闸、临清河隈张庄明清窑址在内的水工设施和相关遗迹（详第六章第三节）。经过相应的加固维修，其中，聊城土桥闸及阳谷七级码头，整体结构清楚，保存基本完整，荣获"2010年度全国十大考古新发现"，成为大运河遗产保护的重要成果和运河申遗的最新亮点。

1. 阳谷七级下闸

七级下闸坐落在纵穿阳谷县七级镇的京杭大运河故道上，位于阳谷、东阿、东昌府三县（区）交界地带。始建于元代，历经明、清两代复建和重修，清末裁撤闸官后废弃。20世纪60年代改建为简易桥梁。

据《元史·河渠志》记载，七级有二闸，北闸至南闸三里；北闸大德元年（1297年）五月一日兴工，十月六日工毕，夫匠四百四十三名；长一百尺，阔八十尺，两直身各长四十尺，两雁翅各斜长三十尺，高二丈，闸空阔二丈。清《山东通志·漕运》也谓：七级下闸在上闸北三里，周家店闸在其北十二里。光绪《阳谷县志》记述明成祖永乐九年（1422年）重开会通河后，令阳谷县丞黄必贵重修七级下闸等阳谷境内的六座船闸；嘉靖十三年知县刘素对境内六闸进行了重修；清朝康熙十一年知县王天壁增修雁翅，五十五年后即乾隆年间又大修。《清实录·宣宗实录》道光二十四年（1844年）"修捕河厅七级下闸，从河道总督钟祥请也"，是文献所记七级下闸的最后一次维修。元代和清代记述的船闸间距相同，可见七级下闸自兴建以来未曾改变位置，但其所记规格与发掘实测尺寸有异，应是明清重修所致。

2012年12月至2013年1月，山东省文物考古研究所在聊城市文物局和阳谷县文物管理所的配合下，对船闸进行了考古发掘。揭露面积3600平方米。发掘资料显示，七级下闸虽经改造，其上部结构也受到不同程度的破坏，但整体结构基本完整，由闸墩、闸口、迎水燕翅、跌水燕尾（又称雁翅或翼墙）、裹头、闸底板、荒石、木桩等组成。

闸墩是船闸的主体建筑，从两侧岸堤对向延伸至河道中间，形成拦截水流的两段对向墩式坝体和闸口。迎水燕翅、跌水燕尾从闸口两侧呈八字形分别向河堤南北伸延。对研究明清船闸建造、运行方式和社会生活情况提供了重要资料。

2. 阳谷七级码头

位于阳谷七级镇政府驻地，北距七级下闸300米。是明清两代平阴、肥城、阳谷、莘县、东阿、朝城等县漕粮转运的集结地。原设计发掘面积为80平方米，随着发掘工作的进展，发现了与码头相关的附属设施，为更好地了解码头的总体布局，经与工程建设部门协商，将发掘面积调整到600余平方米。发现了石砌道路、石铺平台、石砌慢道和夯土坡脚等遗存，比较完整的揭露了运河使用时期的七级码头的整体面貌。

石铺平台位于运河东岸的堤岸上，是漕运码头的“前方堆场”，即装卸、转运的货物临时堆放场所。近河道一侧与石砌慢道，即装卸码头相连；远河道一侧通过石砌道路与七级镇内的后方堆场连接。道路石板的磨损程度较大，表明使用时间较长，石砌道路之下尚有三层土质道路，最下层路土的包含物皆属宋、元时期，表明七级码头的始筑时间不晚于元代。据记载，清代阳谷、东阿、莘县在七级分别设有“兑漕水次仓（漕粮存放场所）”，沿石砌道路东行200米，至今可见一空旷的场院，即“东阿廒（兑漕水次仓）”旧址。

石砌慢道是码头的主体，上接石铺平台，下部伸入河道，系装卸货物和上下旅客的必经之路，保存良好。由踏步和两侧护坡边石组成，共17级。台阶踏步台面进深，即出露宽度通常在0.3米左右，上数第8级和第13级进深较宽，第13级达0.6米，应是为漕船停靠安放搭板的特别设置，亦可作为七级码头漕船停靠作业时船舷高度的参考值。护坡边石外侧河堤可见不同高度的水位线，最高者与石砌慢道第15级台阶齐平，或为运河正常通水的最高水位。根据慢道总宽度推测，七级码头只能满足单船停靠作业。

夯土坡脚为支撑石砌漫道而设，是石砌漫道下端呈斜坡状深入河道的沉台。夯土坡脚经过多次整修，土质致密，坡面可见不同高度水线痕迹。坡面上分布有大小不一的圆形桩孔，个别中间残留断木。桩孔间有打破关系，开口出现于不同夯土层位，应为行船只泊靠的桩柱遗存。

明末顾祖禹《读史方舆纪要》：“《水经注》‘河水历柯泽’有七级渡。今运河经县东北六十里，有七级上下二闸，或以为古阿泽是其处”；清人高士奇《春秋地名考略·卫·阿泽》：“东阿县故城西有七级渡，今运河所经，古阿泽是其处，地在阳谷县东与东阿接界”。《水经注》所说河水即为黄河，柯泽即阿泽，系春秋时已然存在的大泽，曾与黄河相通。《中国古今地名大词典》载，阳谷县毛镇有古渡，为航运码头，因台阶为七级，故北魏时改称“七级”。明清两代编纂的县志中，七级古渡均为阳谷八景之一。根据连接码头顶部平台道路的演变和出土遗物的年代可以确认，七级码头在元代当已存在，后经过重修。《重修渡口石碑记》记载表明，最后一次是清乾隆十年（1745年）民间集资维修。

通过考古发掘和初步研究，比较清楚地了解了七级码头的总体布局，确定了码头的结构、尺寸和构筑方法，对运河河道水位的变化状况以及船只靠泊驳岸、装卸方式有了深入了解，见证了运河运营期间“冠盖风云集，楼船日夜通”的繁荣景象，极大地促进了当地政府保护、展示七级码头、七级古镇的城镇规划建设的步伐。

3．东昌府土桥闸

土桥闸位于聊城市东昌府区土闸村。至元二十六年（1289年），忽必烈采纳寿张县尹韩仲晖等“开河以通运”的建议，开挖连接永济渠的惠通河，南“起项城县安山渠西南，由寿张西北至东昌，又西北至临清，引汶水以达运河。长二百五十余里，中建闸三十有一，以时蓄泄河。成，赐名惠通”[1]。土桥闸就是惠通河上的一座船闸。据《明实录》记载，土桥闸始建于成化七年（1471年）。据《清实录》记载，乾隆二年、二十三年（1737、1758年）曾两次拆修。此后直至该段运河废弃未见相关维修记录。2010年8～12月，山东省文物考古研究所对土桥闸及其相关附属设施进行了考古发掘清理。原设计发掘面积为2000平方米，后根据发掘情况调整为5000平方米，对船闸及其附属设施进行了全面的调查、试掘或局部清理，比较全面地了解了船闸及其周边的相关附属设施，揭露出目前所知最完整的一座船闸。除闸墩上部墙体略有残损外，迎水燕翅、闸墩闸口、跌水燕尾、裹头、闸底板和固闸木桩基本保存完整。

此外还对东侧闸墩上的大王庙进行了局部发掘，用调查与试掘相结合的方式确定了月河的位置与深度，明确了闸体下游的减水闸和关帝庙遗址的位置，发现清代穿运涵洞一座。月河是连接船闸上下游的月牙形水道，进水口高于河道，低于闸顶。其主要作用是汛期闸门关闭用于泄洪，或船闸维修时保证通航。清乾隆《东昌府志·卷七》和《山东运河备览·卷七》均有月河的记载，后者记录的土桥闸月河长185丈。勘探试掘确认，土桥闸下的月河位于船闸东侧，呈南北长的不规则半圆形，月河东堤距闸口约180米，月河进水口南距闸口约130米。终点在闸口北约180米处，与历史记载的基本相符。减水闸亦见于《山东运河备览·卷七》和《东昌府志·卷七》，位于土桥闸北部东岸，为四孔闸滚水坝，是分洪泻水的设施。现场调查在闸口向北约200米东侧大堤明显凹陷的地段发现了与船闸相同的条石。村民证实早年平整农田时这里曾挖出许多大石，石下有木桩，表明该凹陷地段为减水坝原址。另据土闸村现存张鸿烈所题“中华民国二十六年马颊河北支穿运涵洞”石碑碑文可知，民国年间还建造了一座横穿运河的地下涵洞，位于闸体以北约600米处，洞口为青砖砌筑，石券顶，还有石砌引水、分水燕尾。文献记载运河西岸原有进水闸，以导引西岸之水入运，后因运河河床的抬高，进水闸失其作用，每逢雨季便造成大片积水，穿运涵洞即为导引运河西侧之水经由涵洞排入运河东侧的马颊河，以解决运河西侧的内

[1] 薛凤祚：《两河清彙·运河》，《四库全书》，上海人民出版社，1999年。

涝问题。出土遗物包括3件圆雕镇水兽，上万件瓷片，铁器近千件。陶质、木质、石质工具和建筑构件等。使人们对土桥闸的基本结构、建造维修、配套设施有了比较清楚的认识，对于研究明清运河的运行维护，工艺技术、文化习俗、宗教信仰都具有重要意义。

4．临清戴闸

据《山东运河备览》记载，戴闸于“明成化元年建，国朝乾隆九年修。金门宽一丈八尺八寸，高二丈三尺”；“月河长一百十六丈”。2012年12月13日至2013年1月31日，山东省文物考古研究所对戴闸进行了全面发掘。与土桥闸相比有三个特点，一是规模大：土桥闸宽40～57、戴闸宽51～66米；二是燕尾部分的形制有别于土桥闸，燕尾中部存在一段南北向直墙，南北两段向东折勾；三是在闸槽内发现了保存较好，高约1.85米的木质闸板。

5．临清贡砖窑址

位于临清市东南约12千米运河右岸的河隈张庄村东。原设计方案没有发掘任务，经详细勘探确认为明清窑址。在征得有关方面同意后，对遗址进行了大规模发掘，揭露面积4800平方米。发现了18座窑炉，包括明代窑炉2座，清代窑炉16座；另有2条道路、1座取土坑、3座灰坑及活动面和运河北侧的一段大堤。

遗物主要为青砖，其中完整者且戳印款铭的约100多件，有款铭的残块数百件。内容有纪年、窑户及作头姓名等。还发现几块有红色印章的砖，印记位于砖的长侧面，长方形粗线红框内印单行6字红色楷书，字体较大，字迹清晰可辨者为“东昌府临清砖”，相对应的侧面戳印乾隆九年款铭。另外，还发现少量青花瓷碗、盘及黄绿釉红陶盆等生活用器残片。

出土的窑砖款铭显示，窑炉大多属康熙、乾隆时期，个别早到明万历、天启时期，最晚的属道光时期。据明清史籍及《临清州志》记载，永乐初，工部在临清设营缮分司督理烧砖业，岁征城砖百万，顺治十八年裁营缮分司，由山东巡抚领之。是明清两朝皇家建筑用砖的主要基地。故宫、天坛、十三陵及清西陵等皇家建筑内，多有临清砖标识，可与上述记载和河隈张庄窑址相印证。

临清的砖窑厂在当地也被称为“官窑”。明清史籍多有记载，内容主要涉及窑厂的管理。河隈张庄窑址的发掘，是明清烧砖“官窑”遗址的首次大规模揭露，使明清以来坊间充满诸多神秘色彩的贡砖“官窑”得以重新面世，填补了史籍中有关窑炉形制、结构及窑厂规模大小等记载的阙如。对国家级非物质文化遗产——明清贡砖烧造技艺的研究具有重大的推动作用。

上述考古发掘成果及相关学术研究，为运河文化的深入研究及大运河申报世界文化遗产提供了最新的实物资料和学术支撑，与2009至2011年汶上县南旺大运河分水枢纽工程的发掘与研究保护成果一道（图 7-13、14），共同构成了大运河课题研究与世界遗产申报展示工作的亮点，并成为 2011 年中国遗产日纪念活动主会场。

图7-13　南旺分水枢纽交汇口东北角砖石堤岸

图7-14　南旺分水枢纽砖石堤岸、停船靠及堤岸铭文砖

第九节　其他相关成果

南水北调东线一期工程山东段文物保护所取得的学术成果，还包括佛教建筑及佛教造像的研究、汉代地域文化研究、明清埋葬习俗研究等。

近年来山东省文物部门联合国内外相关学术机构，开展了一系列宗教考古工作，包括与德国海德堡大学合作的南北朝摩崖刻经的调查研究，与瑞士苏黎世大学、北京大学联合进行的临朐小时家庄寺院遗址、博兴龙华寺遗址考古调查和研究工作。南水北调工程山东段涉及高青胥家庙、大张庄，东昌府区白马寺等与宗教有关的寺院遗址。山东省博物馆结合其与日本合作进行的佛教寺院研究课题，承担了与佛教寺院遗址相关的项目，在高青胥家庙发现了由4组建筑基址组成的大型建筑群和一些佛教遗物。

考古发掘结束后，与协作单位进行了更深层次的合作研究。2011年9月下旬，山东省博物馆在济南召开了“佛教艺术与考古学术研讨会”，50余名专家学者出席了会议，对以往的相关发现作了集中探讨，会后集结相关论文20余篇，刊载在《齐鲁文物（第一辑）》（科学出版社，2012年12月）。

汉代地域文化研究、明清埋葬习俗研究等，是根据梁山薛垓汉代墓地、长清大街南汉画像石墓、东昌府区前八里屯东汉墓葬、长清卢故城国街汉代墓地、长清小王庄汉代墓地、莱州路宿汉代遗址、长清归南东汉清代墓地、莱州碾头汉代清代墓地、莱州水南战国汉代清代墓地、招远磁口元明清墓地、龙口望马史家汉代明清墓地、博兴寨卞战国汉代至元明清遗址、博兴疃子唐至明清遗址等南水北调文物保护的考古发掘项目提炼的研究课题，相关研究工作尚在进行之中，不再赘述。

第八章　回顾与展望

经过全省文物工作者和南水北调工程建设者十余个春秋的努力奋斗，伴随着山东段干渠全线试通水成功，南水北调一期工程东线文物保护也以其柳暗花明的曲折经历和世人瞩目辉煌业绩，步入金秋时节。相关重大发现和研究成果，通过多种途径以不同的形式向世人展示着中华古老文明的绚丽风姿，充实着社会大众的精神文化园地，为社会经济文化的和谐发展写出新的篇章。

第一节　文物保护制度创新的成功实践

总结经验、吸取教训是人类社会发展进步的必由之路。南水北调东线山东段的文物保护工作历程再次提醒人们，政策和策略是事业成败的关键，价值理念和路线方针则是制定正确的政策和策略的基本保证。南水北调工程的文物保护工作，由启动初期的被动变为实施过程中的主动，由成功实践，到一系列重要成果的取得都印证了这一规律。南水北调文物保护实践再次证明，坚持“保护为主、抢救第一”的文物保护理念，把文物保护作为工程建设的重要组成部分，坚持“文物优先，两重两利”的工作思路，规划先行，课题主导，统筹兼顾，密切协作，积极探索，是做好大型基本建设文物保护工作的必由之路。

一　文物优先理念的进一步确立

“没有文化的军队是愚蠢的军队，而愚蠢的军队是不能战胜敌人的”；没有文化的经济则是短视的经济，因而不可能具备和谐发展的可持续性。南水北调中东线一期工程是贯穿“十五”“十一五”“十二五”三个国民经济和社会发展五年规划，纵跨北京、天津、山东、江苏、河北、河南、湖北七省市，联通长江、淮河、黄河、海河四大流域，向整个华北平原提供宝贵水资源的重大战略工程。如何在这类大型基本建设过程中，按照《保护世界文化和自然遗产公约》确定的文物保护理念，遵照《中华人民共和国文物保护法》规定的“保护为主、抢救第一、合理利用、加强管理”文物工作方针，做好相关文化遗产的保护，不仅直接关系到工程建设的文明形象，更是检验一个团体、一个行业，乃至一个国家一个民族文化自觉程度的试金石，因而也在一定程度上对国家的软实力和国际声誉产生着正面或负面的影响。

南水北调文物保护工作之所以能够顺利开展，有效实施，并取得累累硕果，其根本原因在于“文物优先”的制度保障，以及相关决策机关依法行政的自觉性。20 世纪 90 年代三峡水利枢纽工程的文物保护工作、山东境内经国家和省级主管部门审批的大型基本建设工程，都贯彻了“文物优先”的文物保护原则，在项目可行性研究阶段，即充分考虑重点文物避让和相关文物保护的需要，有效地保护了大批濒临消失的重要文物。1990 年以来评选的年度“全国十大考古新发现”，大部分源自配合基本建设工程的考古发掘项目，充分证明了大型建设工程中文物保护的极端重要性，并为这类文物保护提供了可资借鉴的成功范例。

遗憾的是，由于相关部门，或者说南水北调工程规划团队对国家的文物保护政策及文物保护工作的重要性缺乏深入的了解，在南水北调东中线一期工程规划阶段，没有将文物保护工作作为工程组成部分予以考虑，导致南水北调工程启动之初，文物保护工作处于十分被动的局面。值得庆幸的是，经过社会各界，包括政协委员、专家学者、文物部门和媒体的呼吁和努力，尤其是党和国家领导人做出重要批示之后，这种局面很快得到扭转。2006 年 6 月 10 日，国家文物局、水利部联合印发了《关于做好南水北调东、中线工程文物保护工作的通知》，根据国际惯例和《中华人民共和国文物保护法》的有关规定，对相关问题提出了明确的政策要求和制度规范，重申“文物优先”的保护原则，强调文物保护工作是南水北调工程的重要组成部分，要求工程建设单位将文物保护费用列入工程项目预算，从政策和制度两个方面为南水北调文物保护的顺利实施奠定了坚实的基础。

二　建设工程文物保护的体制创新

按照《中华人民共和国文物保护法》的规定，文物保护是全社会的共同责任，各级人民政府则是文物保护责任主体，文物行政部门作为政府的职能部门，负责“对本行政区域内的文物保护实施监督管理”，“县级以上人民政府有关行政部门在各自的职责范围内，负责有关的文物保护工作”。但是在实际运行过程中，由于部门利益及其权力、义务的条块分割，发改委、财政、公安、规划等综合部门之外，“一切机关、组织和个人都有依法保护文物的义务”并未很好地得到落实，行政违法、法人违法的事件屡有发生。南水北调东中线一期工程在初期规划阶段没有将文物保护纳入项目规划，也存在同样的问题。因此。认真贯彻落实《中华人民共和国文物保护法》，创新管理制度，建立行之有效的运行机制，就成为南水北调东中线一期工程文物保护工作的首要任务。

国务院及相关部门吸取三峡水利枢纽等大型建设工程和以往文物保护工作的经验和教训，在南水北调文物保护开展的初期阶段，就建立了“国家文物局主导，中央相关各部门共同参与协调”的领导体制，由国家文物局会同国务院南水北调工程建设委员会办公室等有关部门共同组成了“南水北调工程文物保护工作协调小组”，就南水北调工程文物保护工作中出现的重大问题进行研究协商。具体地说，国家文物局负责对南水北调工程文物保护工作进行协调、指导和监督，国务院南水北调工程建设委员会办公室参与指导、协调、监督南水北调工程文物保护工作。2004 年 5 月，南水北调工程文物保护工作协调小组在北京召开第一次会议，提出文物保护工作是南水北调工程的重要组成部分，要求各有关部门都应按照《中华人民共和国文物保护法》的规定以及国家文物局、水利部《关于做好南水北调东、中线工程文物保护工作通知》和国家基本建设程序的要求，高度重视、认真做好南水北调工程中的文物保护工作，既要确保南水北调工程的顺利实施，又要保护好我国珍贵的历史文化遗产。强化了文物、水利、规划、移民各相关部门之间的沟通和交流。在应对南水北调工程中出现的重大问题时起到了关键性作用，有力地推动了南水北调文物保护工作的进展。

2004 年 8 月，水利部、国家文物局、国务院南水北调办公室在北京组织召开了南水北调工程文物保护专题报告编制工作会议,原则通过了《南水北调东线、中线一期工程文物保护专题报告编制大纲》。国家发展改革委员会安排了专项经费，用于编制文物保护专题报告等前期工作。有力地推动了南水北调沿线各省市组织文物保护专题报告、文物保护方案及投资概算的编制、论证、审核报批等工作，为文物保护工作的开展打下了坚实的基础。

为确保“文物保护先行”原则的贯彻落实，南水北调工程文物保护协调小组有关会议根据建设工程的运行经验，创造性地提出了“控制性文物保护项目”的概念。在南水北调东、中线一期工程可行性研究总报告尚未批准，文物保护专题报告亦不能及时审批的情况下，不拘泥于既定审批程序，对时间紧、任务重的文物保护点，优先规划、优先审批、优先安排资金进行抢救性保护。国家文物局联合国务院南水北调办先后于 2005 年和 2006 年向发展改革委上报了第一批和第二批控制性文物保护项目，有效缓解了文物保护与工程建设工期的矛盾。

国家层面的这种创新领导机制，起到了很好的示范效应，南水北调东中线一期工程沿线省市相继建立了类似的管理机构。2003 年 3 月，山东省文化厅率先组建了“南水北调工程文物保护工作领导小组”和“山东省文化厅配合重点工程考古办公室”,“领导小组”负责山东省南水北调工程文物保护工作的领导和协调工作。“办公室”负责制定总体工作计划和保护项目实施的组织工作。山东省文物考古研究所、山东省文物科技保护中心作为牵头单位，分别负责地下和地上文物的调查、勘探、发掘与测绘、搬迁、复原。各相关市县的文物管理部门和业务单位分别与省属相关单位配合，负责本辖区的管理和业务工作。

2004年2月，山东省文化厅又成立“南水北调东线工程济平干渠考古工作领导小组”，下设由山东省文物考古研究所、济南市考古研究所、长清区文管所等单位业务人员组成的山东省文化厅南水北调东线济平干渠考古队。2004年4月，山东省文化厅又组建了“南水北调东线工程山东段文物保护规划领导小组”和“南水北调东线工程山东段文物保护规划小组”，以加强南水北调山东段文物保护规划的编制工作。

为最大限度地整合全省业务力量，山东省文化厅于2006年2月7日，将此前设立的相关机构合并改组为“山东省文化厅南水北调工程文物保护领导小组”，将原本设在山东省文物考古研究所的“山东省文化厅配合重点工程考古办公室”变成相对独立的临时机构，作为“领导小组”下辖的“山东省文化厅南水北调文物保护工作办公室”（鲁文物〔2006〕13号），独立办公。同年3月，“山东省文化厅南水北调文物保护工作办公室”正式挂牌。随后出台了《南水北调东线工程山东省文物保护管理暂行办法》《南水北调东线工程文物保护监理暂行办法》等一系列规范性文件。

2006年10月，山东省委省政府为进一步推动全省文化遗产保护的管理工作，决定重新组建副厅级的山东省文物局，按照业务分工，“山东省文化厅南水北调文物保护领导小组”，及其下辖的“山东省文化厅南水北调文物保护工作办公室”划归山东省文物局管理。2011年6月，山东省委省政府决定，将山东省文物局与山东省中华文化标志城规划建设办公室合并，组建正厅级的山东省文物局（山东省中华文化标志城规划建设办公室），继续负责南水北调工程文物保护工作的管理。

山东省文物部门在南水北调山东段文物保护工作中还大胆尝试，积极创新，在2005年控制性文物保护项目的实施过程中，首次把项目招标、项目合同、项目监理、验收和跟踪审计等市场机制及相关监督机制引入文物保护工程。通过邀标等方式，确定文物保护项目承担单位、监理单位和协作单位。并在贯彻考古发掘领队负责制的基础上实行学术课题制；文物维修项目实行业主负责制和资格准入制度。同时与工程部门密切协作，联合对考古工地进行检查，并多次邀请国家文物局委派专家组，对南水北调工程文物保护项目进行检查、验收。对文物保护项目实施工程中发现的问题，及时沟通，协商解决。如为做好第二批控制性文物保护项目，双方共同签发了《关于进一步做好第二批控制性文物保护项目的通知》，分别发放至水利、文化系统的相关单位。对发掘项目中发掘面积的调整，也由双方共同邀请有关方面的专家实地考察、论证，并根据专家建议，共同行文按程序报批。

南水北调文物保护管理体制的创新，相关制度的建立和市场机制、监督检查和审计制度的引入，为南水北调文物保护资金的有效使用，防患于未然，杜绝违法违规事件的发生，确保相关文物保护项目工作按照保护规划和设计方案，保质保量如期完成，提供了强大的制度保障。

第二节　强化课题意识提升保护层次

科学规划、课题先导是南水北调文物保护取得丰硕成果的另一创新性的重要制度保障。南水北调东中线一期工程启动以来，文物部门根据学科发展要求和专家意见，努力强化提高全业课题意识，强调用课题思维编制文物保护规划和保护方案，在科学编制文物保护规划和实施方案的同时，强调考古学与其他学科的合作，引入地理信息、植物生物、气象环境、建筑美术学、遥感物探等多学科研究手段，结合考古发掘和重要发现，对保护目标进行全方位的信息提取和多层次综合研究，最大限度地读取文物古迹所包含的各种信息。众多不同学科的学者开始参与考古发掘和文物保护研究工作，遥感考古、遗传学考古、环境考古、科技考古和科技保护等都得到了极大地提升，并取得了显著成效。多学科参与文物考古工作成为趋势。

一　科学规划合理布局

南水北调一期工程山东段所经区域，自古以来就是人类生息繁衍的宜居地带，是山东地区古遗址、古墓葬等各类文物遗存最富集的区域。其中，南北主干渠沿线是伏羲、少昊、太昊等上古部族活动的中心区域，又是薛、滕、邾、任、鲁、顾、虞、遂、商奄、郜、鬲等古国的发祥地，并在很大程度上与京杭大运河古河道重合或平行。东西主干线的则是爽鸠氏、蒲姑、齐、杞、郕、谭、逄、寒、淳于、曩、纪、莱等古族、古国的活动区域，是山东悠久历史和灿烂文化的见证。沿调水干渠分布的各类的文物遗存，包括古遗址、古墓葬等地下文物埋藏和古建筑、运河水工设施的地上构筑物，时代涵盖史前时期、夏商时期、两周时期，一直延续到明清以晚。分布密集、年代跨度长、文物保护级别高，文化内涵丰富。是中华文明的重要组成部分，也是“文明记忆”之不可再生的重要载体。

为了尽早摸清沿线文物分布情况，早在2002年下半年，山东省文物部门主动与工程建设部门联系，提前介入，组织沿线的考古调查和资料收集工作。抽调包括田野考古、古建筑维修、文物科技保护等多方面的得力骨干，着手编制山东段各渠段的保护规划和保护方案。于2003年6月首先完成了《南水北调东线工程山东段鲁北输水段古代建筑保护方案》和《南水北调东线工程山东段文物保护工作方案》的编制。此后，根据国家有关部委颁发的《南水北调东线工程文物保护专题报告工作大纲》的要求，完成并如期提交了《南水北调东线一期工程山东省文物调查报告》和《南水北调东线一期工程山东省文物保护专题报告》，得到南水北调东线第一期工程山东、江苏两省文物保护专题报告评审专家组的一致认可，最终成为《南水北调东线第一期工程可行性研究总报告》的重要组成部分，经国家发改委批准实施，成为南水北调东线一期工程山东段文物保护工作的基本依据。在南水北调东中线一期工程任务重、时间紧，初期设计任务书没有列入文物保护项目的特定背景下，最大限度地保证了南水北调文物保护工作的计划性、科学性和规范化，对今后大型基本建设工程文物保护工作提供了具有很强的制度示范意义。

上述两个《报告》以及后来陆续编制的《南水北调东线工程山东段韩庄运河段文物保护工作方案》等7个保护方案都是在深入调查研究的基础上编制的。其中，《南水北调东线工程山东省文物保护专题报告》第五章，根据全线文物分布情况和特点制定了课题研究规划和课题管理制度，设置了运河文化的研究、古代城址研究、盐业考古研究、齐长城研究、古代佛教建筑及佛教造像研究等八个学术专题，并对相关专题涉及的文物点，研究方向和课题内容等问题提出了建议设想，项目领队制与项目课题管理制并举。要求各项目承担单位注重学术研究和课题设置，以强化参与者的课题意识。为南水北调东线一期工程山东段文物保护工作科学有序、保质保量地顺利推进奠定了良好的基础。

科学规划，合理布局，注重多学科参与，注重学术研究和课题设置，是南水北调山东段文物保护规划与以往工程建设文物保护的最显著区别。到目前为止，南水北调东线一期工程山东段文物保护规划所列相关课题，如“盐业考古研究”“古代城址研究”“齐长城研究”“运河文化的研究”，特别是盐业考古和高青陈庄发掘成果的解读等，取得了较好的进展。此外，出土文物的提取、清理、加固，以及运河水工设施的保护与利用也取得了显著成果，为今后同类文物的保护提供了可资借鉴的成功经验。

二　填补考古和历史空白

《南水北调东线工程山东省文物保护专题报告》第五章制定了课题研究规划和课题管理制度，其中的盐业考古研究、古代城址研究、齐长城研究、运河文化的研究等研究课题，是参照当前国际国内的学术研究热点，根据全线文物分布情况的特点和专家意见，经过反复酝酿，提炼凝聚而提出的，具有很强的前瞻性和学术指导意义。寿光双王城盐业遗址、高青陈庄西周早期城址、阳谷七级码头和聊城土桥闸的发掘，分别获2008、2009和2010年度全国十大考古新发现，其重要原因在于填补了盐业考古、西周早期都邑考古、大运河水工设施的考古和历史空白；高素质的专业人才、考古发掘项目领队和课题管理制度的建立，是保证发掘工作高质量顺利实施不可或缺的组织基础，而课题内容的设置以及科学的组织管理则是这些重要遗存得以科学、客观地以重大学术成果的形式展现在世人面前的重要保障。

世界范围内的盐业考古以18世纪中叶法国东部地区的格林（Lorraine）赛尔（Seille）发现的大量"制盐容器"为标志。在中国，盐业考古则是一个全新的领域。20世纪90年代中后期，以三峡水库库区忠县中坝古代制盐遗址的发现为契机，拉开了中国盐业考古的序幕。

寿光双王城盐业发现完整的盐业作坊、大量烧灶、盐池、卤水井、卤水沟和盔形器（制盐器皿），对该地区制盐产生的时代，规模及制盐工艺（取卤、制卤提纯、成盐等过程）的研究；了解渤海南岸商周以迄宋元时期的制盐规模、生产方式、生产流程、社会分工，以及与制盐生产有关的社会和环境等问题，都具有极为重要的意义。在昌邑市进行东周时期齐国盐业遗址的调查，发现不同等级的盐业遗址，为齐国盐业管理和工艺流程研究提供了极为珍贵的考古资料，填补了中国传统制盐，乃至世界古代海盐研究的空白，是当代考古学的重大专项学术课题和重要成果。

周武剪商建立西周王朝，封主要功臣姜尚于齐，都营丘（今临淄一带）。除姜太公的资料较多外，有大段的史料空白。丁公吕伋之后百余年的时间里，仅有乙公得、癸公慈母、哀公不辰父子相继的世系记录。据《史记·齐太公世家》记载，癸公吕慈母卒，子哀公吕不辰立。纪侯谮之周，周王烹哀公而立其弟吕静，是为胡公。胡公徙都薄姑，而当周夷王之时。哀公之同母少弟吕山怨胡公，率营丘人袭攻杀胡公而自立，是为献公，将胡公吕静诸子尽数驱逐出境，并从薄姑徙都临淄。

但是，就已知的考古资料而言，临淄齐国故城的年代上限不早于西周中期早段，不可能是齐国早期都城。在高青陈庄发掘之前，齐国腹地也没有发现任何西周早中期城址的踪迹，致使齐国西周早期历史出现了文献和考古资料难以对应的缺憾。

陈庄遗址的西周早中期城址、贵族大墓、夯土祭坛、甲骨刻辞，以及相关青铜铸铭，填补了山东周代考古和历史记载的多项空白。特别是西周早期"丰"组铜器铭文的"祖甲齐公"和"文祖甲齐公"，显示了齐地古族有夆伯陵氏，即丰族姜太公、姜氏齐国的渊源关系。"引"组铜器铭文记录了周天子在周共王（西周早期晚段）的太庙内召见齐国贵族"引"，赏赐"彤弓""彤矢"和马匹，任命"引"继承先祖的爵位，管理齐国的军队，率兵出征；引叩拜谢恩，在陲大败追击敌方，用俘获的吕（铜块）和兵器，为幽公铸造宝簋的一段从未见于文献记载的历史事件。是难得一见齐国早期铜器长铭，填补了西周早中期考古和历史的多项重大空白。其中，西周早中期城址是山东地区迄今能够确认的最早周代城址；西周早中期夯土祭坛、贵族墓葬、铭文中的"齐公"和西周甲骨刻辞均为山东周代考古的首次发现，在全国也十分罕见，特别是"齐公"在已知金文资料亦属首见，对于研究早期齐国的历史具有十分重要的意义。周天子直接任命诸侯国贵族管理本国军队及相关历史事件，对于研究西周早期政治军事制度，解读陈庄遗址的属性、寻找齐国早期都城和齐国早期历史的研究都具有不可替代的资料价值，是山东周代考古的重大突破。

第三节　文化自觉与科学发展

文化自觉和文化自信是家国民族兴旺发达的基本前提。只有正视历史，尊重历史，自觉地扬弃、自觉地借鉴历史的经验和教训，固守民族的优良传统、哲学思想和价值理念，有鉴别地吸收外来优秀文化和成功经验，才能自立于世界民族之林，早日实现富民强国的中国梦。南水北调东中线一期工程文物保护认真贯彻“文物优先”的保护原则，就是文化自觉在基本建设工程中的最好体现。

一　多方协作优先保护重点文物

国家文物局、水利部《关于做好南水北调东、中线工程文物保护工作的通知》的印发，标志着“文物优先”理念在南水北调建设工程中的确立，相应的政策和工作制度的逐步建立，“文物保护是南水北调工程建设的重要组成部分”成为有关各方的高度共识。山东省文物部门和南水北调工程管理部门团结协作，互相沟通，多次召开有双方领导参加的南水北调工程文物保护工作座谈会，对南水北调的文物保护、经费管理、协调机制、合作模式等相关问题进行沟通协商，并联合印发了相关文件和通知，确保文物优先原则落到实处。

如由80余处与古代制盐有关遗址组成的寿光双王城盐业遗址群，是迄今中国乃至世界上发现的规模最大的海盐制盐作坊遗址群，南水北调工程在这里规划了一座大型调蓄水库——双王城水库，如果按原计划施工，这些制盐遗址有相当部分将被破坏或淹没。山东省文物部门和工程建设部门，本着“文物优先”的原则，积极协调，最大限度地调整工程设计方案，对于具有重要价值需要原址保护的文物，采取变更工程设计避让文物点的做法，避让了20余处重要文物点，仅对双王城水库就避让了10余处古代盐业遗址，有效地保证了这些重要遗址的完整性和原真性。对文物价值较高又无法绕避的文物点，则采用调整发掘计划，扩大发掘面积的方法，以提高保护力度。寿光双王城盐业遗址群虽然避让了10余处，但仍有相当部分无法摆脱淹没的命运。实际工作中，山东省文物部门和南水北调工程部门积极协调，新增发掘面积12100、揭露总面积达15400余平方米，超出原计划3.7倍，使更多地被淹没遗址的文化信息得以永世存留。

再如高清陈庄遗址，是南水北调文物调查勘探时新发现的遗址，按国家正式批准的原设计方案，调水干渠穿过遗址南部，计划发掘面积8000平方米。发现西周城址、祭坛和贵族墓葬后，引起了有关部门的高度重视。山东省文物局与山东省南水北调工程建设管理局经过协商，将发掘面积调整为9000平方米。2009年10、11月，原中国考古学会副理事长徐苹芳和中国社会科学院考古研究所、中国考古学会副理事长王巍，国家文物局考古专家组组长黄景略和中国考古学会理事长、南水北调工程文物保护专家组组长张忠培等先后专程到山东考察陈庄遗址的发掘与保护情况，在充分肯定陈庄工地的重要发现的同时，明确提出工程改线绕避西周城址的问题。

鉴于该遗址的重大学术意义和文物价值，山东省文物局将其列为第七批全国重点文物保护单位推荐名单，并根据专家意见积极与水利部门协商，决定采取改线的方式绕避遗址，联合向国务院有关部门提交了工程改线绕避的设计变更报告，并得到批准，将原定调水干渠线位作了13千米的调整，仅此一项增加的工程投资就很多，最大限度地保证了遗址的完整性和原真性。

二 提升专业素质和保护意识的有效途径

文物保护专业队伍的素质和社会公众文物保护意识，是文物保护事业健康发展不可或缺的两项基本要素。社会各阶层文物保护与参与意识的提高，是文物保护事业健康发展的社会基础，高素质的专业队伍则是文物保护工作健康发展的技术保障。为此山东省文物部门在南水北调东线一期工程文物保护项目实施过程中，十分注意人才培养及考古常识和发掘成果宣传。

高青县陈庄遗址发掘面积大，持续时间长，文化堆积较厚，内涵相对较为单纯，是很好的“实战”培训基地。山东文物部门基于全省大部分市县的文物保护和考古专业力量薄弱的实际情况，决定利用高青陈庄遗址的有利条件，举办“南水北调东线工程山东段田野考古技术培训班”（图8-1）。在整个发掘期间，先后举办了两期田野考古培训班，来自全省各地文博系统的50余名专业干部参加了培训。经过基础理论讲授、田野发掘操作实习和综合考核三个阶段的培训，绝大部分学员取得了合格以上的成绩。为南水北调文物保护和提升山东省文博专业队伍的总体水平起到了很好的推动作用。

在培养推动专业人员培训的同时，山东省文物部门通过各种途径，借助南水北调文物保护涉及地区多，社会接触面空前开阔的时机，结合文物保护和考古现场，通过演示发掘成果，举办形式多样的宣传活动，通过公共考古，吸纳民众和有条件的适龄学生参加考古工地的发掘活动；在发掘现场或考古队驻地开办宣传栏、张贴考古现场和文物保护见解照片等，宣传文物保护基本知识，借以提高社会公众文物保护参与意识。此外，还结合考古发掘和资料整理，吸纳北京大学、山东大学、烟台大学等高校研究生到发掘工地进行毕业实习和毕业论文的写作，扩大南水北调文物保护工作的社会影响。

图8-1 “南水北调东线工程山东段田野考古技术培训班”开班

2006年4月，山东省文化厅在济宁程子崖遗址举行“南水北调东线山东省文物保护工程开工典礼”。寿光双王城盐业遗址群、高青陈庄周代城址、聊城土桥闸、阳谷七级码头等遗址发掘后，都召开了专家论证会和新闻发布会。2008年山东博物馆举办的“改革开放三十年成果展”及新近开馆的山东省博物馆新馆陈列展览，都大量展示了南水北调文物保护工作的成果。

2008年12月，邀请国家文物局专家组对第二批控制性保护项目的7个文物点进行了检查。专家组对山东省文物部门能够在南水北调工程文物保护过程中将田野发掘与课题研究紧密结合及为做好人才培养举办田野考古技术培训班给予了高度评价。认为山东省文物部门在南水北调文物保护的组织、监理、协调方面做出了积极的努力，取得了明显的成绩。

三 利在当代惠及后世

如前所述，“没有文化的经济则是短视的经济，也不可能具备和谐发展的可持续性”，坚持社会效益优先，通过合理的利用，充分展示文物古迹的价值，最大限度地发挥文物古迹的社会效益，是保护工作的重要组成部分，也是促进经济文化和谐可持续发展的重要措施。

文物古迹，特别是经科学发掘揭示的古代遗址等文物古迹，是以实物资料状态存在的珍贵文化遗产，是中华文化、文明发展不可多得、不可再生的记忆载体，涵盖了组成文化概念，包括理念文化、制度文化、物象文化所有层次的基本信息，具有新颖、补白、证史证经（典）等不可比拟的资料优势，以及可视性、知识性较强的特点。通过有效的保护手段，恰当地使用多种艺术与技术手段，真实地展示新发现的文物古迹的历史风貌，准确地向公众阐释古迹价值内涵，切实发挥文物古迹的社会效益，促进经济文化和谐可持续发展，是南水北调东中线一期工程不可回避的历史责任。

根据国务院南水北调工程文物保护工作协调小组的统一要求和部署，南水北调山东段文物保护工作在这一领域也取得了可喜的成果。如京杭大运河是中国水利工程的杰作，凝聚着劳动人民智慧的结晶，承载着运河发展变迁的历史，是古代中国国运兴衰的历史见证。运河漕运中断后，聊城段河道逐步干枯废弃，有的河段变成了垃圾场或臭水沟，船闸、码头等水工设施受自然和人类活动的影响，损毁严重，面目全非。南水北调东线工程占用了聊城段七级码头和七级闸、土闸、戴闸等水工设施。如果采取工程绕避的消极保护，这些历史杰作将处于永久废弃状态，不符合“抢救第一，保护为主，合理利用，加强管理”的文物工作方针，更无助于这些运河水工设施的永久保护和展示。为此，山东省文物部门根据有关专家的建议，积极呼吁，主动协调，与工程建设部门达成了调整工程设计方案的共识，即在相关水工设施的地段，采用月河或涵洞的方式开通调水干渠，既保护了运河原有的水工设施，又使古代船闸、码头周围有一定的水量，再现运河通航时期船闸、码头部分原有风貌，使文物保护与工程建设达成了有机的结合。

寿光双王城调蓄水库盐业遗址群014遗址，经考古发掘全面揭露、保存基本完整的商代晚期和西周时期制盐作坊，经文物部门和水利建设部门的密切协调，不仅采取了避让保护，使这一重要遗存得以妥善保护。当地政府也在以盐业遗址保护为出发点，规划建设不同特点的盐业博物馆和盐业遗址公园，已经编制了比较系统的盐业考古研究与保护展示规划。

陈庄遗址发现的重要遗物及遗迹也得到了妥善的保护和有效的展示。对不宜搬迁祭祀台基遗址进行了回填保护；对墓葬中出土的木棺椁进行了树种鉴定与脱水保护；将发现的马坑、车马坑分段提取搬运至济南，进行室内清理、研究和加固保护，最终成为山东省的博物馆新馆·考古馆的重要展示内容，以其原有风貌和恢宏的气势展现在观众面前，为观众提供了一个了解西周中早期历史、工艺技术，以及齐国贵族生活状态，葬丧习俗的崭新视窗。齐长城西部端点的保护展示规划业已完成，目前正在进行审批和实施前的准备工作。济南长清区大街南汉代画像石墓葬则整体搬迁至省博物馆，做整体复原展示。

南水北调东线一期工程山东段文物保护取得的各项重要成果，是党中央、国务院和各级党委政府高度重视文物保护，相关职能部门认真贯彻落实《中华人民共和国文物保护法》，积极探索，制度创新，文物保护和工程建设者共同努力的结果，为考古学研究和文博事业的健康发展做出了巨大贡献。较好地保护了一批具有重大历史意义和科学价值的文化遗产，为“文化中国”“山东文化强省”建设增添了新的一页，利在当代，惠及后世。为促进社会经济文化和谐科学发展，特别是文化旅游的发展和经济结构转型提供了强力支撑，对于提高全社会的文物保护意识，提高中国文化软实力，都具有十分积极的意义。

第四节 展望与反思

在总结成功经验的基础上反思，在反思的过程中展望未来，是发扬成绩，纠正错误，由胜利走向更大成功的必要步骤，也是人类社会不断发展进步的基本动力。南水北调中东线一期工程的文物保护工作，涉及内容广泛，是对国家文物保护法律法规贯彻落实力度，对相关行政职能部门，特别是计划与发展改革委员会、水利工程建设管理部门和文物行政部门依法行政能力，以及南水北调中东线沿线各省市文物保护专业机构业务素质的一次全面检验。认真回顾南水北调东中线一期工程十余年来的发展历程，总结推广文物保护的成功经验；找出不足，特别是不应出现的决策失误，对于提高社会各阶层的文物保护意识，增强政府机构依法行政能力，促进文博行业专业素质的整体提高，对于推动建设社会主义法治建设和文化建设，提升国家的文化软实力，都具有重要实践意义和深远的历史意义。

一 南水北调文物保护的法制意义

南水北调工程文物保护工作顺利实施，得力于国家的重视和社会各界的支持；得力于水利、文物主管部门的密切配合和良好沟通；得力于部门之间建立良好的管理机制和制度建设；得力于水利工程和文物保护专业人员的敬业精神，取得了良好的社会效益和长远的经济效益。

但是，南水北调工程总体规划和前期可研没充分考虑文物保护工作，对文物保护的先期介入和实施带来了一定影响。

> 《中华人民共和国文物保护法》第一章第十条：“国家发展文物保护事业。县级以上人民政府应当将文物保护事业纳入本级国民经济和社会发展规划，所需经费列入本级财政预算。”
>
> 《中华人民共和国文物保护法》第二章第二十条：“建设工程选址，应当尽可能避开不可移动文物。”
>
> 《中华人民共和国文物保护法》第三章第二十九条：“进行大型基本建

设工程，建设单位应当事先报请省、自治区、直辖市人民政府文物行政部门组织从事考古发掘的单位在工程范围内有可能埋藏文物的地方进行考古调查、勘探”；“考古调查、勘探中发现文物的，由省、自治区、直辖市人民政府文物行政部门根据文物保护的要求会同建设单位共同商定保护措施；遇有重要发现的，由省、自治区、直辖市人民政府文物行政部门及时报国务院文物行政部门处理。”

这些条款十分明确地规定了文物保护在基本建设工程中的法律地位和基本程序。南水北调东中线一期工程调水干渠经由的北京、天津、河北、河南、山东、江苏、湖北7省市，均为中华文明的中心腹地，历史悠久，地下文物埋藏丰富。但是在2002年12月国务院批复的《南水北调工程总体规划》中，却没有文物保护的相关列项，说明在工程规划初期阶段，文物保护没有得到相应的重视，甚至没有与相应的文物行政部门进行沟通，更没有文物保护专业机构的介入。在社会各阶层的大力呼吁、党和国家领导人发出重要批示之后问题才得以解决。反映了某些政府决策部门和工程规划人员法律意识淡漠，缺乏大局观念和依法决策、依法行政自律能力的不足。

在我国文物保护与国际文物保护规范深度融合，文物保护日益成为社会各阶层高度共识的当代；在中华人民共和国成立以来积累了众多基本建设工程文物保护成功经验、三峡水利枢纽工程文物保护取得重大成果历历在目的今天，由国家部委主导的有史以来最大规模的水利建设工程，竟然发生这种忽视文物保护的现象，不能不引起人们的深刻反思。

各级政府及其职能部门，既是决策者，也是执法者，更是维护法律尊严的主体，其行为对于社会主义法制建设具有不可比拟的社会效应。在建设中国特色社会主义社会，实现民族伟大复兴努力奋斗的过程中，必须大力加强法制建设，推行法制教育，不断提升国家机关依法决策、依法行政的自觉性。让现代化建设、改革开放和各项工作沿着正确的轨道健康发展。

二　南水北调文物保护的制度意义

南水北调东中线一期文物保护工作由国家文物局主导，地方文物部门为实施的主体，充分发挥中央和地方两个积极性，建立起一整套大型基本建设文物保护制度，为今后同类项目提供了可资借鉴的成功范例。

但是，南水北调工程可研和规划设计阶段，文物保护工作并不是南水北调工程的重要组成部分。经党和国家领导人发出重要批示后，相关部门才以部委文件的形式，承认“文物保护工作是南水北调工程的重要组成部分”。2003年6月国家文物局、水利部联合印发了《关于做好南水北调东、中线工程文物保护工作的通知》，强调了文物保护工作是南水北调工程的重要组成部分，对于工程部门及时提供工程线路设计图纸、文物保护经费、施工中意外发现文物的保护等六个方面的问题提出了原则性的意见，为南水北调东中线一期工程提供了政策和制度保障。

但从整个文物保护规划的编制和文物保护实施的过程、管理模式和方式看，文物保护始终被列为移民管理和拆迁工作的分项，表明在南水北调东中线一期工程的整体框架中，文物保护仅仅被视为一种经济行为，而没有被提升到文化建设、提升文化软实力和科学发展的应有高度，这是南水北调文物保护制度建设存在的又一缺憾。

> 《中华人民共和国文物保护法》第一章第一条："为了加强对文物的保护，继承中华民族优秀的历史文化遗产，促进科学研究工作，进行爱国主义和革命传统教育，建设社会主义精神文明和物质文明，根据宪法，制定本法。"

对文物保护的意义做出了明确的界定，近年来，随着国际形势的风云变幻，文物保护，特别是关乎维护国家领土主权、民族关系等文物保护的重要性显得尤为突出。因此必须坚持以经济发展为中心，兼顾文化建设，把文物保护作为现代化建设的重要内容，促进社会的健康和谐发展，进而实现民族的伟大复兴。

三　南水北调文物保护的社会意义

南水北调工程文物保护先行，保障了工程的顺利实施。南水北调工程的成功实施，对于缓解华北地区工农业生产和沿线水资源紧缺问题，促进了沿线社会的城市化进程，有力地推动了当地社会的经济文化发展，提升了社会各阶层的文物保护意识和法制观念。使人们对于中华民族的发展历程和中华文明上下五千年辉煌历史有了进一步的理解，对于增强中华民族的文化凝聚力和自豪感，对于建设和谐社会，推动经济发展和社会主义文化复兴有着不可估量的社会效益。

据统计，"南水北调东中线一期工程实施后，可以缓解受水区地下水超采的现象，还可以增加生态和农业供水 60 亿立方米左右，逐步改善居住和生态环境。"东线工程山东段鲁北输水段在很大程度上与大运河河道、闸、桥等文物遗迹相交集，通过南水北调工程文物保护工作，一大批废弃的古运河文物得到妥善的保护和合理利用，部分地点，如济宁南旺分水枢纽工程和龙王庙古建筑群、聊城阳谷七级码头和七级古镇，分别被列入国家考古遗址公园建设项目和地方文化旅游建设项目。既保障了通水，解决了沿线的城市、农业用水，又改善了文物生态和人居环境。在某种程度上投射出大运河往日繁荣忙碌的兴旺景象，使这一优秀民族文化遗产再度为社会经济文化建设发挥新的作用。

四 南水北调文物保护的经济意义

南水北调东中线一期工程的成功实施，缓解了华北地区工农业生产和人畜用水问题，其经济意义不言自明。南水北调文物保护的经济效益，则似乎不是那么显而易见。这是因为在社会大众层面，人们对于文博事业经济效益的了解还不够深入。除了“文化搭台，经济唱戏”“经济持续发展，必须有强力的文化支撑”等社会民众耳熟能详的间接作用外，工程文物保护成果对经济发展的直接作用也是极为显著的。

据统计，文博事业投入与产出之比高达1∶8乃至1∶10，与其他经济投资相比毫不逊色，甚至更为高效。具体地说南水北调文物保护的直接经济效益主要体现在以下几个方面：

其一，南水北调文物保护取得了许多重要考古新发现，由这些考古新发现带动起来的大遗址保护、考古遗址公园及相关文物旅游点建设，已经或即将向社会开放，为广大人民群主提供了更多可资参观游览的文化场所，由此产生的旅游和门票等直接收入必将随之增加。

其二，南水北调发现的重要文物点的本体保护，还可以获得国家财政资金的大力扶持，其外围的环境整治，服务设施建设还可以吸收民间资本，对于促进地方经济发展，提高地方的经济产出总量，增强地方综合竞争力都具有明显的效益。

其三，出土文物在博物馆的陈列展览和免费开放会吸引更多的观众，虽然没有直接门票收入，但参观旅游群体的交通、住宿和餐饮购物，对于提高当地社会收入总水平的作用也是不言而喻的。

其四，南水北调文物保护所投入的大量资金，很大部分用于当地民众的劳动报酬和物资购置，对提升民工就业率，增加收入，提振地方商品经济，都具有积极意义。

此外，南水北调工程文物保护出土的珍贵文物，是一种持续增值的宝贵财富，增加了当地的国有资产，并可通过持续不断的文化、文物交流、商业展览等形式，产生持久的经济效益。

五 南水北调文物保护的文化意义

文物是民族文化的灵魂、先民宝贵的遗产，具有深厚的历史、艺术、科学价值。南水北调工程穿越中国古代文化、文明发展的核心地区，东中线一期工程通过调水干渠将夏商文化、荆楚文化、燕赵文化、齐鲁文化等中国历史上重要的文化区域连接起来，文化遗存丰厚，珍贵文物富集。有效妥善地保护这些珍贵文化遗产，合理利用，有效开发文物的文化内涵，发挥文物的经济效益，对于继承和弘扬民族优秀传统文化，推动社会主义文化大发展大繁荣，提升文化民族凝聚力和影响辐射力，对于推动经济社会全面协调可持续发展，都具有十分重要的意义。

南水北调文物保护工作硕果累累，大量新的考古发现，特别是填补考古、历史空白的重大考古发现面世，以及由这些考古新发现带动起来的大遗址保护、考古遗址公园及大运河相关文物旅游点建设，对于推动社会主义文化建设，向社会和人民群众提供更多可资参观游览的文化场所，不仅有助于新时期国家经济结构调整，提升经济产出质量；对于促进考古、历史、环境、乃至于古气候、古地质和相关自然学科的学术研究产生积极影响。

从文化发展的角度说，南水北调工程同贯通南北经济发达地区的大运河一样，是我国水利工程史上的一次壮举，工程本身也是中国工程建设为人类创造的宝贵文化资产。南水北调的工程建设目的、设计思路、设计施工水平，以及文物保护制度的建立，都是世界水利工程史上的瑰丽篇章。

六　南水北调文物保护的学术意义

> 《中华人民共和国文物保护法》第一章第十一条："文物是不可再生的文化资源。国家加强文物保护的宣传教育，增强全民文物保护的意识，鼓励文物保护的科学研究，提高文物保护的科学技术水平。"

南水北调东中线一期工程山东段的文物保护工作，根据国家有关部门的统一部署，坚持调查先行，科学规划，课题导向，多方协同，规范操作的实施模式，有力地提升了文物保护的整体水平，多项填补考古与历史空白的重大考古发现问世，盐业考古、西周都邑考古及相关研究取得了突破性进展；齐长城研究、运河文化研究和水工设施的保护取得了可喜成果。

南水北调山东段的文物保护工作，还得到了来自全国各地高校、科研院所的大力支援，从纵横两个方面，提高了文博行业应对规模文物保护工作的能力。这种多单位、跨行业、跨区域的合作方式，对于促进各区域不同单位、不同学科的学术和技术的交流提供了极佳的机会。

尽管取得了可喜的成果，但从文物保护和学术研究的角度观察，调水工程占压的文物总面积与发掘面积之间的比例多少有些失调的感觉。南水北调山东段经科学发掘揭露的遗址（墓地）总面积虽然高达9.3万平方米，却仅占南水北调山东段干渠占压文物总面积的4.2%。尽管存在着文物保护投资比例、文物保护行业的总体实施能力等方面的限制；尽管被放弃的占压文物点或地段也经过规范标准的考古勘探，但是由于地下文物埋藏具有不可预见，或者说勘探评估准确度较低的特点，因而无法排除可能有相当数量的重要文物遗存，包括重要遗迹和重要文物被遗漏的可能性。因此这是一个应该引起高度重视，并在今后的工作中探寻解决办法的重要问题。相信随着社会经济文化的进一步发展和工程科技水平的逐步提高，这种局面可以逐渐改观。

七　结束语

盛世开沟洫，千里尘封去。遗珍现金瓯，吉水润神州。

南水北调一期工程东中线调水干渠，贯通北京、天津、河北、河南、山东、江苏、湖北七个省市，沟通长江、淮河、黄河、海河四大流域和洪泽湖、骆马湖、南四湖、东平湖等天然湖泊；涉及中华古代文明的中心腹地，“远古中国”域内之海岱、江淮、桑卫、洛颍、江汉五大原初民族文化区，历史时期的夏商、荆楚、燕赵、齐鲁文化区和大运河文化带。是中国继京杭大运河之后、也是人类社会有史以来，规模最为宏大的水利工程和伟大创举。与三峡水利枢纽工程、全国高速公路网、青藏铁路、京沪高铁等一系列工程，构成了中华民族伟大复兴和永续发展的最新脉动。对推动我国社会政治、经济、文化和谐可持续发展有着难以估量的巨大作用。

广大文物工作者和工程建设者，不畏寒冬酷暑，以严谨扎实的工作作风，艰苦奋斗、吃苦耐劳的拼搏精神，团结奋战，用自己的宝贵年华和汗水，有效地抢救、保护了中华文明核心腹地大批濒临消失的重要文化遗产，取得了一系列填补历史与考古空白的重大发现，成功地读取了封尘已久的“文明记忆”，学术成果丰硕，保证了南水北调建设工程的顺利实施，更为这一伟大工程赋予了深厚的文化内涵，让当代最为宏伟的水利工程与中华古老文明和谐地演奏出中华民族伟大复兴的时代最强音。

附录一　山东段文物保护大事记

1. 2002年5月，山东省文化厅致函山东省水利厅《关于做好南水北调工程山东段文物保护工作的函》（鲁文物〔2002〕58号），就南水北调文物保护工作进行联系、协商。

2. 2002年11月14～30日，山东省文物考古研究所对济平干渠段工程沿线进行了考古调查，正式揭开了山东省南水北调工程文物保护工作的序幕。

3. 2003年2月12日，山东省文化厅给山东省水利厅发函《关于进一步做好南水北调工程山东段文物保护工作的函》（鲁文物〔2003〕10号），附《南水北调工程山东段济平干渠考古调查和复查报告》《南水北调工程山东段济平干渠考古勘探工作经费预算》。

4. 2003年3～10月，山东省文物考古研究所对济平干渠段地下文物进行了考古勘探，根据勘探结果，确定对大街等6处遗址（墓地）进行考古发掘工作。

5. 2003年3月，山东省文化厅南水北调工程文物保护工作领导小组成立。

6. 2003年3月28日，山东省文化厅配合重点工程考古办公室成立，具体负责山东省南水北调工程文物保护工作的组织和实施。

7. 2003年5月15日，山东省文化厅呈送给省政府《关于南水北调工程文物保护工作的报告》（鲁文物〔2003〕88号）。陈延明、蔡秋芳副省长分别做了重要批示，要求省计委和水利厅拿出解决南水北调工程文物保护工作有关问题的办法和方案。

8. 2003年6月，山东省文物考古研究所委托省文物科技保护中心编制《南水北调东线工程山东段鲁北输水段古代建筑保护方案》。

9. 2004年2月，山东省文化厅成立南水北调东线工程济平干渠考古工作领导小组，下设由省、市、区文物考古机构业务人员组成山东省南水北调东线济平干渠考古队。

10. 2004年2月25日，山东省配合重点工程考古办公室与山东省南水北调工程建设指挥部签订《南水北调东线济平干渠工程文物保护工作协议》。水利部门在文物保护经费没有落实的情况下，预先垫付部分资金，用于济平干渠段的考古勘探、发掘工作。

11. 2004年3月20日，国家文物局局长单霁翔等到山东济宁、聊城进行调研，考察南水北调东线工程山东段的文物保护工作情况，并在济南会同省政府蔡秋芳副省长召集山东省发改委、省文化厅和省南水北调工程建设管理局举行座谈会。听取了山东省文化部门关于南水北调文物保护工作进展情况的汇报，围绕如何进一步做好南水北调工程中的文物保护工作进行了讨论和研究，统一了对南水北调文物保护工作的认识。会议之后，国家文物局与山东省人民政府共同形成了座谈纪要，报国务院和国家发改委。

12. 2004 年 4 月，山东省文化厅成立“南水北调东线工程山东段文物保护规划领导小组”和“南水北调东线工程山东段文物保护规划小组”，以此加强南水北调山东段文物保护规划的编制工作。

13. 2004 年 5 ～ 7、11 ～ 12 月，2005 年 1 ～ 8 月，山东省文物考古研究所会同济南市、长清区相关单位对长清区大街遗址等 6 处文物点进行了考古发掘工作，获重要成果。

14. 2004 年 8 月初，水利部水利水电规划设计总院在北京主持召开了“南水北调东、中线一期工程文物保护专题报告大纲审查会”，山东省文化厅和山东省文物考古研究所派员参加了会议。

15. 2004 年 9 至 10 月，山东省文物考古研究所会同地市、县文物主管部门和业务单位对南水北调东线工程山东段涉及的文物点进行了大规模的考古勘探和试掘工作。

16. 2004 年 9 月 6 日，山东省发展和改革委员会、山东省水利厅联合给国家发展改革委发函《关于申请增列南水北调济平干渠文物保护经费的请示》（鲁计农经〔2004〕413 号）。

17. 2004 年 11 ～ 12 月，山东省水利勘测设计院与山东省文物考古研究所有关人员对在南水北调东线第一期工程中发现的文物点的数量、挖压和影响面积进行了复核并予以确认。

18. 2004 年 11 月，山东省文物考古研究所完成《南水北调东线工程山东省文物调查报告》《南水北调东线工程山东省文物保护专题报告》。2004 年 12 月 12 日，山东省文化厅在北京组织召开了专家论证会，对这两个报告进行了审核，与会专家充分肯定了两个报告的基本成果，并提出许多有益的建议。

19. 2005 年 2 月 28 日～ 3 月 1 日，水利部淮河水利委员会在安徽省蚌埠市主持召开了南水北调东线一期工程文物保护专题报告评审会，对山东省文物保护专题报告总体上予以了认可，并提出了修改意见。

20. 2005 年 5 月 17 日，山东省文化厅和山东省南水北调工程建设管理局联合给国务院南水北调办、国家文物局呈报《南水北调一期工程山东段 2005 年控制性文物保护项目方案和投资概算》。2005 年 9 月 12 ～ 15 日，国家发展和改革委员会国家投资项目评审中心组织有水利、文物和概预算专家对 2005 年度控制性文物保护项目投资概算进行了审查。

21. 2005 年 10 月 24 日，水利部淮河水利委员会在安徽省蚌埠市召集山东省调水局和文化厅有关负责同志，协调山东省南水北调第一期工程文物保护经费的问题。

22. 2005 年 11 月 14 日，山东省南水北调工程建设管理局与山东省文化厅联合给水利部淮河水利委员会发函《关于报送南水北调东线一期工程山东段文物保护方案及经费概算的函》（鲁调水计财〔2005〕24 号）。

23. 2006 年 2 月 7 日，山东省文化厅成立南水北调工程文物保护领导小组，下设办公室。3 月，办公室在青年东路六号挂牌办公。

24. 2006 年 3 月 25 日，山东省文化厅南水北调工程文物保护领导小组在济南召开 2005 年控制性文物保护项目邀标会，确定各项目的承担单位、监理单位、协作单位,并分别签订了相关的协议。山东省南水北调工程建设管理局派员出席。

25. 2006 年 4 月 13 日，山东省文化厅在济宁程子崖遗址召开南水北调东线工程山东段文物保护工程开工典礼。山东省调水局、济宁市政府相关部门及 2005 年控制性保护项目的承担单位、监理单位、协作单位参加了典礼。

26. 2006 年 3 ～ 12 月，山东省文化厅南水北调文物保护工作办公室组织项目承担单位对 2005 年控制性文物保护项目进行勘探、发掘工作。勘探工作基本结束，发掘工作已经完成 80% 以上，取得重要考古发现。

27. 2006 年 4 月 10 日上午，山东省文化厅党组在听取了南水北调文物保护工作办公室关于南水北调东线一期工程文物保护情况汇报后，杜昌文厅长代表文化厅党组做了重要指示。

28. 2006 年 5 月 19 日，山东省文化厅南水北调文物保护工作办公室与山东省南水北调建设管理局法规处联合对控制性项目进行了中期检查。

29. 2006 年 8 月 30 日，山东省文化厅南水北调文物保护工作办公室邀请文物及水利部门的有关专家就山东段 2005 年控制性文物保护项目方案调整问题举行专家论证会。根据专家意见，对部分遗址的发掘位置、面积进行了调整。

30. 2006 年 10 月 13 日，国家文物局与国务院南水北调工程建设委员会办公室召集工程沿线五个省的文化与水利部门到北京参加第二批控制性项目申报会议。要求各省于 10 月 25 日前上报第二批控制性文物保护项目的方案及经费概算。11 月 20 日，国务院南水北调工程建设委员会办公室与国家文物局在郑州召开方案评审会并形成专家意见。2007 年 1 月 9 ～ 10 日，国家发改委评审中心在北京召开南水北调第二批控制性文物保护项目经费概算审查会。山东省济平干渠段、胶东输水西段和双王城库区的 19 个项目被列为第二批控制性文物保护项目。

31. 2006 年 11 月 6 日，山东省文化厅召开 2005 年控制性保护项目承担单位情况汇报会，听取了各项目承担单位的工作汇报，要求抓紧完成田野工作，积极做好资料整理，对胶东地区引黄调水工程的文物保护工作做了具体部署。

32. 2006 年 8 月，山东省文化厅与山东省胶东地区调水工程建设管理局签订胶东地区输水工程文物保护工作协议，并于 11 ～ 12 月完成平度段的考古勘探、发掘工作。

33. 2006 年 10 月，山东省文化厅与山东省胶东地区引黄调水工程建设管理局签订《山东省胶东地区引黄调水工程文物保护工作协议书》。胶东调水工程文物保护工作开始启动。

34. 2006 年 11 月，国家文物局、国务院南水北调工程建设委员会办公室在郑州联合召开南水北调工程第二批控制性文物保护项目审查会。

35. 2006 年 11 月，山东省文化厅召集省直项目承担单位，对胶东调水工程文物保护工作做了初步安排。此后山东省文物考古研究所开始对平度市口埠遗址进行勘探发掘工作。

36. 2007 年 1 月，办公室下发了《关于抓紧做好 2005 年控制性文物保护项目经费决算表的通知》（南文保〔2007〕1 号）。

37. 2007 年 3 月 10 日，山东省文化厅南水北调领导小组在青岛召开“胶东调水工程文物保护工作会议”。参加会议的有：由少平、王永波、李传荣、鲁文生、宋伟、王守功、张振国及青岛市文物局、考古所的代表、烟台市文化局、博物馆的代表、威海市文化局、文管所的代表。根据会议安排，山东省文化厅南水北调文物保护工作办公室分别与项目承担单位及协作单位签订了协议。

38. 2007 年 4 月 10 日，国务院南水北调工程建设委员会办公室下发了《关于南水北调东、中线一期工程第二批控制性文物保护方案的批复》。

39. 2007 年 4 月，成立了山东胶东调水文物保护工作监理、验收小组。组长：焦德森；副组长：张学海；成员：蒋英炬、佟佩华、赖非、罗勋章、王之厚、吕建远等。并对工作程序、经费开支做了具体的规定。分 5 次对山东省文物考古研究所承担的平度市埠口遗址、莱州后趴埠墓地、莱州碾头村墓地、莱州路宿遗址、莱州水南墓地、招远磁村墓地、招远老店遗址、山东省博物馆承担的龙口望马史家墓地进行了监理、验收工作，分别作了监理报告。

40. 2007 年 4 月 5 日上午，《审计署赴山东省南水北调建设工程和治污项目专项审计进点会议》在济南南郊宾馆举行。会议之后，南水北调第一次审计工作全面展开。

41. 2007 年 5 月 20 日，组织邀请专家就南水北调东线工程涉及的招远市老店遗址龙山文化环壕遗址及夯土台基的保护问题进行了现场考察，召开了论证会并形成专家论证意见。

42. 2007 年 12 月，山东省文化厅南水北调文物保护工作办公室在威海市召开胶东调水工程威海市崮头集墓地发掘成果鉴定及新闻发布会。参加专家有：国家文物局专家组成员、中国社会科学院考古所研究员徐光冀，中国国家博物馆研究员信立祥、北京大学教授博士生导师秦大树、淄博市文物局副局长研究员张光明、山东省文物考古研究所研究员李传荣。

43. 2008 年 5 月 26 日，山东省文化厅与山东省南水北调工程建设管理局签订了《南水北调东线一期工程山东段第二批控制性项目文物保护工作协议书》。

44. 2008 年 6 月 27 日，山东省文化厅南水北调文物保护工作办公室邀请北京大学文博学院赵辉、李水城等四名教授与山东省文物部门的专家一起到寿光双王城水库发掘工地，对发掘现场进行了考察。

45. 2008 年 7 月 13 日，山东省南水北调第二批控制性文物保护项目招标会在山东剧院举行。会议审核了各项目承担单位、协作单位和监理单位工作方案，同意山东省博物馆承担高青县胥家庙遗址的发掘工作；山东省文物考古研究所承担高青县陈庄遗址、博兴县寨卞遗址、东关遗址，寿光市双王城水库库区的07 遗址、SS8 遗址的发掘工作；山西省考古研究所承担高青县南显河遗址的发掘工作。同意中国社会科学院考古研究所为监理单位。淄博市文物局、高青县文化局、滨州市文化局文物处、博兴县文管所、潍坊市文化局、寿光市文化局为相关项目的协作单位。山东省南水北调工程建设管理局计划财务处王金建处长、法规处处长庄兴华、季新民主任参加会议。

46. 2008 年 8 月 13 日，山东省文化厅、山东省水利厅、山东省南水北调工程建设管理局联合召开南水北调文物保护工作座谈会，就文物保护工作的原则及具体问题达成一致意见，从而保证了第二批控制性文物保护项目的顺利开展。

47. 2008 年 11 月 1 日，山东省文化厅南水北调文物保护工作办公室、山东省文物考古研究所联合在高青县迎宾馆举办第一期“南水北调东线工程山东段田野考古技术培训班”开学典礼。全省 13 地市的文博干部参加学习并于 2009 年 1 月 3 日结业。培训班的举办为南水北调工程的文物保护工作奠定了基础。

48. 2008 年 12 月 9 日至 12 日，国家文物局委派由徐光冀、刘绪、杜金鹏、王彬等组成的专家组，到山东对南水北调东线工程第二批控制性文物保护项目的七个发掘工地进行了检查。

49. 2008 年 12 月 11 日，山东省文物局、中国社会科学院考古研究所、北京大学考古文博学院、山东省文博专家及新闻媒体到山东寿光双王城盐业考古工地进行了考察，并召开专家论证及新闻发布会。

50. 2009 年 1 月 21 日，山东省文化厅南水北调工程文物保护领导小组召开会议，对南水北调工程山东段第二批控制性文物保护项目具体问题进行了讨论，对部分遗址的发掘面积进行调整。

51. 2009 年 3 月 30 ～ 31 日，国家文物局组织有关专家在北京举办“2008 年度全国十大考古新发现”评选活动。“山东寿光双王城盐业遗址群”的调查与发掘被列为“2008年度全国十大考古新发现”。

52. 2009年3～5月，山东省文化厅南水北调文物保护工作办公室、山东省文物考古研究所联合在高青陈庄举办第二期“南水北调工程山东段田野考古技术培训班”。

53. 2009年4月2日，山东省文物局在山东新闻大厦举行“2008年度全国十大考古新发现——山东寿光双王城盐业遗址考古”新闻发布会，省文物局、省南水北调工程建设管理局、潍坊市文化局、寿光市文化局等单位参加了新闻发布会。有关媒体对新闻发布会进行了比较详细的报导。

54. 2009年4月7～10日，中国考古学会理事长、国务院南水北调工程建设委员会办公室文物保护专家组组长张忠培先生到山东检查南水北调工程第二批控制性文物保护工作。

55. 2009年7月13日，山东省南水北调工程建设管理局邀请文物及水利部门的有关专家，对山东省文化厅南水北调文物保护工作办公室与山东省文物考古研究所联合编制的《南水北调东线一期工程山东省文物保护工作初步设计报告》进行了初审。

56. 2009年8月3日，山东省文化厅南水北调文物保护工作办公室邀请文物及水利部门的专家，对南水北调东线一期工程山东段济平干渠工程的文物保护项目进行了验收。

57. 2009年8月24～28日，国务院南水北调工程建设委员会办公室会同国家文物局在河北组织召开了南水北调东、中线一期工程初步设计阶段文物保护方案和概算评审审查会，对山东省文化厅南水北调文物保护工作办公室与山东省南水北调工程建设管理局联合上报的工作方案及概算进行了评审，基本肯定了山东省的工作方案，对概算进行了调整，核定初步设计投资概算金额。

58. 2009年9月22日，国家文物局童明康副局长带领有关领导到工地视察指导。

59. 2009年10月，中国考古学会原副会长徐苹芳先生、中国考古学会副会长王巍先生到现场进行了考察，在充分肯定陈庄工地的重要发现的同时，明确提出工程改线绕避西周城址的问题。

60. 2009年11月10号，国家文物局考古专家组组长黄景略先生、中国考古学会理事长张忠培先生等专家现场考察指导，认为发掘成果重大。

61. 2010年1月10日，在北京召开的中国社科院考古论坛上，陈庄西周遗存被评为2009年度“中国六大考古新发现”，《人民日报》《光明日报》、新华社等国内外几十余家主流新闻媒体争相报导。

62. 2010年3月，高青陈庄被国家文物局评为“2009年度全国十大考古新发现”，获得2009～2010年度田野考古二等奖等殊荣。

63. 2010 年 4 月 12 日，“高青陈庄西周遗址发掘专家座谈暨成果新闻发布会”在济南举行。夏商周断代工程首席科学家李学勤先生、中国社科院学部委员刘庆柱先生、吉林大学资深教授林沄先生、北京大学历史系朱凤翰教授、中文系李零教授等应邀出席，对铭文中所反映的史实、城址性质进行了深入研讨。

64. 2010 年 4 月 24 ～ 26 日，山东省文物局与北京大学中国考古学研究中心在山东省寿光市联合举办“黄河三角洲地区盐业考古国际性学术研讨会”。

65. 2010 年 7 月 24 日，山东省文化厅南水北调文物保护工作办公室邀请有关专家在济南举行南水北调工程山东段文物保护项目招标会。

66. 2010 年 11 月，山东省文化厅南水北调文物保护工作办公室邀请国家文物局派出田野工地检查小组，对山东境内南水北调文物保护发掘工地进行了检查。检查小组根据预定的检查项目对每个工地进行了评分，对部分考古工地提出了具体的要求。

67. 2010 年 12 月，山东省文化厅南水北调工程文物保护工作办公室邀请国家文物局专家组到聊城土桥闸遗址进行考察指导，专家组对土桥闸考古工作取得的成果给予充分的肯定。在发掘现场举行了成果鉴定暨新闻发布会，各大媒体对此作了详细的报导，引起了社会的广泛关注。

68. 2011 年 7 月 12 日，山东省文化厅南水北调工程文物保护工作办公室组织专家对阳谷七级码头进行检查验收，并召开成果鉴定及保护工作协调会。

69. 2011 年 12 月，待实施文物保护项目的田野工作基本完成。完成勘探面积 80 余万、发掘面积 3 万余平方米，地上维修项目正在进行中。

70. 2012 年 4 月 13 日，“2011 年度全国十大考古新发现”在北京揭晓，阳谷县七级码头等三个项目成为“2011 年度全国十大考古新发现”之一。

71. 2013 年 3 月 1 日及 3 月 13 日，山东省文物局基本建设工程文物保护办公室组织文物保护、考古等方面专家与水利设计及现场建管局技术人员，对南水北调鲁北段工程土桥闸区段、戴湾闸区段、七级上闸区段施工现场进行了实地考察。

72. 2013 年 3 月 15 日，山东省文物局召开关于聊城土桥闸段南水北调工程施工方案协调会，为做好土桥闸设计方案进行座谈。

附录二　山东省南水北调文物保护工作规范性文件

山东省南水北调文物保护工作规范性文件之一

山东省南水北调工程
文物保护工作暂行管理办法

（山东省文化厅2006年3月31日公布）

第一章　总则

第一条　为加强山东省南水北调建设工程、胶东引黄调水工程的文物保护工作，切实有效地保护抢救祖国历史文化遗产，根据《中华人民共和国文物保护法》、《中华人民共和国文物保护法实施条例》、《国务院关于加强和改善文物工作的通知》、《南水北调工程建设征地补偿和移民安置暂行办法》、《南水北调工程建设征地补偿和移民安置资金管理办法(试行)》、《山东省文物保护管理条例》、《山东省考古勘探、发掘管理办法》及其他相关法律法规,特制定本办法。

第二条　山东省境内南水北调建设工程、胶东引黄调水工程（以下合称“调水工程”）干渠、堤防、绿化带、蓄水库区及临时用地范围内涉及的一切地下、地上文物保护的工作管理均适用于本办法。

第三条　山东省境内调水工程涉及区域内具有历史、艺术、科学价值的文物,受国家保护，具有科学价值的古脊椎动物化石和古人类化石受国家保护。

第四条.　山东省境内调水工程涉及区域内一切地下、水下、地上文物属于国家所有,古脊椎动物化石和古人类化石地点、古文化遗址、古墓葬、古建筑、古碑刻等属于国家所有。属于集体所有和私人所有的具有文物价值的建筑、民居等,在办理移民补偿后,属于国家所有。

第五条　各级政府及一切机关、组织和个人都有保护文物的义务。任何单位和个人不得侵占、截留或破坏文物，阻挠文物抢救保护和科学研究工作的开展。

第二章　管理体制

第六条　调水工程的文物保护工作实行项目法人制，项目法人为山东省文化厅，负责山东省境内调水工程文物保护管理工作，接受国家文物局的业务指导、监督。经费管理接受国家审计部门和移民部门的审计、监督。

第七条　山东省文化厅成立南水北调文物保护领导小组，领导山东省境内调水工程的文物保护工作。

领导小组下设南水北调文物保护工作办公室，具体负责项目规划、资金管理、对外协调；编制年度计划、拟定项目协议、检查项目进度、委托项目监理、按协议拨付项目经费；组织项目验收、组织出土文物和文物构件移交；指定文物暂存单位；负责资料建档、成果展示、新闻发布、报告编写、汇总出版等工作。

第八条　为确保工作质量，山东省境内调水工程文物保护工作实行监理制度，由办公室依据有关规定组织实施，具体管理办法另行制定。

第九条　南水北调、胶东引黄调水工程建设管理部门参与南水北调东线工程文物保护工作的协调。工程涉及的沿线各级政府和有关部门要支持、配合调水工程的文物保护工作，负责调水工程的文物安全工作，为调水工程文物保护顺利实施创造条件。

第十条　具备考古勘探、考古发掘、文物保护工程法定资质的单位，经过相应的申请、审查程序后，可承担山东省境内调水工程的文物保护项目。省内地级市技术力量较强其他文物保护机构，经过一定的评审批准程序，签订相关协议后亦可承担相应的文物保护项目。

第三章　项目管理

第十一条　山东省调水工程文物保护工作实行项目责任制。南水北调文物保护工作办公室依据《山东省南水北调东线工程文物保护专题报告》、《胶东引黄调水工程文物保护协议》及工程进展情况按年度编报文物保护项目实施计划、经费计划，经领导小组批准后实施；

所有文物保护项目必须按法定程序履行有关考古发掘、文物保护工程的报批、汇报手续。

第十二条　申请承担调水工程考古勘探、考古发掘、文物保护工程的法人单位应向办公室提出书面申请，交验法人单位和业务人员相应的资质材料或协议，并与山东省文化厅南水北调文物保护工作办公室签订项目协议书。

考古勘探工作，一般由考古发掘单位承担。如有特殊需要，可由南水北调文物保护工作办公室指定具备资格的单位实施。

所有申请承担山东省调水工程文物保护项目的单位，包括外省、香港、澳门、台湾地区及国外、国际机构，都须按法定程序履行有关报批手续。

第十三条　山东省文化厅南水北调文物保护工作办公室为项目的委托方，负责检查项目进展情况和工作质量，按项目进度拨付经费，组织项目结项，验收资料、建档，汇总出版工作成果。

第十四条　项目承担单位为责任方，负责实施项目计划任务，保证项目工作质量，按项目进度提交工作报告、经费使用报告，及时报告重要发现和重大成果，并负责工作人员的人身安全以及出土文物、文物构件移交前的安全。

第十五条　南水北调文物保护工作办公室统一印制项目工作资料表格等文本，责任方按行业技术规范及项目委托协议书要求记录、填写。

项目完成后，责任方应按项目协议书提交项目工作的文字、绘图、摄影、摄像等全套原始记录资料，项目工作总结和学术研究报告，出土文物、文物构件的清单和暂存手续，项目经费的结算报告，以及协议要求有关资料的电子信息数据载体等。

第十六条　山东省文化厅南水北调文物保护工作办公室可指定项目所在地的文物机构为协作方，以保证项目的顺利实施，协作方须按项目协议认真做好协调及安全保卫工作，负责非发掘区的文物拣选、征集、负责出土文物、文物构件运输、入库和库房外围的安全保卫；对辖区内的工程施工过程进行全程巡视、监督，如发现未知文物点，须立即通知施工方停止施工、会同责任方考察现场，并及时向山东省文化厅南水北调文物保护工作办公室报告。

第十七条　在项目实施中，责任方、监理方、协作方须严格按照协议工作计划进行工作。如需调整工作计划，须书面报告山东省南水北调文物保护工作办公室，经书面同意后方可实施。

第十八条　所有山东省境内调水工程文物保护项目的管理、实施、协作等工作均纳入责任追究制度。所有参与文物保护工作各方均应本着对国家负责的原则，严格履行项目协议，认真完成工作任务，对项目区域内及建设部门施工过程中新发现文物遗存和其他重要事项采取必要的措施，并在第一时间内向山东省文化厅南水北调文物保护工作办公室报告。

第四章　经费管理

第十九条　本办法中所指经费，是指为了对调水建设工程中发现的文物实施保护，经法定程序批准、山东省调水工程管理部门拨付的专项经费，由省文化厅集中管理，专款专用。

山东省文化厅南水北调文物保护工作办公室作为文化厅的临时专设机构，负责对文物保护经费进行具体管理，按国家移民资金管理规定专户存储并进行单独核算，向移民部门报送有关报表，接受国家有关部门进行的项目经费审计。

第二十条　山东省境内调水工程文物保护经费包括考古勘探、发掘、标本检测、鉴定、文物粘对修复费；文物保护工程的勘察设计、施工、监理、协作、证照管理费；资料记录、整理、报告编写、出版费和统筹费等，具体管理办法另行制定。

第二十一条　山东省境内调水工程文物保护经费实行项目协议管理。项目协议经费由山东省文化厅南水北调文物保护工作办公室和责任方依据国家有关部门批复的项目经费和相关管理办法编制概算。

第二十二条　山东省文化厅南水北调文物保护工作办公室根据项目工作进度分三期划拨，其中第三期经费为项目通过结项后的项目尾款，待所有文物、资料移交后拨付；监理费、协作费由办公室分两次拨付。证照管理费由项目承担单位向证照责任单位支付。

第二十三条　责任方、监理方和协作方须开设项目经费专户，进行单独核算。按项目进度向南水北调文物保护工作办公室提交经费使用情况报表及项目经费决算报表，接受国家有关部门的项目经费审计。

第二十四条　责任方和协作方应对项目经费进行严格管理，确保专款专用。任何单位和个人不得挪用、挤占、拆借、截用南水北调文物保护经费。

第五章　出土文物及文物资料管理

第二十五条　山东省文化厅南水北调文物保护工作办公室对山东省境内调水工程文物保护工作的有关资料、经费资料、文物资料以及管理资料进行统一管理。

第二十六条　除国家文物局、山东省文化厅另行调拨外，山东省调水工程的出土文物、文物构件由南水北调文物保护工作办公室根据领导小组的决定指定临时保管单位。

未经许可，任何单位和个人不得将出土品和文物构件携离山东省境。用于鉴定、测年或多学科研究需要出境的各类标本，必须按法定程序报批，并在指定期限内交还。

第二十七条　根据国家和山东省文物事业发展的实际需要，山东省文化厅指定出土文物、文物构件的收藏单位。任何单位和个人不得借故扣压，阻挠文物移交工作；不得妨碍正当的科学保护和研究工作。

迁建保护的原属于集体、私人所有的地面文物，经办理移民补偿后由山东省文化厅会商当地文物行政管理部门指定其管理使用单位。

第六章　奖惩

第二十八条　所有承担山东省境内调水工程文物保护项目考古勘探、发掘、文物保护工程的法人单位或个人，凡违反行业技术规范、本办法或项目协议的，山东省文化厅南水北调文物保护领导小组有权扣除其项目协议经费尾款，直至取消资格，或上报有关部门进行处理。

第二十九条　在山东南省境内调水工程文物保护过程中，有下列事迹的公民、法人和其他组织，山东省文化厅给予表彰和奖励：

(一) 坚决与盗掘古遗址、古墓葬、损毁文物、走私文物等犯罪行为作斗争，保护文物安全成绩显著的；

(二) 有重大考古发现或重要研究成果的；

(三) 认真履行项目协议，项目验收评定为优秀的；

(四) 长期参与项目管理、实施、协作等工作，做出重要贡献的。

第三十条　对有下列情形之一的单位、集体或个人，应依法给予行政、经济处罚，情节严重的由司法部门追究刑事责任。

(一) 盗掘古遗址、古墓葬、损毁文物、走私文物，或发现文物隐匿不报，不上交国家的；

(二) 不履行文物保护合同，延误工期、造成文物损毁或重大经济损失；

(三) 因工作失职或渎职，造成重要遗迹破坏或文物损毁流失的；

(四) 侵占、贪污或盗窃国家文物的；

(五) 擅自截留文物，拒不按规定办理文物移交的；

(六) 挪用、侵占、浪费、贪污文物保护资金，或因失职、渎职造成文物保护资金严重损失。

第七章　附则

第三十一条　本办法自公布之日起施行。

第三十二条　本办法由山东省文化厅负责解释。

名词解释：“项目协议经费”是指项目承担单位与委托方依法签订的项目协议中确定的、完成单项文物保护项目的经费总额。

山东省南水北调文物保护工作规范性文件之三

山东省南水北调工程
文物保护监理工作暂行管理办法

（山东省文化厅2006年3月31日公布）

第一章　总则

第一条　为加强山东省南水北调建设工程（含胶东引黄调水工程，以下简称调水建设工程）考古发掘项目管理，确保调水工程涉及的地下文物按计划实施抢救性发掘，根据《中华人民共和国文物保护法》、《中华人民共和国文物保护法实施条例》、国家文物局《田野考古工作规程（试行）》和《山东省南水北调工程文物保护工作暂行管理办法》制定本办法。

第二条　山东省调水工程考古发掘项目监理，是指监理单位受考古发掘组织实施单位的委托，对调水工程考古发掘项目实施的全过程进行监督管理。

第三条　考古发掘项目监理，必须遵守国家文物保护的有关法律、法规以及行政规章。

第四条　考古发掘项目监理，由山东省文化厅南水北调工程文物保护工作办公室负责管理。

第五条　考古发掘项目监理依据国家法律规定，实行有偿服务。

第二章　项目监理资格

第六条　从事山东省调水工程考古发掘项目监理的单位必须是具有独立法人资格，从事考古发掘业务活动的相关单位，且有国家文物局颁发的团体发掘资格证书。

第七条　从事山东省调水工程考古发掘项目监理的单位可以向山东省文化厅提出书面申请，经山东省文化厅进行执业资格和相关业务背景审查合格后，取得从事山东省调水工程考古发掘项目监理的资格。

第八条　项目监理单位不得对本单位在山东省调水工程考古发掘项目进行监理。

第三章　项目监理内容

第九条　山东省调水工程考古发掘项目监理，采用委托单位（甲方）与项目承担单位（乙方）及监理单位分别签订合同的形式，明确三方的责权利。

第十条　山东省调水工程考古发掘项目监理主要任务，是依据《田野考古工作规程（试行）》的要求，以合同为依据，对项目从勘探、布方、地层发掘、遗迹遗物处理、标本采集检测到各种科学记录等田野工作进行全过程的监理。考古发掘项目承担单位应配合监理单位提出的要求，随时提供需要说明的情况和资料。

第十一条　山东省调水工程考古发掘项目监理单位有监理目标的质量否决权。监理单位发现质量的问题，可以随时向项目承担单位书面提出整改要求，并将有关要求报送甲方。

由于地下发掘的不可预见性，项目实施情况与合同预定目标有较大出入，需要向甲方提出变更建议时，由项目承担单位与监理单位共同提出书面报告。

第十二条　山东省调水工程考古发掘项目监理单位应在考古发掘项目田野工作中期和田野工作结束阶段分别向甲方提交项目监理报告、监理经费使用情况报表和决算表，作为按进度拨款的重要依据。

第四章　项目监理单位守则

第十三条　考古项目监理单位必须遵守下列规定：

（一）不得与项目承担单位有经营性的隶属关系或合作关系；

（二）考古发掘项目监理业务原则上不得分包，如确需分包，须经委托单位书面同意，并签定分包合同；

（三）承担山东省调水工程考古发掘项目监理业务的单位，其监理组织和主要人员必须相对独立和稳定；

第十四条　考古发掘项目监理单位应根据所承担的监理业务及监理合同要求，组成以总监理师为首的专业人员配套的项目监理机构并派驻现场代表，履行规定的职责。总监理师应具有副高以上职称及国家文物局颁发的个人考古发掘领队资格。监理项目较多时，总监理师必须由具有正高职称的人员担任。

考古项目总监理师是监理单位履行监理合同的全权责任人，总监理师的确定必须经委托方同意并写入监理合同。总监理师变更时，须经委托方同意。

监理范围较大时，可以在总监理师之下设监理师、监理员，以便在总监理师领导之下分级履行职责。

第十五条　考古项目监理单位有依法保密的责任，未经甲方许可不得对外公布考古项目信息。监理单位有尊重项目承担单位知识产权的责任，未经甲方同意，不得引用、发表监理项目的资料和成果。

第十六条　因项目监理单位处理失当或玩忽职守造成的损失，监理单位须承担相应的经济责任。后果严重者可中止其监理合同，取消监理资格。

第五章　附则

第十七条　本规定系暂行办法。凡与国家文物局颁布的有关考古发掘项目监理规定不同的部分，一律按照国家文物局的规定执行。

第十八条　本规定只在山东省调水工程考古发掘项目中试行。

第十九条　本规定自颁布之日起试行。

第二十条　本办法由山东省文化厅负责解释。

后 记

《时代的脉动与文明的记忆——南水北调东线一期工程山东段・文物保护卷》付梓在即，特此向关心和支持此项工作的领导、朋友和同仁表示由衷地感谢！

2013年年初接受这项任务时就有些犯难：一是缺乏连贯具体的一手资料。自2002年项目启动以来，仅在中期阶段作了一些具体工作，其余时间仅参与宏观管理，对整个过程缺乏连贯、具体透彻地了解。二是资料汇总难度较大。南水北调文物保护时间跨度长，涉及全省乃至省外的相关单位，到6月中旬，有些资料还没有汇总上来。三是工作量大，人手不足。南水北调项目的另一位负责人王守功先生在党校封闭进修三个月，致使本卷文稿大部分由本人承担，只能夜以继日地赶进度。

本书是南水北调丛书中的一卷，主要章节是按照省调水局的编撰要求设置的。前两章阐述“调水工程”和“文物保护”的背景、文物概况及其意义；第三章介绍调水工程文物保护相关的法律规章、管理机制；第四、五章分别介绍考古调查、勘探，文物保护规划、方案编制和实施情况；第六章集中介绍田野考古的主要收获；第七、八章主要是介绍南水北调文物保护的学术成果和综合评价；附录部分包括“山东段文物保护大事记”和相关文件记录。其中，第一至三章、第七章由王永波撰稿；第四、五章和附录一“山东段文物保护大事记”由王守功撰稿；第六章和附录二由王永波根据发掘资料和文物保护工作办公室历年的报告、相关文件整理编撰；第八章由王永波、王守功合作撰稿；田洁在资料收集方面做了大量工作，并参与了附录一、附录二的编撰工作。

第六章所用资料是项目承担单位提供的，由于来稿体例不一，质量参差不齐，有的极为简单，需要按统一体例补充和重新编排。因时间关系，未及逐一征求意见，错误疏漏在所难免！

2015年，调水部门反馈说，文稿过于“详繁”，要求按《志书》的体例进行删改。由于文物保护和考古工作的特殊性，发掘内容不易按《志书》体例删减。经反复协商，决定由文物部门单独出版。随后就是省直行政机构改革，直到2019年年末，出版的事情才最终确定。藉此机会，谨向学界和提供资料的同仁致歉！

王永波

2020年3月于寓所